普通高等教育“十一五”国家级规划教材修订版
高职高专机电类系列教材
机械工业出版社精品教材

电工基础

第 5 版

主　编　陈菊红
副主编　陈铁牛
参　编　叶　真　左全生　焦素敏
　　　　　许小军　田丽鸿
主　审　钱锡源

机　械　工　业　出　版　社

本书是高职高专机电类系列教材《电工基础》的修订本（第5版），主要内容包括电路的基本概念和基本定律、电路的等效变换、线性网络的一般分析方法及基本定理、正弦稳态电路、互感电路、三相电路、非正弦周期电流电路、线性动态电路、磁路和铁心线圈电路。

本书可作为高职高专院校电气类专业的教材，也可供职业大学、继续教育学院、中等职业学校等各类院校的相关专业教学使用，并可供工程技术人员参考。

为方便教学，本书配有免费电子课件、章后习题详解，凡选用本书作为授课教材的老师均可来电索取，咨询电话：010-88379375。

图书在版编目（CIP）数据

电工基础/陈菊红主编．—5版．—北京：机械工业出版社，2020.8（2024.10重印）

普通高等教育“十一五”国家级规划教材：修订版　高职高专机电类系列教材　机械工业出版社精品教材

ISBN 978-7-111-65792-7

Ⅰ.①电…　Ⅱ.①陈…　Ⅲ.①电工-高等职业教育-教材　Ⅳ.①TM

中国版本图书馆CIP数据核字（2020）第096174号

机械工业出版社（北京市百万庄大街22号　邮政编码100037）
策划编辑：于　宁　责任编辑：于　宁
责任校对：陈　越　封面设计：马精明
责任印制：邓　博
北京盛通数码印刷有限公司印刷
2024年10月第5版第14次印刷
184mm×260mm · 14印张 · 346千字
标准书号：ISBN 978-7-111-65792-7
定价：44.90元

电话服务　　网络服务
客服电话：010-88361066　机　工　官　网：www.cmpbook.com
010-88379833　机　工　官　博：weibo.com/cmp1952
010-68326294　金　书　网：www.golden-book.com
封底无防伪标均为盗版　机工教育服务网：www.cmpedu.com

前言

本书自2000年出版以来，受到了社会的广泛关注，反映普遍良好，陆续被评为“十一五”国家级规划教材、机械工业出版社精品教材。随着教育教学改革的不断深化，为不断适应高职高专的教学特点及人才培养模式的新要求，并结合教学实践，综合考虑了有关专家、教师的建议，教材经过了多次修订，目前已是第5版。为贯彻落实党的二十大精神，加强教材建设，修订过程中，在保证基本内容、基本原理和基本分析方法的前提下，始终强调了实际工程应用能力的培养，对一些较深的理论推导、繁复的运算以及理论基础要求较深、使用面较窄的内容都进行了较大幅度的删减、简化及修改，尽量以精炼为原则，使内容更通俗易懂、简洁明了，符合学生的认知规律，更符合必需、够用的要求；对于例题、思考题、习题的内容及要求上进行了精选和修改，尽可能地紧扣基本概念和基本分析方法；考虑到课程的基本要求及相邻学科的联系，并考虑到拓宽专业的需要，加强了内容的层次性，保持了各章的独立性和相对完整性。

本书基本内容包括电路的基本概念和基本定律、电路的等效变换、线性网络的一般分析方法及基本定理、正弦稳态电路、互感电路、三相电路、非正弦周期电流电路、线性动态电路以及磁路和铁心线圈电路。为了让学生不仅做到基本概念清楚，还能很好地理论联系实际，本书的重要概念都配有典型例题，每节有思考题，每章有丰富的习题及参考答案，便于课堂教学和课后复习、自学。本书还附有电子课件及章后习题详解，凡选用本书作为授课教材的老师均可来电索取，咨询电话：010-88379375。

参加本书编写和修订工作的有南京工程学院陈菊红，昆明冶金高等专科学校陈铁牛，上海应用技术学院叶真，郑州大学焦素敏，南京工程学院田丽鸿、许小军，常州工学院左全生，全书由陈菊红主编并统稿。

本书承蒙承德石油高等专科学校钱锡源教授的精心审阅，在此谨表示衷心的感谢！

本书自出版以来，得到了有关专家及广大读者的关注和厚爱，并反馈了不少有益信息，在此一并致以谢意，并真诚地希望得到一如既往的关爱，恳请对书中存在的不足及错误之处予以批评指正。Email：cjhnj@163. com。

编 者

目 录

第一章 电路的基本概念和基本定律

第一节 电路和电路模型

电路是各种电器设备按一定方式连接起来的整体，它提供了电流流通的路径。现代工程技术领域中存在着许多种类繁多、形式和结构各不相同的电路，但就其作用而言，不外两个方面：一是进行能量的转换、传输和分配。电力系统电路就是这样的典型例子，发电机组将其他形式的能量转换成电能，经变压器、输电线传输到各用电部门，在那里又把电能转换成光能、热能或机械能等其他形式的能而加以利用；二是对电信号的处理和传递。收音机或电视机就是把电信号经过调谐、滤波和放大等环节的处理，使其成为人们所需要的其他信号。电路的这种作用在自动控制、通信以及计算机技术等方面得到了广泛应用。

电路有时也称为电网络。

实际的电路元器件在工作时的电磁性质是比较复杂的，绝大多数元器件具备多种电磁效应，给分析问题带来困难。为了使问题得以简化，以便于探讨电路的普遍规律，在分析和研究具体电路时，对实际的电路元器件，一般取其起主要作用的方面，并用一些理想电路元器件来替代。所谓理想电路元器件，是指在理论上具有某种确定的电磁性质的假想元器件，它们以及它们的组合可以反映出实际电路元器件的电磁性质和实际电路的电磁现象。这是因为，实际电路元器件虽然种类繁多，但在电磁性能方面可把它们归类，例如，有的元器件主要是供给能量的，它们能将非电能量转换成电能，像干电池、发电机等就可用“电压源”这样一个理想元件来表示；又如，有的元器件主要是消耗电能的，当电流通过它们时就把电能转换成为其他形式的能，像各种电炉、白炽灯等就可用“电阻元件”这样一个理想元件来表示；另外，还有的元器件主要是储存磁场能量或储存电场能量的，就可用“电感元件”或“电容元件”来表示等等。

用抽象的理想元器件及其组合近似替代实际电路元器件，从而把实际电路的本质特征反映出来，构成了与实际电路相对应的理想化电路，称之为电路模型。无论简单的还是复杂的实际电路都可以通过理想化的电路模型得以充分的描述。今后所讨论的电路都是电路模型，通过对它们的基本规律的研究，达到分析研究实际电路的目的。

用规定的电路符号表示各种理想元器件而得到的电路模型图称为电路原理图，简称电路图。电路图只反映电器设备在电磁方面相互联系的实际情况，而不反映它们的几何位置等信息。图 1-1 就是一个按规定符号画出的简单电路图，其中的 u_s 是一种称为电压源（如干电

池）的电路元件，电阻元件 R_L 表示一个实际负载（如电灯），两根连接导线消耗电能很少以至可忽略，就用两根无电阻的短路线表示。其他各种电路元件的表示符号将在以后逐一介绍。

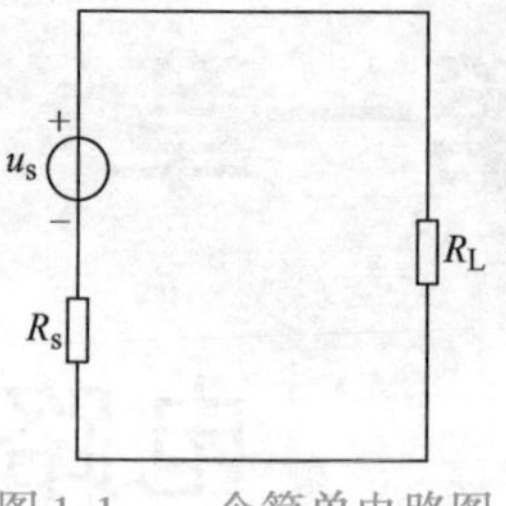

图 1-1　一个简单电路图

实际电路可分为“集中参数电路”和“分布参数电路”两大类。当一个实际电路的几何尺寸远小于电路中电磁波的波长时，就称其为集中参数电路，否则就称为分布参数电路。集中参数电路可用有限个理想元器件构成其电路模型，电路中的电磁量仅仅是时间的函数。而分布参数电路情况则比较复杂，其电磁量不仅是时间的函数，而且还是空间距离的函数。集中参数电路理论是电路的最基本理论，本书讨论的电路都是集中参数电路。

第二节　电路的基本物理量

电路分析中常用到电流、电压、电动势、电位和功率等物理量，本节将对这些物理量以及与它们有关的概念进行简要说明。

一、电流、电压及其参考方向

电流是带电粒子的定向移动形成的，定义为单位时间内通过导体横截面的电荷量，用 i 表示，根据定义有

$$i = \frac{\mathrm{d}q}{\mathrm{d}t} \tag{1-1}$$

式中，$\mathrm{d}q$ 为导体截面中在 $\mathrm{d}t$ 时间内通过的电荷量。国际单位制（SI）中，电荷量的单位为库仑（C）；时间的单位为秒（s）；电流的单位为安培，简称安（A）。有时还用千安（kA）、毫安（mA）及微安（μA）等单位。

习惯上将正电荷移动的方向规定为电流的方向。

当电流的大小和方向不随时间而变化时，就称为直流电流，简称直流（DC）。以后对不随时间变化的物理量都用大写字母来表示，即在直流时，式(1-1) 应写为

$$I = \frac{Q}{t} \tag{1-2}$$

电荷在电路中运动，必定受到力的作用，也就是说力对电荷做了功。为了衡量其做功的能力，引入“电压”这一物理量，并定义：电场力把单位正电荷从 A 点移动到 B 点所做的功称为 A 点到 B 点间的电压，用 u_{AB} 表示。即

$$u_{AB} = \frac{\mathrm{d}w_{AB}}{\mathrm{d}q} \tag{1-3}$$

式中，$\mathrm{d}w_{AB}$ 表示电场力将 $\mathrm{d}q$ 的正电荷从 A 点移动到 B 点所做的功，单位为焦耳（J）；电压的单位为伏特，简称伏（V）。有时还用千伏（kV）、毫伏（mV）及微伏（μV）等单位。

直流时，式(1-3) 应写为

$$U_{AB} = \frac{W_{AB}}{Q} \tag{1-4}$$

由电压的定义可见，如果正电荷从 A 点移动到 B 点是电场力做功，那么正电荷从 B 点移到 A 点必定有一种外力在克服电场力做功，或者说电场力做了负功，即 $\mathrm{d}w_{AB} = -\mathrm{d}w_{BA}$，

则 $u_{AB}=-u_{BA}$。这说明，对两点间的电压必须分清起点和终点，也就是说，电压也是有方向的。电压的方向是电场力移动正电荷的方向。

以上对电流、电压规定的方向，是电路中客观存在的，称为实际方向，对于一些十分简单的电路是可以直观地确定的。但在分析计算较为复杂的电路时，往往很难一下就判断出某一元器件或某一段电路上电流或电压的实际方向，而对那些大小和方向都随时间而变化的电流或电压，要在电路中标出它们的实际方向就更不方便了。为此，在分析计算电路时采用标定“参考方向”的方法。

参考方向是人们任意选定的一个方向。例如对于图 1-2a、b 所示某电路中的一个元器件，其电流的实际方向虽然事先不知，但它只有两种可能，不是从 A 流向 B，就是从 B 流向 A。可以任意选定一个作为参考方向并用箭头标出。如图中选定的参考方向是从 A 指向 B 的，该方向与实际方向不一定一致。这时，将电流用一个代数量来表示，若 $i>0$，则表明电流的实际方向与参考方向是一致的，如图 1-2a 所示；若 $i<0$，则表明电流的实际方向与参考方向不一致，如图 1-2b 所示。于是在选定的参考方向下，电流值的正、负就反映了它的实际方向。

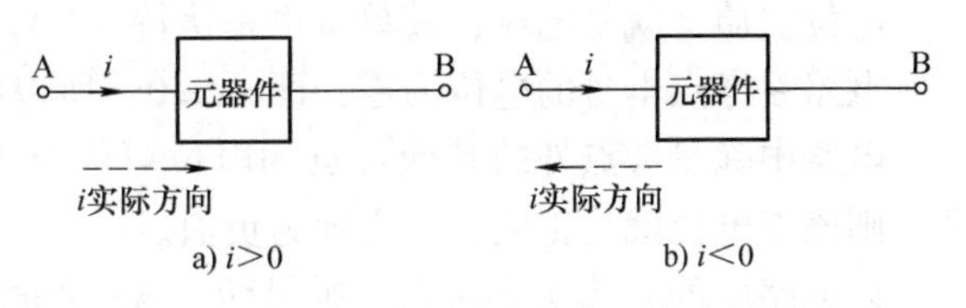

图 1-2　电流的参考方向与实际方向的关系

同样道理，电路中两点间的电压也可任意选定一个参考方向，并由参考方向和电压值的正、负来反映该电压的实际方向。

电压的参考方向可以用一个箭头表示，如图 1-3a 所示；也可以用正（+）、负（-）极性表示，称为参考极性，如图 1-3b 所示；另外还可以用双下标表示，例如，u_{AB} 表示 A、B 两点间电压的参考方向是从 A 指向 B 的。以上几种表示方法只需任选一种标出即可。

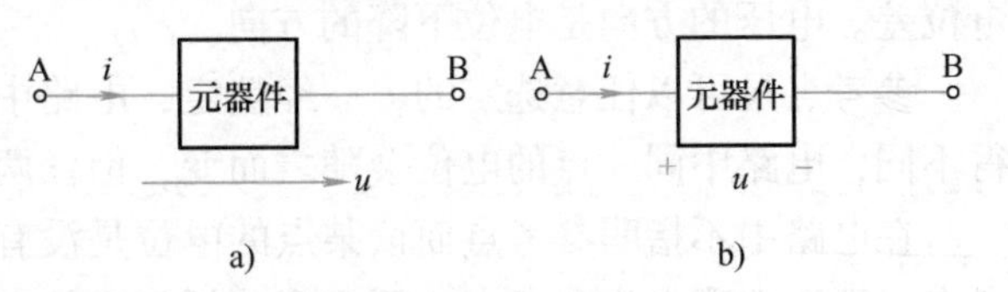

图 1-3　电压的参考方向与参考极性的表示方法

在以后的电路分析中，完全不必先去考虑各电流、电压的实际方向究竟如何，而应首先在电路图中标定它们的参考方向，然后根据参考方向列写有关电路方程，计算结果的正负值与标定的参考方向就反映了它们的实际方向，图中也就不需再标出实际方向。参考方向一经选定，在分析电路的过程中就不再变动。

对于同一个元件或同一段电路上的电压和电流的参考方向，彼此原是可以独立无关地任意选定的，但为方便起见，习惯上常将电压和电流的参考方向选为一致，称其为关联的参考方向，如图 1-3 中所示。为简单明了，一般情况下，只需标出电压或电流中的某一个的参考方向，这就意味着另一个选定的是与之相关联的参考方向。

本书在后面的叙述中，凡涉及元器件的电压、电流方向时，若无特殊说明，则均指关联的参考方向。

参考方向并不是一个抽象的概念，在用磁电系电流表测量电路中的电流时，该表带有“+”“-”标记的两个端钮，事实上就已为被测电流选定了从“+”指向“-”的参考方向，如图 1-4 所示。当电流的实际方向是由“+”端流入，“-”端流出，则指针正偏，电

流为正值，如图 1-4a 所示；若电流的实际方向是由“－”端流入，“＋”端流出，则指针反偏，电流为负值，如图 1-4b 所示。

同样，磁电系电压表的“+”“−”两端钮也为被测电压选定了参考极性。

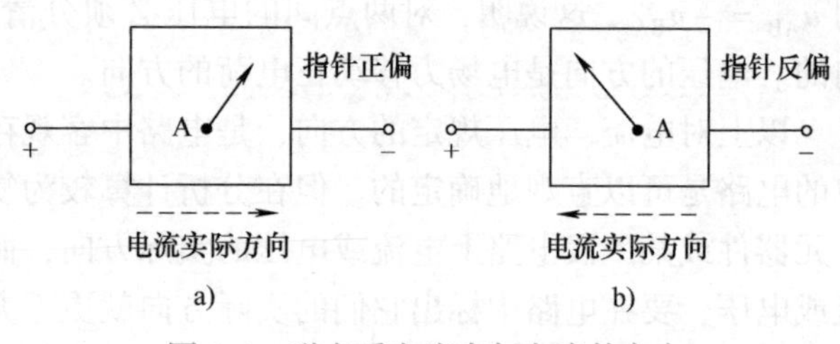

图 1-4 磁电系电流表与电流的方向

二、电位

在电路中任选一点 O 作为参考点，则该电路中某一点 A 到参考点的电压就叫作 A 点的电位，用 v_A 表示。根据定义，有

$$v_A = u_{AO} \tag{1-5}$$

电位实质上就是电压，其单位也是伏特（V）。

电路参考点本身的电位为零，即 $v_O=0$，所以参考点也称零电位点。

电路中除参考点外的其他各点的电位可能是正值，也可能是负值，某点电位比参考点高，则该点电位就是正值，反之则为负值。

以电路中的 O 点为参考点，则另两点 A、B 的电位分别为 $v_A=u_{AO}$，$v_B=u_{BO}$，它们分别表示电场力将单位正电荷从 A 点或 B 点移到 O 点所做的功，那么电场力将单位正电荷从 A 点移到 B 点所做的功即 u_{AB} 就应该等于电场力将单位正电荷从 A 点移到 O 点，再从 O 点移到 B 点所做的功的和，即

$$u_{AB} = u_{AO} + u_{OB} = u_{AO} - u_{BO}$$

或

$$u_{AB} = v_A - v_B \tag{1-6}$$

式(1-6) 说明，电路中 A 点到 B 点的电压等于 A 点电位与 B 点电位的差，因此，电压又叫电位差。电压的方向是电位下降的方向。

参考点是可以任意选定的，一经选定，电路中其他各点的电位也就确定了。参考点选择得不同，电路中同一点的电位会随之而变，但任两点的电位差即电压是不变的。

在电路中不指明参考点而谈某点的电位是没有意义的。在一个电路系统中只能选一个参考点。至于选哪点为参考点，要根据分析问题的方便而定。在电子电路中常选一条特定的公共线作为参考点，这条公共线常是很多元器件的汇集处且与机壳相连，因此在电子电路中参考点用接机壳符号“⊥”表示。

三、电动势

图 1-5 所示有两个电极 A 和 B，A 带正电称正极，B 带负电称负极，在 A、B 间的电场中具有电场力。用导线把 A、B 两极连接起来，在电场力作用下，正电荷沿着导线从 A 移到 B（实质上是导体中的自由电子在电场力作用下从 B 移到了 A），形成了电流 i。随着正电荷不断地从 A 移到 B，A、B 两极间的电场逐渐减弱，以至消失，这样，导线中的电流也会减至零。为了维持连续不断的电流，必须保持 A、B 间有一定的电位差，即保持一定的电场。这就需要有一种力来克服电场力把正电荷不断地从 B 极移到 A 极去。电源就是能产生这种力的装置，这种力称之为电源力。例如在发电机中，导体在磁场中运动时，就有磁场能转换为电源力；在电池中，就有化学能转换为电源力。

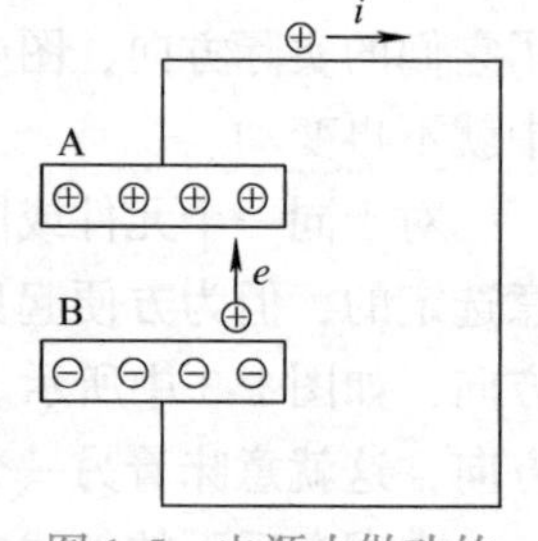

图 1-5 电源力做功的示意图

电源力将单位正电荷从电源的负极移到正极所做的功称为电源的电动势，用e表示，即

$$e=\frac{\mathrm{d}w_{\mathrm{BA}}}{\mathrm{d}q} \tag{1-7}$$

式中，$\mathrm{d}w_{\mathrm{BA}}$表示电源力将$\mathrm{d}q$的正电荷从B移到A所做的功。显然，电动势与电压有相同的单位伏特（V）。

按照定义，电动势的方向是电源力克服电场力移动正电荷的方向，是从低电位到高电位的方向。对于一个电源设备，例如干电池，若其电动势e及其两端钮间的电压u的参考方向选择得相反，如图1-6a所示，那么当电源内部没有其他能量转换时，根据能量守恒原理，应有$u=e$；如果e和u的参考方向选择得相同，如图1-6b所示，则$u=-e$或$e=-u$。

本书在以后论及电源时一般用其端电压u来表述。

例1-1　在图1-7所示电路中，已知$V_{\mathrm{a}}=50\mathrm{V}$；$V_{\mathrm{b}}=-40\mathrm{V}$；$V_{\mathrm{c}}=30\mathrm{V}$，（1）求$U_{\mathrm{ba}}$及$U_{\mathrm{ac}}$；（2）若元件4为一具有电动势$E$的电源装置，在图中所标的参考方向下求$E$的值。

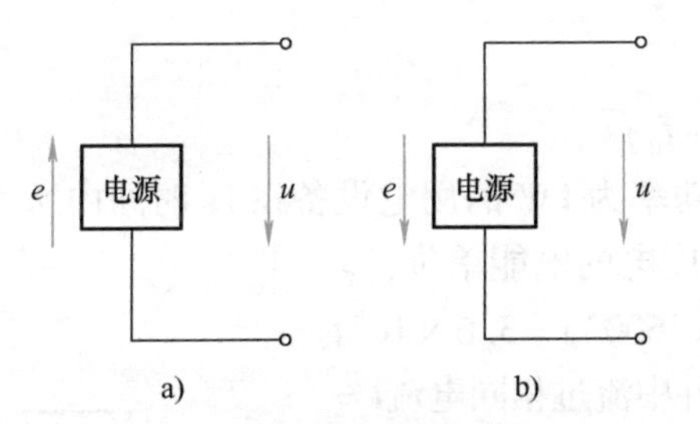

图1-6　电源的电动势e与端电压u

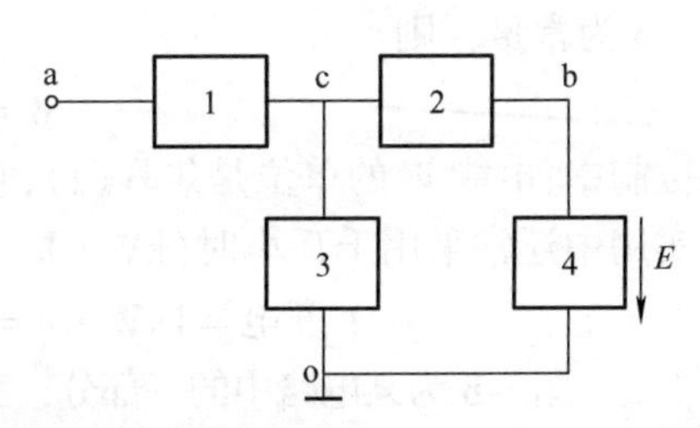

图1-7　例1-1图

解　（1）　因为电压就是电位差，所以

$$U_{\mathrm{ba}}=V_{\mathrm{b}}-V_{\mathrm{a}}=（-40-50）\mathrm{V}=-90\mathrm{V}$$
$$U_{\mathrm{ac}}=V_{\mathrm{a}}-V_{\mathrm{c}}=（50-30）\mathrm{V}=20\mathrm{V}$$

（2）根据电位的定义

$$V_{\mathrm{b}}=U_{\mathrm{bo}}$$

图中，电动势E的参考方向与电压U_{bo}的参考方向相同，故有关系式

$$E=-U_{\mathrm{bo}}$$

即

$$E=-V_{\mathrm{b}}=40\mathrm{V}$$

四、功率与电能

正电荷从一段电路的高电位端移到低电位端是电场力对正电荷做了功，该段电路吸收了电能；正电荷从电路的低电位端移到高电位端是外力克服电场力做了功，即这段电路将其他形式的能量转换成电能释放了出来。把单位时间内电路吸收或释放的电能定义为该电路的功率，用p表示。设在$\mathrm{d}t$时间内电路转换的电能为$\mathrm{d}w$，则

$$p=\frac{\mathrm{d}w}{\mathrm{d}t} \tag{1-8}$$

国际单位制中，功率的单位为瓦特，简称瓦（W）。此外还常用千瓦（kW）及毫瓦（mW）等单位。

对式(1-8)进一步推导可得

$$p=\frac{\mathrm{d}w}{\mathrm{d}t}=\frac{\mathrm{d}w}{\mathrm{d}q}\frac{\mathrm{d}q}{\mathrm{d}t}=ui \tag{1-9}$$

即电路的功率等于该段电路的电压与电流的乘积。直流时，式(1-9) 应写为

$$P=UI \tag{1-10}$$

一段电路，在 u 和 i 的关联参考方向下，若 $p>0$，则说明这段电路上电压和电流的实际方向是一致的，正电荷是在电场力作用下做了功，电路吸收了功率；若 $p<0$，则这段电路上电压和电流的实际方向不一致，一定是外力克服电场力做了功，电路发出功率。在使用式(1-9) 及式(1-10) 时，必须注意 u 和 i 的关联参考方向及各数值的正、负号的含义。

根据能量守恒原理，一个电路中，一部分元器件或电路发出的功率一定等于其他部分元器件或电路吸收的功率。或者说，整个电路的功率是平衡的。

式(1-8) 可写为 $\mathrm{d}w=p\mathrm{d}t$

在 t_0 到 t_1 的一段时间内，电路消耗的电能应为

$$W=\int_{t_0}^{t_1}p\mathrm{d}t \tag{1-11}$$

直流时，p 为常量，则

$$W=P(t_1-t_0) \tag{1-12}$$

国际单位制中,电能 W 的单位是焦耳(J),它表示功率为1W 的用电设备在1s 时间内所消耗的电能。实用中还常采用千瓦小时(kW · h)或称1度电的电能单位,即

$$1\text{度电}=1\text{kW}\cdot\text{h}=(10^3\times3600)\text{J}=3.6\times10^6\text{J} \tag{1-13}$$

例1-2 图1-8为某电路中的一部分，三个元件中流过相同电流 $I=-2$A，$U_1=2$V，(1) 求元件a的功率 P_1，并说明是吸收还是发出功率；(2) 若已知元件b发出功率为10W，元件c吸收功率为12W，求 U_2、U_3。

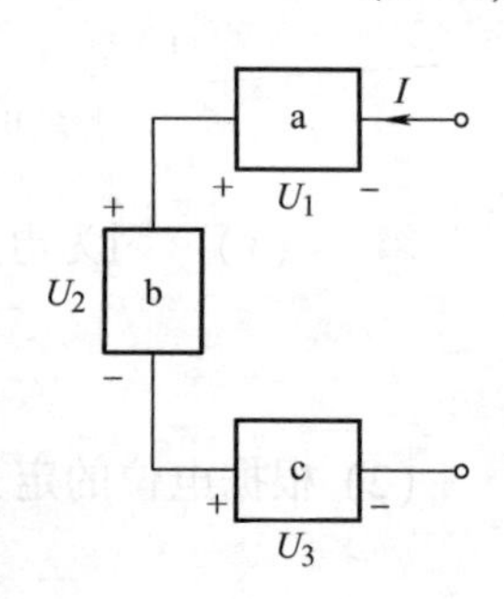

图1-8 例1-2图

解 (1) 对于元件a，电压与电流是非关联参考方向，此时可假想将其中一个量的参考方向改变一下（注意不要在图中重新标参考方向），其值应与原设定方向下的值相差一个负号，这时，该元件电压与电流的方向就变成为关联的了。所以，在元件的电压、电流为非关联参考方向下，计算功率的公式应为 $P=-UI$，即对于本例中元件a，有

$$P_1=-U_1I$$

代入数据得

$$P_1=(-2)\text{V}\times(-2)\text{A}=4\text{W}\ (\text{吸收})$$

(2) 元件b的电压 U_2 与电流 I 是关联参考方向，且发出功率，则 P_2 为负值，即

$$U_2I=-10\text{W}$$

$$U_2=\left(\frac{-10}{-2}\right)\text{V}=5\text{V}$$

同样道理，元件c有关系式

$$U_3I=12\text{W}$$

$$U_3=\left(\frac{12}{-2}\right)\text{V}=-6\text{V}$$

思考题

1-2-1　已知某电路中 $U_{ab}=-5\text{V}$，说明 a、b 两点中哪点电位高。

1-2-2　图 1-9 中，已知 $V_a=-5\text{V}$，$V_b=3\text{V}$，求 U_{ac}、U_{bc}、U_{ab}。若改 b 点为参考点，求 V_a、V_b、V_c，并再求 U_{ac}、U_{bc}、U_{ab}。由计算结果可说明什么道理？

1-2-3　试计算图 1-10 中电源装置的功率，并说明它是吸收功率还是发出功率。

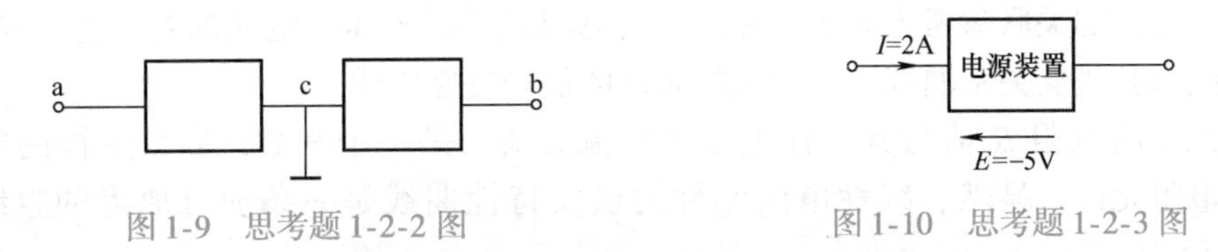

图 1-9　思考题 1-2-2 图　　　　图 1-10　思考题 1-2-3 图

第三节　电阻元件和欧姆定律

一、电阻元件

电流在电路中流通时会受到导体或电气设备的阻力而消耗电能，电阻元件就是反映电路元器件消耗电能这一物理性能的一种理想元件。电阻元件在电路中的符号如图 1-11a 所示。

物理学中对于长直导线的电阻值有如下计算公式：

$$R=\rho\frac{l}{S}=\frac{l}{\gamma S} \tag{1-14}$$

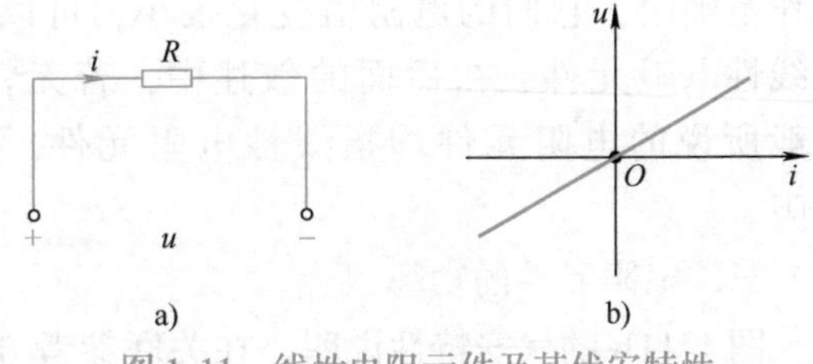

图 1-11　线性电阻元件及其伏安特性

式中，R 为电阻值，其基本单位为欧姆（Ω），常用单位还有千欧（kΩ）及兆欧（MΩ）；l 为导线的长度，单位为米（m）；S 为导线的截面积，单位为平方米（m^2）；ρ 是导线材料的电阻率，单位为欧·米（Ωm）；γ 是材料的电导率，单位为西门子/米（S/m）。ρ、γ 的值与导线材料有关，可在有关手册中查到。

工程实际中广泛使用着各种电阻器、电阻炉、白炽灯等元器件，一般情况下它们都可用电阻元件来表示。

电阻 R 的倒数称为电导，用 G 表示，即

$$G=\frac{1}{R} \tag{1-15}$$

电导的单位为西门子（S）。

同一个电阻元件既可用电阻 R 表示，也可用电导 G 表示。

二、电阻元件的欧姆定律和伏安特性

在讨论各种元件的性能时，重要的是确定其端电压与其电流之间的关系，这种关系称为伏安特性，也称“元件约束”。欧姆定律反映了任一时刻电阻元件的这种约束关系。在电压与电流的关联参考方向下，欧姆定律表达式为

$$u = iR \tag{1-16a}$$

应用欧姆定律时一定要注意电压和电流的参考方向，当电阻元件的电压与电流的参考方向选择得不一致时（非关联），欧姆定律表达式应为

$$u = -iR \tag{1-16b}$$

引入电导概念后，欧姆定律式(1-16a) 可表达为

$$i = uG \tag{1-17}$$

工程中还采用伏安特性曲线来反映电阻元件的伏安关系。伏安特性曲线通常由实验测定，在电压与电流的关联参考方向下，逐点测出电阻元件的电压与电流的对应值，并在 u-i 坐标平面上画出其伏安关系曲线，即为电阻元件的伏安特性曲线。

若电阻元件的电阻 R 值与其工作电压或电流无关，是一个常数，那么这样的电阻元件称为线性电阻元件。显然，线性电阻元件的伏安特性曲线是一条通过原点的直线，如图 1-11b 所示。

如果电阻元件的电阻值不是一个常数，也就是说，它的数值会随着其工作电压或电流的变化而变化，那么这样的电阻元件称为非线性电阻元件，它的伏安特性就不再是一条通过原点的直线。图 1-12 所示是某二极管的伏安特性曲线，二极管是非线性电阻元件。

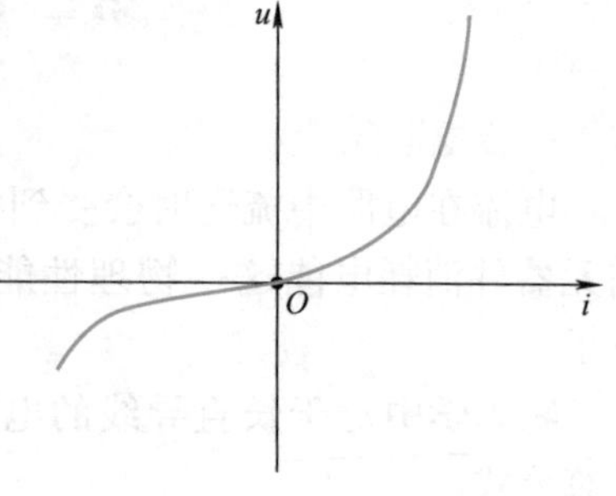

图 1-12 非线性电阻元件的伏安特性

实际的电阻元件或多或少都是非线性的，但这些元件，特别像线绕电阻器、金属膜电阻等，在一定的工作范围内，它们的电阻值变化很小，可以近似地看作线性电阻元件。在后面的叙述中，若无特殊说明，一般所说的电阻元件均指线性电阻元件，并简称为电阻。

三、电阻元件的功率

图 1-11b 的伏安特性说明，在关联参考方向下，电阻元件上的电压和电流值总是同号的，由式(1-9) 可知，其功率 p 总是正值，即总是在消耗功率，所以，电阻元件是耗能元件。

将式(1-16a) 代入式(1-9) 可得到计算电阻元件功率的另外两个公式为

$$p = i^2 R \tag{1-18}$$

$$p = \frac{u^2}{R} \tag{1-19}$$

在应用以上两式时，一定要注意，i 必须是流过电阻 R 的电流，u 必须是电阻 R 两端的电压。

思 考 题

1-3-1 有时欧姆定律可写成 $u = -iR$，说明此时电阻值是负的，对吗？

1-3-2 求图 1-13 中的 U 或 I。

1-3-3 求图 1-14 所示电路中的 V_a、V_b、U_{ab}。

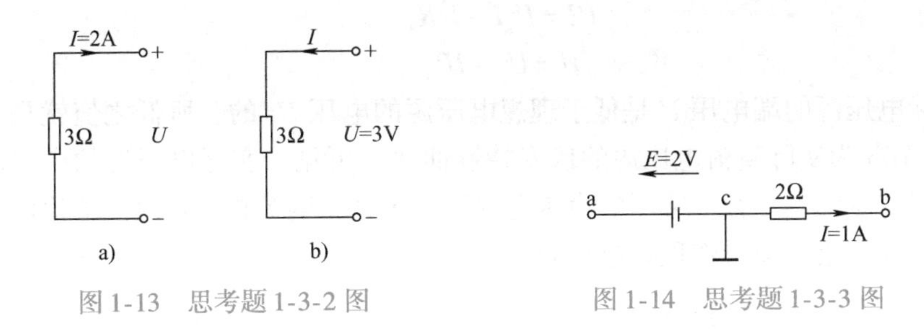

图 1-13　思考题 1-3-2 图　　图 1-14　思考题 1-3-3 图

1-3-4　有两个不同阻值的电阻元件，若它们的额定功率相同，则哪个元件的额定电流大？

1-3-5　有人说电阻元件消耗的功率与电阻值的大小成正比，也有人说电阻元件消耗的功率与电阻值的大小成反比。怎样的说法才是正确的？

第四节　电压源和电流源

前已述及，电源是能将其他形式能量转换成电能的装置，称之为有源元件。本节介绍有源元件的两种电路模型。

一、电压源

电压源是理想电压源的简称。理想电压源是这样的一种理想二端元件：它两端的电压是一个定值 U_s 或是一定的时间函数 u_s，与流过它的电流无关；而流过它的电流不全由它本身确定，应由与之相联接的外电路共同确定。

理想电压源在电路中的图形符号如图 1-15a 所示，其中 u_s 为电压源的电压，“+”“−”号是其参考极性。

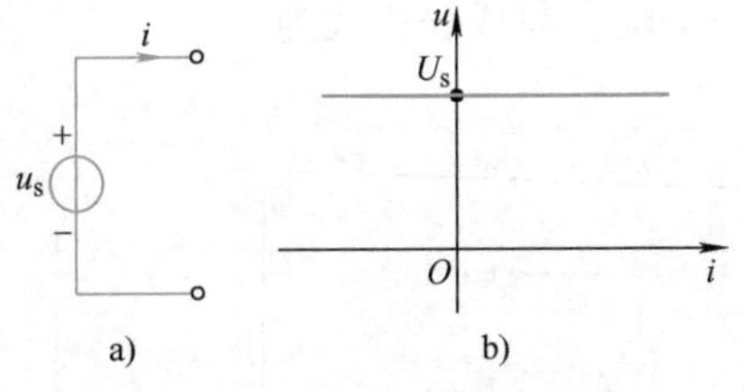

图 1-15　电压源模型及直流电压源的伏安特性

如果电压源的电压是定值 U_s，则称之为直流电压源，图 1-15b 是直流电压源的伏安特性。

根据所联接的外电路，电压源中电流的实际方向既可从它的低电位端流向高电位端，也可从高电位端流向低电位端，前者是在发出功率，起电源的作用，而后者则是在吸收功率，是电路的负载，如蓄电池充电。

理想电压源实际上是不存在的。电源内部总是存在一定的电阻，称之为内阻。例如电池是一个实际的直流电压源，当接上负载有电流流过时，内阻就会有能量损耗，电流越大，损耗也越大，端电压就越低，这样，电池就不具有端电压为定值的特点。这时该实际电压源就可以用一个理想电压源 U_s 和内阻 R_s 相串联的电路模型来表示，如图 1-16a 中的点画线框内所示。图中 R_L 为负载，即电源的外电路。分析该电路的功率平衡情况，应有关系式

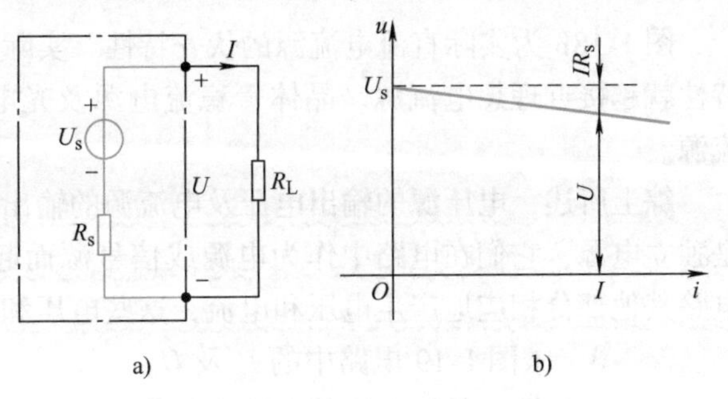

图 1-16　实际直流电压源模型及其伏安特性

$$UI = U_s I - I^2 R_s$$

即

$$U = U_s - IR_s \tag{1-20}$$

上式说明，实际电压源的端电压 U 是低于理想电压源的电压 U_s 的，所低之值就是其内阻的压降 IR_s。图 1-16b 为实际直流电压源的伏安特性曲线。可见，实际电压源的内阻越小，其特性越接近理想电压源。工程中常用的稳压电源以及大型电网等在工作时的输出电压基本不随外电路变化，都可近似地看作理想电压源。

二、电流源

电流源是理想电流源的简称。理想电流源是这样的一种理想二端元件：它向外输出定值电流 I_s 或一定的时间函数 i_s 而与它的端电压无关；它的端电压不全由它本身确定，而由与之相联接的外电路共同确定。

理想电流源在电路中的图形符号如图 1-17a 所示，其中 i_s 为电流源输出的电流，箭头标出了它的参考方向。图 1-17b 为直流电流源的伏安特性。

根据所联接的外电路，电流源端电压的实际方向可与其输出电流的实际方向相反，也可相同，前者是在发出功率，后者是在吸收功率。

理想电流源实际上也是不存在的。由于内电导的存在，电流源中的电流并不能全部输出，有一部分将在内部分流。实际电流源可用一个理想电流源 i_s 与内电导 G_s 相并联的电路模型来表示。图 1-18a 中，点画线框内所示为一实际直流电流源的电路模型。很显然，该实际电流源输出到外电路中的电流 I 小于电流源电流 I_s，所小之值即为内电导 G_s 上的分流 $I_1 = UG_s$，写成表达式为

$$I = I_s - UG_s \tag{1-21}$$

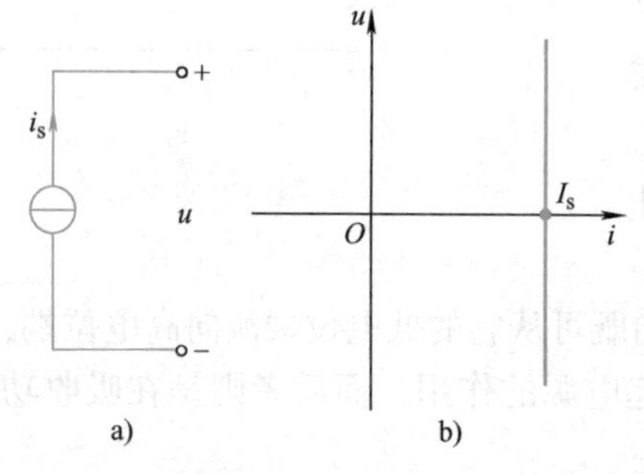

图 1-17 电流源模型及直流电流源的伏安特性

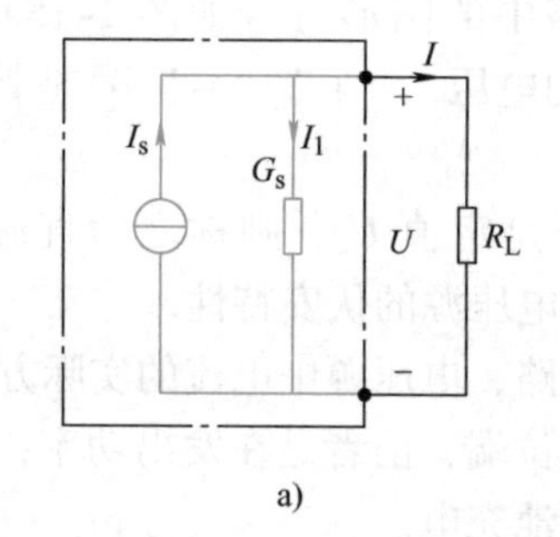

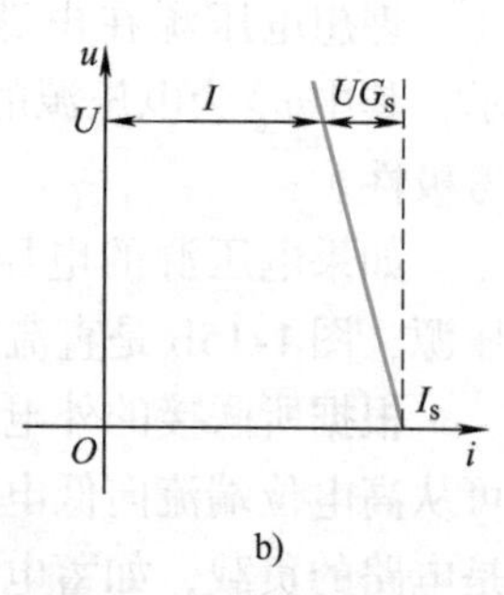

图 1-18 实际直流电流源模型及其伏安特性

图 1-18b 为实际直流电流源的伏安特性。实际电流源的内电导越小，内部分流越小，其特性就越接近理想电流源。晶体管稳流电源及光电池等器件在工作时可近似地看作理想电流源。

综上所述，电压源的输出电压及电流源的输出电流都不随外电路的变化而变化，它们都是独立电源，它们在电路中作为电源或信号源而起作用，称作“激励”。在它们的作用下，电路其他部分相应地产生电压和电流，这些电压和电流就称作“响应”。

例 1-3 求图 1-19 电路中的 I_s 及 U。

解 电流源向外输出定值电流，负载 R 上的电流 I 即为电流源的输出电流 I_s，即

$$I_s = I = 2\text{A}$$

电流源的端电压由与之相联接的外电路共同决定，此处即为电阻 R 上的电压，所以

$$U = IR = (2\times2)\text{V} = 4\text{V}$$

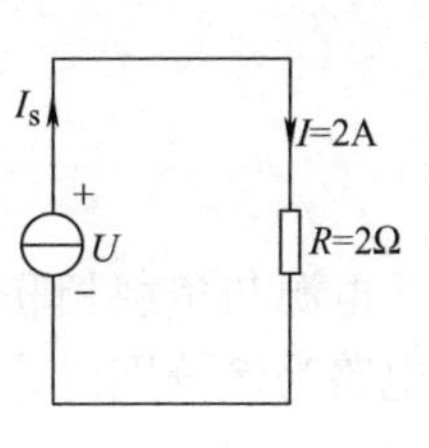

图 1-19　例 1-3 图

例 1-4　图 1-20 电路中，一电压源与一电流源相联接，试分析它们的功率情况。

解　流过电压源的电流由与它相联接的电流源决定，在图示参考方向下，$I=1\text{A}$，电压源的功率为

$$P_1 = (2\times1)\text{W} = 2\text{W}\quad（吸收）$$

电流源的端电压由与它相联接的电压源决定，在图示参考方向下，$U=2\text{V}$，电流源的功率为

$$P_2 = (-2\times1)\ \text{W} = -2\text{W}\quad（发出）$$

在一个电路中，所谓“外电路”是相对而言的，本例中，电流源是电压源的外电路，而电压源又是电流源的外电路。

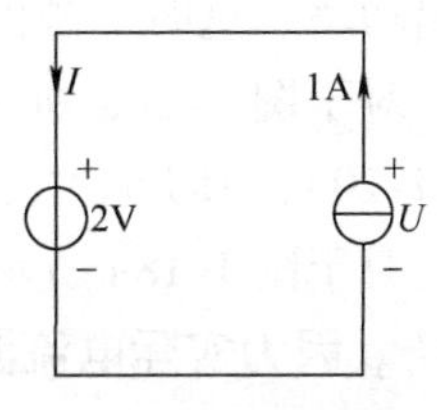

图 1-20　例 1-4 图

思考题

1-4-1　求图 1-21 所示各电源的功率，并说明是吸收还是发出功率。

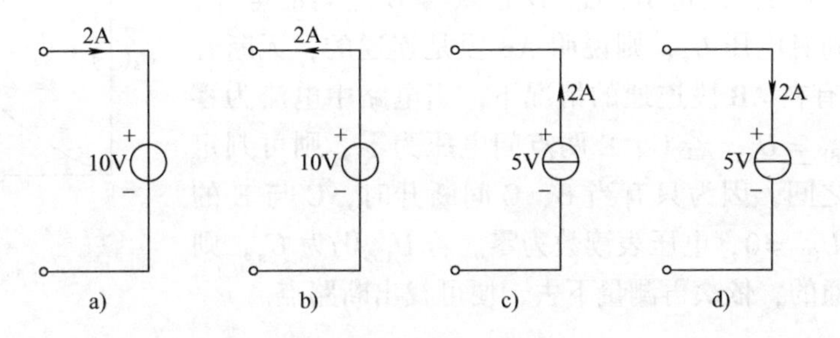

图 1-21　思考题 1-4-1 图

1-4-2　能否用图 1-22 中 a、b 两电路模型分别表示实际直流电压源和实际直流电流源？

1-4-3　求图 1-23 电路中各元件的功率，并分析功率平衡情况。若图中 1Ω 电阻元件阻值改变时，哪个电源的功率不变？

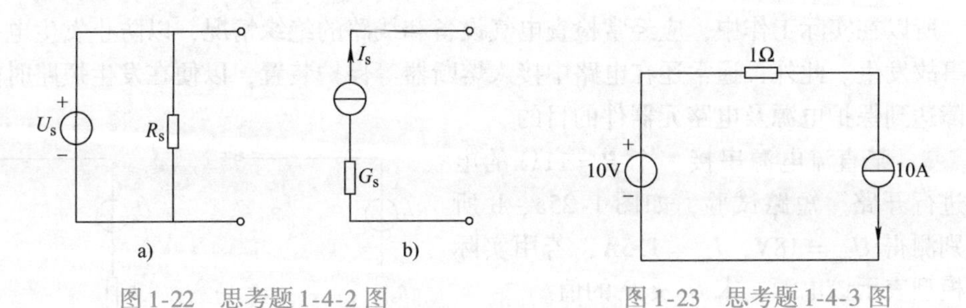

图 1-22　思考题 1-4-2 图　　图 1-23　思考题 1-4-3 图

第五节 电路的工作状态

电源与负载相联接，根据所接负载的情况，电路有几种不同的工作状态。本节以简单直流电路为例分别讨论电路在开路、短路和额定工作状态时的一些特征。

一、开路

开路状态也称断路状态，这时电源和负载未构成通路，负载上电流为零，电源空载，不输出功率。这时电源的端电压称为开路电压，用 U_{oc} 表示。

对于图 1-16a 所示的实际直流电压源，开路时 $I=0$，内阻 R_s 上的电压降为零，根据式(1-20)，其开路电压即为电压源电压，$U_{oc}=U_s$。

对于图 1-18a 所示的实际直流电流源，开路时的端电压可根据式(1-21) 得到为 $U_{oc}=I_s/G_s$。因为实际电流源的内电导 G_s 一般都很小，其开路电压将很大，会损坏电源设备，所以电流源不应处于开路状态。

根据电压源在开路时 $I=0$、$U_{oc}=U_s$ 的特点，在实际工作中，可以很方便地借助于电压表来寻找一个电路的断开点。如图 1-24 所示电路，当电流表的电流为零时，说明电路中有断路点。用电压表接在电源两端，即图中的 A、E 两点（直流时要注意电压表的极性)，电压表有读数为 U_s，然后把表的一端从 A 点移开，分别去测量 B、C、D 各点与 E 点间的电压，如果 B、E 两点间有电压 U_s，则说明 AB 段是连通的，无断开点，这是因为只有在 AB 段连通的情况下，当电路中电流为零时才可能存在 $U_{BE}=U_s$。若 C、E 两点间电压为零，则可判定断路点在 B、C 之间，因为只有当 B、C 间断开时，C 与 E 的电位才相等，即 $U_{CE}=0$，电压表读数为零。若 U_{CE} 仍为 U_s，则表明 BC 段是连通的，依次再测量下去，便可找出断路点。

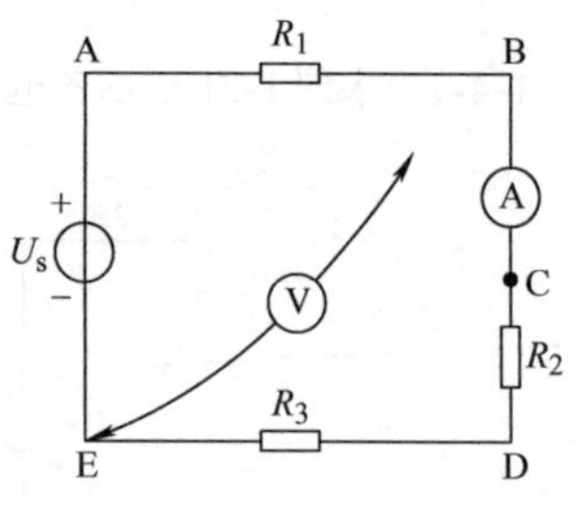

图 1-24 用电压表确定电路断路点

二、短路

短路状态指的是电源两端由于某种原因而短接在一起的情况。这时相当于负载电阻为零，电源的端电压为零，不输出电功率。

短路时电源的输出电流称短路电流，用 I_{sc} 表示。显然，实际电流源的短路电流 $I_{sc}=I_s$。对于实际电压源，因为内阻 R_s 一般都很小，其短路电流 $I_{sc}=U_s/R_s$ 将很大，会使电源发热以致损坏。所以在实际工作中，应经常检查电气设备和线路的绝缘情况，以防止发生电压源被短路的事故发生。此外，通常还在电路中接入熔断器等保护装置，以便在发生短路时能迅速切除故障达到保护电源及电路元器件的目的。

例 1-5 某直流电源串接一个 $R=11\Omega$ 的电阻后，进行开路、短路试验，如图 1-25a、b 所示，分别测得 $U_{oc}=18\text{V}$，$I_{sc}=1.5\text{A}$，若用实际电压源模型表示该电源，求 U_s 及 R_s 的值。

解 电源开路时 $U_s=U_{oc}=18\text{V}$，电源短路时，$I_{sc}=\dfrac{U_s}{R_s+R}$ 故

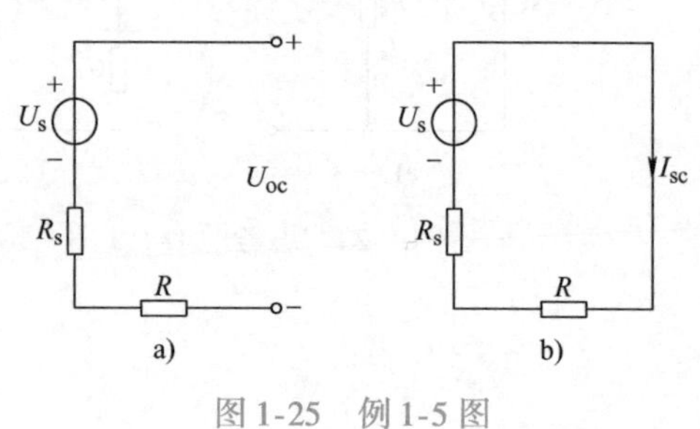

图 1-25 例 1-5 图

$$R_s = \frac{U_s}{I_{sc}} - R = \left(\frac{18}{1.5} - 11\right)\Omega = 1\Omega$$

本例是一种求解实际电压源的电动势和内阻的实验方法。

三、额定工作状态

电源接有一定负载时，将输出一定大小的电流和功率。通常，电路负载是并联在电源上的，如图1-26所示。因电源输出电压基本不变，所以负载的端电压也就基本不变，一般情况下，负载并接得越多，电源输出的电流也越大，输出功率也越大。

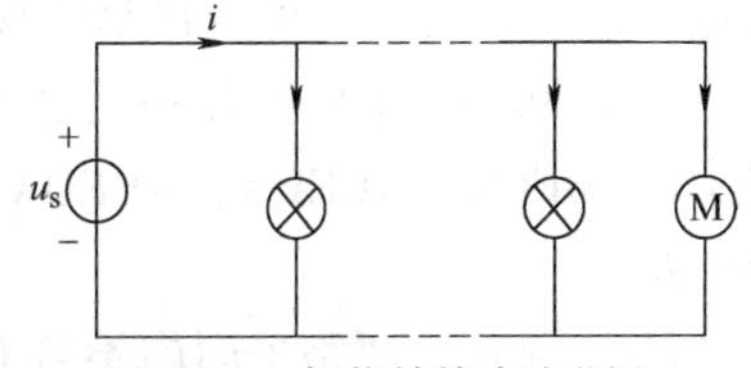

图1-26　负载并接在电源上

任何电气设备都有一定的电压、电流和功率的限额。额定值就是电气设备制造厂对产品规定的使用限额，通常都标在产品的铭牌或说明书上。电气设备工作在额定值的情况下就称为额定工作状态。

电源设备的额定值一般包括额定电压 U_N、额定电流 I_N 和额定容量 S_N。其中 U_N 和 I_N 是指电源设备安全运行所规定的电压和电流限额；额定容量 $S_N = U_N I_N$，表征了电源最大允许的输出功率，但电源设备工作时不一定总是输出规定的最大允许电流和功率，究竟输出多大还取决于所联接的负载。

负载的额定值一般包括额定电压 U_N、额定电流 I_N 和额定功率 P_N。对于电阻性负载，由于这三者与电阻 R 之间具有一定的关系式，所以它的额定值不一定全部标出。如灯泡只给出额定电压和额定功率；碳膜电阻、金属膜电阻等只给出电阻值和额定功率，其他额定值则可由相应公式算得。

应合理地使用电气设备，尽可能使它们工作在额定状态下，这样既安全可靠又能充分发挥设备的作用。这种工作状态有时也称“满载”，设备超过额定值工作时称“过载”。如过载时间较长，则会大大缩短设备的使用寿命，在严重的情况下甚至会使电气设备损坏。但如果使用时的电压、电流值比额定值小得多，那么设备就不能正常合理地工作或者不能充分发挥其工作能力，这都是应避免的。

思考题

1-5-1　测得一实际电源的开路电压为40V，短路电流为2A，分别画出其电压源及电流源模型，并求各参数值。当它外接20Ω电阻负载时，负载电流为多大？

1-5-2　一台额定电流是100A的直流发电机，只接有60A的照明负载，对剩余的40A电流如何理解？负载的大小一般以什么来衡量？

1-5-3　铭牌上标有40kW、230V、174A的直流发电机，什么情况下是空载、满载和过载？

第六节　基尔霍夫定律

前已述及，各种电路元器件的性能都由元器件约束关系来表征。一些元器件按一定方式联接后就构成了电路整体。那么它们相互间的电流和电压又有什么联系呢？互相是如何制约的呢？基尔霍夫定律反映了这类约束关系，称之为“拓扑约束”。

一、与拓扑约束有关的几个名词

（1）支路 电路中的每个分支都叫支路。图1-27所示电路中，ABE、ACE、ADE这三个分支都是支路。一条支路中流过同一个电流，称为支路电流，如图中的i_1、i_2、i_3。ABE、ACE两支路中含有有源元件，称为有源支路；ADE支路不含有源元件，称无源支路。

（2）节点 三个或三个以上支路的连接点叫作节点。图1-27电路中，A、E两点都是节点，而B、C、D则不称为节点。这样，支路也可看作是连接两个节点的一段分支。

（3）回路 电路中任一闭合路径都称为回路。图1-27电路中，ABECA、ACEDA、ABEDA都是回路，此电路只有三个回路。

（4）网孔 回路平面内不含有其他支路的回路就叫作网孔。图1-27电路中，回路ABECA和ACEDA就是网孔，而回路ABEDA平面内含有ACE支路，所以它就不是网孔。

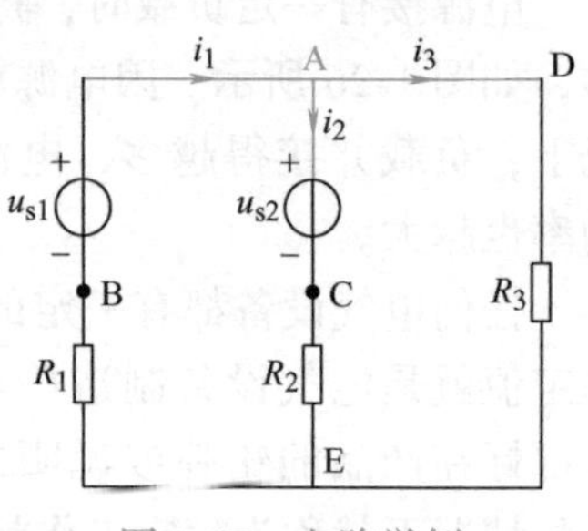

图1-27 电路举例

网孔只有在平面电路中才有意义。所谓平面电路，就是将该电路画在一个平面上时，不会出现互相交叉的支路。

二、基尔霍夫电流定律

基尔霍夫电流定律也称基尔霍夫第一定律，简称KCL。其内容是：任一时刻，流入（或流出）任一节点的所有支路电流的代数和恒等于零。数字表达式为

$$\sum i = 0 \tag{1-22}$$

电路的分析计算都是在事先指定参考方向的情况下进行的，在运用式(1-22)列写KCL方程时，应根据各支路电流的参考方向是流入还是流出节点来判断其在代数和中是取正号还是取负号。若流入节点的电流取正号，则流出的就应取负号。例如对于图1-27电路中的节点A，其KCL方程为

$$i_1 - i_2 - i_3 = 0$$

即

$$i_1 = i_2 + i_3$$

所以基尔霍夫电流定律也可表述为：任何时刻流入任一节点的电流必定等于流出该节点的电流。

由于采用了参考方向，在KCL方程中，各电流本身的值还有正、负，具体计算时还应把各电流的代数值代入方程中，所以在使用基尔霍夫电流定律时，必须注意两套正、负号。

基尔霍夫电流定律通常用于节点，但也可推广应用于电路中包围着几个节点的封闭面，如图1-28中，点画线画出的封闭面S包围了三个节点A、B、C，分别写出这些节点的KCL方程为

节点A：$i_1 - i_4 + i_6 = 0$

节点B：$i_2 + i_4 - i_5 = 0$

节点C：$i_3 + i_5 - i_6 = 0$

以上三式相加得

$$i_1 + i_2 + i_3 = 0$$

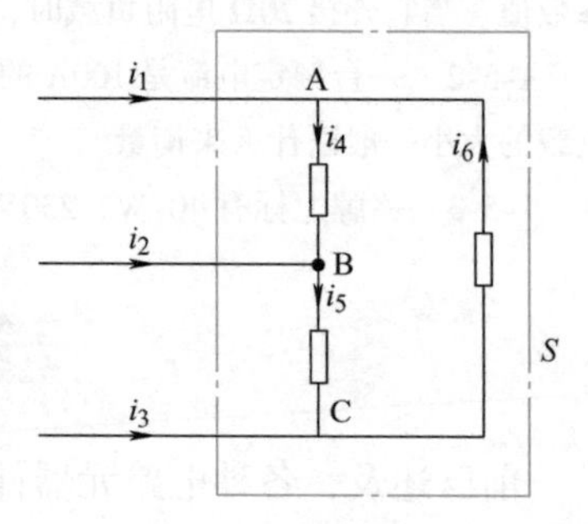

图1-28 基尔霍夫电流定律的推广

可见，流入电路中任一封闭面的电流代数和恒等于零。

基尔霍夫电流定律体现了电流的连续性原理，也即电荷守恒原理。在电路中进入某一地方多少电荷，必定同时从该地方出去多少电荷。这就是在电路的同一条支路中各处电流都相等的道理。同时，由 KCL 也不难理解，对于电路中的不同支路，一般情况下有着各不相同的支路电流。

例 1-6　图 1-29 是某复杂电路中的一部分，试根据图中给定的条件，求未知电流 I_1 和 I_2。

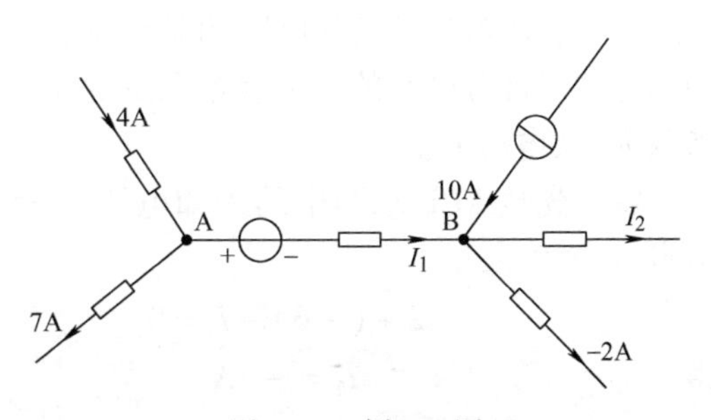

图 1-29　例 1-6 图

解　对 A 节点列 KCL 方程得

$$4-7-I_1=0$$ ⊖

得

$$I_1=-3\text{A}$$

对 B 节点列 KCL 方程得

$$I_1+10-(-2)-I_2=0$$

$$(-3)+10-(-2)-I_2=0$$

得

$$I_2=9\text{A}$$

三、基尔霍夫电压定律

基尔霍夫电压定律也称基尔霍夫第二定律，简称 KVL。其内容是：任一时刻，沿电路的任一回路绕行方向，回路中各段电压的代数和恒等于零。数字表达式为

$$\sum u=0 \tag{1-23}$$

应用上式时，必须先选定回路的绕行方向，可以是顺时针，也可以是逆时针。各段的电压参考方向也应选定，若电压的参考方向与回路的绕行方向一致，则该项电压取正，反之则取负。同时，各电压本身的值也还有正负之分，所以应用基尔霍夫电压定律时也必须注意两套正负号。例如对于图 1-30 所示的回路，选择顺时针绕行方向（图中不必标出），按各元件上电压的参考极性，可列出 KVL 方程为

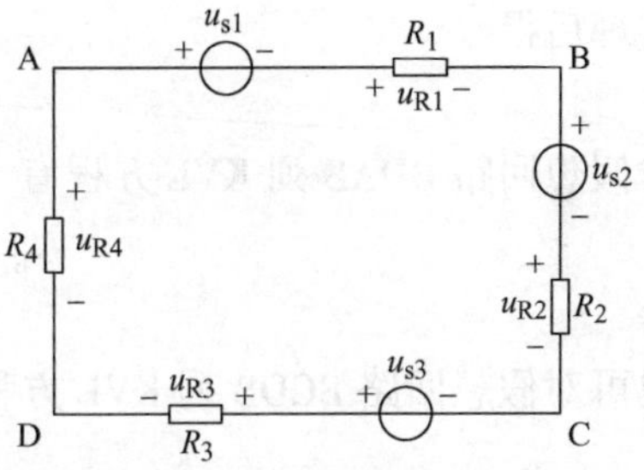

图 1-30　基尔霍夫电压定律示图

$$u_{s1}+u_{R1}+u_{s2}+u_{R2}-u_{s3}+u_{R3}-u_{R4}=0$$

基尔霍夫电压定律实质上是电路中两点间的电压与路径选择无关这一性质的体现。从电路中的一点出发，经任意路径绕行一周回到原点，那么所经回路中所有电位升必定等于所有电位降。

KVL 不仅适用于实际回路，也可推广应用于假想回路。例如对图 1-30 中的假想回路 ABCA，可列出 KVL 方程为

$$u_{s1}+u_{R1}+u_{s2}+u_{R2}-u_{AC}=0$$

即

$$u_{AC}=u_{s1}+u_{R1}+u_{s2}+u_{R2}$$

用这样的方法可以很方便地计算出电路中任两点间的电压。

基尔霍夫两个定律从电路的整体上分别阐明了各支路电流之间和各支路电压之间的约

⊖ 为方便读者，本书后面述及的量方程中的量值均省略了单位，如无特殊说明，电压、电流、电阻的单位分别是 V、A、Ω。

束关系。以上讨论中可以看出，这种关系仅与电路的结构和联接方式有关，而与电路元件的性质无关。电路的这种拓扑约束和表征元件性能的元件约束共同统一了电路整体，支配着电路各处的电压和电流，它们是分析一切集中参数电路的基本依据，贯穿于课程的始终。

例1-7　图1-31所示某电路中的一个回路，通过A、B、C、D四个节点与电路的其他部分相连接，图中已标注出部分已知的元件参数及支路电流，求未知参数 R_3 及电压 U_{BD}。

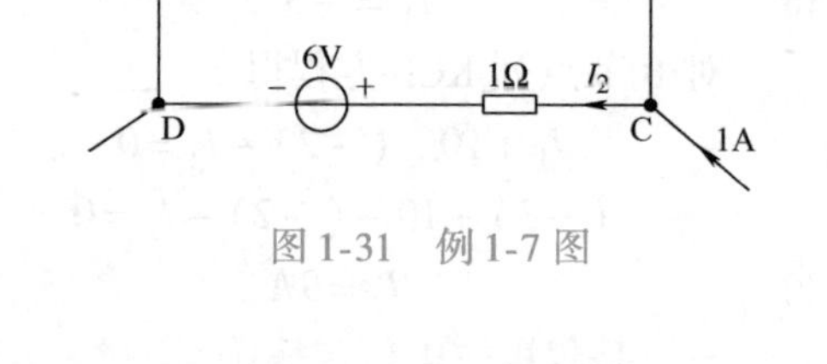

图1-31　例1-7图

解　先按KCL求图中的未知电流 I_1 和 I_2。对于节点B有关系式

$$2+(-6)-I_1=0$$

得

$$I_1=-4\text{A}$$

对于节点C有关系式

$$(-4)+1-I_2=0$$

得

$$I_2=-3\text{A}$$

再按KVL列回路电压方程。图中各电阻元件的电压参考方向均未标出，意味着它们都与相应元件的电流参考方向相关联，且符合 $U=IR$ 的关系式。此处选择回路的绕行方向为顺时针方向，并将各数据代入方程有

$$10+2\times1+(-4)R_3+(-3)\times1+6-(-2)\times5=0$$

整理后得

$$R_3=6.25\Omega$$

对假想回路BDAB列KVL方程有

$$U_{BD}-(-2)\times5+10+2\times1=0$$

得

$$U_{BD}=-22\text{V}$$

也可对假想回路BCDB列KVL方程求得 U_{BD}，读者可自行练习。

思考题

1-6-1　图1-32a、b两电路中，I_0 和 I_1 各为多少？

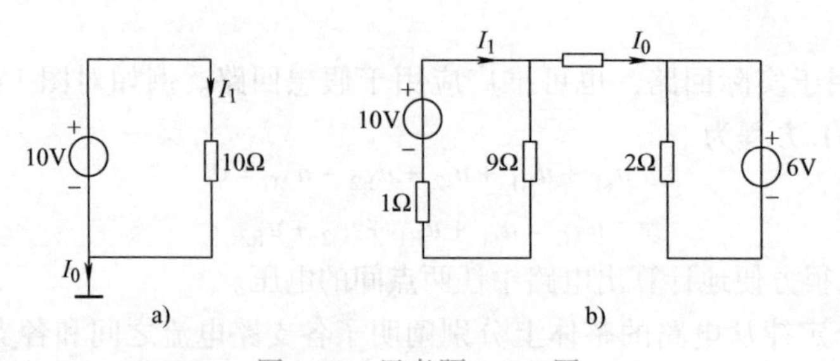

图1-32　思考题1-6-1图

1-6-2　用KVL求图1-33各含源支路中的未知量。

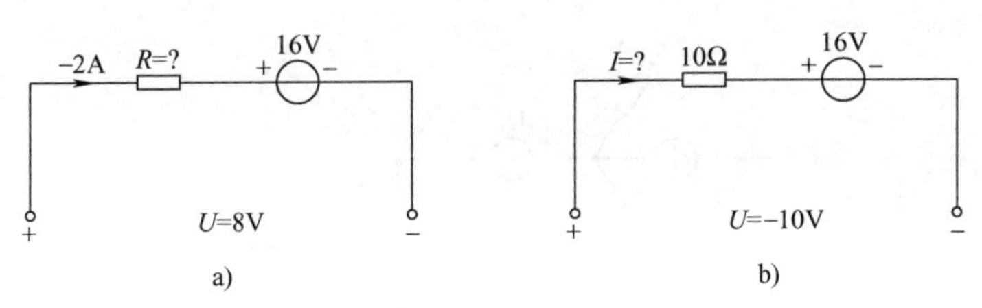

图 1-33　思考题 1-6-2 图

1-6-3　图 1-34 所示两个电路中，都有 $I_1=\dfrac{U_{s1}}{R_1+R_3}$ 的关系式吗？为什么？

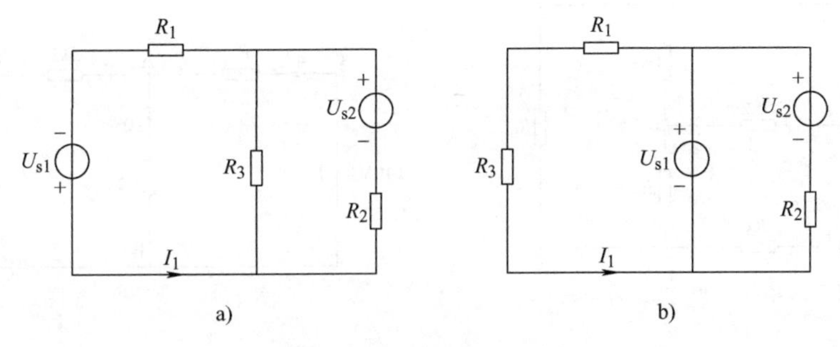

图 1-34　思考题 1-6-3 图

习　题

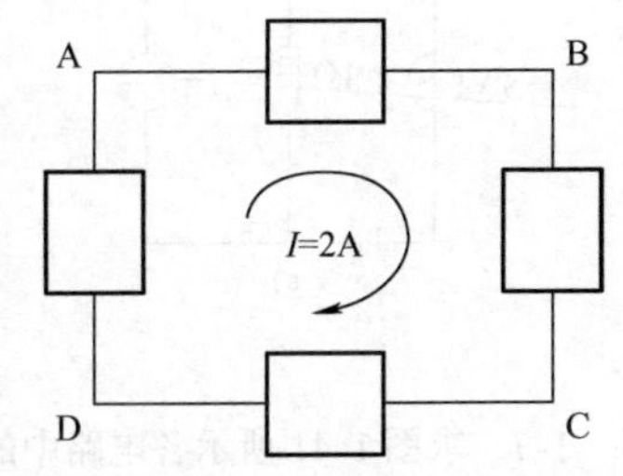

图 1-35　习题 1-1 图

1-1　图 1-35 中已知 AB 段电路产生功率为 500W，BC、CD、DA 三段电路消耗功率分别为 50W、400W 和 50W。试根据图中所标电流的方向和大小，标出各段电路两端电压的实际极性，并计算电压 U_{AB}、U_{BC}、U_{DC}、U_{DA}。

1-2　求图 1-36 所示各电路中的电压 U 及电流 I，并计算各元件消耗或发出的功率。

1-3　根据图 1-37 中给定的电流，尽可能多地确定其他元件上的电流。

1-4　列出图 1-38 中所有节点的 KCL 方程和所有回路的 KVL 方程（设各元件参数均已知）。

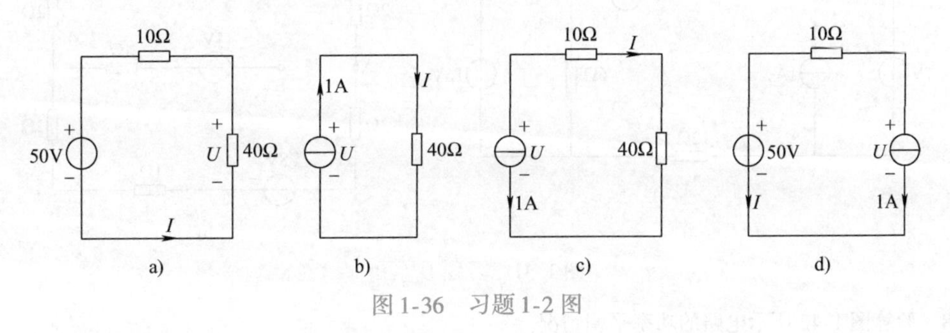

图 1-36　习题 1-2 图

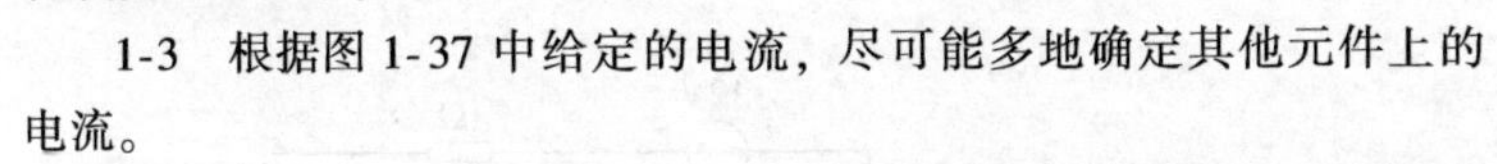

1-5　图 1-39 所示电路中，若以 B 点为参考点，求 A、C、D 三点的电位及 U_{AC}、U_{AD}、U_{CD}。若改 C 点为参考点，再求 A、C、D 点的电位及 U_{AC}、U_{AD} 和 U_{CD}。

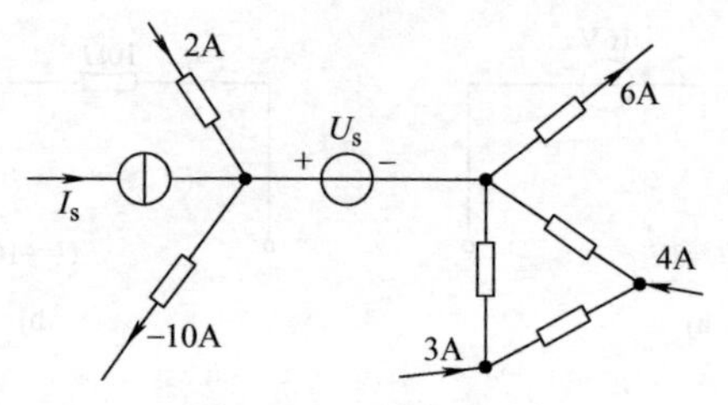

图 1-37　习题 1-3 图

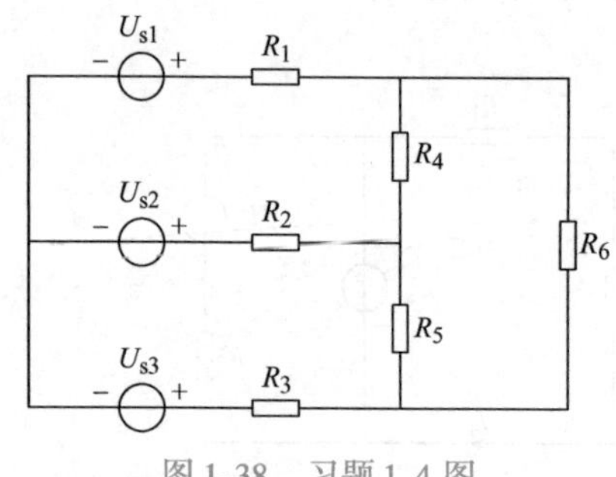

图 1-38　习题 1-4 图

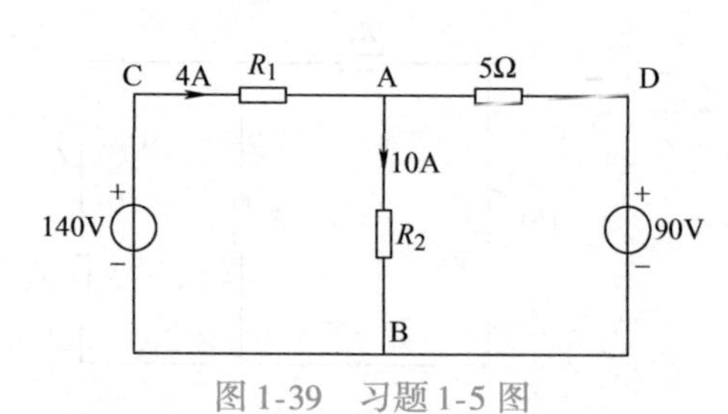

图 1-39　习题 1-5 图

1-6　求图 1-40 所示各电路中电源的功率。

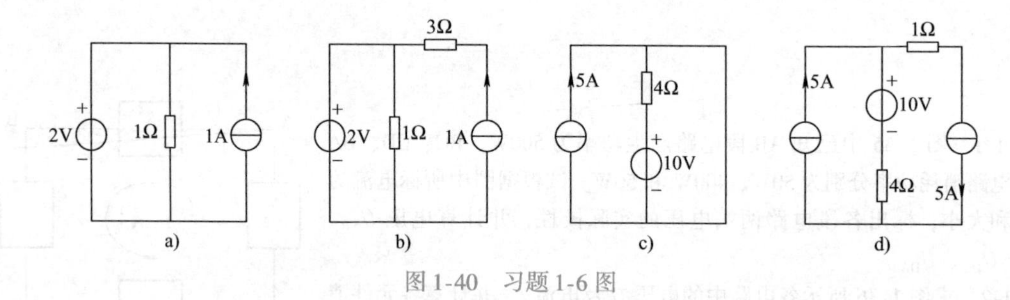

图 1-40　习题 1-6 图

1-7　求图 1-41 所示各电路中的开路电压 U_{AB}。

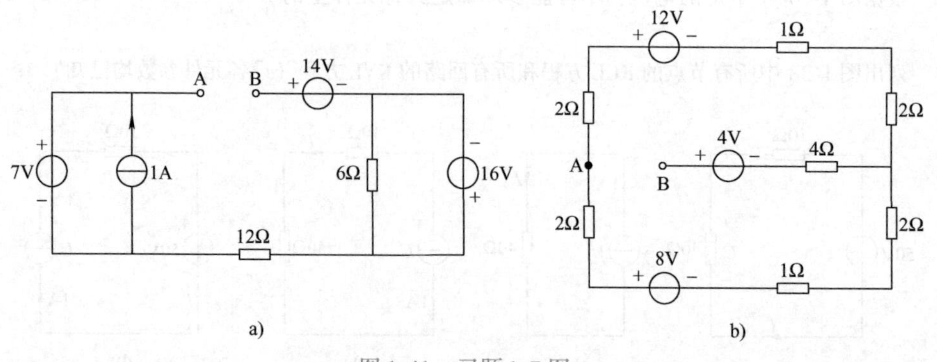

图 1-41　习题 1-7 图

1-8　验算图 1-42 所示电路的功率平衡情况。

1-9　利用 KCL、KVL 确定图 1-43 所示电路中各电流源的电压。

1-10　利用 KCL、KVL 确定图 1-44 所示电路中各电压源的电流。

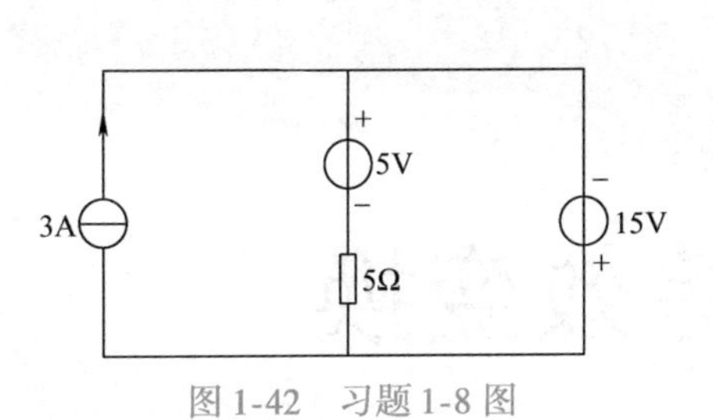

图 1-42　习题 1-8 图

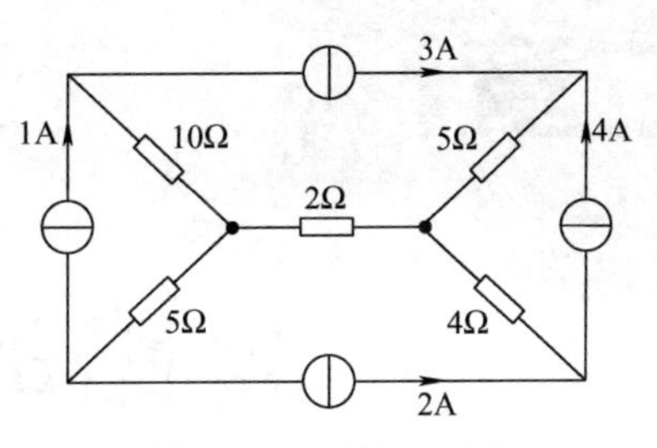

图 1-43　习题 1-9 图

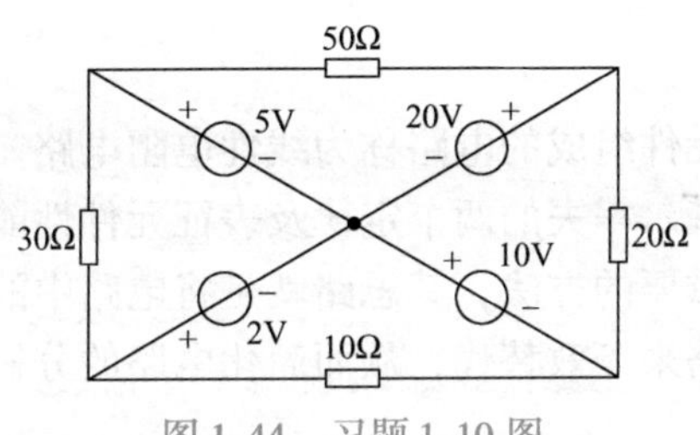

图 1-44　习题 1-10 图

第二章 电路的等效变换

由独立电源及线性电阻元件组成的电路称为线性电阻电路。分析线性电阻电路的方法很多，但它们的基本依据都是基尔霍夫的两个定律及表征元件性能的元件约束关系。等效变换是分析线性电阻电路的一种重要的方法，其思路就是将电路中的某一部分用一个在外特性上具有相同作用效果的简单电路来等效替代，从而简化电路的分析计算。本章将着重介绍一些等效变换的方法。

第一节 电阻的串、并、混联及等效变换

一、电阻的串联

图 2-1a 点画线框内所示的电路是 n 个电阻的串联，其特点是：各电阻元件首尾相连，且连接处没有分支；流过各电阻的电流相同。

以 u 表示总电压，i 表示电流，u_1、u_2、⋯、u_n 分别表示各电阻上的电压，参考方向如图所示，则根据 KVL 和欧姆定律有

$$u = u_1 + u_2 + \cdots + u_n$$

或者

$$u = (R_1 + R_2 + \cdots + R_n)i = R_{eq}i \tag{2-1}$$

式中

$$R_{eq} = \frac{u}{i} = R_1 + R_2 + \cdots + R_n = \sum_{k=1}^{n} R_k \tag{2-2}$$

称为这些串联电阻的等效电阻。显然，串联等效电阻大于任一被串联电阻。当用等效电阻 R_{eq} 替代这些串联电阻后，图 2-1a 被简化为图 2-1b。

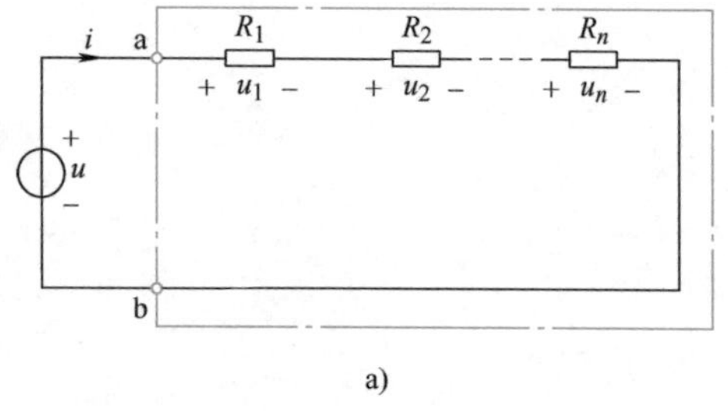

a)

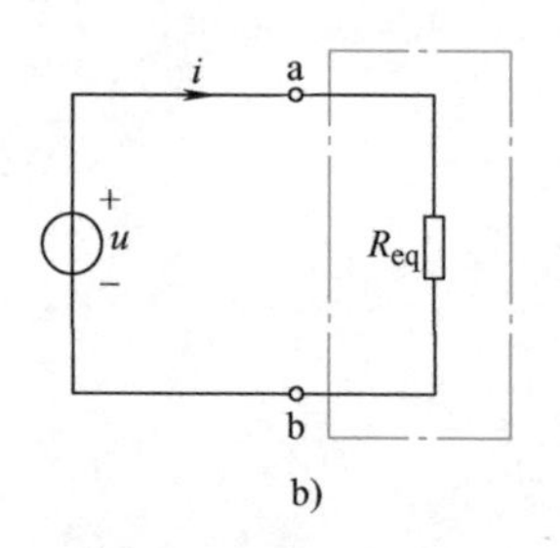

b)

图 2-1　电阻的串联

图 2-1a、b 两个电路的内部结构（点画线框内）虽然不同，但是由式(2-1) 可知，它们在 a、b 端钮处的 u、i 关系却完全相同，即它们在端钮上对外显示的伏安特性是相同的。称图 2-1b 为图 2-1a 的等效电路，这种替代称为等效变换。

如果将式(2-1) 两边同乘以 i，则有

$$p = ui = R_1 i^2 + R_2 i^2 + \cdots + R_n i^2 = R_{\text{eq}} i^2$$

此式表明，n 个电阻串联吸收的总功率，等于各个电阻吸收的功率之和，等于它们的等效电阻吸收的功率。

电阻串联时，各电阻上的电压为

$$u_k = R_k i = \frac{R_k}{R_{\text{eq}}} u \tag{2-3}$$

可见，各个串联电阻的电压与电阻值成正比。或者说，总电压按各个串联电阻的电阻值进行分配。式(2-3) 称为电压分配公式，简称分压公式。

顺便指出，在应用分压公式时，应注意各电压的参考方向。式(2-3) 符合图 2-1a 中所标各电压的参考方向。

例 2-1　如图 2-2 所示，要将一个满刻度偏转电流为 50μA、内阻 R_g 为 2kΩ 的表头，制成量程为 30V 的直流电压表，应串联多大的附加电阻 R_f？

解　满刻度时，表头电压应为

$$U_g = R_g I = 2 \times 10^3 \times 50 \times 10^{-6}\text{V} = 0.1\text{V}$$

附加电阻电压

$$U_f = (30 - 0.1)\text{V} = 29.9\text{V}$$

由式(2-3)得

$$29.9\text{V} = \frac{R_f}{2 \times 10^3 \Omega + R_f} \times 30\text{V}$$

附加电阻

$$R_f = 598\text{k}\Omega$$

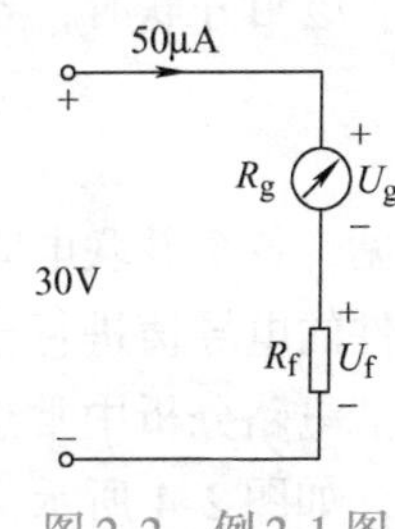

图 2-2　例 2-1 图

二、电阻的并联

图 2-3a 所示电路的点画线框内为 n 个电阻元件的并联，其特点是：所有电阻的一端连接在一起，另一端也连接在一起；各电阻两端具有相同的电压。

如果 a、b 端钮间的电压为 u，电路中的总电流为 i，G_1、G_2、…、G_n 分别表示各电阻元件的电导，i_1、i_2、…、i_n 分别表示各电阻中的电流，参考方向如图所示，则根据 KCL 和欧姆定律有

$$i = i_1 + i_2 + \cdots + i_n$$

或者

$$i = G_1 u + G_2 u + \cdots + G_n u = G_{\text{eq}} u \tag{2-4}$$

式中

$$G_{\text{eq}} = \frac{i}{u} = G_1 + G_2 + \cdots + G_n = \sum_{k=1}^{n} G_k \tag{2-5}$$

称为这些并联电导的等效电导。显然，等效电导大于任一被并联电导。

式(2-5) 也可表达成

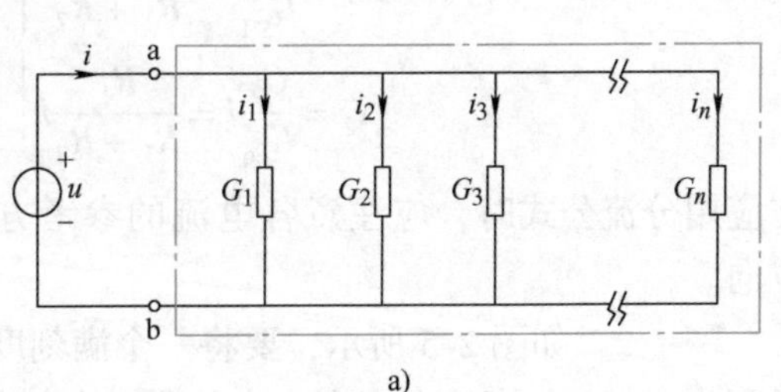

a)

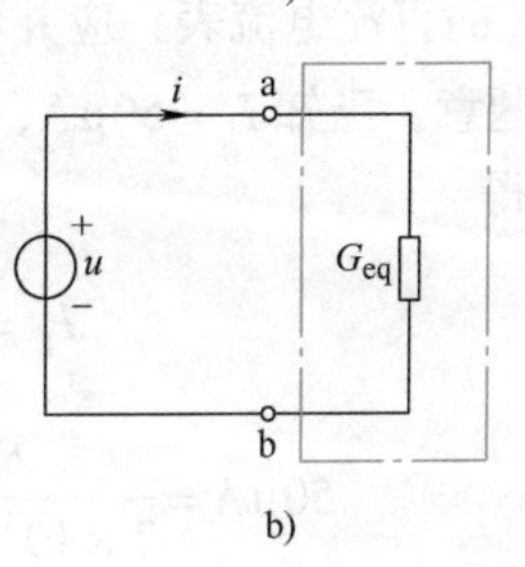

b)

图 2-3　电阻的并联

$$\frac{1}{R_{eq}}=\frac{1}{R_1}+\frac{1}{R_2}+\cdots+\frac{1}{R_n}=\sum_{k=1}^{n}\frac{1}{R_k} \tag{2-6}$$

式中，R_{eq}称为这些并联电阻的等效电阻。显然，并联等效电阻小于任一被并联电阻。当用等效电导（等效电阻）替代这些并联电导（电阻）后，图2-3a简化为图2-3b。

图2-3a、b两个电路的内部结构（点画线框内）是不同的，但是由式(2-4)可知，它们在a、b端钮处的u、i关系却完全相同，即它们在端钮上对外显示的伏安特性是相同的。图2-3b就是图2-3a的等效电路。

如果将式(2-4)两边同乘以电压u，得

$$p=ui=G_1u^2+G_2u^2+\cdots+G_nu^2=G_{eq}u^2$$

此式表明，n个电阻元件并联后吸收的总功率等于各个电阻吸收的功率之和，等于等效电阻吸收的功率。

电阻并联时，各电阻中的电流为

$$i_k=G_ku=\frac{G_k}{G_{eq}}i=\frac{R_{eq}}{R_k}i \tag{2-7}$$

可见，各个并联电阻中的电流与它们各自的电导值成正比。或者说，总电流按各个并联电阻元件的电导值进行分配。式(2-7)称为电流分配公式，简称分流公式。

电路分析中常遇到两个电阻$R_1(G_1)$和$R_2(G_2)$相并联的情况，如图2-4所示，则等效电阻R_{eq}为

$$\left.\begin{aligned}\frac{1}{R_{eq}}&=\frac{1}{R_1}+\frac{1}{R_2}\\ R_{eq}&=\frac{R_1R_2}{R_1+R_2}\end{aligned}\right\} \tag{2-8}$$

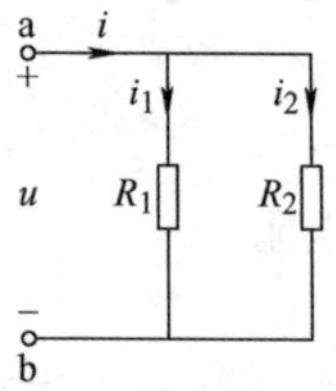

或者

图2-4 两个电阻的并联

各个电阻的电流为

$$\left.\begin{aligned}i_1&=\frac{G_1}{G_{eq}}i=\frac{R_2}{R_1+R_2}i\\ i_2&=\frac{G_2}{G_{eq}}i=\frac{R_1}{R_1+R_2}i\end{aligned}\right\} \tag{2-9}$$

在应用分流公式时，应注意各电流的参考方向。式(2-7)符合图2-3a所标各电流的参考方向。

例2-2 如图2-5所示，要将一个满刻度偏转电流为50μA，内阻R_g为2kΩ的表头制成量程为10mA的直流电流表，应并联多大的分流电阻R_2？

解 据题意，已知$I_1=50\mu A$，$I=10mA$，$R_1=R_g=2\times10^3\Omega$

由式(2-9)得

$$I_1=\frac{R_2}{R_1+R_2}I$$

$$50\mu A=\frac{R_2}{2\times10^3\Omega+R_2}\times10\times10^3\mu A$$

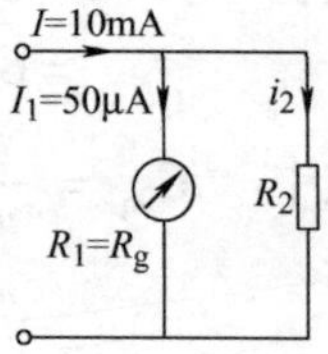

分流电阻

$$R_2=10.05\Omega$$

图2-5 例2-2图

三、电阻的混联

在电路中，既有电阻的串联，又有电阻的并联，这种连接方式称为电阻的串并联，又称混联。串并联电路形式多样，但经过串联和并联化简，仍可以得到一个等效电阻 R_{eq} 来替代原电路。

图 2-6 所示为一个混联电路，经过串、并联化简，可得到其等效电阻为

$$R_{eq}=R_1+\frac{R_2R_3}{R_2+R_3}$$

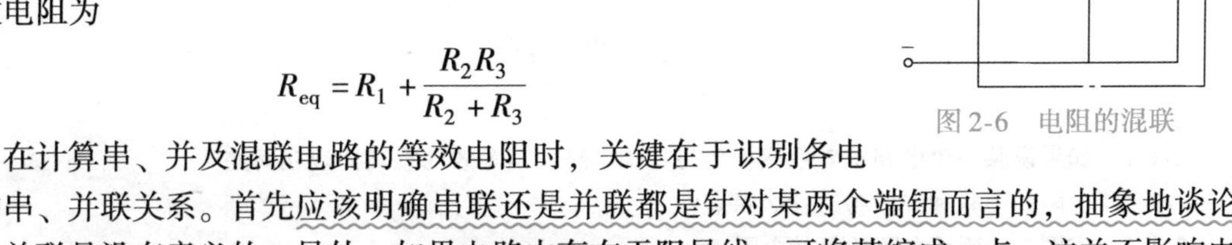

图 2-6　电阻的混联

在计算串、并及混联电路的等效电阻时，关键在于识别各电阻的串、并联关系。首先应该明确串联还是并联都是针对某两个端钮而言的，抽象地谈论串、并联是没有意义的。另外，如果电路中存在无阻导线，可将其缩成一点，这并不影响电路的其他部分；而对于等电位点之间的电阻支路，必然无电流流过，所以既可将它看作开路，也可看作短路。经以上处理，有可能使电路得以简化，并有利于判断电阻的串、并联关系。

在电阻的串、并联电路中，若已知给定端钮上的总电压或总电流，欲求各电阻的电压或电流，其一般求解步骤如下：

1）求出串、并联电路对于给定端钮的等效电阻 R_{eq} 或等效电导 G_{eq}。

2）应用欧姆定律求出总电流或总电压。

3）应用分压公式和分流公式求出各电阻上的电压和电流。

例 2-3　图 2-7a 所示是一个常用的电阻分压器电路。电阻分压器的固定端 a、b 接至直流电压源 U。固定端 b 与活动端 c 接到负载。利用分压器上滑动触头 c 点的移动，可向负载输出 0 ~ U 的可变电压。已知：直流电压源电压 $U=18\text{V}$，活动触头 c 的位置使 $R_1=600\Omega$，$R_2=400\Omega$，求输出电压 U_2。若用内阻 $R_V=1200\Omega$ 的电压表测量此电压，求电压表的读数。

解　未接电压表时，端钮 a、b 间等效电阻

$$R_{eq}=R_1+R_2=1000\Omega$$

应用分压公式，得输出电压

$$U_2=\frac{R_2}{R_{eq}}U=\frac{400}{1000}\times18\text{V}=7.2\text{V}$$

接上电压表后，图 2-7a 改画成图 2-7b，其中 R_V 为电压表内阻。

等效电阻

$$R_{eq}=R_1+\frac{R_2R_V}{R_2+R_V}=900\Omega$$

由欧姆定律得

$$I=\frac{U}{R_{eq}}=20\text{mA}$$

应用分流公式得

$$I_V=\frac{R_2}{R_2+R_V}I=5\text{mA}$$

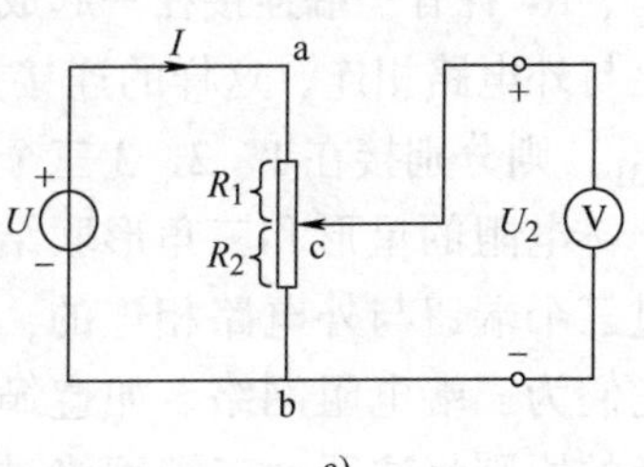

a)

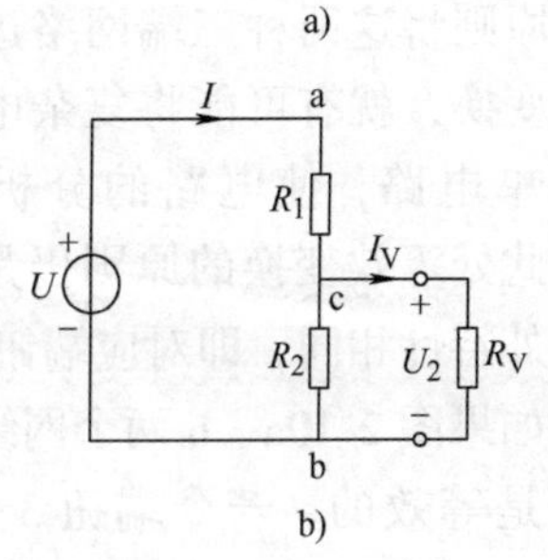

b)

图 2-7　例 2-3 图

$$U_2 = I_V R_V = 6\text{V}$$

可见，当电压表的内阻相对于被测电路的电阻不是足够大时，测得的电压就有一定的误差。

如果分压器输出端接有负载，则输出电压将随负载的大小而变化。

一个电路，不论其元件数目多少，只要能按电阻的串、并联逐步简化成无分支电路来进行计算，就称为简单电路，否则就称为复杂电路。后面将着重介绍复杂电路的分析方法。

思考题

2-1-1 如果说某一个电路被等效变换为另一个电路，其等效的意义体现在何处？

2-1-2 电阻的串联和并联各有什么特点？

2-1-3 求图 2-8 所示电路的等效电阻 R_{eq}。

2-1-4 求图 2-9 所示电路的等效电阻 R_{ab}、R_{bc}。

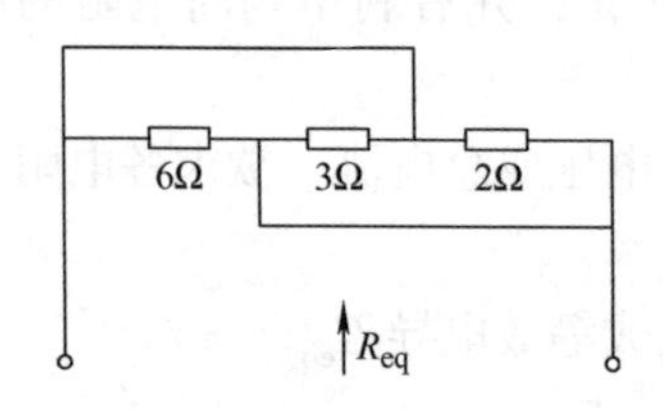

图 2-8 思考题 2-1-3 图

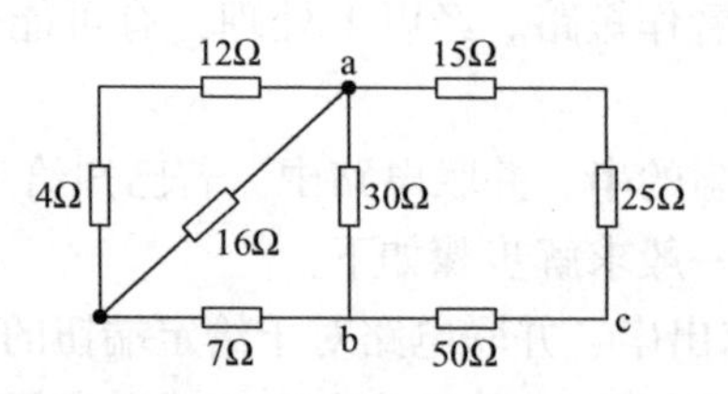

图 2-9 思考题 2-1-4 图

第二节 电阻的星形与三角形联结及等效变换

电路中，常有三个电阻连接成图 2-10a 或 b 所示的形式。图 2-10a 中的三个电阻 R_1、R_2、R_3 各有一端连接在一起成为电路的一个节点 0，而另一端则分别接到 1、2、3 三个端钮上与外电路相连，这样的连接方式叫作星形（Y）联结。图 2-10b 中的三个电阻 R_{12}、R_{23}、R_{31}，则分别接在 1、2、3 三个端钮中的每两个之间，称为三角形（△）联结。

电阻的星形和三角形联结都是通过三个端钮与外电路相连的，所以称它们为三端电阻网络。如遵循等效变换的原则将这两种三端网络进行相互间的变换，就有可能将复杂电路变换为简单电路，使电路的分析计算简化。此处等效变换的原则仍是要求它们的外特性相同，即对应端钮间的电压相同，流入对应端钮的电流也相同。

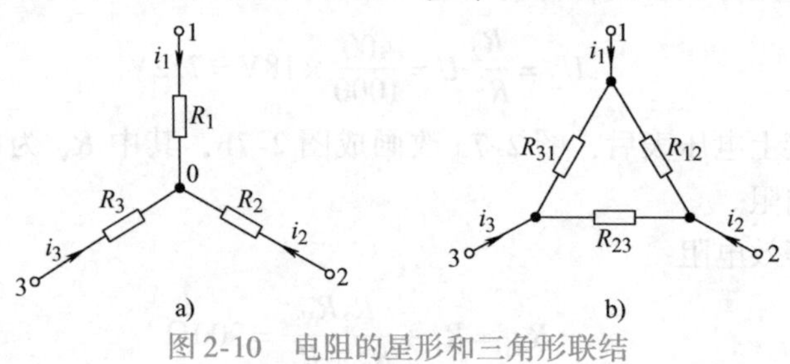

图 2-10 电阻的星形和三角形联结

如果图 2-10a、b 两个网络对外是等效的，那么，在任一端钮处于任一特殊情况下时也应当是等效的。若令端钮 3 对外断开，那么，图 2-10a 的 1、2 端钮间等效电阻应等于图 2-10b 的 1、2 端钮间等效电阻。即

$$R_1 + R_2 = \frac{R_{12}(R_{23} + R_{31})}{R_{12} + R_{23} + R_{31}} \tag{2-10}$$

同理，分别令1、2端钮对外断开，则另两端钮间的等效电阻也应有

$$R_2+R_3=\frac{R_{23}(R_{12}+R_{31})}{R_{12}+R_{23}+R_{31}} \tag{2-11}$$

$$R_3+R_1=\frac{R_{31}(R_{12}+R_{23})}{R_{12}+R_{23}+R_{31}} \tag{2-12}$$

对上面三式求解整理可得

$$\left.\begin{aligned}R_1&=\frac{R_{31}R_{12}}{R_{12}+R_{23}+R_{31}}\\R_2&=\frac{R_{12}R_{23}}{R_{12}+R_{23}+R_{31}}\\R_3&=\frac{R_{23}R_{31}}{R_{12}+R_{23}+R_{31}}\end{aligned}\right\} \tag{2-13}$$

式(2-13) 就是从已知的三角形电阻网络求等效星形网络电阻的关系式。

反之，如果已知的是星形电阻网络，由式(2-10)、式(2-11) 和式(2-12) 可解得

$$\left.\begin{aligned}R_{12}&=\frac{R_1R_2+R_2R_3+R_3R_1}{R_3}\\R_{23}&=\frac{R_1R_2+R_2R_3+R_3R_1}{R_1}\\R_{31}&=\frac{R_1R_2+R_2R_3+R_3R_1}{R_2}\end{aligned}\right\} \tag{2-14}$$

式(2-14) 就是从已知星形电阻网络求等效三角形网络电阻的关系式。

应用式(2-13) 和式(2-14)，便可进行星形电阻网络和三角形电阻网络之间的等效变换。变换前后，对应端钮间的电压和对应端钮的电流将保持不变，即外特性不变。

为便于记忆，可利用下面的文字公式

$$星形(\text{Y})电阻=\frac{三角形中相邻两电阻之积}{三角形电阻之和} \tag{2-15}$$

$$三角形(\triangle)电阻=\frac{星形中各电阻两两相乘积之和}{星形中另一端钮所连电阻} \tag{2-16}$$

如果星形网络中三个电阻相等，即

$$R_1=R_2=R_3=R_{\text{Y}}$$

则等效三角形网络的三个电阻也相等，且有

$$R_{\triangle}=R_{12}=R_{23}=R_{31}=3R_{\text{Y}} \tag{2-17}$$

反之，有

$$R_{\text{Y}}=R_1=R_2=R_3=\frac{1}{3}R_{\triangle} \tag{2-18}$$

例 2-4　图2-11a 所示电路中，已知 $U_s=220\text{V}$，$R_1=40\Omega$，$R_2=36\Omega$，$R_3=50\Omega$，$R_4=55\Omega$，$R_5=10\Omega$，试求各支路电流。

解　将三角形联结的 R_1、R_3、R_5 等效变换成星形联结的 R_a、R_b、R_d。原电路变换成图2-11b 所示电路。按式(2-13) 可计算得

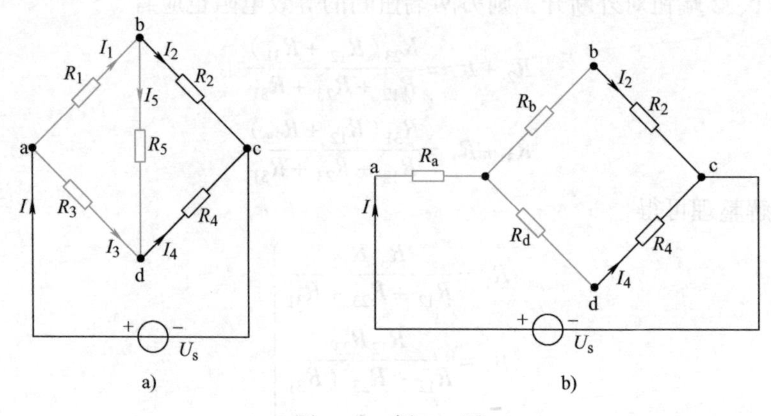

图 2-11 例 2-4 图

$$R_a=\frac{R_1R_3}{R_1+R_3+R_5}=\frac{40\times50}{40+50+10}\Omega=20\Omega$$

$$R_b=\frac{R_1R_5}{R_1+R_3+R_5}=\frac{40\times10}{40+50+10}\Omega=4\Omega$$

$$R_d=\frac{R_3R_5}{R_1+R_3+R_5}=\frac{50\times10}{40+50+10}\Omega=5\Omega$$

用电阻的串并联化简图 2-11b 电路，并求得

$$I=\frac{U_s}{R_a+\dfrac{(R_b+R_2)(R_d+R_4)}{R_b+R_2+R_d+R_4}}=\frac{220}{44}\text{A}=5\text{A}$$

$$I_2=5\times\frac{5+55}{4+36+5+55}\text{A}=3\text{A}$$

$$I_4=(5-3)\text{A}=2\text{A}$$

必须注意：图 2-11b 中流过 R_a、R_b、R_d 的电流并不是图 2-11a 中流过 R_1、R_3、R_5 的电流，因为等效变换只是对外部或是对端钮等效，对于变换了的每个元件都是不等效的。

为了求得 R_1、R_3、R_5 三个电阻中的电流，可在图 2-11b 中求得

$$U_{ab}=IR_a+I_2R_b=(5\times20+3\times4)\text{V}=112\text{V}$$

则

$$I_1=\frac{U_{ab}}{R_1}=\frac{112}{40}\text{A}=2.8\text{A}$$

在图 2-11a 中按 KCL 可得

$$I_3=I-I_1=(5-2.8)\text{A}=2.2\text{A}$$

$$I_5=I_1-I_2=(2.8-3)\text{A}=-0.2\text{A}$$

在用Y-△等效变换方法计算电路时，最好先考虑一下如何变换较简捷，免得进行多次变换。

思 考 题

2-2-1 将例 2-4 中的 R_1、R_2、R_5 三个电阻变换成三角形联结后再重解电路，比较结果是否相同。

2-2-2　电路如图 2-12a 所示。将连在节点“1、2、3”之间的三角形网络等效变换为星形网络，如同图 2-12b 所示，怎样才能求得电流 I_1？

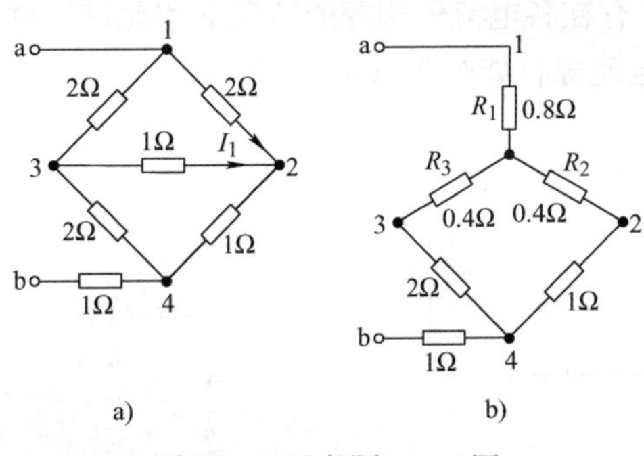

图 2-12　思考题 2-2-2 图

第三节　电源模型的连接及等效变换

一、理想电源模型的连接

根据等效的概念，并由 KVL 可知，当有 n 个电压源串联，如图 2-13a 所示，可用一个等效电压源来替代，如图 2-13b 所示。这个等效电压源的电压等于各串联电压源电压的代数和。即

$$u_s = u_{s1} + u_{s2} + \cdots + u_{sn} = \sum_{k=1}^{n} u_{sk}$$

由 KCL 可知，当 n 个电流源并联，如图 2-14a 所示，可以用一个等效电流源来替代，如图 2-14b 所示。这个等效电流源的电流等于各并联电流源电流的代数和。即

$$i_s = i_{s1} + i_{s2} + \cdots + i_{sn} = \sum_{k=1}^{n} i_{sk}$$

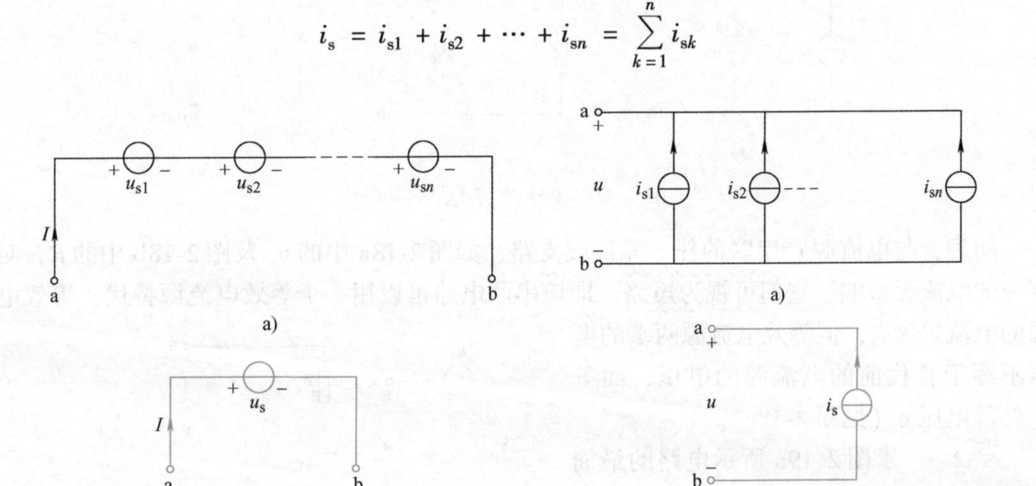

图 2-13　电压源的串联　　　　图 2-14　电流源的并联

n 个电压源，只有在各电压值相等的情况下才允许并联，且应同极性相并，其等效电压源即为一个同值的电压源，如图 2-15a、b 所示。

当电压值不等的几个电压源并联时，根据电压源的基本特性可知，将不满足 KVL，因而不允许存在。

同理，n 个电流源，只有在各电流值相等的情况下才允许串联，且应同方向串联，其等效电流源即为一个同值的电流源，如图 2-16a、b 所示。

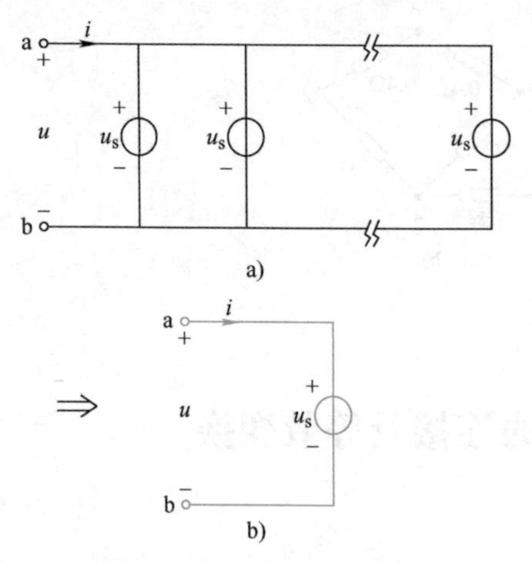

图 2-15　同值电压源的并联

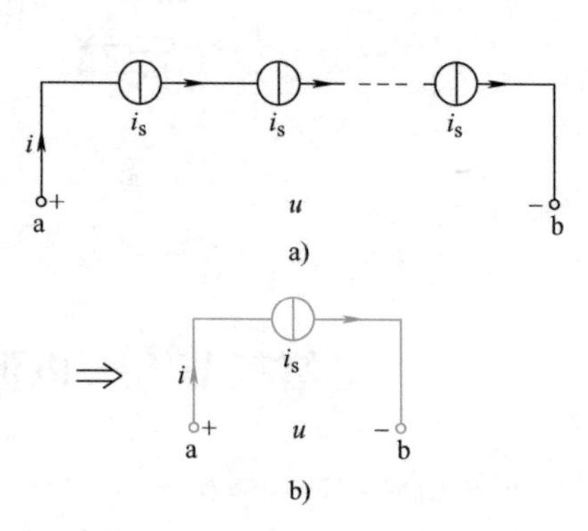

图 2-16　同值电流源的串联

与电压源 u_s 并联的任一元件或支路，如图 2-17a 中的 i_s 及图 2-17b 中的 R，对电压源的电压无影响，由外部特性等效的概念可知，它们可视为开路，则该并联电路可以用一个等效电压源来替代，等效电压源的电压仍为 u_s，但等效电压源中的电流已不等于替代前的电压源的电流，而等于外部电流 i（见图 2-17c）。

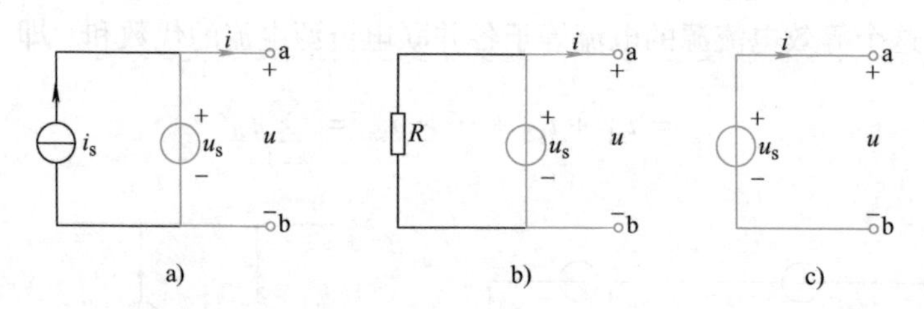

图 2-17　电压源与支路的并联

同理，与电流源 i_s 串联的任一元件或支路，如图 2-18a 中的 u_s 及图 2-18b 中的 R，对电流源的电流无影响，它们可视为短路，即该串联电路可以用一个等效电流源替代。等效电流源的电流仍为 i_s，但等效电流源两端的电压不等于替代前的电流源的电压，而等于外部电压 u（见图 2-18c）。

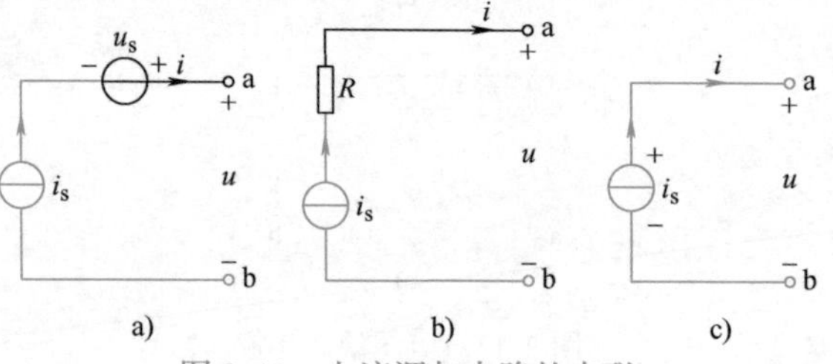

图 2-18　电流源与支路的串联

例 2-5　求图 2-19a 所示电路的最简等效电路。

解　应用上述电源串、并联等效化简的方法，按图 2-19 中箭头所示顺序逐步化简，便可得到最简等效电路，如图 2-19c 所示。

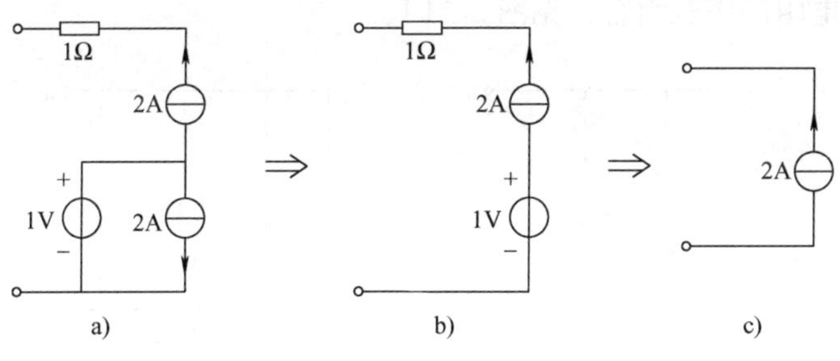

图 2-19　例 2-5 图

二、两种实际电源模型间的等效变换

第一章第四节中已介绍过两种实际电源模型，即实际电压源和实际电流源模型，分别如图 2-20a、b 所示。它们的端电压 u 与电流 i 的关系式也即端钮间的伏安特性分别是

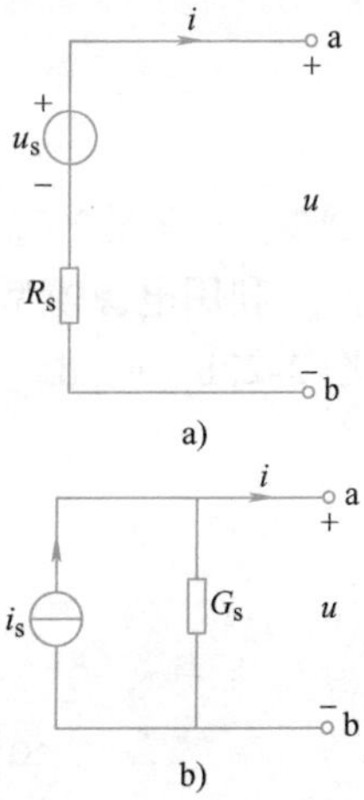

图 2-20a
$$u = u_s - iR_s$$

或
$$i = \frac{u_s}{R_s} - \frac{u}{R_s} \tag{2-19}$$

图 2-20b
$$i = i_s - uG_s \tag{2-20}$$

对比式(2-19) 及式(2-20)，如果它们的对应项相等，即

$$\left.\begin{aligned} i_s &= \frac{u_s}{R_s};\quad G_s = \frac{1}{R_s} \\ u_s &= \frac{i_s}{G_s};\quad R_s = \frac{1}{G_s} \end{aligned}\right\} \tag{2-21}$$

或

则图 2-20 所示两种电源模型对外就有完全相同的伏安特性，即对外电路是等效的。这样，实际电压源模型与实际电流源模型间便可以依据式(2-21) 进行等效变换。

i　a　+　u_s　+　−　u　R_s　−　b

a)

i　a　+　i_s　G_s　u　−　b

b)

图 2-20　两种实际电源模型

在对两种电源模型进行等效变换时应注意和理解以下几点：

(1) 图 2-20b 所示的电流源 i_s 的方向应是图 2-20a 所示电压源 u_s 的负极指向正极的方向。

(2) 两种电源模型间的相互变换，只是对其外部等效，而对电源内部是不等效的。一般情况下，两个等效电源的内部功率情况是不相同的，而对外部电路来说，它们吸收或发出的功率是一样的。例如，当两种模型均不外接电路，即 $i=0$ 时，在电压源模型中，电压源不发出功率，电阻也不吸收功率。而在电流源模型中，电流源发出功率，并全部被电导吸收。两种模型对外都不发出功率，也不吸收功率。

(3) 两种电源模型的相互变换，可进一步理解为对含源支路的等效变换。即一个电压源与电阻的串联组合和一个电流源与电导的并联组合之间可以进行等效变换，这个电阻或电导不一定要求是电源的内阻或内电导。

(4) 理想电压源的特点是在任何电流下保持端电压不变，没有一个电流源能具有这样的特性，所以理想电压源没有等效的电流源模型。同样道理，理想电流源也没有等效的电压源模型。

例 2-6　将图 2-21a 所示电路等效化简为电压源和电阻的串联组合。

解　利用电源的串并联和等效变换的方法，按图 2-21b、c、d 所示顺序逐步化简，便可

得到等效电压源和电阻的串联组合，见图2-21d。

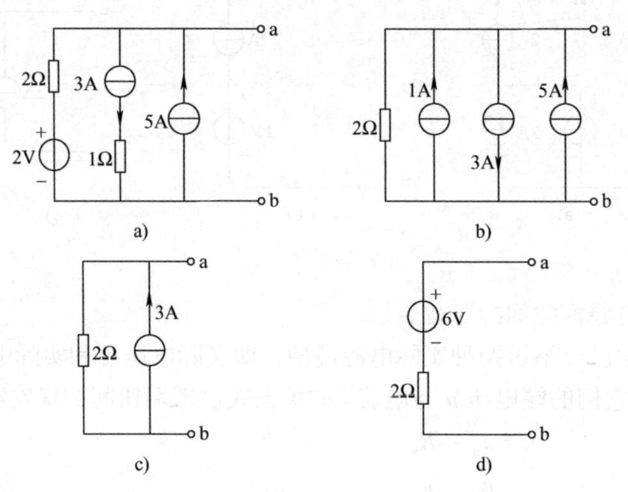

图2-21 例2-6图

例2-7 求图2-22a所示电路中的电流I。

解 利用电源模型的等效变换，将图2-22a的电路简化成同图d的单回路电路，变换过程见图2-22b、c、d。在化简后的电路中，可求得电流

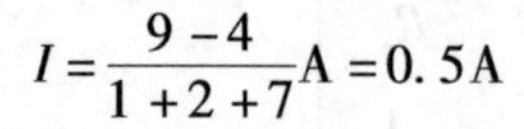

$$I=\frac{9-4}{1+2+7}\text{A}=0.5\text{A}$$

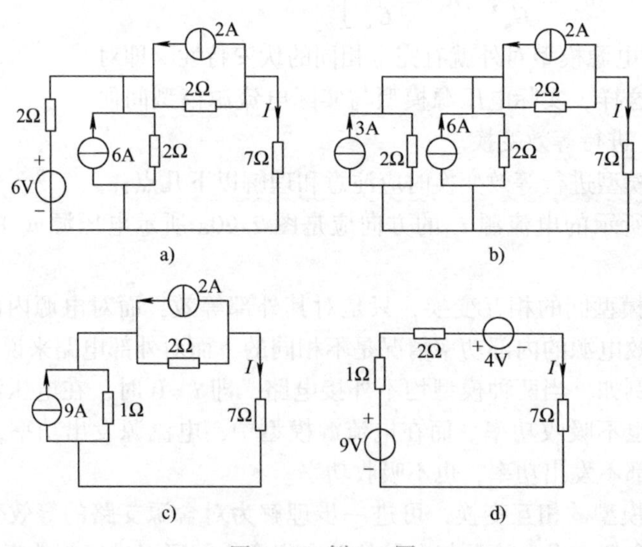

图2-22 例2-7图

2-3-1 两种实际电源模型等效变换的条件是什么？如何确定u_s和i_s的参考方向？

2-3-2 电压源、电阻的并联组合与电流源、电阻的串联组合能否进行等效变换？为什么？

2-3-3　作出图 2-23 中各图对 a、b 端钮的最简等效电路。

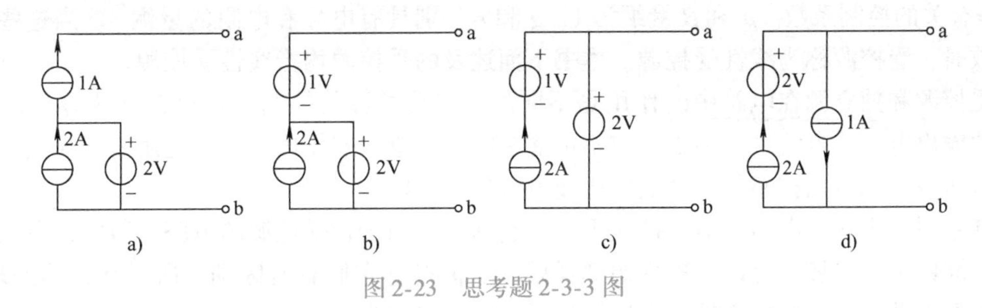

图 2-23　思考题 2-3-3 图

第四节　受控源及含受控源电路的等效变换

一、受控源

在电路理论中，电源有独立和非独立之分。前面介绍的电压源和电流源，它们输出的电压或电流是由其本身决定的，而不受所连接的外电路影响，它们常作为激励对电路起作用，在它们的作用下，电路才产生了响应。这样的电源就称为独立电源。而非独立电源的电压或电流却受电路中某部分的电压或电流控制，它本身不能直接起激励作用。所以，非独立电源也称为受控源。

受控源是实际器件的一种抽象。许多电子器件可以用受控源来描述其工作性能，即用受控源作为它们的电路模型。反过来，受控源电路也可以用各种电子器件来实现它的功能。

受控源可用一个具有两对端钮的电路模型来表示，一对输入端和一对输出端。输入端是控制量所在的支路，称为控制支路，控制量可以是电压，也可以是电流。输出端是受控源所在支路，它输出被控制的电压或电流。这样，受控源可有四种类型：电压控制电压源（VCVS）、电压控制电流源（VCCS）、电流控制电压源（CCVS）和电流控制电流源（CCCS）。它们在电路中的图形符号分别如图 2-24a、b、c、d 所示。

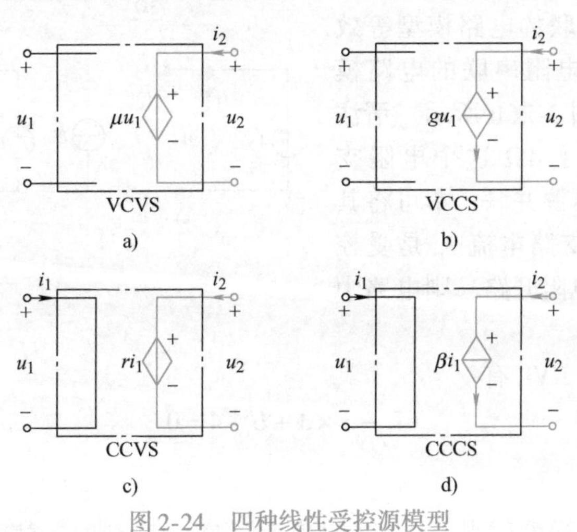

图 2-24　四种线性受控源模型

图 2-24 中的菱形符号表示受控源，其参考方向的表示方法与独立电源相同。μ、g、r、β 都是有关的控制系数。μ 和 β 量纲为 1，g 和 r 分别具有电导和电阻的量纲⊖。当这些系数为常数时，受控源称为线性受控源。本书下面述及的受控源均指线性受控源。

受控源和独立源在电路中的作用是不同的。当受控源的控制量不存在（为零）时，受控源的输出电压或电流也就为零，它不可能在电路中单独起作用。它只是用来反映电路中某处的电压或电流可以控制另一处的电压或电流这一现象。

基尔霍夫定律与电路元器件性质无关，它同样适用于含受控源的电路。所以，在电路分析中，原则上，受控源可以像独立源那样处理。但毕竟它们有所区别，所以在具体处理中，含受控源电路又有一些特殊性，在以后的讨论中，将逐步叙述。

例 2-8 求图 2-25 所示电路中的 U_s 值。已知：$U=4.9$V。

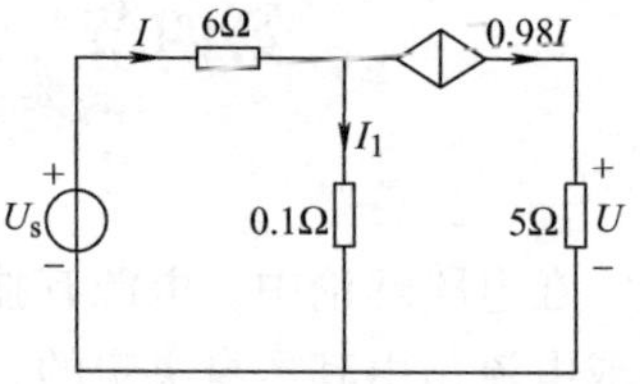

解 先把受控电流源与独立电流源一样看待，即受控电流源所在支路的电流为 $0.98I$，根据欧姆定律及已知条件，5Ω 电阻的电压为

$$U=(0.98I\times5)\text{V}=4.9\text{V}$$

图 2-25 例 2-8 图

所以
$$I=\frac{4.9}{0.98\times5}\text{A}=1\text{A}$$

根据 KCL，图中 0.1Ω 支路的电流

$$I_1=I-0.98I=0.02I=0.02\times1\text{A}=0.02\text{A}$$

$$U_s=6I+0.1I_1=(6\times1+0.1\times0.02)\text{V}=6.002\text{V}$$

二、含受控源电路的等效变换

受控电压源和受控电流源之间也可以类同于独立源等效变换的方法进行相互间的等效变换。但在变换时，必须注意不要把受控源的控制量消除掉。一般应保留控制量所在的支路。

例 2-9 用电源的等效变换法求图 2-26a 所示电路中的电压 U。

解 按电源等效变换的方法将受控电流源 $2I_1$ 与电阻 3Ω 并联的电路模型等效变换成受控电压源与电阻串联的电路模型。变换后的电路如图 2-26b 所示。请注意在图 2-26b 中保留了 4Ω 这个电阻支路，此电阻与理想电压源并联，本可将其看作开路，但由于该支路电流 I_1 是受控源的控制量，若将此电阻开路，则电路中就不存在控制量了。

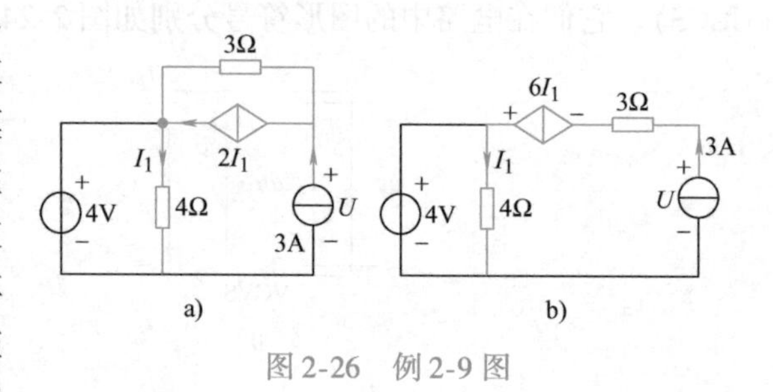

图 2-26 例 2-9 图

在图 2-26b 中，据 KVL 有

$$6I_1-3\times3+U-4=0$$

⊖ 为便于表述，在后面述及受控源时，一般都将它们的单位省略。这时 g 的单位就是西门子（S）；r 的单位就是欧姆（Ω）。

且有
$$I_1 = \frac{4}{4}\text{A} = 1\text{A}$$
所以
$$U = 7\text{V}$$

最后，在本章结束之前，需再一次强调，电路分析中，无论是电阻的串、并联等效变换、星形和三角形联结的等效变换，还是独立电源之间、受控源之间的等效变换，均是相对于对外连接的端钮而言，即对外部电路而言的。等效变换的目的是为了化简电路，便于分析计算。

思考题

2-4-1　受控源与独立电源及电阻元件有何不同？

2-4-2　对受控电压源与电阻的串联支路和受控电流源与电阻的并联支路进行等效变换时，控制系数将发生什么变化？

习　题

2-1　求图 2-27 所示电路中电压表的读数（设电压表内阻为无限大）。

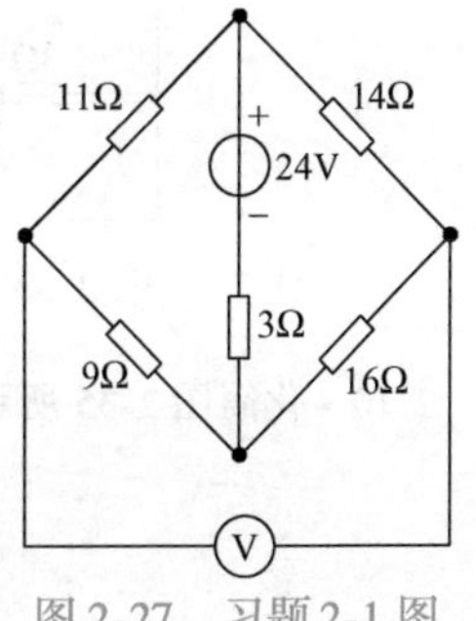

图 2-27　习题 2-1 图

2-2　有一滑线电阻器作分压器使用（见图 2-28a），其电阻 $R=500\Omega$，额定电流为 1.8A。若已知外加电压 $u=500\text{V}$，$R_1=100\Omega$，求：

（1）输出电压 u_2；

（2）用内阻为 800Ω 的电压表去测量输出电压，如图 2-28b 所示，问电压表的读数为多大？

（3）若误将内阻为 0.5Ω、量程为 2A 的电流表看成是电压表去测量输出电压，如图 2-28c 所示，将发生什么后果？

2-3　两个电阻串联接到 120V 电源上，电流为 3A；并联接到同样电源上时，总电流为 16A。试求这两个电阻的阻值。

2-4　在图 2-29 所示电路中，已知电阻 R_3 消耗功率为 $P_3=120\text{W}$，求 U_s。

2-5　求图 2-30 所示各电路的等效电阻 R_{ab}。已知 $R_1=R_2=1\Omega$，$R_3=R_4=2\Omega$，$R_5=4\Omega$，$G_1=G_2=1\text{S}$。

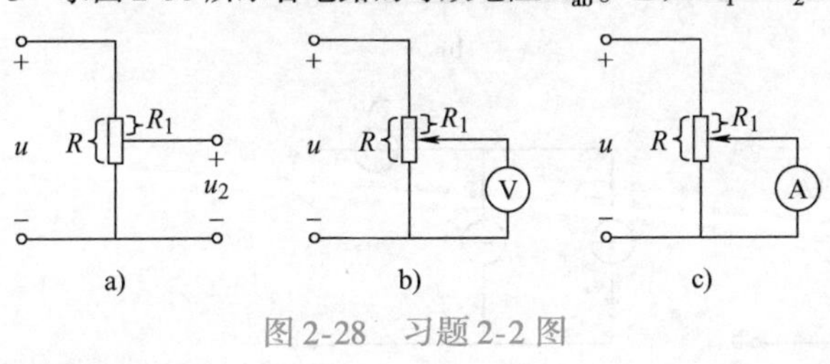

图 2-28　习题 2-2 图

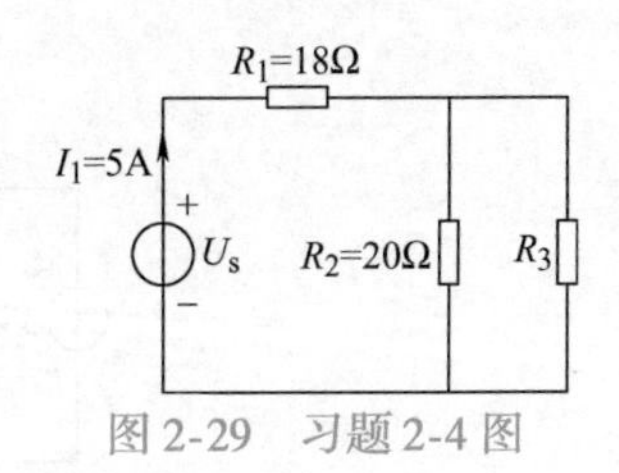

图 2-29　习题 2-4 图

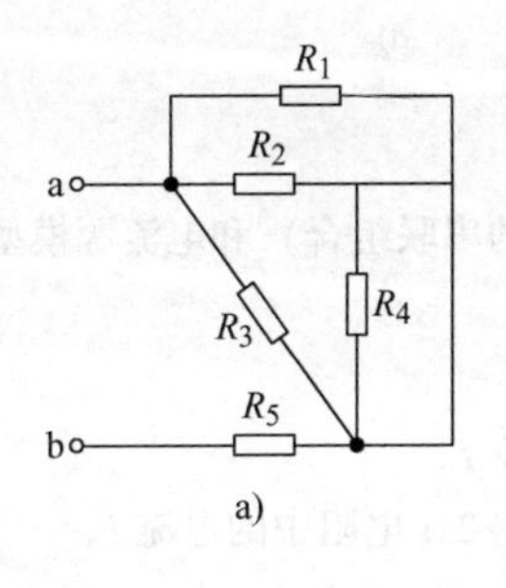

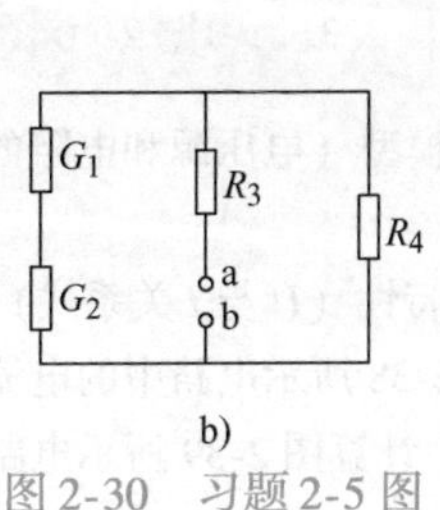

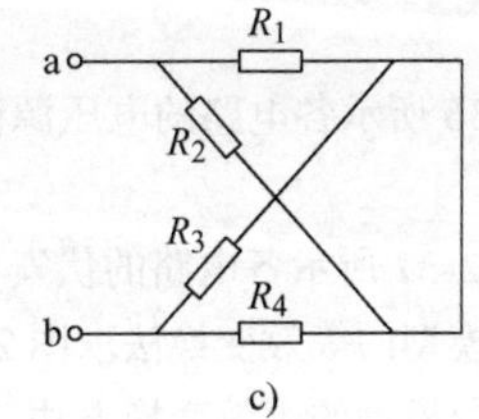

图 2-30　习题 2-5 图

2-6 求图 2-31 所示电路中电流源发出的功率。

2-7 求图 2-32 所示电路的等效电阻 R_{ab}。

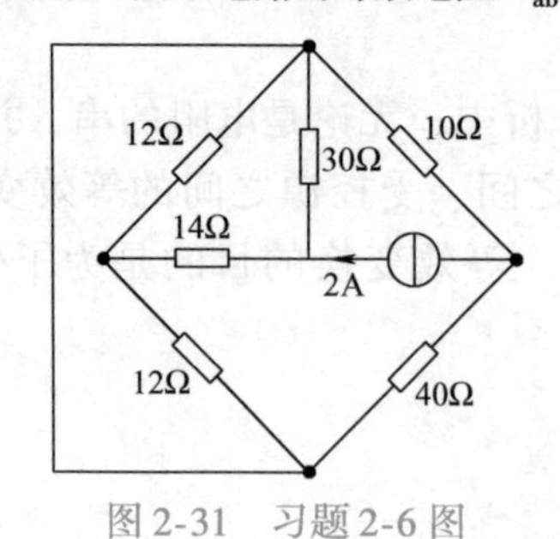

图 2-31 习题 2-6 图

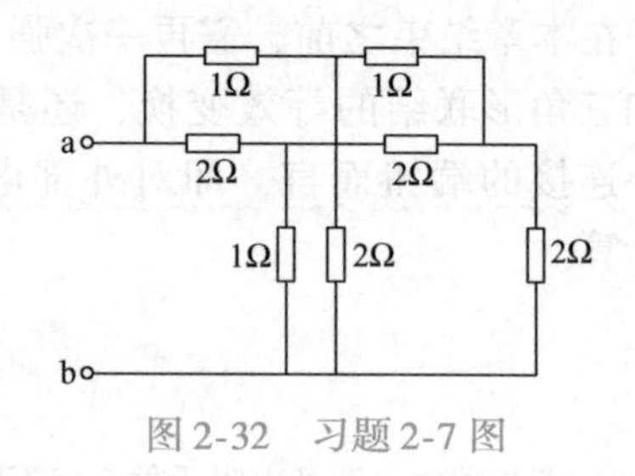

图 2-32 习题 2-7 图

2-8 用Y-△等效变换法求图 2-33 中的电流 I。

2-9 用Y-△等效变换法求图 2-34 中电流源的端电压 U。

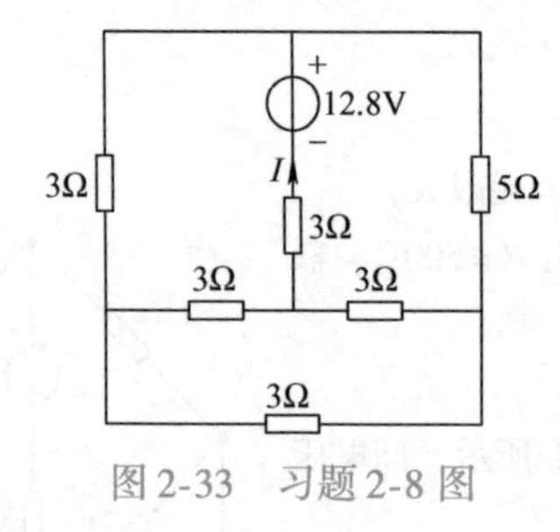

图 2-33 习题 2-8 图

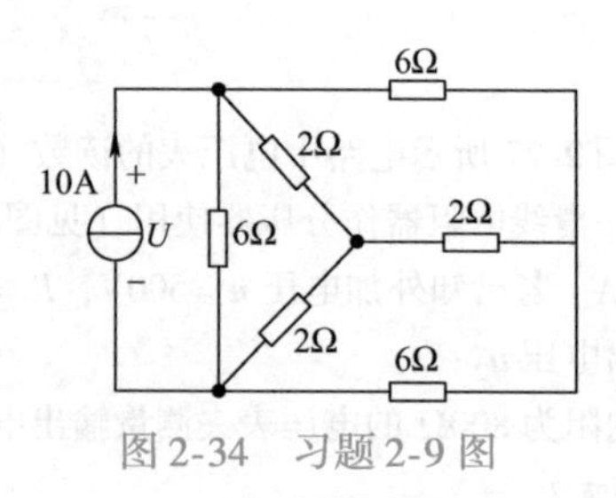

图 2-34 习题 2-9 图

2-10 化简图 2-35 所示各电路。

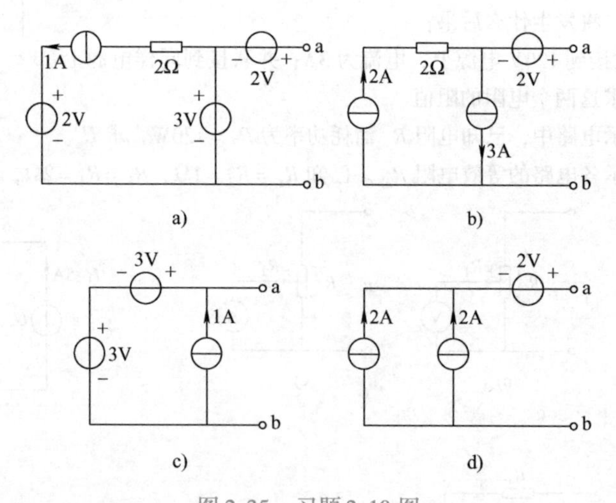

图 2-35 习题 2-10 图

2-11 求图 2-36 所示各电路的电压源模型（电压源和电阻的串联组合）和电流源模型（电流源和电阻的并联组合）。

2-12 写出图 2-37 所示各电路的伏安特性（U 与 I 关系式）。

2-13 用电源模型的等效变换法求图 2-38 所示电路中的电流 I。

2-14 试用电源模型的等效变换方法，计算图 2-39 所示电路 2Ω 电阻中的电流 I。

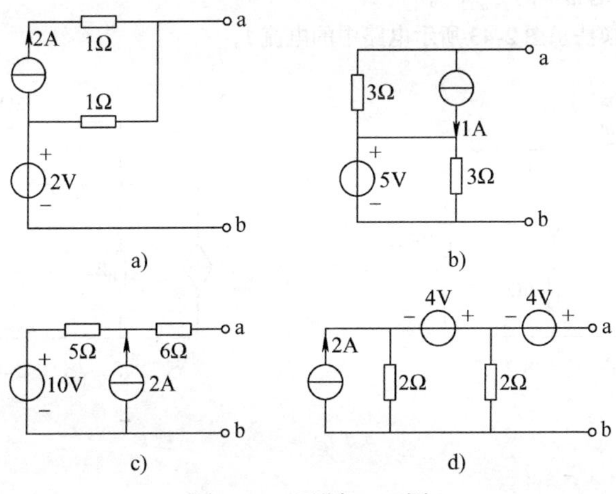

图 2-36　习题 2-11 图

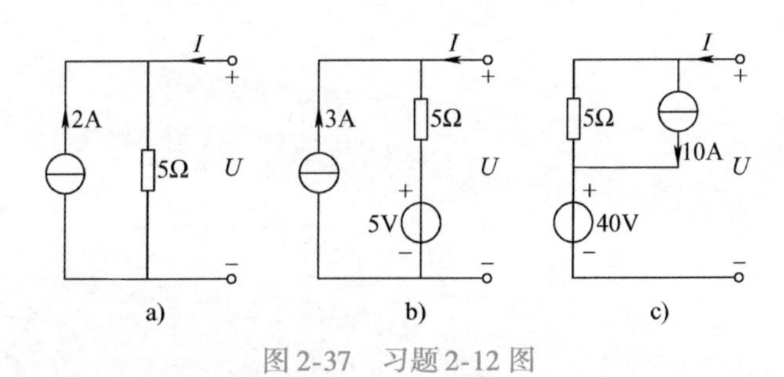

图 2-37　习题 2-12 图

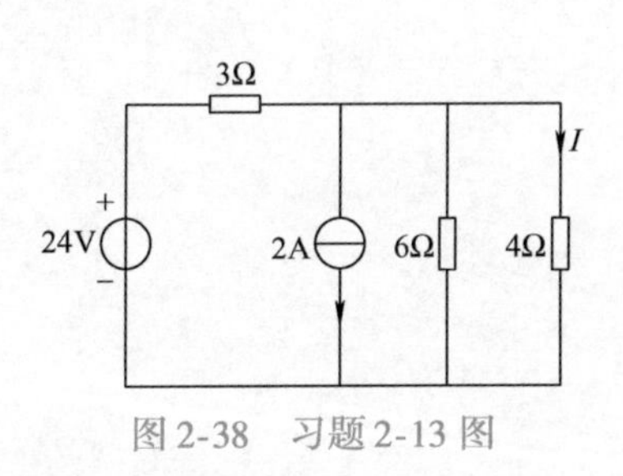

图 2-38　习题 2-13 图

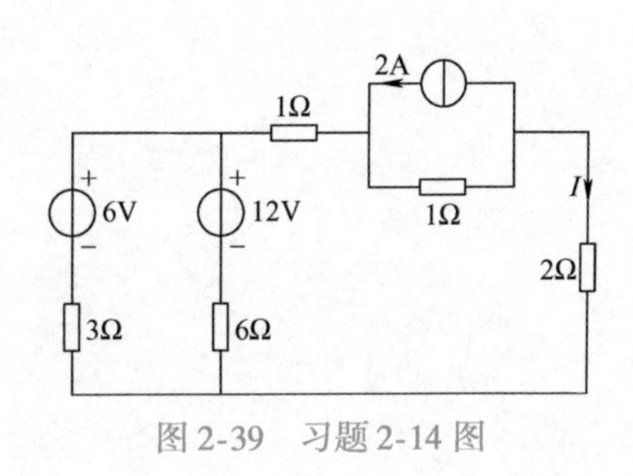

图 2-39　习题 2-14 图

2-15　用电源等效变换法求图 2-40 中电压 U。

2-16　求图 2-41 所示各电路中的电压 U。

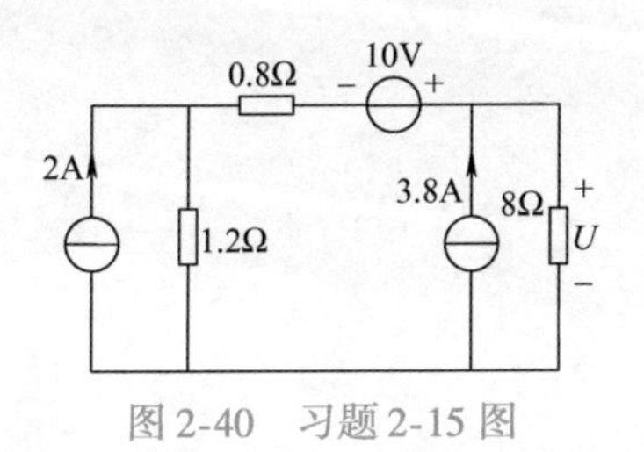

图 2-40　习题 2-15 图

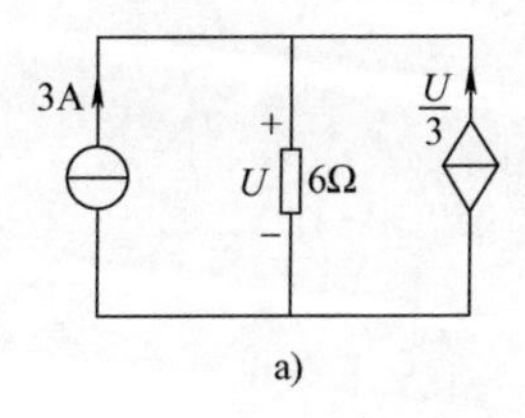

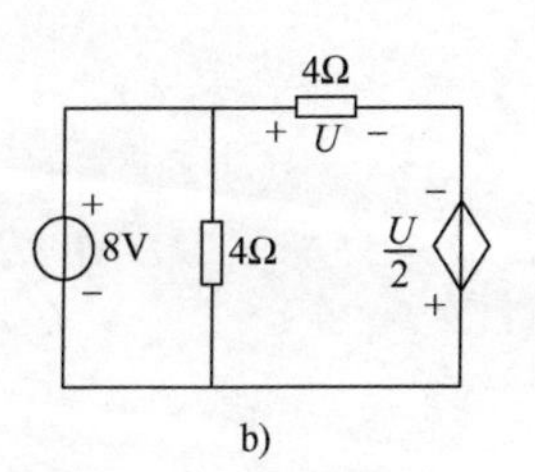

图 2-41　习题 2-16 图

2-17 求图 2-42 所示电路中的 U_o/U_s。

2-18 用电源等效变换法求图 2-43 所示电路中的电流 I。

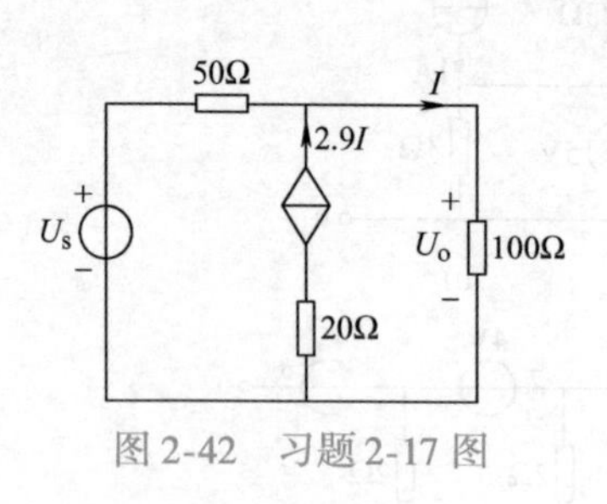

图 2-42 习题 2-17 图

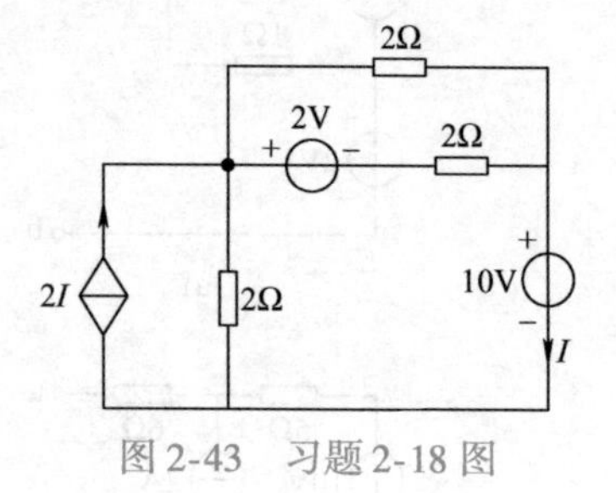

图 2-43 习题 2-18 图

第三章 线性网络的一般分析方法

第一节 支路电流法

前一章介绍了几种利用等效变换，逐步化简电路进行分析计算的方法。这些方法适用于具有一定结构形式而且比较简单的电路。如要对较复杂的电路进行全面的一般性的探讨，还需寻求一些系统化的方法。所谓系统化的方法，就是不改变电路的结构，先选择电路变量（电流或电压），再根据 KCL、KVL 建立起电路变量的方程，从而求解电路的方法。本章将分别介绍几种这样的方法。支路电流法是其中最基本的一种，是以各支路电流为变量列写方程的方法。

图 3-1 所示电路有 6 条支路，4 个节点，7 个回路。各元件参数均已知。现取 6 个支路电流$i_1 \sim i_6$ 作为电路变量，并选定它们的参考方向如图中所示。根据 KCL，可列出 4 个节点的电流方程为

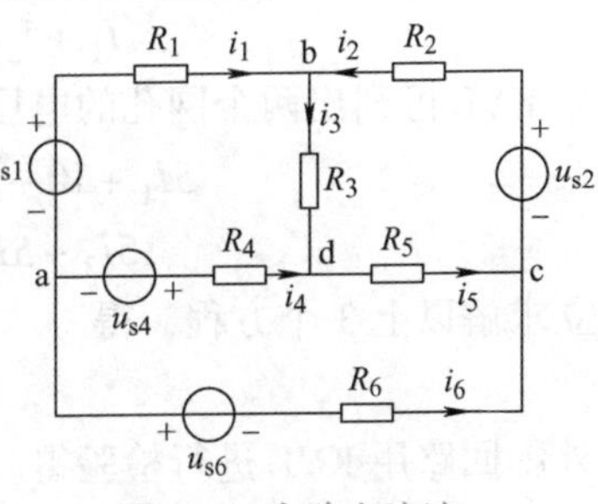

图 3-1 支路电流法

节点 a： $-i_1-i_4-i_6=0$

节点 b： $i_1+i_2-i_3=0$

节点 c： $-i_2+i_5+i_6=0$

节点 d： $i_3+i_4-i_5=0$

观察以上 4 个方程式，可以看出其中的任一个方程都可由其他 3 个方程得出。例如，前 3 个方程相加就得第 4 式，后 3 个方程相加就得第 1 式，等等。说明这 4 个方程中只有 3 个是独立的。一般来讲，具有 n 个节点的电路，只能列出（$n-1$）个独立的 KCL 方程。对应于独立方程的节点称之为独立节点。具有 n 个节点的电路只有（$n-1$）个独立节点，剩余的那个节点就称为非独立节点。非独立节点可以任意选定。

对图 3-1 的电路应用 KVL，可以列出回路电压方程如下：

回路 abda： $-u_{s1}+i_1R_1+i_3R_3-i_4R_4+u_{s4}=0$

回路 bcdb： $-i_2R_2+u_{s2}-i_5R_5-i_3R_3=0$

回路 adca： $-u_{s4}+i_4R_4+i_5R_5-i_6R_6-u_{s6}=0$

以上 3 个回路方程中，没有哪个方程能从另外两个方程中推出，所以都是独立的。

再取回路 abcda，列电压方程为

$$-u_{s1}+i_1R_1-i_2R_2+u_{s2}-i_5R_5-i_4R_4+u_{s4}=0$$

此方程可由前两回路 abda 和 bcdb 的方程相加而得，所以它不是独立方程。同样，该电

路中还有3个回路方程也不是独立的，都可从前面3个独立方程中得到。

可以证明，具有 n 个节点、b 条支路的电路具有 $b-(n-1)$ 个独立的回路电压方程，与这些方程相对应的回路称为独立回路。独立回路的选择，原则上也是任意的。一般，在每选一个回路时，只要使这回路中至少具有一条在其他已选定的回路中未曾出现过的新支路，那么这个回路就一定是独立的。通常，平面电路中的一个网孔就是一个独立回路，网孔数就是独立回路数，所以可选取所有的网孔列出一组独立的KVL方程。

综上所述，对于具有 n 个节点、b 条支路的电路，根据KCL能列出 $(n-1)$ 个独立方程，根据KVL能列出 $b-(n-1)$ 个独立方程，两种独立方程的数目之和正好与所选待求变量的数目相同，联立求解即可得到 b 条支路的电流。

现将支路电流法的一般步骤归纳如下：

1）选定 b 条支路电流的参考方向，并以它们作为电路变量。

2）对 $(n-1)$ 个独立节点列写KCL方程。

3）对 $b-(n-1)$ 个独立回路列写KVL方程。

4）对上述 b 个独立方程联立求解，得到各支路电流。

5）如果需要，可根据元件约束关系计算电压或功率等。

例3-1 用支路电流法求图3-2所示电路中的各支路电流。

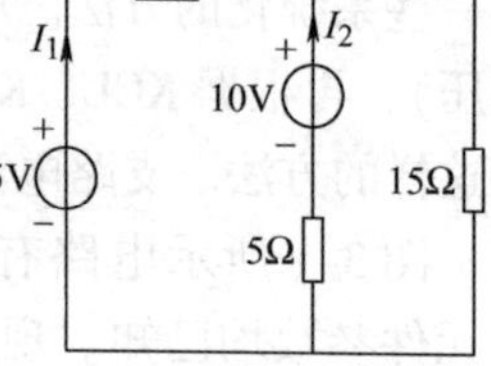

图3-2 例3-1图

解 选定各支路电流 I_1，I_2，I_3，在图中标出它们的参考方向，根据KCL可列出一个独立节点电流方程为

$$I_1+I_2-I_3=0$$

根据KVL可列出两个网孔的电压方程为

$$5I_1+10-5I_2-25=0$$

$$15I_3+5I_2-10=0$$

联立求解以上3个方程，得

$$I_1=2\text{A},\ I_2=-1\text{A},\ I_3=1\text{A}$$

对外围回路用KVL进行检验得

$$5\times2+15\times1-25=0$$

表明计算结果正确。

如果电路中具有电流源，在列写含有电流源的回路电压方程时，必须注意计入电流源的端电压，应先选定此端电压的参考方向，并以此作为一个电路变量。这样，因为新增了一个电路变量，则应补充一个相应的辅助方程，该方程的条件就是电流源所在支路的电流是已知的电流源电流。

例3-2 用支路电流法求图3-3所示电路中各电源的功率，并检验功率平衡情况。

解 选定并标出支路电流 I_1、I_2、I_3 及电流源端电压 U 的参考方向如图3-3所示。

列KCL方程有 $I_1-I_2-I_3=0$

列KVL方程有 $10I_1+U-4=0$

$10I_3+2-U=0$

补充一个辅助方程为 $I_2=-1$

解方程组，得

$I_1=-0.4\text{A}$，$I_2=-1\text{A}$，$I_3=0.6\text{A}$，$U=8\text{V}$

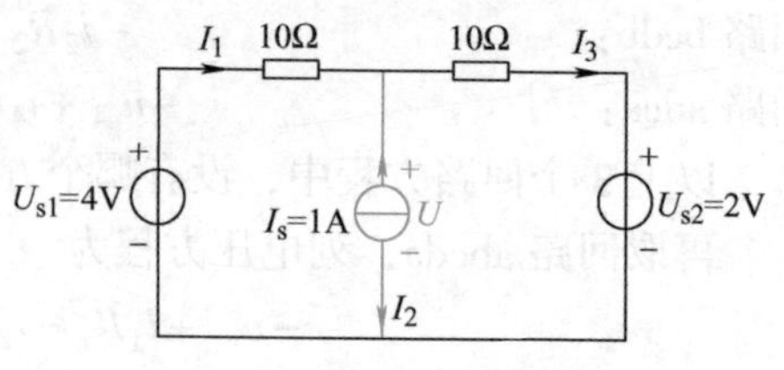

图3-3 例3-2图

电压源 U_{s1} 的功率为

$$P_1 = -U_{s1}I_1 = -4\times(-0.4)\mathrm{W} = 1.6\mathrm{W} \quad (吸收)$$

电压源 U_{s2} 的功率为

$$P_2 = U_{s2}I_3 = 2\times 0.6\mathrm{W} = 1.2\mathrm{W} \quad (吸收)$$

电流源 I_s 的功率为

$$P_3 = UI_2 = 8\times(-1)\mathrm{W} = -8\mathrm{W} \quad (发出)$$

两电阻吸收的总功率

$$P = 0.4^2\times 10\mathrm{W} + 0.6^2\times 10\mathrm{W} = 5.2\mathrm{W} \quad (吸收)$$

可见，整个电路功率平衡，即发出的功率等于吸收的功率。

思考题

3-1-1 支路电流法的依据是什么？如何列出足够的独立方程？

3-1-2 用支路电流法解题的方法步骤是什么？

3-1-3 用支路电流法分析含有电流源的电路时应注意哪些问题？

第二节 回路电流法

一、回路电流法的一般步骤

如果电路有 b 条支路，用支路电流法至少需要求解由 b 个独立方程组成的方程组，在支路数较多时，计算量是很大的。如能减少变量的数目，就能减少方程的个数，从这个目的出发，还需探讨能减少方程个数的其他的系统分析方法。回路电流法就是其中之一，它是以电路的一组独立回路的回路电流作为变量，根据 KVL 列出各独立回路的电压方程从而求解电路的方法。

现仍以图 3-1 的电路为例来说明回路电流法，并将该图重画于图 3-4。为了求得电路中的各支路电流 $i_1 \sim i_6$，先选择一组独立回路，此处选择的是 3 个网孔。假想每个独立回路中，都有一个回路电流沿着回路的边界流动，如图中所标的 i_{l1}、i_{l2}、i_{l3}。注意，这些回路电流是假想的，电路中实际存在的电流仍是支路电流 $i_1 \sim i_6$。从图中可以看出 3 个回路电流和 6 个支路电流之间存在有下列关系

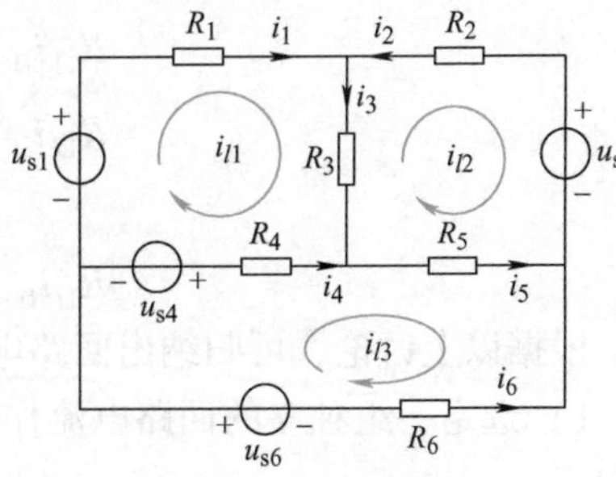

图 3-4 回路电流法示图

$$\left.\begin{aligned} i_1 &= i_{l1} \\ i_2 &= -i_{l2} \\ i_3 &= i_{l1} - i_{l2} \\ i_4 &= i_{l3} - i_{l1} \\ i_5 &= i_{l3} - i_{l2} \\ i_6 &= -i_{l3} \end{aligned}\right\} \tag{3-1}$$

如果能列出足够的方程来求出3个回路电流，那么，6个支路电流也就全部都能求得。

现按式(3-1)的关系，以i_{l1}、i_{l2}、i_{l3}为变量列出3个独立回路的KVL方程为

$$i_{l1}R_1+(i_{l1}-i_{l2})R_3-(i_{l3}-i_{l1})R_4+u_{s4}-u_{s1}=0$$
$$-(i_{l1}-i_{l2})R_3+i_{l2}R_2+u_{s2}-(i_{l3}-i_{l2})R_5=0$$
$$-u_{s4}+(i_{l3}-i_{l1})R_4+(i_{l3}-i_{l2})R_5+i_{l3}R_6-u_{s6}=0$$

整理后得

$$\left.\begin{aligned}(R_1+R_3+R_4)i_{l1}-R_3i_{l2}-R_4i_{l3}&=u_{s1}-u_{s4}\\-R_3i_{l1}+(R_2+R_3+R_5)i_{l2}-R_5i_{l3}&=-u_{s2}\\-R_4i_{l1}-R_5i_{l2}+(R_4+R_5+R_6)i_{l3}&=u_{s4}+u_{s6}\end{aligned}\right\}\tag{3-2}$$

上式可进一步写成

$$\left.\begin{aligned}R_{11}i_{l1}+R_{12}i_{l2}+R_{13}i_{l3}&=u_{s11}\\R_{21}i_{l1}+R_{22}i_{l2}+R_{23}i_{l3}&=u_{s22}\\R_{31}i_{l1}+R_{32}i_{l2}+R_{33}i_{l3}&=u_{s33}\end{aligned}\right\}\tag{3-3}$$

式中，具有相同双下标的电阻R_{11}、R_{22}和R_{33}分别是各个独立回路的电阻和，称为各回路的自电阻。当回路绕行方向与回路电流方向一致时，自电阻都是正值。具有不同双下标的电阻R_{12}、R_{21}、R_{23}、R_{32}、R_{13}、R_{31}等等，它们分别是两个相关回路之间的公共电阻，称为互电阻。互电阻可为正值，也可为负值，这要取决于相关的两个回路电流通过此互电阻的方向是否一致，一致时取正，不一致时取负。显然，若两个回路间没有公共电阻时，相应的项就为零。

式(3-3)各方程的右边分别是各个独立回路中电压源电压的代数和，电压源的电压方向与回路绕行方向一致时取负号，不一致时取正号。

将式(3-3)加以推广，对具有l个独立回路的电路，可写出其回路电流方程的一般形式为

$$\left.\begin{aligned}R_{11}i_{l1}+R_{12}i_{l2}+\cdots+R_{1l}i_{ll}&=u_{s11}\\R_{12}i_{l1}+R_{22}i_{l2}+\cdots+R_{2l}i_{ll}&=u_{s22}\\&\vdots\\R_{1l}i_{l1}+R_{2l}i_{l2}+\cdots+R_{ll}i_{ll}&=u_{sll}\end{aligned}\right\}\tag{3-4}$$

根据以上讨论，可归纳出回路电流法的主要步骤如下：

1）选定一组独立的回路电流作为变量，标出其参考方向，并以此方向作为回路的绕行方向。

2）按照上述有关规则和式(3-4)的一般形式，列写关于回路电流的KVL方程。

3）联立求解方程组，得出各回路电流。

4）选定各支路电流的参考方向，由回路电流求得各支路电流或其他需求的电量。

在平面电路中，以网孔电流作为电路变量列写独立回路方程而求解电路的方法也称作网孔电流法。

例3-3 用回路电流法求图3-5中各支路的电流。

解 选取两个网孔作为独立回路，并标出其回路电流I_{l1}、I_{l2}的方向如图所示。列回路电流方程

$$(10+20)I_{l1}-20I_{l2}=20-30$$
$$-20I_{l1}+(20+10+50)I_{l2}=30-10$$

即

$$30I_{l1}-20I_{l2}=-10$$
$$-20I_{l1}+80I_{l2}=20$$

解方程组，得

$$I_{l1}=-0.2\text{A}$$
$$I_{l2}=0.2\text{A}$$

选定各支路电流的参考方向如图中的 I_1、I_2、I_3，得

$$I_1=I_{l1}=-0.2\text{A}$$
$$I_2=I_{l1}-I_{l2}=-0.4\text{A}$$
$$I_3=I_{l2}=0.2\text{A}$$

二、用回路电流法分析含电流源的电路

当网络中含有电流源时，若适当选择独立回路，使含电流源的支路为某一回路所独有，则此回路的回路电流就为已知，回路电流的变量就少了一个，对应的回路方程可不必列出。若任意选择独立回路，则在列写回路电流方程时就必须计及电流源的端电压这一未知变量，并补充一个反映电流源电流与相关回路电流间关系的辅助方程。

例 3-4　图 3-6 电路中，已知 $U_{s1}=10\text{V}$，$U_{s2}=2\text{V}$，$I_s=5\text{A}$，$R_1=1\Omega$，$R_2=R_3=R_4=2\Omega$。用回路电流法求各支路电流。

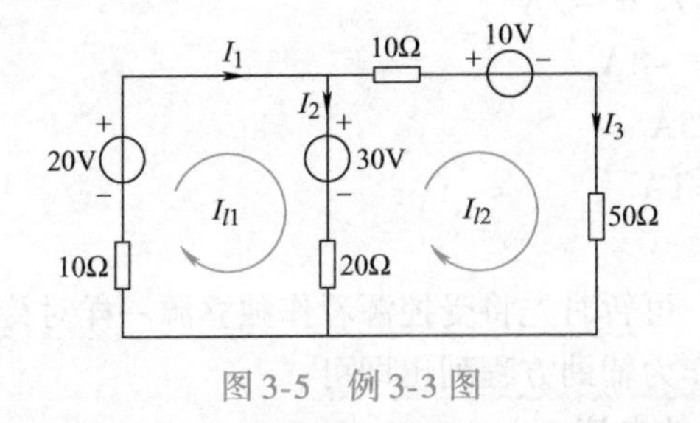

图 3-5　例 3-3 图

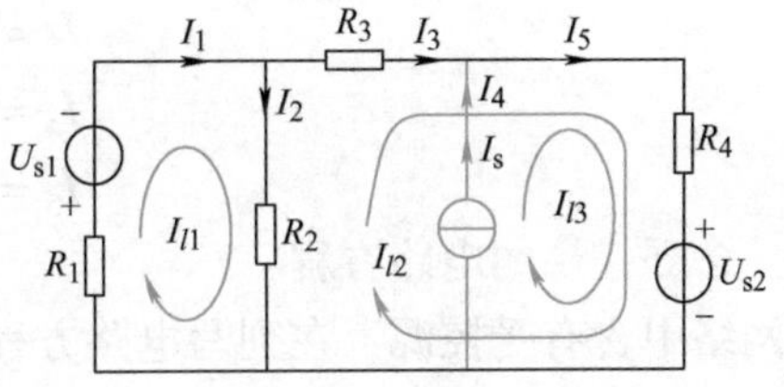

图 3-6　例 3-4 图（一）

解　方法一　选取 3 个独立回路并标出回路电流方向如图中的 I_{l1}、I_{l2}、I_{l3}。此处只让回路电流 I_{l3} 单独流经 I_s 支路。回路方程列写如下

$$(R_1+R_2)I_{l1}-R_2I_{l2}=-U_{s1}$$
$$-R_2I_{l1}+(R_2+R_3+R_4)I_{l2}+R_4I_{l3}=-U_{s2}$$
$$I_{l3}=I_s$$

代入数据得

$$3I_{l1}-2I_{l2}=-10$$
$$-2I_{l1}+6I_{l2}+2I_{l3}=-2$$
$$I_{l3}=5$$

解得

$$I_{l1}=-6\text{A};\quad I_{l2}=-4\text{A};\quad I_{l3}=5\text{A}$$

标出各支路电流参考方向如图示。可得

$$I_1=I_{l1}=-6\text{A}$$
$$I_2=I_{l1}-I_{l2}=-2\text{A}$$

$$I_3 = I_{l2} = -4\text{A}$$
$$I_4 = I_s = 5\text{A}$$
$$I_5 = I_{l2} + I_{l3} = 1\text{A}$$

方法二 任意选择3个独立回路并标出回路电流方向，如图3-7所示。此处以3个网孔作为独立回路，同时选定并标出电流源的端电压U。

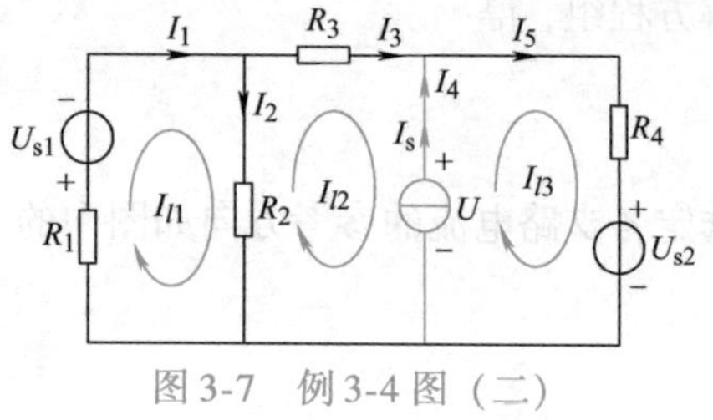

图3-7 例3-4图（二）

回路方程列写如下

$$(R_1 + R_2)I_{l1} - R_2 I_{l2} = -U_{s1}$$
$$-R_2 I_{l1} + (R_2 + R_3)I_{l2} + U = 0$$
$$R_4 I_{l3} - U = -U_{s2}$$

辅助方程为 $-I_{l2} + I_{l3} = I_s$

代入数据得

$$3I_{l1} - 2I_{l2} = -10$$
$$-2I_{l1} + 4I_{l2} + U = 0$$
$$2I_{l3} - U = -2$$
$$-I_{l2} + I_{l3} = 5$$

解方程组得 $I_{l1} = -6\text{A}$；$I_{l2} = -4\text{A}$；$I_{l3} = 1\text{A}$；$U = 4\text{V}$

各支路电流为

$$I_1 = I_{l1} = -6\text{A}$$
$$I_2 = I_{l1} - I_{l2} = -2\text{A}$$
$$I_3 = I_{l2} = -4\text{A}$$
$$I_4 = I_s = 5\text{A}$$
$$I_5 = I_{l3} = 1\text{A}$$

三、含受控源的电路方程

若网络中含有受控源，在列写电路方程时，可暂时先将受控源看作独立源一样对待，然后再找出受控源的控制量与电路变量的关系，作为辅助方程列出即可。

例3-5 用回路电流法求图3-8所示电路中的电流I。

解 选取回路电流I_{l1}、I_{l2}如图中所示。先将受控电压源$2U_1$看作独立源一样，列出两回路的方程为

$$(2+4)I_{l1} - 4I_{l2} = 12$$
$$-4I_{l1} + (4+1+1)I_{l2} = 2U_1$$

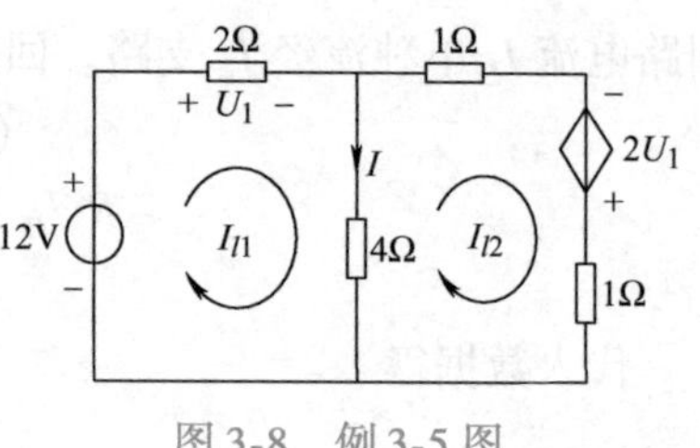

图3-8 例3-5图

再以控制量U_1与回路电流变量的关系作为辅助方程列出，有

$$U_1 = 2I_{l1}$$

整理以上3个方程得

$$6I_{l1} - 4I_{l2} = 12$$
$$-4I_{l1} + 6I_{l2} = 2U_1$$
$$U_1 = 2I_{l1}$$

解得 $I_{l1} = 18\text{A}$；$I_{l2} = 24\text{A}$

支路电流 $I = I_{l1} - I_{l2} = -6\text{A}$

思考题

3-2-1　回路电流与支路电流的区别是什么？

3-2-2　回路的自电阻、互电阻各指什么？它们的正、负号如何确定？回路电流法的实质是什么？

3-2-3　用回路电流法求图 3-9 中各电源发出的功率。图 3-9 中与电流源相串联的 3Ω 电阻，什么时候可看作短路？什么时候不能看作短路？

3-2-4　在列写回路电流方程时，如何处理含受控源的电路？试列写图 3-10 电路的回路电流方程，设图中各元件参数均已知。

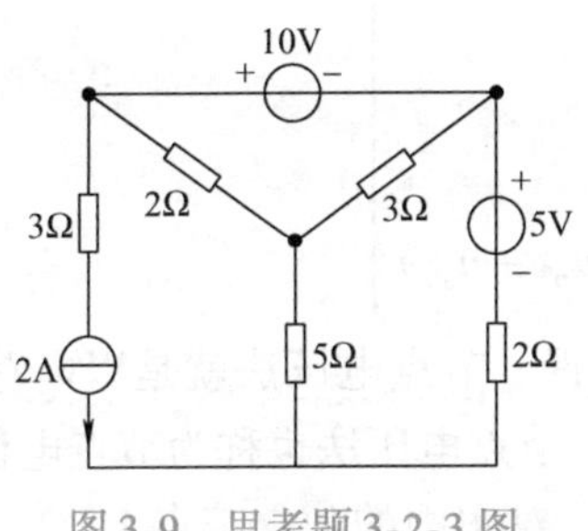

图 3-9　思考题 3-2-3 图

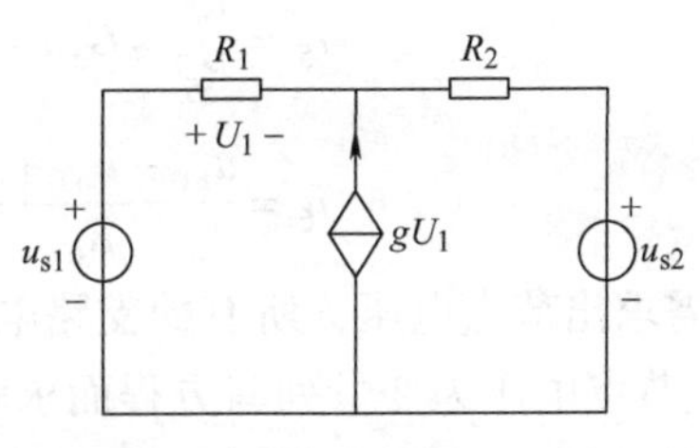

图 3-10　思考题 3-2-4 图

第三节　节点电压法

一个电路只有一个非独立节点，若以这个节点作为电路的参考点，则其他各个独立节点的电位就称为这些节点的节点电压。如图 3-11 所示电路，共有 4 个节点，若以 0 点为参考点，其余 3 个独立节点的电压分别用 u_{n1}、u_{n2}、u_{n3} 表示，则有 $u_{n1}=u_{10}$；$u_{n2}=u_{20}$；$u_{n3}=u_{30}$。如果这 3 个节点电压能求得的话，那么该电路中各个支路的端电压就应是该支路所连接的两个节点的电位差，即节点电压之差。例如图 3-11 中第一条支路（标有支路电流 i_1 的支路）的端电压为 $u_{10}=u_{n1}$；第二条支路（标有 i_2 的支路）的端电压为 $u_{12}=u_{n1}-u_{n2}$；依此类推有 $u_{13}=u_{n1}-u_{n3}$；$u_{23}=u_{n2}-u_{n3}$；$u_{20}=u_{n2}$；$u_{30}=u_{n3}$ 等。根据各支路电流与端电压的伏安关系，由已知的端电压就可进一步求得各支路电流。如图 3-11 中，各支路电流在图示参考方向下，与节点电压之间存在有下列关系式

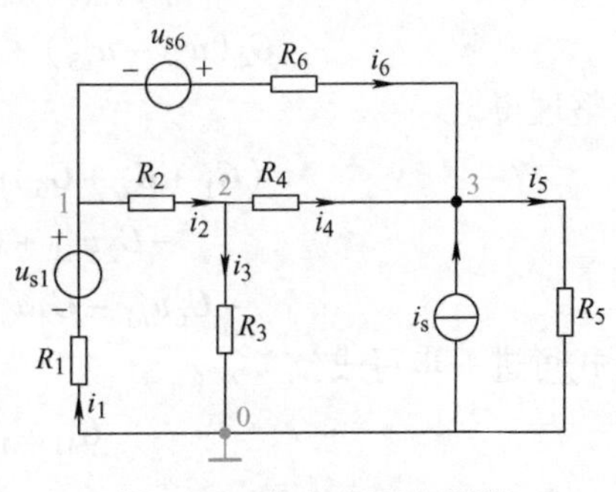

图 3-11　节点电压法示图

$$u_{n1}=u_{s1}-i_1R_1$$
$$u_{n1}-u_{n2}=i_2R_2$$
$$u_{n2}=i_3R_3$$
$$u_{n2}-u_{n3}=i_4R_4$$
$$u_{n3}=i_5R_5$$
$$u_{n1}-u_{n3}=-u_{s6}+i_6R_6$$

进而可得

$$\left.\begin{aligned}
i_1&=\frac{u_{s1}-u_{n1}}{R_1}=G_1(u_{s1}-u_{n1})\\
i_2&=\frac{u_{n1}-u_{n2}}{R_2}=G_2(u_{n1}-u_{n2})\\
i_3&=\frac{u_{n2}}{R_3}=G_3u_{n2}\\
i_4&=\frac{u_{n2}-u_{n3}}{R_4}=G_4(u_{n2}-u_{n3})\\
i_5&=\frac{u_{n3}}{R_5}=G_5u_{n3}\\
i_6&=\frac{u_{n1}-u_{n3}+u_{s6}}{R_6}=G_6(u_{n1}-u_{n3}+u_{s6})
\end{aligned}\right\}\tag{3-5}$$

可见，只需求出节点电压，所有的支路电流也就都可求得。节点电压法就是以电路的（$n-1$）个独立节点电压为变量列写方程而求解电路的方法。节点电压法也称为节点电位法。

下面以图 3-11 为例来说明如何建立节点电压方程。对图中的独立节点 1、2、3 可分别列写 KCL 方程为

$$\begin{gathered}
i_1-i_2-i_6=0\\
i_2-i_3-i_4=0\\
i_4+i_6+i_s-i_5=0
\end{gathered}$$

将式(3-5) 代入上面 3 式可得

$$\begin{gathered}
G_1(u_{s1}-u_{n1})-G_2(u_{n1}-u_{n2})-G_6(u_{n1}-u_{n3}+u_{s6})=0\\
G_2(u_{n1}-u_{n2})-G_3u_{n2}-G_4(u_{n2}-u_{n3})=0\\
G_4(u_{n2}-u_{n3})+G_6(u_{n1}-u_{n3}+u_{s6})+i_s-G_5u_{n3}=0
\end{gathered}$$

经整理得

$$\begin{gathered}
(G_1+G_2+G_6)u_{n1}-G_2u_{n2}-G_6u_{n3}=G_1u_{s1}-G_6u_{s6}\\
-G_2u_{n1}+(G_2+G_3+G_4)u_{n2}-G_4u_{n3}=0\\
-G_6u_{n1}-G_4u_{n2}+(G_4+G_6+G_5)u_{n3}=G_6u_{s6}+i_s
\end{gathered}$$

上式可进一步写成

$$\left.\begin{aligned}
G_{11}u_{n1}+G_{12}u_{n2}+G_{13}u_{n3}&=i_{s11}\\
G_{21}u_{n1}+G_{22}u_{n2}+G_{23}u_{n3}&=i_{s22}\\
G_{31}u_{n1}+G_{32}u_{n2}+G_{33}u_{n3}&=i_{s33}
\end{aligned}\right\}\tag{3-6}$$

这就是具有 3 个独立节点电路的节点电压方程的一般形式。式中，具有相同双下标的电导 G_{11}、G_{22}、G_{33} 分别是独立节点 1、2、3 所连接的各个支路的电导和，称为各独立节点的自电导，它们总取正值。具有不同双下标的电导 G_{12}、G_{21}、G_{13}、G_{31}、G_{23}、G_{32} 等，分别是直接连接两个相关节点的各支路电导的和，称为互电导，它们总取负值。显然，两节点间没有支路直接相连接时，相应的互电导为零。

式(3-6) 方程的右边分别表示流入相应节点的电流源电流的代数和（若是电压源与电

阻相串联的模型，则可等效变换成电流源与电导相并联的模型)。当电流源的电流方向指向相应节点时取正号，反之则取负号。本例中，$i_{s11}=G_1u_{s1}-G_6u_{s6}$，$i_{s33}=G_6u_{s6}+i_s$，而节点2连接的3条支路都是无源支路，所以$i_{s22}=0$。

将式(3-6) 推广到具有n个节点的电路，可写出其节点电压方程的一般形式为

$$\left.\begin{aligned}G_{11}u_{n1}+G_{12}u_{n2}+\cdots+G_{1(n-1)}u_{n(n-1)}&=i_{s11}\\G_{21}u_{n1}+G_{22}u_{n2}+\cdots+G_{2(n-1)}u_{n(n-1)}&=i_{s22}\\&\vdots\\G_{(n-1)1}u_{n1}+G_{(n-1)2}u_{n2}+\cdots+G_{(n-1)(n-1)}u_{n(n-1)}&=i_{s(n-1)(n-1)}\end{aligned}\right\}\tag{3-7}$$

根据以上讨论，可归纳出节点电压法的主要步骤如下：

1）选定参考节点并用“⊥”符号标注，以其余各独立节点的节点电压作为电路变量。注意各节点电压的参考方向均是由独立节点指向参考节点。

2）按式(3-7) 的一般形式列写节点电压方程。注意式中的自电导总为正值，互电导总为负值。等号右边的电流源项中，流入节点的电流源取正，流出节点的则取负。

3）联立求解方程组，得出各节点电压。

4）选定各支路电流的参考方向，根据各支路的伏安关系，由节点电压求得各支路电流或其他需求电量。

节点电压法也称节点分析法。这种方法省去了按KVL建立的独立回路电压方程，所以对节点数较少的网络尤为适用。电路的计算机辅助分析中较多采用节点分析法。

例3-6 用节点分析法求图3-12中各支路的电流。

解 本电路有3个节点，以o点为参考点，独立节点a、b的电位分别为U_{na}、U_{nb}。列节点电压方程为

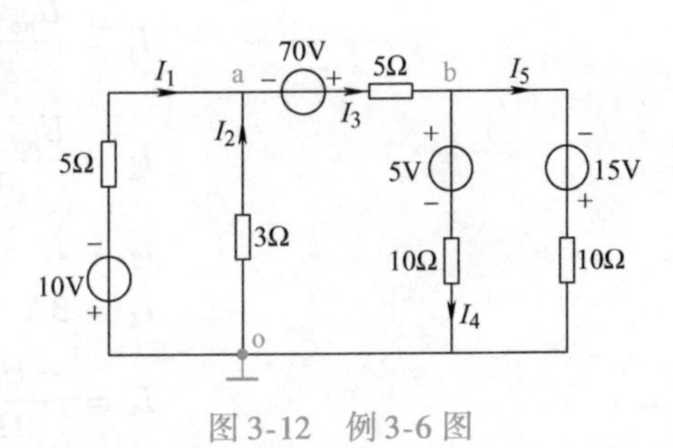

图3-12 例3-6图

$$\left(\frac{1}{5}+\frac{1}{3}+\frac{1}{5}\right)U_{na}-\frac{1}{5}U_{nb}=-\frac{10}{5}-\frac{70}{5}$$

$$-\frac{1}{5}U_{na}+\left(\frac{1}{5}+\frac{1}{10}+\frac{1}{10}\right)U_{nb}=\frac{70}{5}+\frac{5}{10}-\frac{15}{10}$$

解方程组得

$$U_{na}=-15\text{V};\quad U_{nb}=25\text{V}$$

在图中标出各支路电流的方向，可计算得

$$I_1=\frac{-10\text{V}-U_{na}}{5\Omega}=\frac{-10+15}{5}\text{A}=1\text{A}$$

$$I_2=\frac{-U_{na}}{3\Omega}=\frac{15}{3}\text{A}=5\text{A}$$

$$I_3=\frac{70\text{V}+U_{na}-U_{nb}}{5\Omega}=\frac{70-40}{5}\text{A}=6\text{A}$$

$$I_4=\frac{-5\text{V}+U_{nb}}{10\Omega}=\frac{-5+25}{10}\text{A}=2\text{A}$$

$$I_5=\frac{15\text{V}+U_{nb}}{10\Omega}=\frac{15+25}{10}\text{A}=4\text{A}$$

在参考节点处可进行检验，应有

$$-I_1 - I_2 + I_4 + I_5 = 0$$

代入数值得 $-1-5+2+4=0$

符合 KCL，结果正确。

例 3-7 用节点电压法求图 3-13 所示电路中各支路电流。

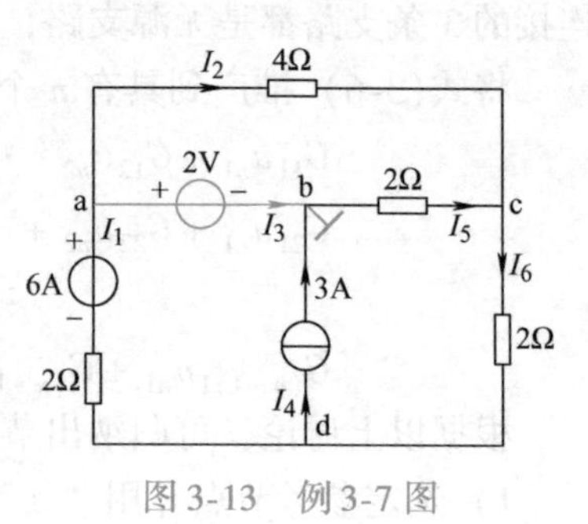

图 3-13 例 3-7 图

解 本电路的特点是具有理想电压源支路。对于这样的电路，较简单的处理方法是：选择该电压源所连接的两个节点中的任一节点作为参考节点，例如图中的 b 点，那么另一节点 a 的电位就是已知的，可将它的节点方程省去，而把它的已知电位作为辅助方程列出即可。这样，本电路的节点电压方程为

$$\left.\begin{aligned} &U_{na}=2\\ &-\frac{1}{4}U_{na}+\left(\frac{1}{4}+\frac{1}{2}+\frac{1}{2}\right)U_{nc}-\frac{1}{2}U_{nd}=0\\ &-\frac{1}{2}U_{na}-\frac{1}{2}U_{nc}+\left(\frac{1}{2}+\frac{1}{2}\right)U_{nd}=-\frac{6}{2}-3 \end{aligned}\right\} \tag{3-8}$$

解方程组得 $U_{na}=2\text{V}$；$U_{nc}=-2\text{V}$；$U_{nd}=-6\text{V}$。在图示各支路电流的参考方向下，电流值分别为

$$I_1=\frac{U_{nd}-U_{na}+6\text{V}}{2\Omega}=-1\text{A}$$

$$I_2=\frac{U_{na}-U_{nc}}{4\Omega}=1\text{A}$$

$$I_3=I_1-I_2=-2\text{A}$$

$$I_4=3\text{A}$$

$$I_5=\frac{-U_{nc}}{2\Omega}=1\text{A}$$

$$I_6=\frac{U_{nc}-U_{nd}}{2\Omega}=2\text{A}$$

如欲列写节点 a 的方程，也是可以的。这时，必须注意要计及电压源中的电流，先标定其参考方向并作为一个电路变量，如图中的 I_3，再像对待电流源的电流一样将其计入节点方程中。所以，本电路的 a 节点的方程应为

$$\left(\frac{1}{2}+\frac{1}{4}\right)U_{na}-\frac{1}{4}U_{nc}-\frac{1}{2}U_{nd}=\frac{6}{2}-I_3 \tag{3-9}$$

联立求解式(3-8) 和式(3-9) 4 个方程，可得同样结果。

上述电路，如果任意选择电路参考点，例如 d 点，也可以列写其节点电压方程。但这时就不可省略某个节点方程，而且在列写 a、b 两节点方程时，都必须计及电压源支路电流 I_3，另外还应将该两节点的电位差等于电压源电压作为辅助方程列出。所以，该电路以 d 点为参考点时的节点电压方程是

$$\left(\frac{1}{2}+\frac{1}{4}\right)U_{na}-\frac{1}{4}U_{nc}=\frac{6}{2}-I_3$$

$$\frac{1}{2}U_{nb}-\frac{1}{2}U_{nc}=I_3+3$$

$$-\frac{1}{4}U_{na}-\frac{1}{2}U_{nb}+\left(\frac{1}{4}+\frac{1}{2}+\frac{1}{2}\right)U_{nc}=0$$

$$U_{na}-U_{nb}=2$$

例 3-8 用节点法求图 3-14 所示电路中的电流 I。

解 电路中具有受控电流源，先把它看作独立源。以 o 点为参考节点，以 U_{na}、U_{nb} 为电路变量列节点电压方程为

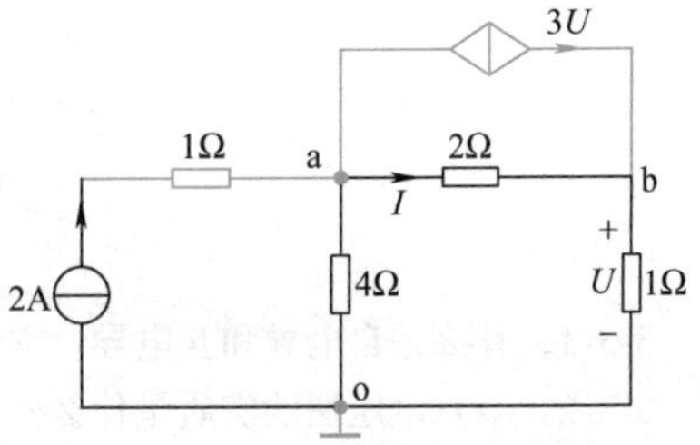

a 节点：
$$\left(\frac{1}{4}+\frac{1}{2}\right)U_{na}-\frac{1}{2}U_{nb}=2-3U$$

b 节点：
$$-\frac{1}{2}U_{na}+\left(\frac{1}{2}+1\right)U_{nb}=3U$$

图 3-14 例 3-8 图

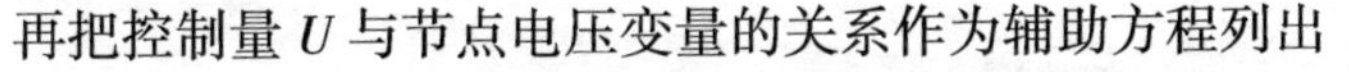
再把控制量 U 与节点电压变量的关系作为辅助方程列出

$$U = U_{nb}$$

把辅助方程与上面的两个节点方程联立解得

$$U_{na} = -24\text{V} \qquad U_{nb} = 8\text{V}$$

所求的支路电流为

$$I = \frac{U_{na}-U_{nb}}{2\Omega} = -16\text{A}$$

应注意上述方程中，节点 a 的自电导是$\left(\frac{1}{4}+\frac{1}{2}\right)$S，而不是$\left(\frac{1}{4}+\frac{1}{2}+1\right)$S，即与电流源串联的电导不应写进节点方程中去，应把它看作短路。这是因为节点分析法的实质是 KCL，只是以节点电压作为电路变量来建立方程。电流源支路的电流及各节点的电压都与电流源所串联的电阻（电导）无关。

节点电压法用于图 3-15a 所示的只有一个独立节点的电路时，其节点电压方程为

$$u_{n1}\left(\frac{1}{R_1}+\frac{1}{R_2}+\frac{1}{R_3}+\frac{1}{R_4}\right)=\frac{u_{s1}}{R_1}-\frac{u_{s2}}{R_2}+\frac{u_{s3}}{R_3}$$

即

$$u_{n1} = \frac{u_{s1}G_1 - u_{s2}G_2 + u_{s3}G_3}{G_1+G_2+G_3+G_4}$$

写成一般形式为

$$u_{n1} = \frac{\sum(u_s G)}{\sum G} \tag{3-10}$$

式(3-10) 也称为弥尔曼定理。

图 3-15b 是图 3-15a 的另一种画法，电压源在图中不再画出，而用标出其电位极性及数值的方法来表示。例如图 3-15b 中 R_1 的一端标出 $+u_{s1}$，意思是此端钮上接的是数值为 u_{s1} 的电压源的正极，而其负极则接在参考点 0 上，等等。这是电子电路中常见的习惯画法。

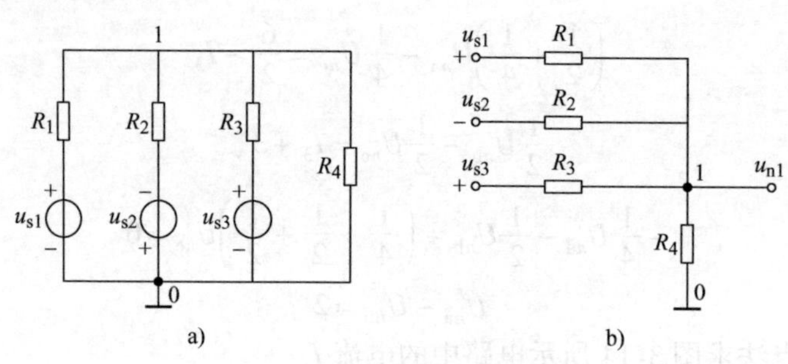

图 3-15 只有一个独立节点的电路

3-3-1 什么是自电导和互电导？它们的正、负号如何规定？

3-3-2 节点电压法的实质是什么？节点电压法的方程两边各表示什么意义？各项的正负号如何确定？

3-3-3 含有理想电压源支路的电路，在列写节点方程时，可如何处理？含有受控源时又该如何处理？

3-1 用支路电流法求图 3-16 所示电路中各支路的电流。

3-2 用支路电流法求图 3-17 所示电路中各支路的电流，并用功率平衡法检验结果是否正确。

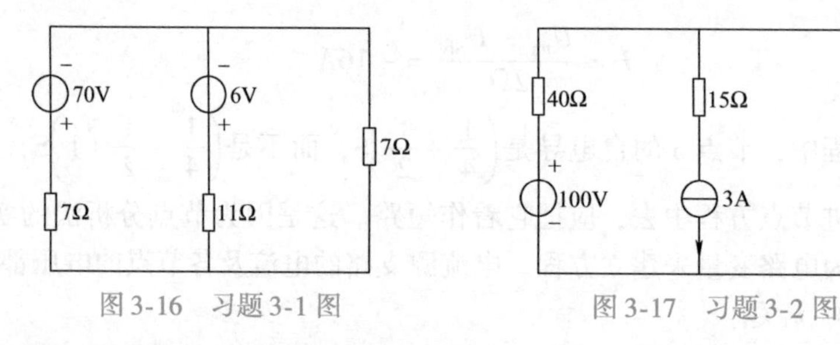

图 3-16 习题 3-1 图　　图 3-17 习题 3-2 图

3-3 用回路电流法求图 3-18 所示电路中的电流 I。

3-4 用回路电流法求图 3-19 所示电路中的各支路电流。

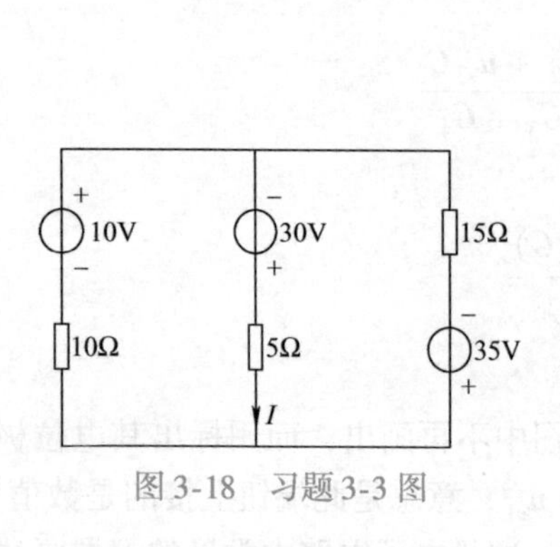

图 3-18 习题 3-3 图

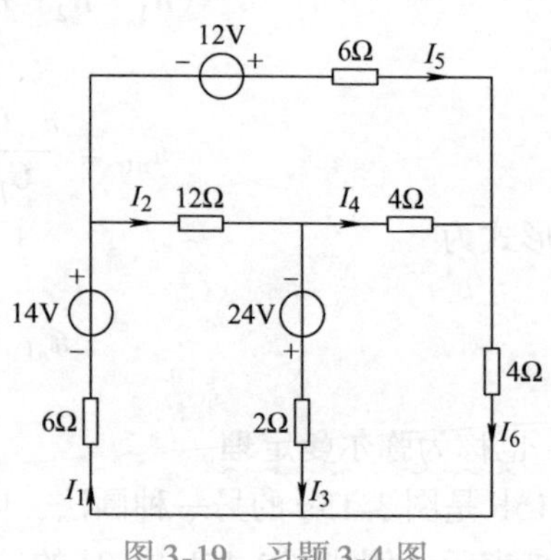

图 3-19 习题 3-4 图

3-5　用回路电流法求图 3-20 电路中的 U。

3-6　用回路电流法求图 3-21 中的电压 U。

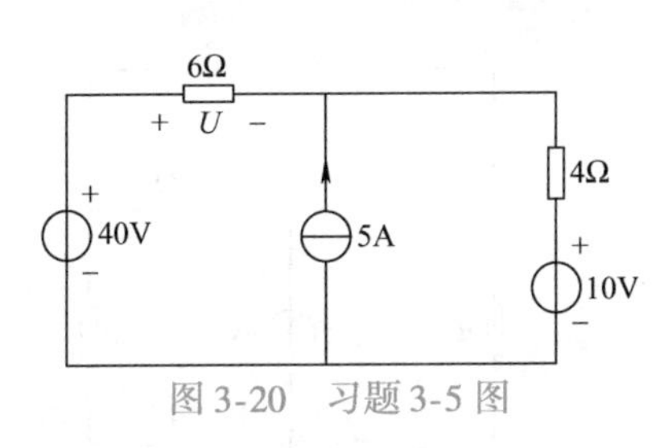

图 3-20　习题 3-5 图

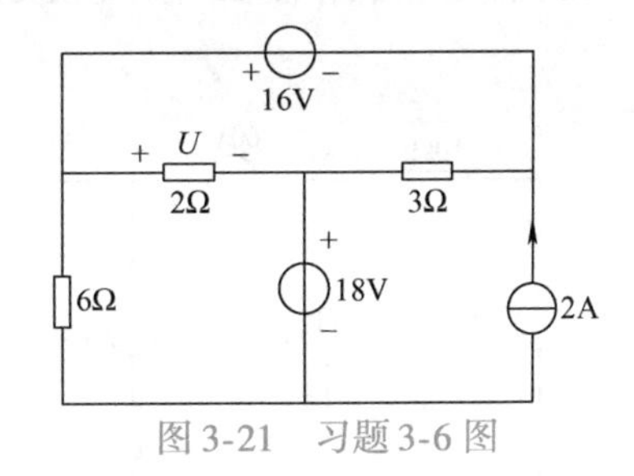

图 3-21　习题 3-6 图

3-7　用回路电流法求图 3-22 中的 I 及 U。

3-8　用回路电流法求解图 3-23 电路中的电流 I_1。

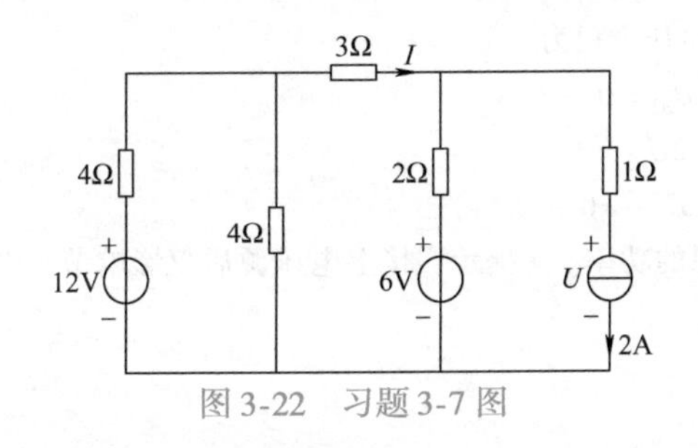

图 3-22　习题 3-7 图

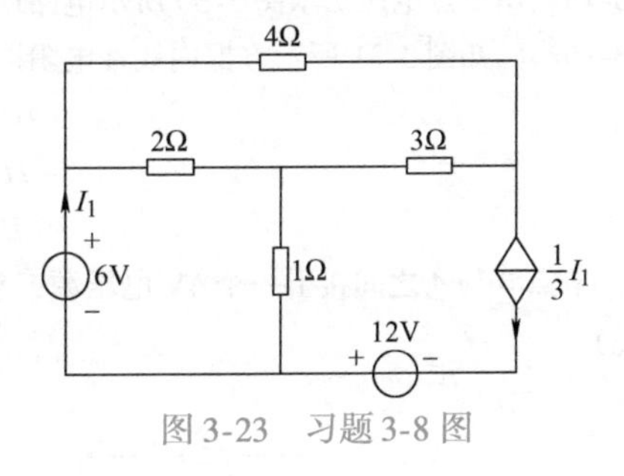

图 3-23　习题 3-8 图

3-9　用节点电压法求图 3-24 所示电路中各电流源提供的功率。

3-10　用节点分析法求图 3-25 所示电路中的各支路电流。

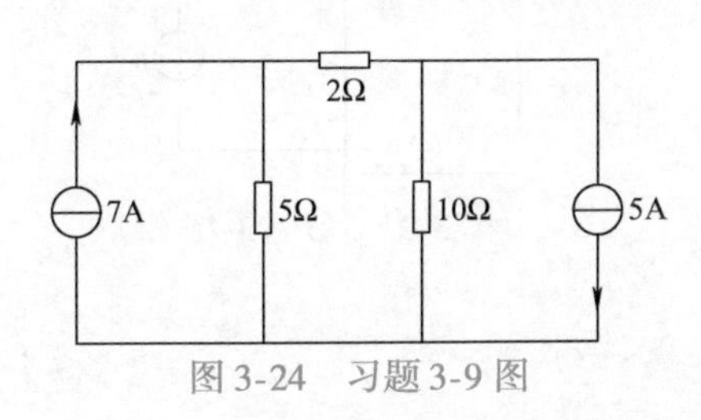

图 3-24　习题 3-9 图

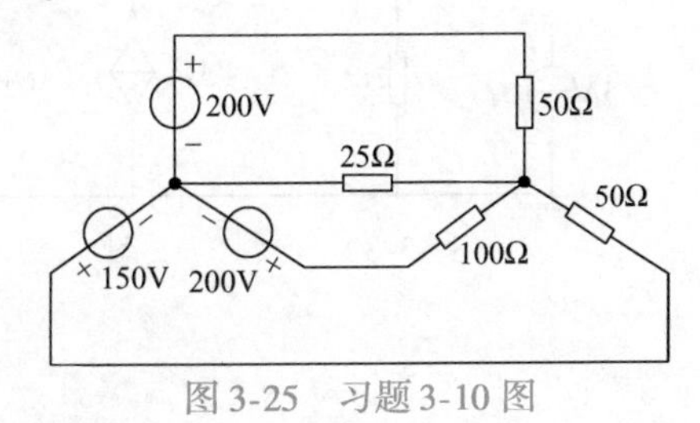

图 3-25　习题 3-10 图

3-11　用节点分析法求图 3-26 所示电路中的电流 I 及电压 U。

3-12　用节点分析法求图 3-27 所示电路中的电流 I。

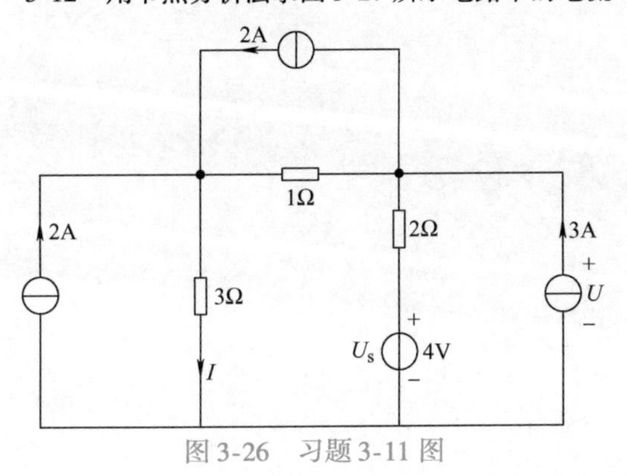

图 3-26　习题 3-11 图

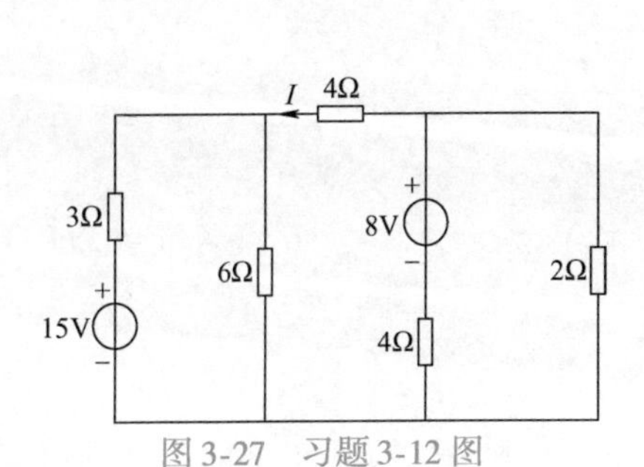

图 3-27　习题 3-12 图

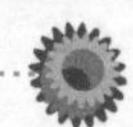

3-13 用节点电压法求图 3-28 所示的各支路电流。

3-14 用节点电压法求图 3-29 中各电阻支路的电流。

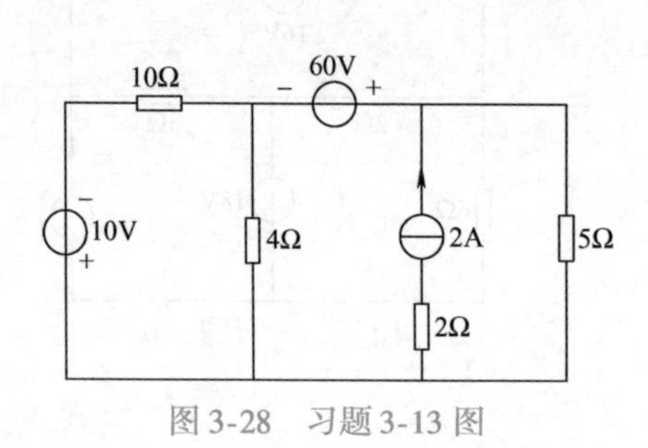

图 3-28 习题 3-13 图

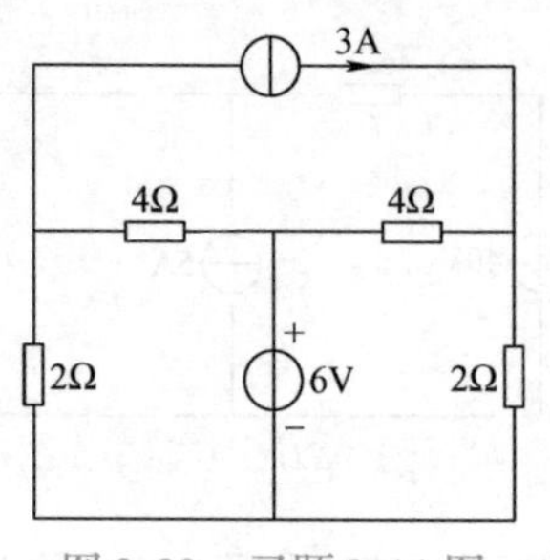

图 3-29 习题 3-14 图

3-15 用节点电压法求图 3-30 所示电路中的电压 U_1、U_2。

3-16 已知图 3-31 所示方框内线性电阻网络的节点电压方程为

$$4U_{n1}-2U_{n2}-U_{n3}=0$$
$$-2U_{n1}+6U_{n2}-2U_{n3}=1$$
$$-U_{n1}-2U_{n2}+3U_{n3}=0$$

若在其节点③与④之间接上一个 4V 电压源，求该电压源的功率。（提示：接上电压源后仅影响节点③的方程。）

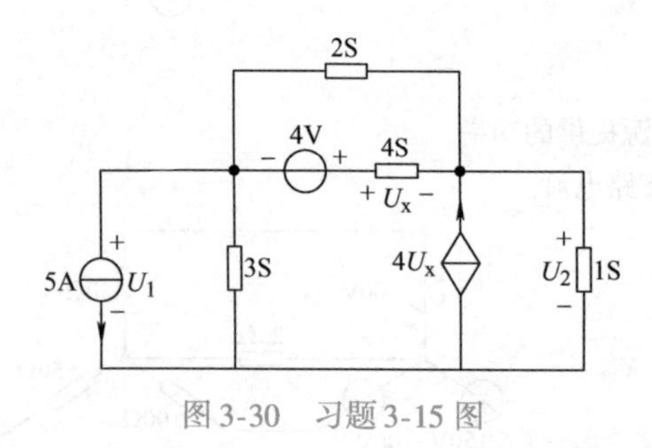

图 3-30 习题 3-15 图

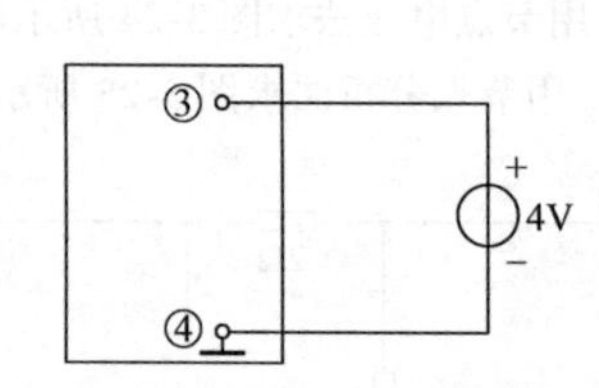

图 3-31 习题 3-16 图

第四章 线性网络的基本定理

第一节 叠加定理

线性电路具有一些重要性质，掌握这些性质有助于深入了解电路规律，有助于分析和解决电路问题。叠加定理是反映线性电路基本性质的一个重要定理。下面以图 4-1a 所示的电路为例加以说明。

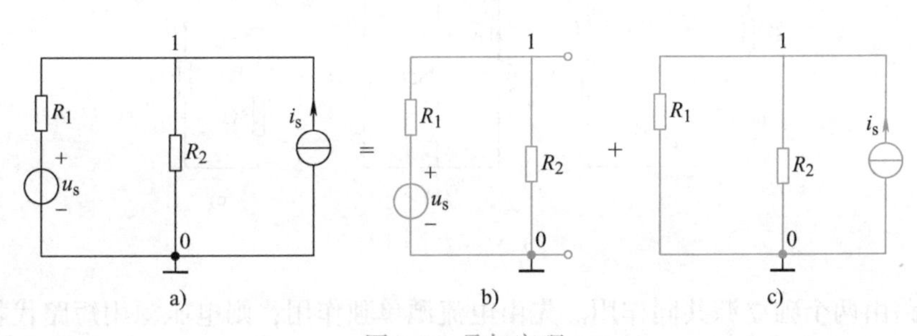

图 4-1 叠加定理

用节点电压法可求得图中节点 1 的电压为

$$u_{n1}=\frac{u_s/R_1+i_s}{1/R_1+1/R_2}=\frac{R_2}{R_1+R_2}u_s+\frac{R_1R_2}{R_1+R_2}i_s=u_{n1}'+u_{n1}''$$

式中

$$u_{n1}'=\frac{R_2}{R_1+R_2}u_s;\quad u_{n1}''=\frac{R_1R_2}{R_1+R_2}i_s$$

可以看出，节点电压 u_{n1} 由两部分组成，第一部分 u_{n1}' 是把 i_s 视为零值（看作开路）、u_s 单独作用于电路时的响应，如图 4-1b 所示；第二部分 u_{n1}'' 是把 u_s 视为零值（看作短路）、i_s 单独作用于电路时的响应，如图 4-1c 所示。而电路中各支路的电压或电流都与节点电压成线性关系，所以它们也都可以看作是由电路中的两个电源分别单独作用时产生的两部分响应组成的。

以上讨论虽然针对一个具体电路，但不难推证（本书不作详细证明）：在线性电路中，所有独立电源共同作用产生的响应都等于各个独立电源单独作用时所产生的响应的叠加。线性电路的这一性质称为叠加定理。

应用叠加定理时要注意以下几点：

1）叠加定理仅适用于线性电路，不适用于非线性电路。

2）在各个独立电源分别单独作用时，对那些暂时不起作用的独立电源都应视为零值，即电压源用短路代替，电流源用开路代替，而其他元件的联接方式都不应有变动。

3）各个电源单独作用下的响应，其参考方向应选择为与原电路中对应响应的参考方向相同，在叠加时应把各部分响应的代数值代入。

4）叠加定理只能用来计算线性电路中的电压或电流，而不能用来计算功率。因为功率与电压或电流之间不是线性关系。例如，电阻 R 的功率 $P_R = I^2R = (I' + I'')^2R \neq (I')^2R + (I'')^2R$。

5）叠加定理被用于含有受控源的电路时，所谓电源的单独作用只是对独立电源而言。所有的受控源都不可能单独存在。当某个独立源单独作用时，只将其他的独立电源视为零值，而所有的受控源则必须全部保留在各自的支路中。

叠加定理不局限于将独立电源一个个地单独作用后再叠加，也可把电路中的所有独立电源分成几组，然后按组分别计算再叠加，这样有利于简化一些计算过程。

例 4-1 用叠加定理求图 4-2a 所示电路中的电流 I_L。若电流源的电流由原来的 1A 增加到 3A，求 ΔI_L。

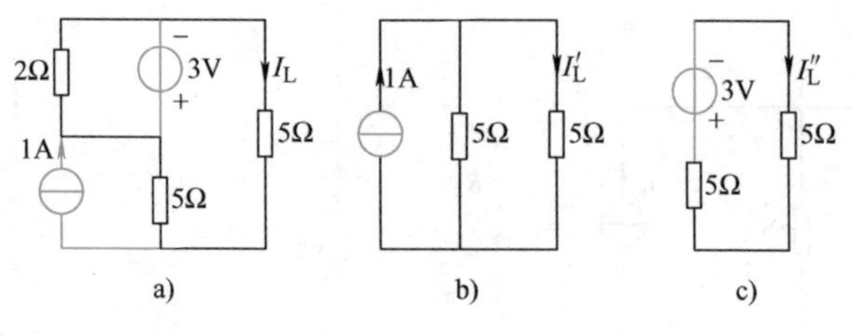

图 4-2 例 4-1 图

解 电路由两个独立源共同作用。先由电流源单独作用，则电压源用短路代替，这时的电路如图 4-2b 所示，可得

$$I_L' = 1 \times \frac{5}{5+5}\text{A} = 0.5\text{A}$$

再由电压源单独作用，电流源用开路代替，而且与电压源相并联的 2Ω 电阻对外电路可视为开路，故这时的电路如图 4-2c 所示，可得

$$I_L'' = \frac{-3}{5+5}\text{A} = -0.3\text{A}$$

叠加后得

$$I_L = I_L' + I_L'' = (0.5 - 0.3)\text{A} = 0.2\text{A}$$

当电流源的电流由原来的 1A 增加到 3A 时，就相当于在原来的 1A 电流源两端再并上一个与原来方向相同的 $\Delta I_s = 2\text{A}$ 的电流源，根据叠加定理，ΔI_L 就是这个 ΔI_s 电流源单独作用时产生的电流。将图 4-2b 中的电流源改为 $\Delta I_s = 2\text{A}$，即可求得

$$\Delta I_L = 2 \times \frac{5}{5+5}\text{A} = 1\text{A}$$

由叠加定理不难推出，当线性电路中的所有激励（独立电压源和独立电流源）都变化 K 倍时，响应也将相应变化 K 倍。如果电路中只有一个激励，则响应与激励成正比。线性电

路的这种性质也称为齐性定理。

例 4-2　图 4-3 所示无源线性网络 P 的内部结构未知，已知在 U_s、I_s 共同作用下的实验数据为：当 $U_s=1\text{V}$，$I_s=1\text{A}$ 时，$U_2=0\text{V}$；当 $U_s=10\text{V}$，$I_s=0\text{A}$ 时，$U_2=1\text{V}$。问当 $U_s=30\text{V}$，$I_s=10\text{A}$ 时，$U_2=?$

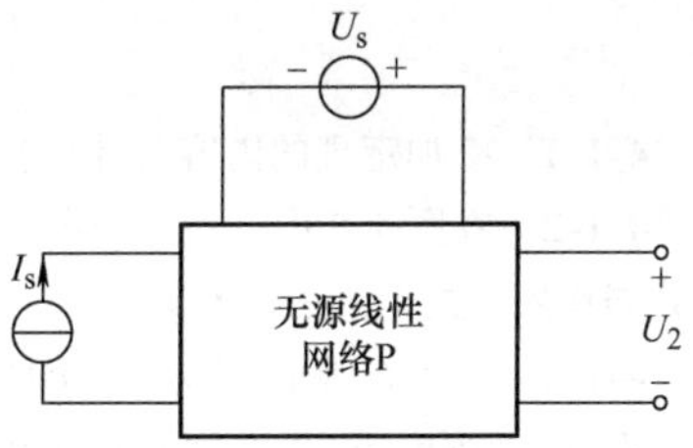

图 4-3　例 4-2 图

解　由于 P 的内部不含电源，电压 U_2 是外部两个电源共同作用的结果，根据线性电路的叠加定理和齐性性质，可以假设

$$U_2=K_1U_s+K_2I_s \tag{4-1}$$

将已知数据代入式(4-1)，得

$$K_1\times1+K_2\times1=0$$

$$K_1\times10+K_2\times0=1$$

解得

$$K_1=0.1;\ K_2=-0.1$$

将 $K_1=0.1$、$K_2=-0.1$、$U_s=30\text{V}$、$I_s=10\text{A}$ 代入式(4-1)，即得所求电压为

$$U_2=[0.1\times30+(-0.1)\times10]\text{V}=2\text{V}$$

例 4-3　用叠加定理求图 4-4a 电路中的电压 U_1。

解　这是一个含有受控源的电路。按叠加定理，作出电流源单独作用的电路如图 4-4b 所示；电压源单独作用的电路如图 4-4c 所示。必须注意到，图 4-4b 和 c 中都保留了受控电压源，且控制量也应标成分量 U_1' 及 U_1''。

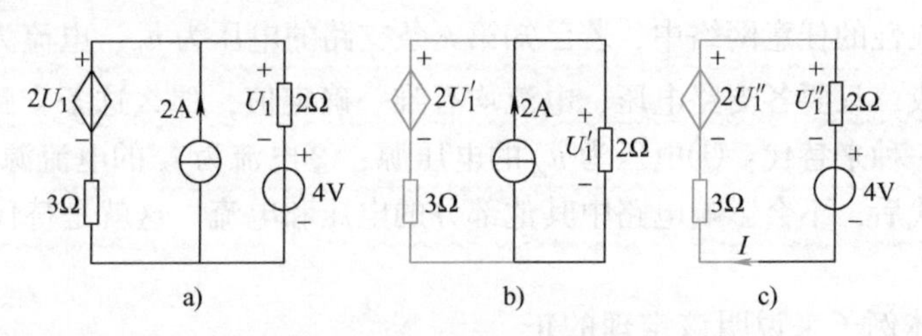

图 4-4　例 4-3 图

在图 4-4b 中，可用节点电压法列方程如下

$$U_1'\left(\frac{1}{3}+\frac{1}{2}\right)=\frac{2U_1'}{3}+2$$

解得

$$U_1'=12\text{V}$$

在图 4-4c 中，可列出 KVL 方程

$$U_1''+4+3I-2U_1''=0$$

且

$$I=\frac{U_1''}{2}$$

解得

$$U_1''=-8\text{V}$$

所以

$$U_1=U_1'+U_1''=(12-8)\text{V}=4\text{V}$$

思考题

4-1-1 叠加定理的内容是什么？使用该定理时应注意哪些问题？

4-1-2 在图4-5中，当电压源单独作用时，电流 I 为1A；当电流源单独作用时的电流 I 为多少？两电源共同作用时的电流 I 为多少？

4-1-3 图4-6所示电路在3个独立电源共同作用下得到电压 U_{ab}，若将电流源 I_s 与电压源 U_{s1} 都反向（U_{s2}不变），则电压 U_{ab}变为原来的0.5倍；而当 I_s 与 U_{s2} 都反向（U_{s1}不变）时，U_{ab}变为原来的0.3倍；如果仅使 I_s 反向（U_{s1}、U_{s2}均不变），电压 U_{ab}将变为原来的多少倍？

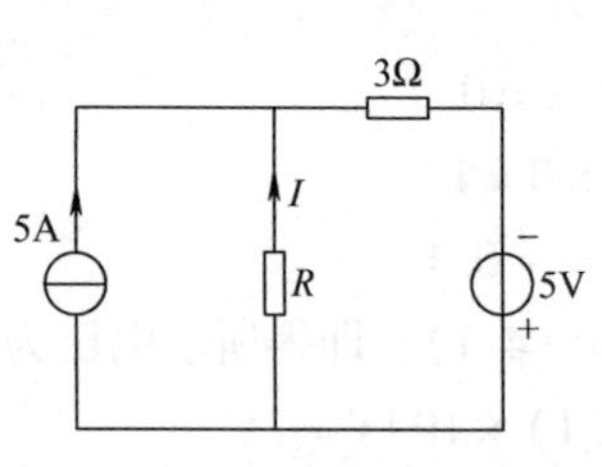

图4-5 思考题4-1-2图

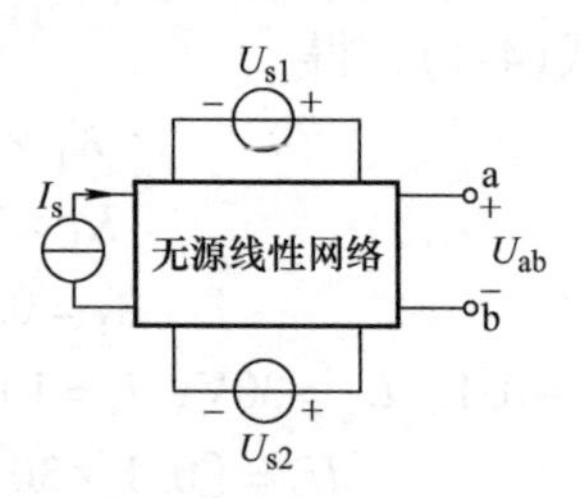

图4-6 思考题4-1-3图

第二节 替代定理

在线性或非线性的任意网络中，若已知第 k 条支路的电压为 u_k、电流为 i_k，则不论该支路由什么元件组成，只要各支路电压、电流均有唯一确定值，那么这条支路就可以用以下3种元件中的任意一种来替代：①电压为 u_k 的电压源；②电流为 i_k 的电流源；③阻值为 u_k/i_k 的电阻。这样替代后，不会影响电路中其他部分的电压和电流。这就是替代定理，也可称为置换定理。

先用一个具体例子来说明该定理的正确性。

图4-7a是例3-1的电路。前面已用支路电流法求得各支路电流分别为 $I_1=2\text{A}$，$I_2=-1\text{A}$，$I_3=1\text{A}$。现将 I_1 支路用一个 $I_s=2\text{A}$ 的电流源来替代，得到图4-7b所示电路。用节点法对该电路进行计算，则有

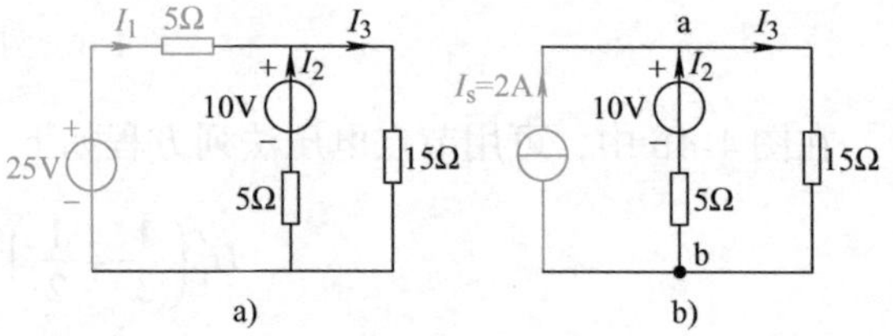

图4-7 替代定理示图

$$U_{ab}=\frac{2+10/5}{1/5+1/15}\text{V}=15\text{V}$$

$$I_2=\frac{10-15}{5}\text{A}=-1\text{A}$$

$$I_3=\frac{15}{15}\text{A}=1\text{A}$$

可见，替代后电路中其他支路的电流及电压不受影响，均与原值相等。

对于替代定理的正确性，也可以用数学的观点来理解：在具有唯一确定解的方程组中，任一未知量用其解替代后，一定不会引起其他变量的解发生变化。即替代后的电路与原电路具有相同形式的电路方程，替代定理是成立的。

替代定理常用来证明网络定理或用于网络的分析计算。例如下一节戴维南定理的证明过程就用到了替代定理。再如，电流为零的支路可以断开，电压为零的支路可以短接，这也可以用替代定理进行解释。

需要注意，替代定理与前面讲过的等效变换不同。当被替代支路以外的电路发生变化时，将会引起各处电压、电流的变化，这时被替代支路需要以新的电压、电流或电阻值来替代，而不能不变。但当电路等效变换时，无论外部情况如何变化，等效电路中的各参数总是不变的。

思　考　题

4-2-1　用电压源替代一条已知端电压的支路时，KVL 能自动满足，那么 KCL 能否得到满足？

4-2-2　图 4-8a 中的开路部分可用什么元件来替代？图 4-8b 中的短路部分可用什么元件来替代？

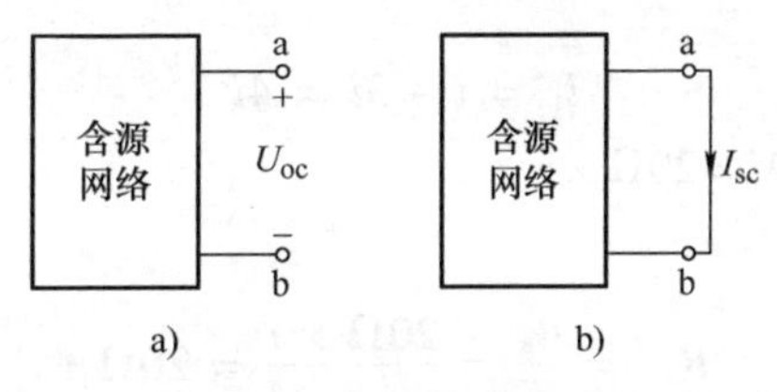

图 4-8　思考题 4-2-2 图

第三节　戴维南定理与诺顿定理

任何一个具有两个端钮与外电路相连接的网络，不管其内部结构如何，都称为二端网络，也称为一端口网络。图 4-9a、b 所示的两个网络都是二端网络。

根据网络内部是否含有独立电源，二端网络又可分为有源二端网络和无源二端网络。图 4-9a 是无源二端网络，图 4-9b 则是有源二端网络。在以后的叙述中，用一个带有字母 P 的方框表示无源二端网络，如图 4-10a 所示。用一个带有字母 A 的方框表示有源二端网络。如图 4-10b 所示。因为受控源不是独立电源，在网络中应与无源元件一样对待。

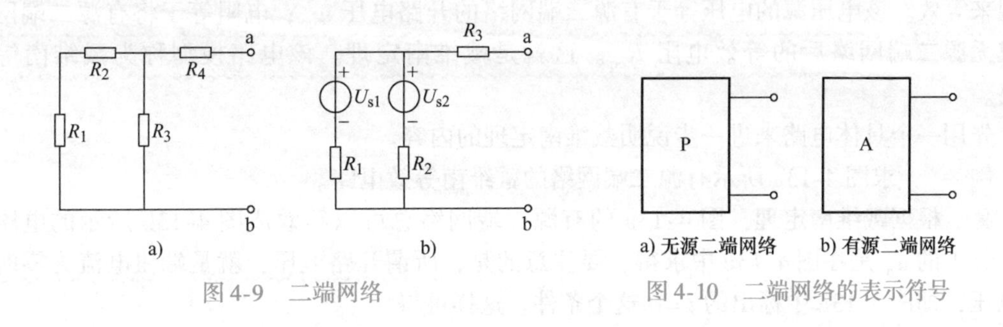

图 4-9　二端网络　　图 4-10　二端网络的表示符号

一、无源线性二端网络的等效电阻

任何一个无源线性二端网络，其端电压与端钮电流间总是线性关系，它们的比值是一个常数。所以，一个无源线性二端网络对于外电路总可以用一个等效电阻 R_{eq} 来代替，该等效电阻也称为网络的输入电阻。

无源线性二端网络的等效电阻一般可用以下两种方法求得：

1）直接利用电阻的串、并联或Y—Δ等效变换逐步简化的方法。这种方法适用于电路结构和元件参数已知的情况。

2）外加电源法。如图4-11a、b所示，在无源线性二端网络P的端口施加一激励电源 u_s（或 i_s），可计算或测量得到网络端口的响应 i（或 u），则等效电阻为

$$R_{eq} = \frac{u_s}{i} = \frac{u}{i_s} \tag{4-2}$$

这种方法对于那些结构及元件参数不清楚的网络可利用实验进行测量求解。而对含有受控源的无源线性二端网络常用此方法进行计算。

例4-4 求图4-12所示无源二端网络的等效电阻 R_{eq}。

解 在该二端网络的端钮a、b间施加电压 u_s，如图中所示。设在 u_s 激励下得到了电路响应 i、i_1 等等。据KCL，有

$$i_1 = i + 3i = 4i$$

端口电压 $u_s = 5\Omega \times i_1 = 5\Omega \times 4i = 20\Omega \times i$

所以该网络的等效电阻为

$$R_{eq} = \frac{u_s}{i} = \frac{20\Omega \times i}{i} = 20\Omega$$

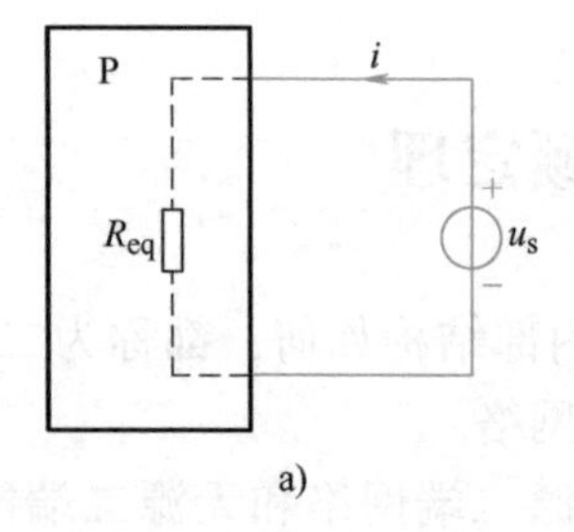

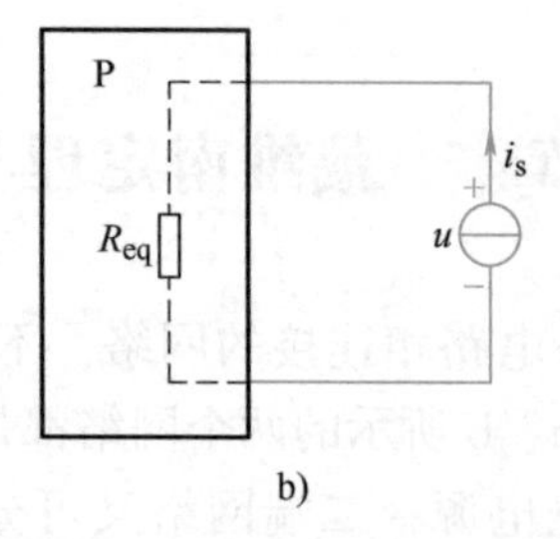

图4-11 外加电源法

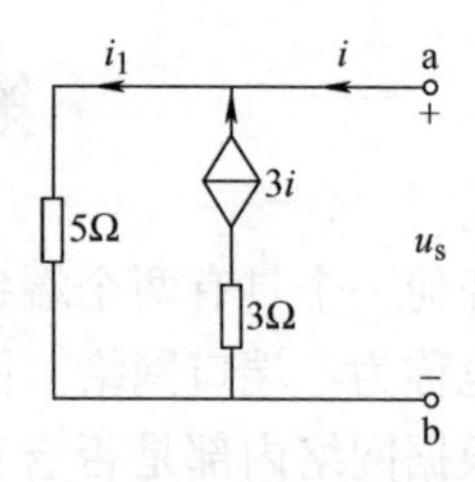

图4-12 例4-4图

二、戴维南定理

任何一个线性有源二端网络，对外电路来说，可以用一个电压源和电阻串联组合的电路模型来等效。该电压源的电压等于有源二端网络的开路电压 u_{oc}；电阻等于将有源二端网络变成无源二端网络后的等效电阻 R_{eq}。这就是戴维南定理。该电路模型称为戴维南等效电路。

先用一个具体电路来进一步说明戴维南定理的内容。

例4-5 求图4-13a所示有源二端网络的戴维南等效电路。

解 根据戴维南定理，图4-13a的有源二端网络总可以等效成图4-13b所示的电路模型。其中的 u_{oc} 是在图4-13c中求得，要注意的是，所谓开路电压，就是端钮电流为零时的端电压，即图4-13c中标出的 $i=0$ 这个条件。这样可得

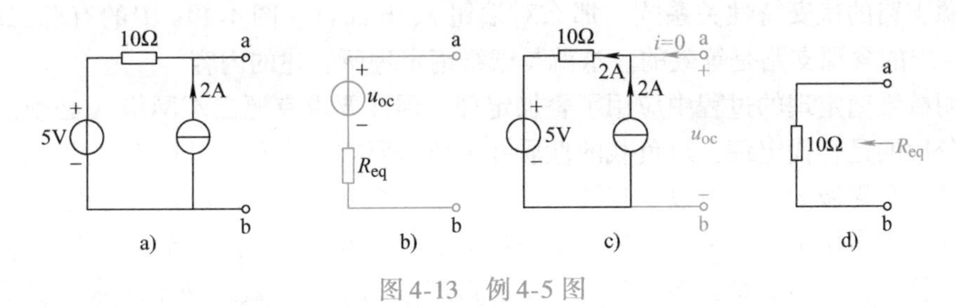

图 4-13　例 4-5 图

$$u_{oc} = (2 \times 10 + 5)\text{V} = 25\text{V}$$

R_{eq}是在图 4-13d 中求得。将图 4-13a 中的独立电源全部视为零值，即把电压源看作短路，电流源看作开路，这样，图 4-13a 的有源二端网络就变成了图 4-13d 的无源二端网络。显然

$$R_{eq} = 10\Omega$$

下面对戴维南定理加以证明：

线性有源二端网络 A 由端钮 a、b 与负载相连接，如图 4-14a 所示。负载的电流为 i，端电压为 u_{ab}。根据替代定理，可将负载用一个 $i_s = i$ 的电流源替代，如图 4-14b 所示。这样替代后，网络的工作状态保持不变。应用叠加定理，端电压 u_{ab} 可看成由两个分量叠加，见图 4-14c 和 d，即

$$u_{ab} = u'_{ab} + u''_{ab}$$

式中，u'_{ab}是在网络 A 中所有电源作用下，而电流源 i_s 不起作用（开路）时所产生的响应分量，该响应分量显然就是有源二端网络 A 的开路电压 u_{oc}，即

$$u'_{ab} = u_{oc}$$

u''_{ab}是在网络 A 的所有电源都不起作用，也就是把有源网络 A 变成了相应的无源网络 P 后，由 i_s 单独作用产生的响应分量。若无源网络 P 的等效电阻为 R_{eq}，则在图 4-14d 所示参考方向下，有

$$u''_{ab} = -iR_{eq}$$

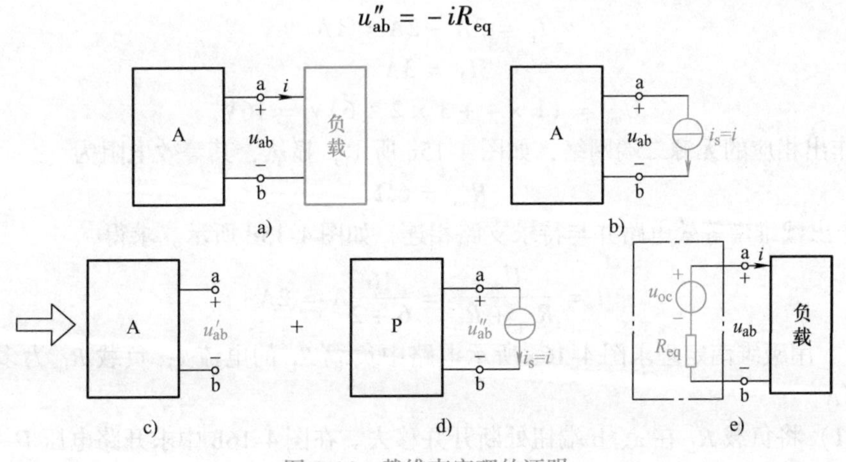

图 4-14　戴维南定理的证明

所以

$$u_{ab} = u_{oc} - iR_{eq} \tag{4-3}$$

此式反映了有源二端网络 A 在端钮 a、b 处的伏安特性。而式(4-3) 也是图 4-14e 点画线框

内所示含源支路的伏安特性关系式。那么对端钮 a、b 而言，图 4-14a 中的有源二端网络 A 与图 4-14e 中的含源支路是等效的。这就是戴维南定理所表述的内容。

在证明戴维南定理的过程中应用了叠加定理，因此要求有源二端网络 A 必须是线性的。而负载部分用的是替代定理，对负载的性质并无特殊要求，它既可以是线性的，也可以是非线性的；可以是无源的，也可以是有源的；可以是一个元件，也可以是一个网络。

戴维南定理常用来分析电路中某一支路的电压和电流。分析的思路是：先将待求支路从电路中断开移去，电路的剩余部分就是一个有源二端网络，用戴维南定理求出其等效电路，然后接上待求支路，即可解得需求量。

例 4-6 用戴维南定理求图 4-15a 所示电路中电阻 R_L 上的电流 I。

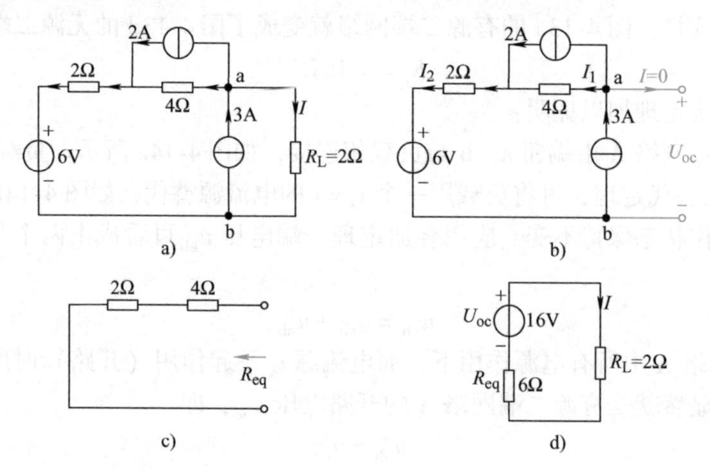

图 4-15 例 4-6 图

解 （1）将待求支路断开并移去，在图 4-15b 中求开路电压 U_{oc}。因为此时端钮电流 $I=0$，在节点 a 处可得

$$I_1 = 3A - 2A = 1A$$

且有

$$I_2 = 3A$$

所以

$$U_{oc} = (1\times4 + 3\times2 + 6)V = 16V$$

（2）作出相应的无源二端网络，如图 4-15c 所示，显然，其等效电阻为

$$R_{eq} = 6\Omega$$

（3）作出戴维南等效电路并与待求支路相连，如图 4-15d 所示。求得

$$I = \frac{U_{oc}}{R_{eq} + R_L} = \frac{16}{6+2}A = 2A$$

例 4-7 用戴维南定理求图 4-16a 所示电路中负载 R_L 的电流 I；负载 R_L 为多大时，其电流是 0.5A？

解 （1）将负载 R_L 在 a、b 端钮处断开并移去。在图 4-16b 中求开路电压 U_{oc} 为

$$U_{oc} = \left(\frac{24}{6+3}\times6 - \frac{24}{4+4}\times4 + 1\right)V = 5V$$

（2）在图 4-16c 中求等效电阻 R_{eq} 为

$$R_{eq} = \left(\frac{6\times3}{6+3} + \frac{4\times4}{4+4}\right)\Omega = 4\Omega$$

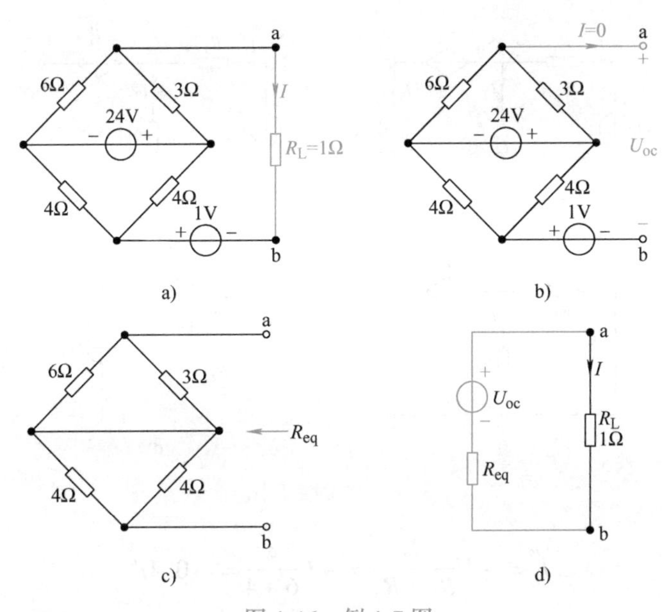

图 4-16　例 4-7 图

（3）画出戴维南等效电路并与负载 R_L 相连，如图 4-16d 所示。求得

$$I=\frac{U_{oc}}{R_{eq}+R_L}=\frac{5}{4+1}\text{A}=1\text{A}$$

仅改变负载 R_L 时，戴维南等效电路并没有变化，要使 R_L 上电流变成 0.5A，则在图 4-16d 中应有式

$$0.5\text{A}=\frac{5\text{V}}{4\Omega+R_L}$$

成立，解得

$$R_L=6\Omega$$

若有源二端网络中含有受控源，应用戴维南定理时，求解开路电压 u_{oc} 是对含受控源电路的计算，前面介绍的许多电路分析方法均可采用。在求解等效电阻 R_{eq} 时必须注意，其相应的无源二端网络只是将原网络中的独立源视为零值，而所有的受控源都必须保留。计算时常采用外加电源法。

例 4-8　图 4-17 电路中，已知 $R_1=6\Omega$，$R_2=4\Omega$，$U_s=10\text{V}$，$I_s=4\text{A}$，$r=10\Omega$，用戴维南定理求电流源的端电压 U_3。

解　在图 4-17b 电路中求开路电压 U_{oc}。这时将待求支路断开，即将电流源从原电路中断开移去，端钮电流为零。在图示参考方向下

$$I_1'=I_2'=\frac{U_s}{R_1+R_2}=\frac{10}{6+4}\text{A}=1\text{A}$$

$$U_{oc}=-rI_1'+I_2'R_2=(-10\times1+1\times4)\text{V}=-6\text{V}$$

在图 4-17c 电路中求 R_{eq}。注意该图中仅将原网络中的电压源看作短路，而保留了受控电压源。采用外加电源法，在端钮间外加一电压 U_s''，端钮处电流为 I''，方向如图 4-17c 中所标，则有

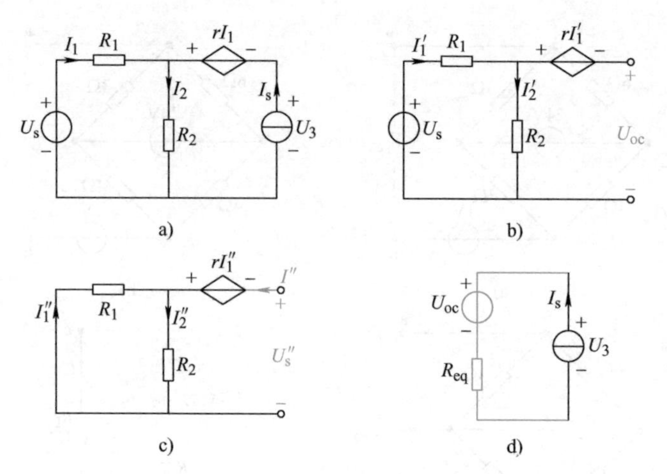

图 4-17 例 4-8 图

$$I_1'' = -I''\frac{R_2}{R_1+R_2} = -I''\frac{4}{6+4} = -0.4I''$$

$$U_s'' = -rI_1'' - R_1I_1'' = -(r+R_1)I_1'' = -(10\Omega+6\Omega)\times(-0.4I'') = 6.4\Omega I''$$

所以

$$R_{eq} = \frac{U_s''}{I''} = 6.4\Omega$$

作出戴维南等效电路如图 4-17d，则

$$U_3 = U_{oc} + R_{eq}I_s = (-6+6.4\times4)\text{V} = 19.6\text{V}$$

值得注意的是，在求解此题时，不能将受控电压源与 I_s 电流源的串联支路全部都看作外电路而对其余部分进行戴维南定理等效变换，这样就把受控源的控制量变换掉了。也就是说，受控源与其控制量必须同处在被变换部分，才能对其应用戴维南定理。

有源二端网络的戴维南等效电路还可采用下述的开路-短路法求得。

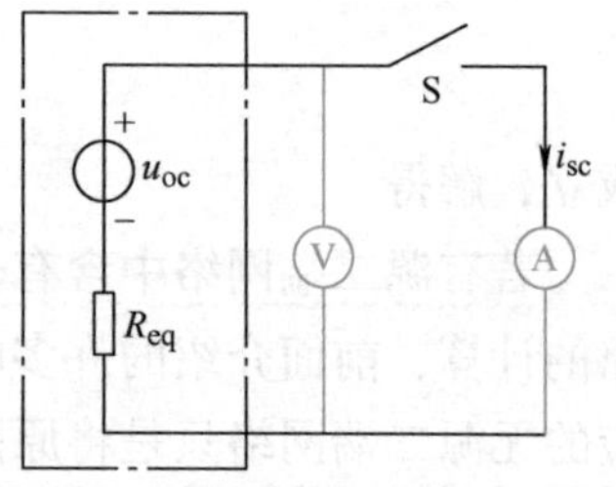

图 4-18 开路-短路法示图

如图 4-18 所示，点画线框内是一个有源二端网络，此处已将其用戴维南等效电路表示。先将开关 S 断开，电压表的读数即为该二端网络的开路电压 u_{oc}，然后再将开关 S 闭合，电流表的读数即为该二端网络的短路电流 i_{sc}。图中不难看出，等效电阻为

$$R_{eq} = \frac{u_{oc}}{i_{sc}} \tag{4-4}$$

即对有源二端网络开路一次、短路一次，就可求得其戴维南等效电路，此法特别适用于实验。

三、诺顿定理

在第二章中已介绍过两种实际电源模型的等效变换。根据这个原理，不难得出如下结论：任何一个有源线性二端网络，可以用一个电流源和电阻并联组合的电路模型来等效代替，该电流源的电流等于有源二端网络的短路电流 i_{sc}，电阻等于将有源二端网络变成无源二端网络后的等效电阻 R_{eq}，这就是诺顿定理。该电路模型称为诺顿等效电路。

图4-19中，图b是图a的诺顿等效电路，i_{sc}与R_{eq}分别在图c、图d中求得。

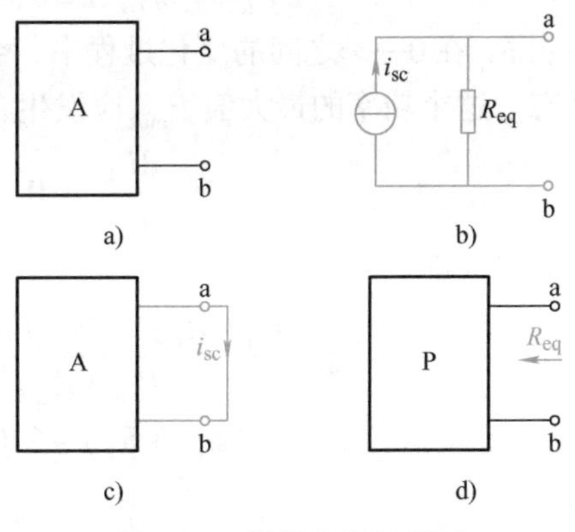

图4-19　诺顿定理示意图

例4-9　用诺顿定理求图4-20a所示电路中的电流I。

解　在图4-20b所示电路中求短路电流

$$I_{sc}=\left(2+\frac{30}{15}\right)\text{A}=4\text{A}$$

等效电阻为

$$R_{eq}=15\Omega$$

由此得到图4-20c所示诺顿等效电路，由分流公式得

$$I=4\times\frac{15}{15+15}\text{A}=2\text{A}$$

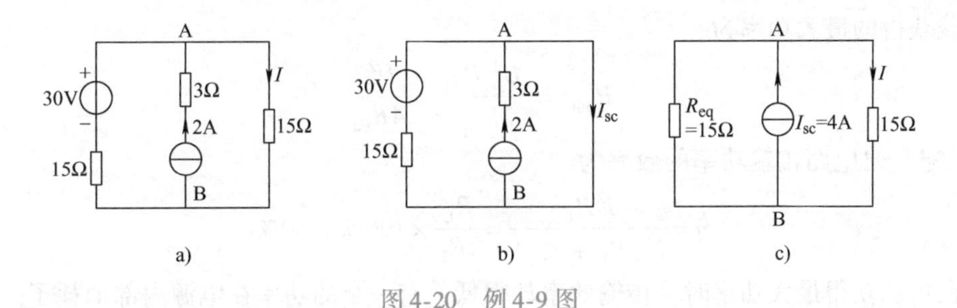

图4-20　例4-9图

应用诺顿定理求短路电流I_{sc}时，应注意选择I_{sc}的方向要与等效电路中电流源对端钮的方向一致。例如上例图4-20c所示等效电路中I_{sc}的方向是从A端流出至外电路，那么在图4-20b中计算短路电流I_{sc}时，其参考方向也应由A端流出。

思考题

4-3-1　线性无源二端网络的等效电路是什么？用哪些方法可以求得？

4-3-2　用戴维南定理分析电路的步骤如何？需注意哪些问题？

4-3-3　用戴维南定理分析含有受控源电路时，应注意哪些问题？

第四节　最大功率传输定理

设有一个有源二端网络向负载R_L输送功率，该网络的戴维南等效电路是确定的，如图4-21所示。负载R_L从网络所获得的功率应为

$$P_L=U_LI=I^2R_L=\left(\frac{U_{oc}}{R_{eq}+R_L}\right)^2R_L \tag{4-5}$$

式(4-5)说明，负载从给定电源中获得的功率决定于负载本身。负载R_L变化，功率P_L也随之改变。而且也不难看出

$$R_L=0\text{时，}U_L=0\text{，}P_L=0$$

$$R_L=\infty\text{时}，I=0，P_L=0$$

说明 R_L 在 $0\to\infty$ 之间的变化过程中，会出现获得最大功率的工作状态。这个功率的最大值 P_{max} 应发生在

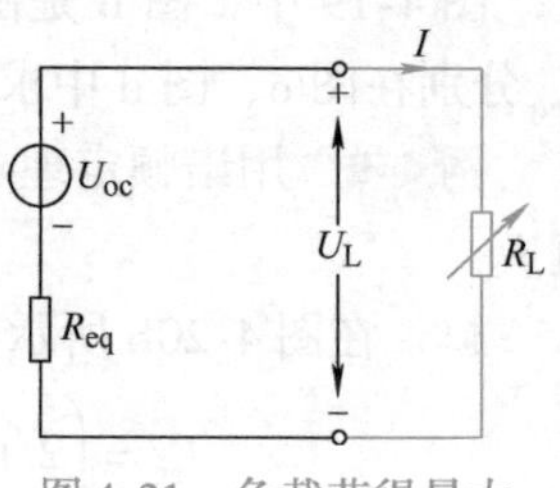

图 4-21 负载获得最大功率示意图

$$\frac{dP_L}{dR_L}=0$$

的时候，即

$$U_{oc}^2\frac{(R_{eq}+R_L)^2-2R_L(R_{eq}+R_L)}{(R_{eq}+R_L)^4}=0$$

$$(R_{eq}+R_L)-2R_L=0$$

即
$$R_L=R_{eq} \tag{4-6}$$

式(4-6) 就是负载 R_L 从有源网络中获得最大功率的条件。电路的这种工作状态叫作负载与网络的“匹配”。

负载获得的最大功率为

$$P_{max}=\frac{U_{oc}^2R_{eq}}{(2R_{eq})^2}=\frac{U_{oc}^2}{4R_{eq}} \tag{4-7}$$

“匹配”时电路传输功率的效率为

$$\eta=\frac{I^2R_L}{I^2(R_L+R_{eq})}=\frac{R_L}{2R_L}\times100\%=50\%$$

可见，在负载获得最大功率时，传输效率却很低，有一半的功率在电源内部消耗了。这种情况在电力系统中是不允许的。电力系统要求高效率地传输电功率，因此应使 R_L 远大于 R_{eq}。而在无线电技术和通信系统中，传输的功率较小，效率属次要问题，通常要求负载工作在匹配条件下，以能获得最大功率。

例 4-10 某电源的开路电压 U_{oc} 为 15V，接上 48Ω 负载电阻 R_L 时，电流 I 为 0.3A，该电源接上多大负载时处于匹配工作状态？此时负载的功率是多大？若负载电阻为 8Ω 时，功率为多大？传输效率是多少？

解 根据已知条件，结合图 4-21 所示电路，可得

$$U_{oc}=15\text{V}$$

$$R_{eq}+R_L=\frac{U_{oc}}{I}$$

$$R_{eq}+48\Omega=\frac{15}{0.3}\Omega$$

解得
$$R_{eq}=2\Omega$$

所以，电路的匹配条件为 $R_L=2\Omega$。

此时负载的功率为

$$P_{max}=\frac{U_{oc}^2}{4R_{eq}}=\frac{15^2}{4\times2}\text{W}=28.125\text{W}$$

当 $R_L=8\Omega$ 时，功率和传输效率分别为

$$P=\left(\frac{15}{2+8}\right)^2\times8\text{W}=18\text{W}$$

$$\eta = \frac{18}{15 \times \frac{15}{2+8}} \times 100\% = 80\%$$

思 考 题

4-4-1　能否把最大功率传输定理理解为：要使负载功率最大，应使戴维南等效电阻 R_{eq} 等于负载电阻 R_L？为什么？

4-4-2　有一个 100Ω 的负载要想从一个内阻为 50Ω 的电源获得最大功率，采取用一个 100Ω 的电阻与该负载并联的办法是否可以？为什么？

4-1　试用叠加定理求图 4-22 所示电路中的电流 I 及理想电流源的端电压 U。

4-2　用叠加定理求图 4-23 所示电路的电压 U。

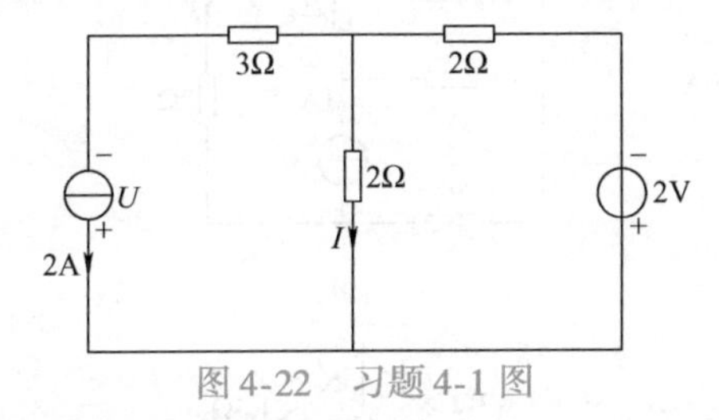

图 4-22　习题 4-1 图

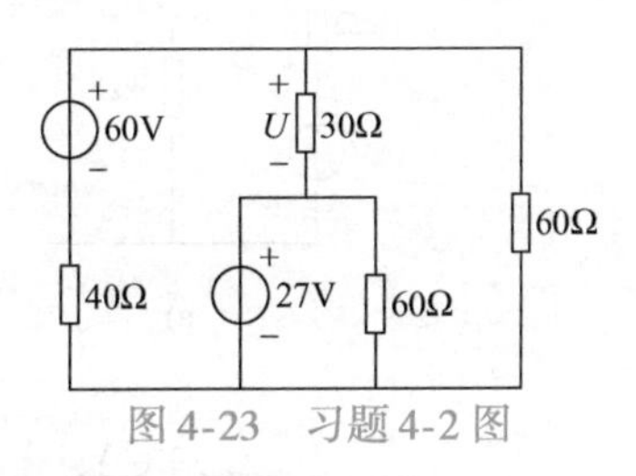

图 4-23　习题 4-2 图

4-3　用叠加定理求图 4-24 所示电路中的开路电压 U_{oc}。

4-4　电路如图 4-25 所示，当开关 S 合在 1 时，电流表读数为 40mA；合在 2 时，电流表读数为 190mA，求 S 合在 3 时电流表的读数。

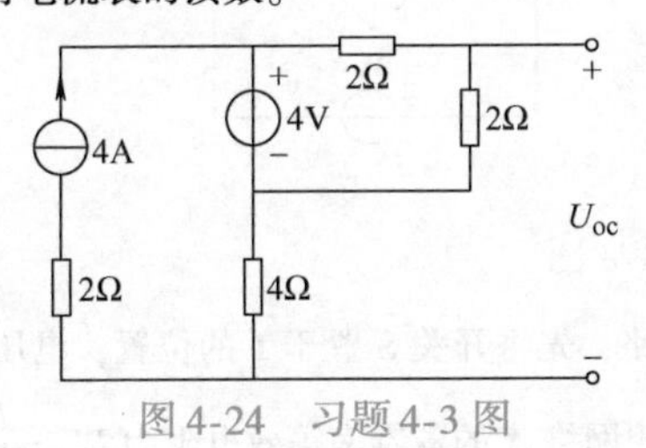

图 4-24　习题 4-3 图

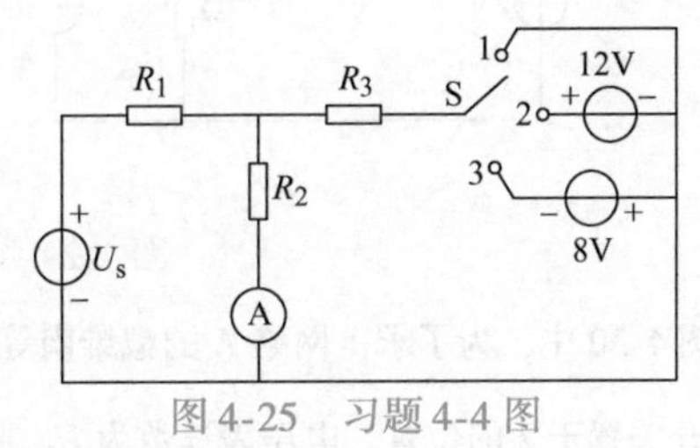

图 4-25　习题 4-4 图

4-5　用叠加定理求图 4-26 所示电路中的电压 U。

4-6　图 4-27a 所示的线性含源二端网络 A，经测量得到其端口的伏安特性如图 4-27b 所示，求其戴维南等效电路。

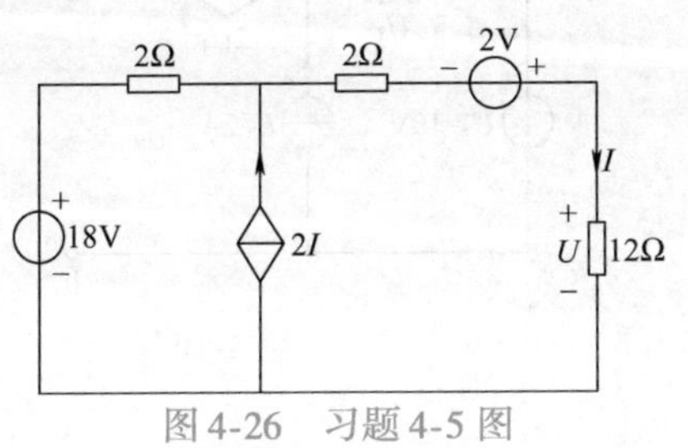

图 4-26　习题 4-5 图

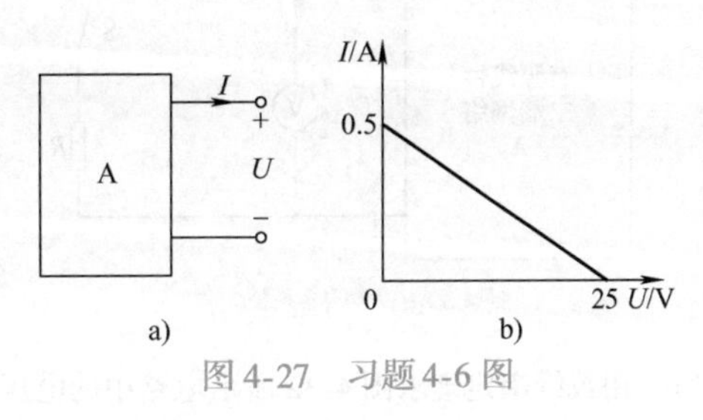

图 4-27　习题 4-6 图

4-7 求图 4-28 所示各电路的戴维南等效电路。

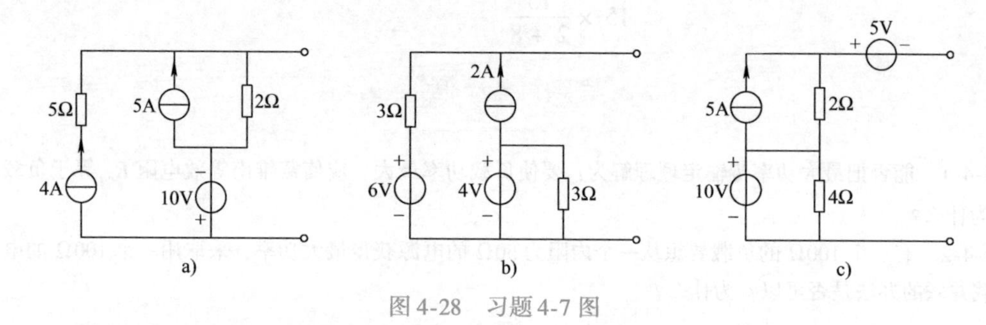

图 4-28 习题 4-7 图

4-8 用戴维南定理求图 4-29 所示各电路中所标的电压 U 或电流 I。

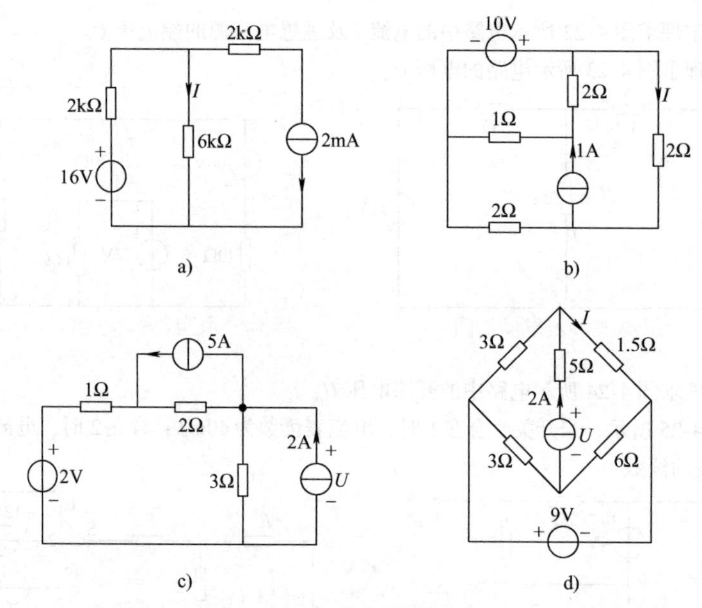

图 4-29 习题 4-8 图

4-9 在图 4-30 中，为了求得网络 A 的戴维南等效电路，先将开关 S 置于 1 的位置，电压表的读数即为 U_{oc}；再将开关置于 2 的位置，电压表读数为 U_1。试证明网络 A 的戴维南等效电阻为 $R_{eq}=\left(\frac{U_{oc}}{U_1}-1\right)R$。

4-10 求图 4-31 所示电路的戴维南等效电路。

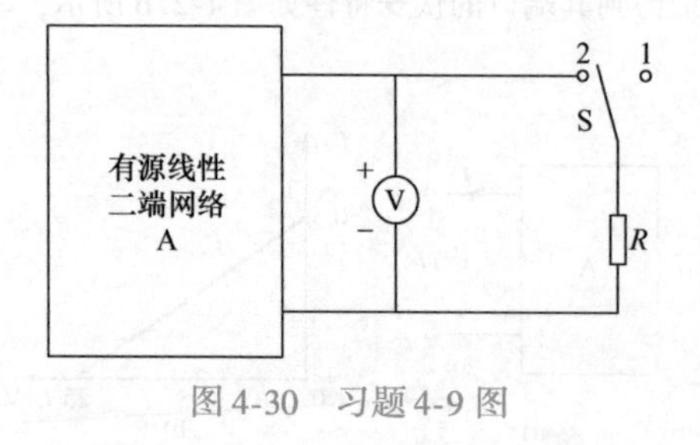

图 4-30 习题 4-9 图

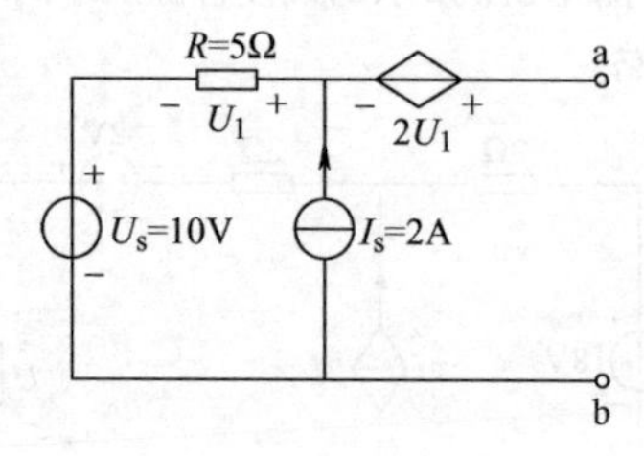

图 4-31 习题 4-10 图

4-11 用戴维南定理求图 4-32 所示电路中的电压 U。

4-12 求图 4-33 所示电路的诺顿等效电路。

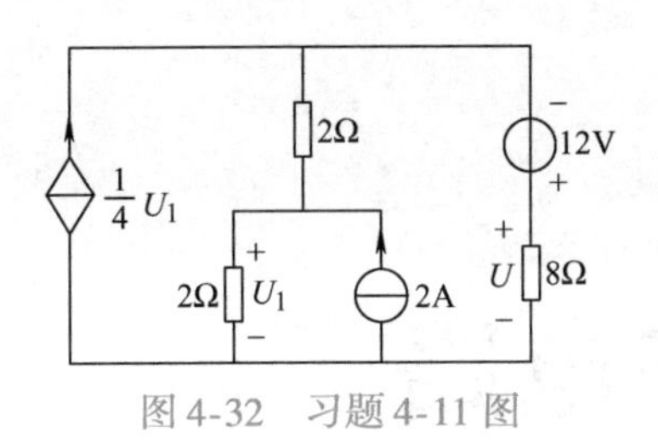

图 4-32　习题 4-11 图

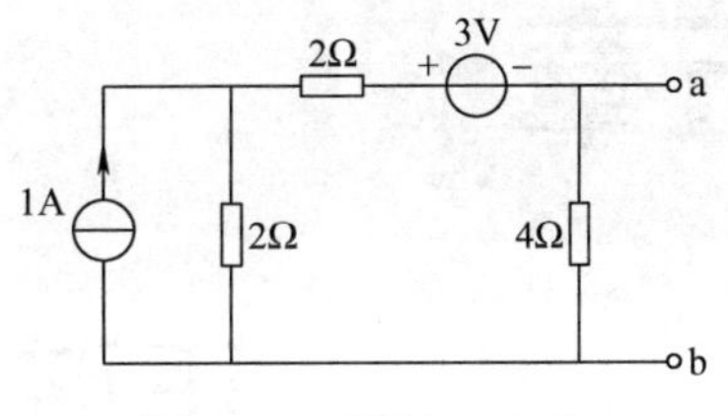

图 4-33　习题 4-12 图

4-13　图 4-34 电路中，R_2 为定值，负载 R 可变，当 $R=0\Omega$ 时，流过 R 的电流为 3A；当 $R=2\Omega$ 时，R 获得最大功率，试确定 R_2 的值，并求 R 上获得的最大功率是多少？

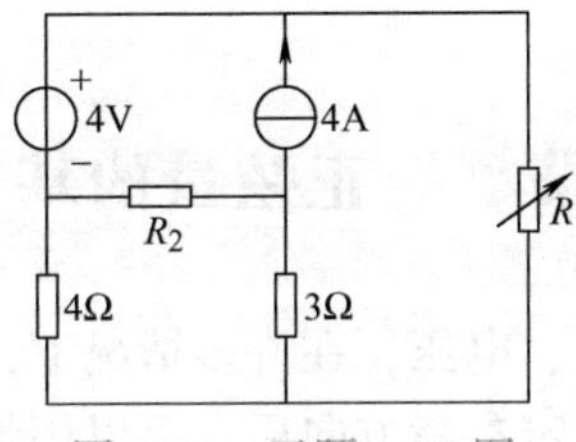

图 4-34　习题 4-13 图

第五章 正弦稳态电路

第一节 正弦量的基本概念

实际工程技术中所遇到的电流、电压，在许多情况下，其大小和方向都是随时间而变化的，这类电量统称为交流量。在选定参考方向后，可以用带有正、负号的数值来表示交流量在每一瞬间的大小和方向，这样的数值称为交流量的瞬时值。一般用小写字母表示交流量，例如用 i、u 分别表示交流电流和交流电压。

表示交流量瞬时值随时间变化的数学表达式称为交流量的瞬时值表达式，也称解析式。表示交流量瞬时值随时间变化规律的图形称为波形图。

交流量中，有很多是按照一定的时间间隔循环变化的，这样的交流量称为周期性交流量，简称周期量。随时间按正弦规律变化的周期量称为正弦交流量，简称正弦量。

正弦交流电容易进行电压变换，便于远距离输电和安全用电；交流电气设备与直流电气设备相比，具有结构简单，便于使用和维修等优点，所以正弦交流电在实践中得到了广泛的应用。工程中一般所说的交流电（AC），通常都指正弦交流电。

下面以正弦交流电流为例介绍正弦交流电的有关概念。

图 5-1 所示的电流波形为正弦波，其瞬时值表达式为

$$i = I_{\mathrm{m}}\sin(\omega t + \psi_i) \tag{5-1}$$

式中的 ω、I_{m} 和 ψ_i 是各个正弦量之间进行比较和区分的依据，称为正弦量的三要素。下面分别对它们进行讨论。

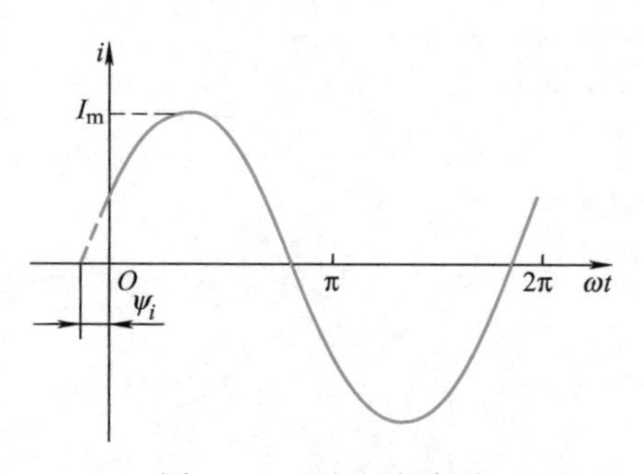

图 5-1 正弦电流波形

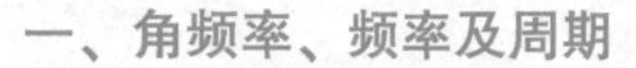

一、角频率、频率及周期

ω 称为正弦量的角频率，它反映正弦量变化的快慢，在数值上等于正弦量的电角度在单位时间内的增长值，它与周期有关。

正弦量交变一次所需要的时间称为周期，用字母 T 表示。它的基本单位为秒（s），还有常用单位是毫秒（ms）、微秒（μs）和纳秒（ns）[⊖]。

⊖ 本书后面述及的时间 T，如无特殊说明，均以秒（s）为单位。

正弦量在单位时间内交变的次数称为频率，用字母 f 表示。它的基本单位为赫［兹］(Hz)，还有常用单位千赫（kHz）、兆赫（MHz）和吉赫（GHz）。

周期与频率互为倒数，即

$$f=\frac{1}{T} \tag{5-2}$$

由于正弦量一个周期经历的电角度为 2π 弧度，所以角频率

$$\omega=\frac{2\pi}{T}=2\pi f \tag{5-3}$$

角频率的单位为弧度每秒（rad/s）。

式(5-3) 表示了 T、f、ω 三个量之间的关系，它们从不同的侧面反映正弦量变化的快慢，只要知道其中的一个，就可求出其他两个。

我国电力工业的标准频率为 50Hz，称之为工频，它的周期是 0.02s，角频率 $\omega=100\pi\approx$ 314rad/s。在其他技术领域中则使用各种不同的频率信号。有些国家（如美国、日本）工频采用 60Hz。

二、幅值和有效值

式(5-1) 中的 I_{m} 是正弦电流 i 在整个变化过程中所能达到的最大值，也称为幅值，用下标“m”标注。

为了确切地反映交流电在能量转换方面的实际效果，工程上常采用有效值来表述正弦量。以交流电流为例，它的有效值定义是：设一个交流电流 i 和一个直流电流 I 分别通过相同电阻 R，如果在相同时间 T（交流电流的周期）内，它们产生相同的热效应，则这个交流电流的有效值就等于直流电流 I 的大小。根据定义有

$$I^2RT=\int_0^T i^2R\mathrm{d}t$$

则

$$I=\sqrt{\frac{1}{T}\int_0^T i^2\mathrm{d}t} \tag{5-4}$$

式(5-4) 表明，交流量的有效值等于其瞬时值的平方在一个周期内的积分平均值的平方根，因此，有效值也称方均根值。

式(5-4) 是交流量的有效值的定义式，它适用于任何周期性交流量。

若交流电流为正弦量，即

$$i=I_{\mathrm{m}}\sin\ (\omega t+\psi_i)$$

则其有效值

$$\begin{aligned}I&=\sqrt{\frac{1}{T}\int_0^T I_{\mathrm{m}}^2\sin^2(\omega t+\psi_i)\mathrm{d}t}\\&=\sqrt{\frac{1}{T}\int_0^T I_{\mathrm{m}}^2\frac{1-\cos2(\omega t+\psi_i)}{2}\mathrm{d}t}\\&=\sqrt{\frac{I_{\mathrm{m}}^2}{2T}T}\\&=\frac{I_{\mathrm{m}}}{\sqrt{2}}\end{aligned} \tag{5-5}$$

即正弦量的有效值等于其最大值除以$\sqrt{2}$，或者说正弦量的最大值等于其有效值的$\sqrt{2}$倍，即

$$I_{\mathrm{m}}=\sqrt{2}I \tag{5-6}$$

这样，式(5-1) 表示的正弦电流也可写为

$$i=\sqrt{2}I\sin(\omega t+\psi_i)$$

上述结论同样适用于正弦电压、正弦电动势等，并用大写字母表示它们的有效值，即

$$U_{\mathrm{m}}=\sqrt{2}U$$

$$E_{\mathrm{m}}=\sqrt{2}E$$

工程上一般所说的交流电流、电压的大小，如无特别说明，均指有效值。例如，交流电气设备铭牌上所标的额定值以及交流电表标尺上的刻度指示都是有效值。

三、初相、参考正弦量和相位差

式(5-1) 中的（$\omega t+\psi_i$）反映了正弦量变化的进程，它确定正弦量每一瞬间的状态，称之为相位角，简称为相位。

$t=0$ 时的相位角 ψ_i 称为初相角，简称初相。正弦量的初相与计时起点有关，计时起点不同，初相位也就不同，正弦量的初始状态也就不同。计时起点是可以根据需要任意选择的，当电路中有多个相同频率正弦量同时存在时，可根据需要选择其中某一正弦量在由负向正变化通过零值的瞬间作为计时起点，那么这个正弦量的初相就是零，称这个正弦量为参考正弦量。在一个电路中，只能选择一个计时起点，也就是说，只能选择一个参考正弦量。因此，当电路的参考正弦量选定后，其他各正弦量的初相也就确定了。

初相角通常在其主值范围内取值，即

$$|\psi_i|\leqslant\pi$$

在正弦交流电路中，电压与电流都是同频率的正弦量，但它们的初相并不一定都相同，分析电路时常常要比较同频率正弦量的相位。设有两个同频率的正弦量为

$$u=U_{\mathrm{m}}\sin(\omega t+\psi_u)$$

$$i=I_{\mathrm{m}}\sin(\omega t+\psi_i)$$

它们间的相位之差称为相位差，用字母 φ 表示为

$$\varphi=(\omega t+\psi_u)-(\omega t+\psi_i)=\psi_u-\psi_i \tag{5-7}$$

可见，两个同频率正弦量的相位差等于它们的初相之差，它是一个与时间无关、与计时起点也无关的常数。相位差通常也采用主值范围内的数值表示，即

$$|\varphi|\leqslant\pi$$

相位差的存在，表示两个正弦量的变化进程不同。以上两个正弦量，根据相位差的不同，可以有以下几种不同的变化进程：

当 $\varphi=0$，即 $\psi_u=\psi_i$ 时，两个正弦量的变化进程相同，称为电压 u 与电流 i 同相，波形如图 5-2a 所示。

当 $\varphi>0$，即 $\psi_u>\psi_i$ 时，电压 u 比电流 i 先到达零值或正的最大值，称电压 u 比电流 i 在相位上超前 φ 角。反过来也可以称电流 i 比电压 u 滞后 φ 角。如图 5-2b 所示。

当 $\varphi=\dfrac{\pi}{2}$时，两正弦量的变化进程相差 90°，称它们为正交。如图 5-2c 所示。

当 $\varphi=\pi$ 时，两正弦量的变化进程刚好相反，称它们为反相。如图 5-2d 所示。

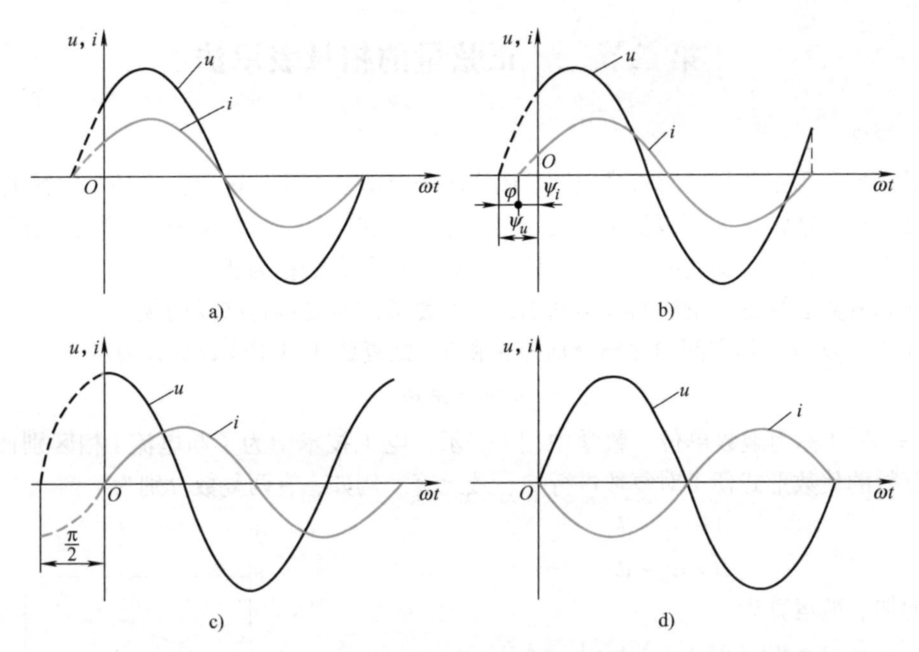

图 5-2 不同相位差的 u 和 i 波形

上述关于相位关系的讨论，只对同频率正弦量而言。而两个不同频率正弦量的相位差则不再是一个常数，而是随时间变化的，在这种情况下再讨论它们的相位关系是没有任何意义的。

当电路中的所有激励都是同频率的正弦量时，可以证明，电路中的全部响应也将是与激励有相同频率的正弦量，则电路处于正弦稳态下，称之为正弦稳态交流电路。本章将系统地介绍正弦稳态电路的分析方法。

例 5-1 已知同频率的三个正弦电流 i_1、i_2 和 i_3 的有效值分别为 4A、3A 和 5A，若 i_1 比 i_2 超前 30°，i_2 又比 i_3 超前 15°，试任意选择一个电流为参考正弦量，然后写出这三个电流的正弦函数表达式。

解 假定以 i_2 为参考正弦量，则 $\psi_{i2}=0$，$\psi_{i1}=30°$，$\psi_{i3}=-15°$。得

$$i_1=4\sqrt{2}\sin(\omega t+30°)\text{A}$$
$$i_2=3\sqrt{2}\sin(\omega t)\text{A}$$
$$i_3=5\sqrt{2}\sin(\omega t-15°)\text{A}$$

思考题

5-1-1 已知一个正弦电压的频率为 50Hz，有效值为 $10\sqrt{2}$V，当 $t=0$ 时瞬时值为 10V，试写出此电压的瞬时值表达式。

5-1-2 试比较电压 $u_1=10\sqrt{2}\sin\left(\omega t-\frac{\pi}{3}\right)$V 和 $u_2=20\sin\left(\omega t+\frac{\pi}{3}\right)$V 的三要素。

5-1-3 已知电压 $u_1=30\sin(\omega t+90°)$V，$u_2=25\sin(\omega t-90°)$V，$u_3=20\sin\omega t$V，试画出它们的波形图并比较它们的相位关系。

5-1-4 $u_1=10\sqrt{2}\sin(100\pi t+45°)$V，$u_2=10\sqrt{2}\sin(200\pi t-30°)$V，若说两者相位差为 75°，对不对？

第二节 正弦量的相量表示法

一、复数

如果直接利用正弦量的解析式或波形图来分析计算正弦交流电路，将是非常繁琐和困难的。工程计算中通常是采用复数表示正弦量，把对正弦量的各种运算转化为复数的代数运算，从而大大简化正弦交流电路的分析计算过程，这种方法称为相量法。

复数和复数运算是相量法的数学基础，先对复数的概念进行必要的复习。

设 A 为一复数，其实部和虚部分别为 a 和 b，则复数 A 可用代数形式表示为

$$A = a + \mathrm{j}b$$

式中，$\mathrm{j}=\sqrt{-1}$ 称为虚数单位，数学中用 i 表示，电工技术中为了与电流 i 相区别而改用 j 表示。复数的代数形式便于对复数进行加、减运算。例如，有两复数分别为

$$A = a_1 + \mathrm{j}b_1$$
$$B = a_2 + \mathrm{j}b_2$$

则它们的加、减运算为

$$A \pm B = (a_1 \pm a_2) + j(b_1 \pm b_2)$$

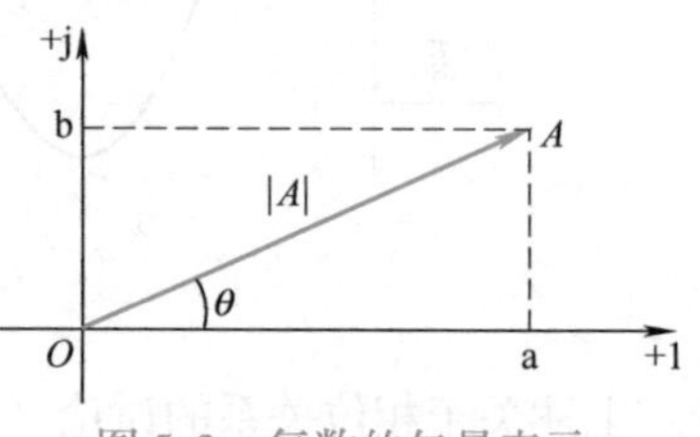

图 5-3 复数的矢量表示

复数 A 可用复平面上的一个有向线段（矢量）$\overrightarrow{OA}$ 来表示，如图 5-3 所示。图中矢量 $\overrightarrow{OA}$ 的长度 $|A|$ 称为复数的模，$\overrightarrow{OA}$ 与实轴正方向的夹角 θ 称为复数的辐角。$\overrightarrow{OA}$ 在实轴上的投影即为复数 A 的实部 a，在虚轴上的投影即为其虚部 b，图中可见有如下关系式

$$\left.\begin{aligned} |A| &= \sqrt{a^2+b^2} \\ \theta &= \arctan\frac{b}{a} \\ a &= |A|\cos\theta \\ b &= |A|\sin\theta \end{aligned}\right\} \tag{5-8}$$

这样，复数 A 又可用三角形式来表示为

$$A = |A|(\cos\theta + \mathrm{j}\sin\theta)$$

根据欧拉公式

$$\mathrm{e}^{\mathrm{j}\theta} = \cos\theta + \mathrm{j}\sin\theta$$

复数 A 又可用指数形式表示为

$$A = |A|\,\mathrm{e}^{\mathrm{j}\theta}$$

电工技术中还常用更简单的极坐标形式来表示复数 A，即

$$A = |A|\angle\theta$$

复数的指数形式和极坐标形式便于进行乘、除运算，例如，有两复数为

$$A = |A|\angle\theta_1,\ B = |B|\angle\theta_2$$

则它们的乘、除运算为

$$AB = |A||B| \angle \theta_1 + \theta_2$$

$$\frac{A}{B} = \frac{|A|}{|B|} \angle \theta_1 - \theta_2$$

应用式(5-8)可对复数的代数形式和极坐标形式进行相互转换。需要注意的是，在计算辐角θ时，应根据复数的实部和虚部的正、负号来判断其所在象限并在$|\theta| \leqslant \pi$的范围内取值。

例 5-2 将下列复数转换为极坐标形式：（1）$A_1 = 3 - \mathrm{j}4$；（2）$A_2 = -3 + \mathrm{j}4$。

解 （1）根据式(5-8)有

$$|A_1| = \sqrt{3^2 + (-4)^2} = 5, \quad \theta_1 = \arctan\frac{-4}{3}$$

因为其实部为正，虚部为负，可判断θ_1角应在第四象限，得

$$\theta_1 = -53.1°$$

所以

$$A_1 = 5 \angle -53.1°$$

（2）$|A_2| = \sqrt{(-3)^2 + 4^2} = 5$；$\theta_2 = \arctan\frac{4}{-3}$，其实部为负，虚部为正，可判断$\theta_2$角应在第二象限，得

$$\theta_2 = 126.9°$$

所以

$$A_2 = 5 \angle 126.9°$$

二、用复数表示正弦量

设有一正弦电流为

$$i = \sqrt{2} I \sin(\omega t + \psi_i)$$

另有一复数为

$$\sqrt{2} I \mathrm{e}^{\mathrm{j}(\omega t + \psi_i)} = \sqrt{2} I \cos(\omega t + \psi_i) + \mathrm{j}\sqrt{2} I \sin(\omega t + \psi_i)$$

对比以上两式，容易看出，正弦电流i的表达式就是复数$\sqrt{2} I \mathrm{e}^{\mathrm{j}(\omega t + \psi_i)}$的虚部。

又因为

$$\sqrt{2} I \mathrm{e}^{\mathrm{j}(\omega t + \psi_i)} = \sqrt{2} I \mathrm{e}^{\mathrm{j}\psi_i} \mathrm{e}^{\mathrm{j}\omega t} = \sqrt{2} \dot{I} \mathrm{e}^{\mathrm{j}\omega t} \tag{5-9}$$

式中的$\dot{I} = I\mathrm{e}^{\mathrm{j}\psi_i} = I \angle \psi_i$是一个复常量，它的模是正弦电流$i$的有效值$I$，辐角是正弦电流$i$的初相$\psi_i$。$\sqrt{2}\dot{I}\mathrm{e}^{\mathrm{j}\omega t}$是一个旋转向量，可把它看作是在复平面上的一个有向线段$\sqrt{2}\dot{I}$以ω的角速度绕原点作逆时针方向旋转，而该旋转向量每个时刻在虚轴上的投影就对应于正弦量i的瞬时值。图 5-4 表示了它们的对应关系。也就是说，一个正弦量可借助一个旋转向量来表示。

又因为在正弦稳态交流电路中，所有响应都与激励是同频率的正弦量，作为正弦量三要素之一的角频率ω可不必加以区分，而有效值和初相就成为表征各个正弦量的主要内容。式(5-9)中的核心部分$\dot{I} = I \angle \psi_i$这个复数正好反映出了正弦量的这两个要素。这样，正弦量就不必用旋转向量来表示，可直接用一个复数来表示。

用复数表示正弦量的方法是：复数的模对应正弦量的有效值；复数的辐角对应正弦量的初相角。以后把这个能表示正弦量特征的复数称为“相量”，并用上面带小圆点的大写字母

来表示，如 $\dot{I}$ 表示电流相量，$\dot{U}$ 表示电压相量。

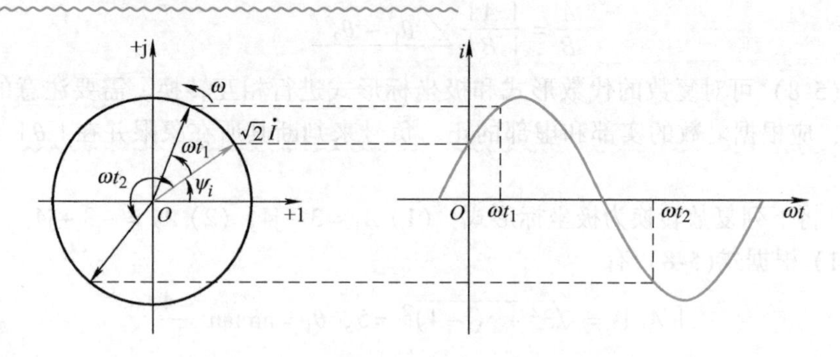

图 5-4 旋转向量与正弦波的对应关系

以上讨论，把一个实数域中的正弦时间函数与一个复数域中的复指数函数一一对应起来，即正弦量和相量之间存在着一一对应的关系，正弦量可用相量表示，而一个相量也总有一个与之对应的正弦量。应当强调指出的是，正弦量是时间的函数，而相量只是用来表示这个时间函数的两个特征的复数，它仅仅是正弦量的一个表示符号，相量与正弦量之间不是相等关系，不能用等号将它们直接相连。

在复平面中画出表示相量的有向线段称之为相量图。图 5-5 画出了某电路中的电压相量 $\dot{U}$ 和电流相量 $\dot{I}$ 的相量图。必须注意，只有表示相同频率正弦量的相量才可以画在同一相量图中，图 5-5 中的 $\dot{U}$ 与 $\dot{I}$ 一定是表示同频率的正弦电压和正弦电流的相量。相量图可以直观清晰地反映出各正弦量的相位关系，例如在图 5-5 中，可以方便地看出 $\dot{U}$ 比 $\dot{I}$ 超前的相位角是 $\psi_u-(-\psi_i)=\psi_u+\psi_i$。

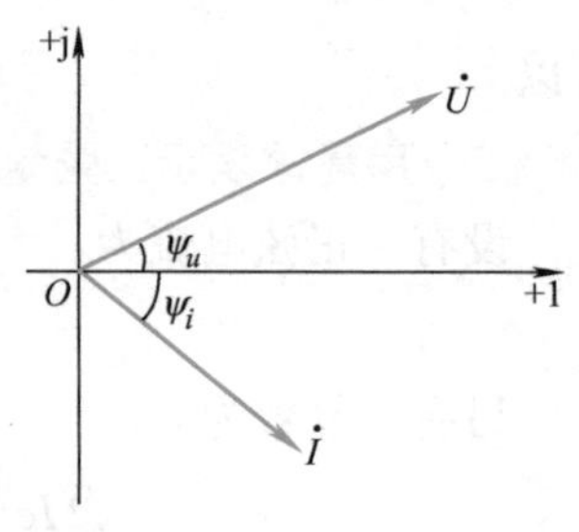

图 5-5 $\dot{U}$ 与 $\dot{I}$ 的相量图

为清楚明了，在画相量图时，可不画出复平面的坐标轴，但相量的辐角应以实轴正方向为基准，逆时针方向的角度为正，顺时针方向的角度为负。

几个同频率的正弦量相加、减，将得到一个新的同频率的正弦量。用相量表示正弦量后，几个同频率正弦量的加、减运算就转化为对相应相量的加、减运算，运算结果是一个新的相量，它就对应了这个新的同频率正弦量。

在相量图中，画出表示几个同频率正弦量的相量后，它们的加、减运算就可利用平行四边形法则。

例 5-3 已知两个正弦电压分别为 $u_1=100\sqrt{2}\sin(314t+45°)\text{V}$，$u_2=100\sqrt{2}\sin(314t+135°)\text{V}$，求：$u=u_1+u_2=?$，并画出相量图。

解 将 u_1、u_2 用相量表示为

$$\dot{U}_1=100\angle 45°\ \text{V}$$

$$\dot{U}_2=100\angle 135°\ \text{V}$$

因为 $\dot{U}=\dot{U}_1+\dot{U}_2$

$=100\angle 45°\ \text{V}+100\angle 135°\ \text{V}$

$=(50\sqrt{2}+\text{j}50\sqrt{2})\text{V}+(-50\sqrt{2}+\text{j}50\sqrt{2})\text{V}$

$=\text{j}100\sqrt{2}\text{V}=100\sqrt{2}\angle 90°\ \text{V}$

所以　$u=200\sin(314t+90°)\text{V}$

相量图如图 5-6 所示。在相量图中可以看出，利用平行四边形法则同样可计算得 $\dot{U}=100\sqrt{2}\angle 90°\ \text{V}$。

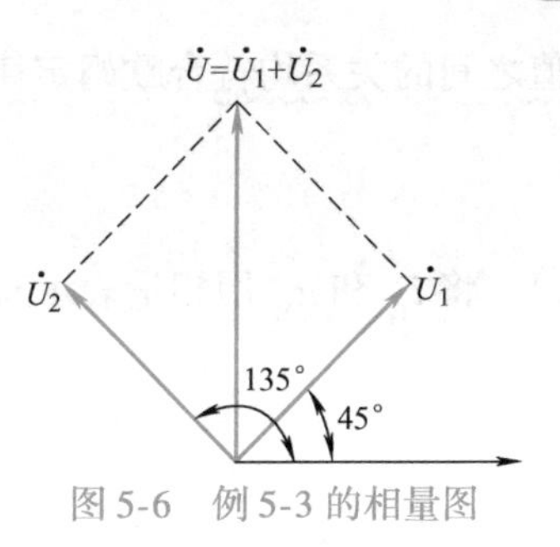

图 5-6　例 5-3 的相量图

思考题

5-2-1　已知一复数为 $A=10\text{e}^{\text{j}45°}$，试求复数 $B=\text{j}A$，$C=-\text{j}A$，并将 A、B、C 画在同一复平面上。

5-2-2　$u_1=10\sqrt{2}\sin(\omega t+45°)\text{V}$

$u_2=10\sqrt{2}\sin(2\omega t-30°)\text{V}$

能否用相量求 u_1+u_2？

5-2-3　指出下列各式中的错误。

① $10\sin(\omega t-60°)\text{A}=10\text{e}^{-\text{j}60°}\text{A}$

② $\dot{I}=8\text{e}^{45°}\text{A}$

③ $U=100\sqrt{2}\sin(\omega t+30°)\text{V}$

④ $U=10\angle 45°\ \text{V}$

⑤ $i=10\text{e}^{\text{j}45°}\text{A}$

5-2-4　用代数表达式写出下列各正弦电流的相量：

① $i=10\sin\omega t\ \text{A}$

② $i=10\sin\left(\omega t+\dfrac{\pi}{2}\right)\text{A}$

③ $i=10\sin\left(\omega t-\dfrac{\pi}{2}\right)\text{A}$

5-2-5　已知两正弦电压 $u_1=6\sin(\omega t+30°)\text{V}$，$u_2=8\sin(\omega t+120°)\text{V}$，试用相量法计算 $u=u_1+u_2$，$u'=u_1-u_2$，并画出相量图。

第三节　电阻元件伏安关系的相量形式

图 5-7a 所示为正弦交流电路中的一个线性电阻元件 R，按关联参考方向选取元件电流 i_R 及电压 u_R，如图中所示。

设　$i_\text{R}=\sqrt{2}I_\text{R}\sin(\omega t+\psi_i)$

根据欧姆定律得

$$u_\text{R}=Ri_\text{R}=R\sqrt{2}I_\text{R}\sin(\omega t+\psi_i)$$
$$=\sqrt{2}U_\text{R}\sin(\omega t+\psi_u)$$

式中，$U_\text{R}=I_\text{R}R$；$\psi_u=\psi_i$。

由此可知，电阻元件上的电压和电流都是同频率的正弦量；而且同相；它们的最大值或有效

值之间的关系均符合欧姆定律。即

$$\left.\begin{aligned}U_{\mathrm{Rm}}&=I_{\mathrm{Rm}}R\\U_{\mathrm{R}}&=I_{\mathrm{R}}R\end{aligned}\right\}\tag{5-10}$$

将 i_{R} 和 u_{R} 用相量表示有

$$\dot{I}_{\mathrm{R}}=I_{\mathrm{R}}\angle\psi_i$$

$$\dot{U}_{\mathrm{R}}=U_{\mathrm{R}}\angle\psi_u=RI_{\mathrm{R}}\angle\psi_i$$

即

$$\dot{U}_{\mathrm{R}}=\dot{I}_{\mathrm{R}}R\tag{5-11}$$

式(5-11) 为电阻元件伏安关系的相量形式。

电阻元件的相量模型如图 5-7b 所示。电阻元件中电压和电流的波形图、相量图分别如图 5-8a、b 所示。

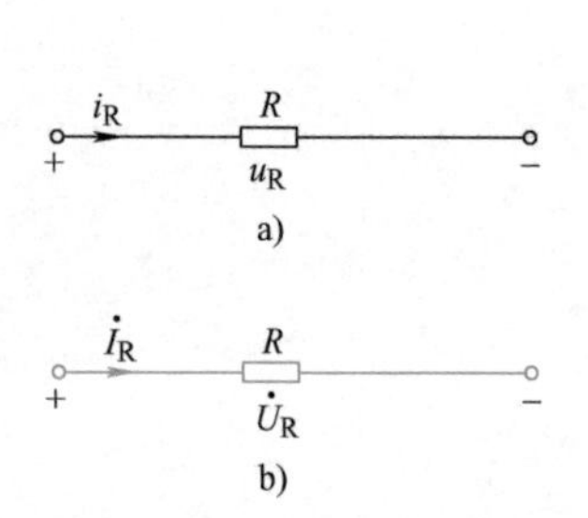

图 5-7 交流电路中的电阻元件

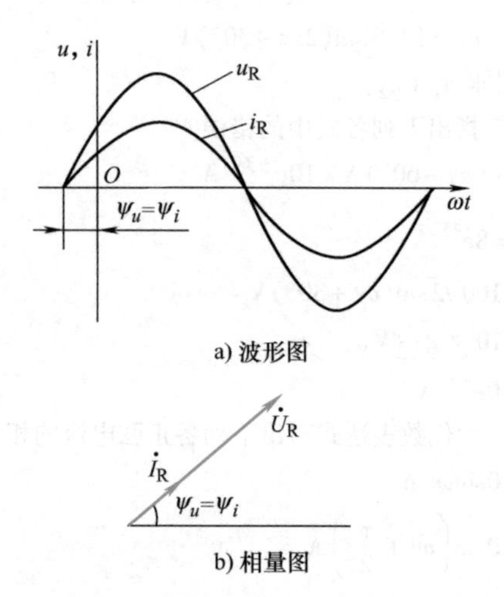

图 5-8 电阻元件中电压与电流的波形图和相量图

例 5-4 设有一个 220V 的工频正弦电源电压加在 800Ω 的电阻上，试写出电阻电压与电流的瞬时值表达式。

解 设 220V 的正弦电源电压为参考正弦量，即

$$\psi_u=0$$

则电压表达式为

$$U_{\mathrm{R}}=220\sqrt{2}\sin314t\mathrm{V}$$

电流的有效值为

$$I_{\mathrm{R}}=\frac{U_{\mathrm{R}}}{R}=\frac{220}{800}\mathrm{A}=0.275\mathrm{A}$$

而线性电阻元件中的电流与电压是同频率、同相位的，则

$$\psi_i=0$$

所以电流表达式为

$$i_{\mathrm{R}}=0.275\sqrt{2}\sin314t\mathrm{A}$$

思考题

5-3-1　在线性电阻元件的交流电路中，电压 u_R 和电流 i_R 同相，是不是表明 u_R 和 i_R 的初相位都是零?

5-3-2　如果电压 u_R 和电流 i_R 选取非关联参考方向，试写出电阻元件伏安关系的相量形式。

第四节　电感元件及其伏安关系的相量形式

一、电感元件及其伏安关系

电感元件也是一种理想元件，当电流通过电感元件时，在它的周围要产生磁场，并把电能转化为磁场能量储存起来。

工程技术中使用的电感元件一般是由导线绕制而成的线圈，当线圈中通以电流 i_L 时，线圈内部将产生磁通 ϕ_L，如图 5-9a 所示。若线圈匝数为 N，而且绕制得非常紧密，可认为各匝线圈的磁通 ϕ_L 相同，则线圈的全磁通或称磁链为

$$\psi_L = N\phi_L \tag{5-12}$$

式中，ϕ_L 和 ψ_L 在国际单位制中的基本单位均为韦〔伯〕(Wb)。它们都是由流过线圈本身的电流产生的，所以分别称为自感磁通和自感磁链。如果规定线圈电流 i_L 及磁链 ψ_L 的参考方向符合右手螺旋定则，可画出线性电感元件的韦安特性如图 5-9b 所示。它是一条通过 $\psi_L - i_L$ 平面坐标原点的直线。

把单位电流下产生的自感磁链定义为线圈的自感系数，或称为电感 L，即

$$L = \frac{d\psi_L}{di_L} \tag{5-13}$$

在国际单位制中，L 的单位为亨〔利〕(H)。常用的单位还有毫亨 (mH) 和微亨 (μH)。

线性电感 L 值与电流大小无关，只与线圈的形状、匝数及几何尺寸有关。若 L 的值随电流的变化而变化，它就是一个非线性电感元件。关于非线性电感元件将在本书的第十章进行讨论，其余章节中涉及的均是线性电感元件。

线性电感元件的电路图形符号如图 5-9c 所示。

当电感元件中电流变化时，磁链也随之变化，根据电磁感应定律，电感元件中将产生感应电动势。这种由于电感元件本身的电流变化而产生的感应电动势称为自感电动势 e_L，其量值为

$$e_L = \left|\frac{d\psi_L}{dt}\right|$$

将式(5-13) 代入上式得

$$e_L = L\left|\frac{di_L}{dt}\right|$$

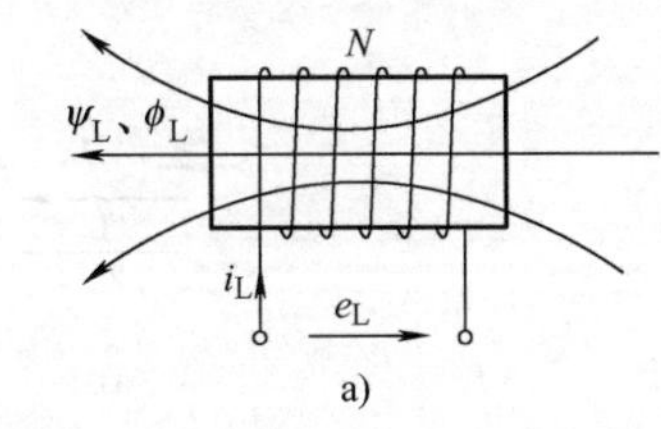

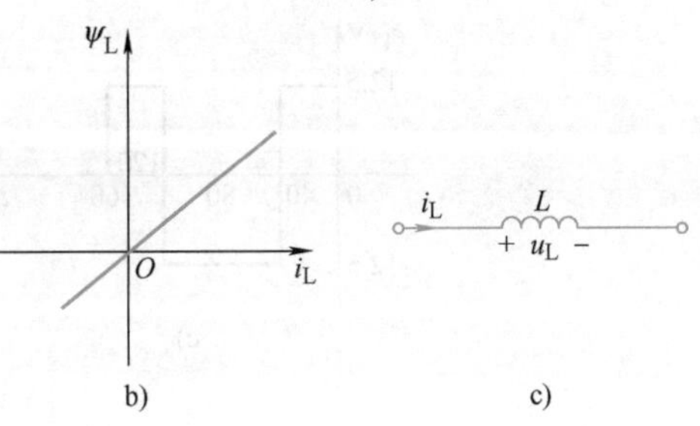

图 5-9　电感元件及其韦安特性、电路符号

即自感电动势的大小正比于电流的变化率。

自感电动势的方向可由楞次定律来确定。在图 5-9a 所示的 i_L、ψ_L、e_L 的参考方向下，当线圈中电流增加，即$\frac{di_L}{dt}>0$ 时，线圈的磁链也增加，线圈中的感应电动势总是企图产生一个电流，使其所产生的磁链阻碍原磁链的增加。因此，e_L 的实际方向与其参考方向相反，即 e_L 为负值。

当线圈中电流减小时，即$\frac{di_L}{dt}<0$ 时，线圈中的磁链也减小，线圈中的感应电动势总是企图产生一个电流，使其所产生的磁链阻碍原磁链的减小。因此，e_L 的实际方向与其参考方向相同，即 e_L 为正值。

根据对上述两种情况的讨论，可以看出，当 e_L 和 i_L 的参考方向相关联时，e_L 与$\frac{di_L}{dt}$总是异号，即

$$e_L=-L\frac{di_L}{dt} \tag{5-14}$$

由于自感应而使电感元件两端具有的端电压称为自感电压 u_L。当 u_L、e_L、i_L 的参考方向均为一致时，则有

$$u_L=-e_L=L\frac{di_L}{dt} \tag{5-15}$$

式(5-15) 就是电感元件上电压与电流的关系式。它表明，电感元件某瞬间的电压不是决定于此瞬间的电流值，而是正比于此瞬间的电流变化率。当电流不变化时（如直流），电感元件两端电压为零，此时的电感元件相当于短路。

例 5-5 图 5-10a 所示电感元件，其 $L=0.5$H，在图中所标参考方向下，电流 i_L 的波形如图 5-10b 所示，求自感电动势 e_L 及自感电压 u_L 的波形。

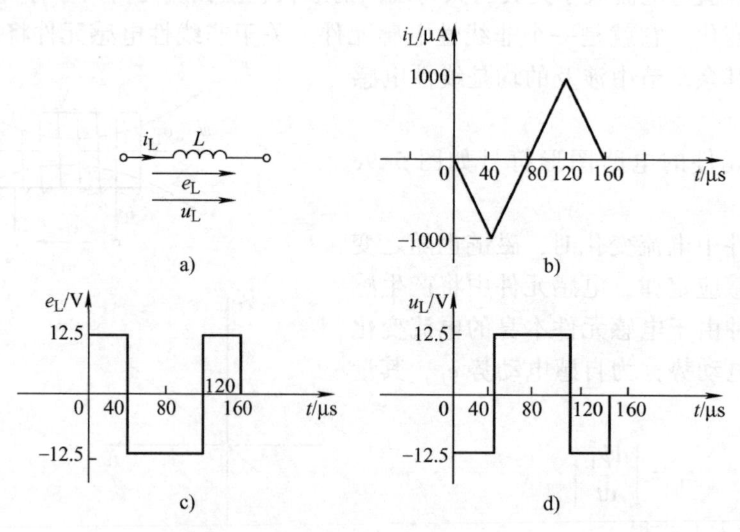

图 5-10 例 5-5 图

解 分段写出 i_L 表达式，再按式(5-15) 计算可得（t 以 μs 为单位，i_L 以 μA 为单位）

$0<t<40\mu s$ 时，$i_L=-25t\mu A$，$u_L=-e_L=-12.5V$

$40\mu s<t<120\mu s$ 时，$i_L=(-2000+25t)\ \mu A$，$u_L=-e_L=12.5V$

$120\mu s<t<160\mu s$ 时，$i_L=(4000-25t)\ \mu A$，$u_L=-e_L=-12.5V$

e_L 与 u_L 的波形分别如图 5-10c、d 所示。

二、电感元件伏安关系的相量形式

设通过电感 L 的电流为正弦电流

$$i_L=\sqrt{2}I_L\sin(\omega t+\psi_i)$$

根据式(5-15)，在 u_L 与 i_L 的关联参考方向下

$$\begin{aligned}u_L&=L\frac{di_L}{dt}=\sqrt{2}I_L\omega L\cos(\omega t+\psi_i)\\&=\sqrt{2}I_L\omega L\sin\left(\omega t+\psi_i+\frac{\pi}{2}\right)\\&=\sqrt{2}U_L\sin(\omega t+\psi_u)\end{aligned}\tag{5-16}$$

式中，$U_L=I_L\omega L$；$\psi_u=\psi_i+\dfrac{\pi}{2}$。

由式(5-16) 可知，正弦电路中，电感元件中的电压和电流是同频率的正弦量；相位上电压比电流超前$\dfrac{\pi}{2}$；它们的有效值或最大值之间有如下关系式：

$$\left.\begin{aligned}U_L&=I_L\omega L=I_LX_L\\ U_{Lm}&=I_{Lm}\omega L=I_{Lm}X_L\end{aligned}\right\}\tag{5-17}$$

或

式中
$$X_L=\omega L=2\pi fL\tag{5-18}$$

X_L 称为电感的电抗，简称感抗。它反映了电感元件在正弦电路中限制电流通过的能力，其单位与电阻单位相同（Ω）。

感抗与频率成正比，当 $\omega\to\infty$ 时，$X_L\to\infty$，电感相当于开路。在直流电路中，$\omega=0$，$X_L=0$，电感相当于短路。这与式(5-15) 得出的结论是一致的。

工程上常把在高频情况下使用的线圈称为扼流圈。

将 i_L 和 u_L 分别用相量表示，则有

$$\dot{I}_L=I_L\angle\psi_i$$

$$\dot{U}_L=U_L\angle\psi_u=I_L\omega L\angle\left(\psi_i+\frac{\pi}{2}\right)=I_L\angle\psi_i\ j\omega L$$

即

$$\dot{U}_L=\dot{I}_L\ j\omega L=\dot{I}_L\ jX_L\tag{5-19}$$

式(5-19) 即为电感元件伏安关系的相量形式。此式综合反映了电感元件的电压与电流有效值之间的关系以及它们的相位关系。

电感元件的相量模型如图 5-11a 所示。u_L、i_L 的波形图及相量图分别如图 5-11b、c 所示。

例 5-6 把一个 0.2H 的电感元件接到 $u=220\sqrt{2}\sin(314t+30°)$ V 的电源上，求通过该元件的电流 i。

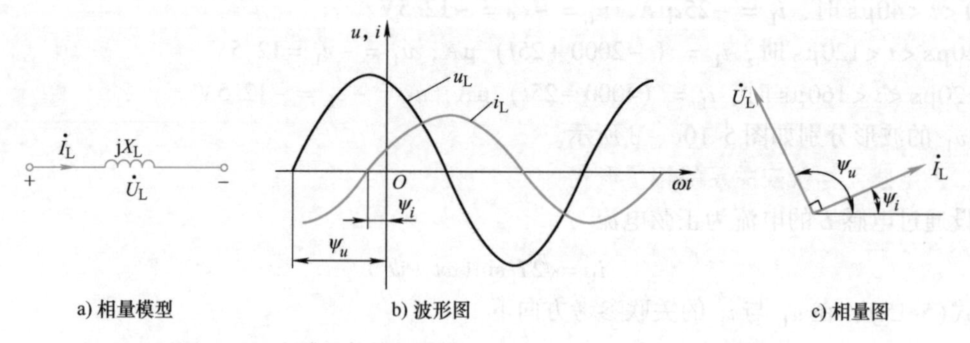

图 5-11 电感元件的相量模型、电压与电流波形图及相量图

解 将电压用相量表示为

$$\dot{U}=220\angle 30^\circ\ \text{V}$$

因为

$$X_L=\omega L=314\times 0.2\Omega=62.8\Omega$$

根据式(5-19) 得

$$\dot{I}_L=\frac{\dot{U}_L}{jX_L}=\frac{220\angle 30^\circ}{j62.8}\text{A}=3.5\angle -60^\circ\ \text{A}$$

所以

$$i=3.5\sqrt{2}\sin(314t-60^\circ)\ \text{A}$$

三、电感元件的储能

载流线圈中存在着磁场，磁场中储存着磁场能量。这些能量是维持线圈电流的外部电源供给的。从 t_0 到 t 这段时间内，外部输入电感的能量也就是被线圈所吸收并储存的磁场能量为

$$\begin{aligned}W_L&=\int_{t_0}^{t}p_L(\xi)\,d\xi=\int_{t_0}^{t}L\frac{di_L(\xi)}{d\xi}i_L(\xi)\,d\xi\\&=\int_{i_L(t_0)}^{i_L(t)}Li_L(\xi)\,di_L(\xi)\\&=\frac{1}{2}Li_L^2(t)-\frac{1}{2}Li_L^2(t_0)\end{aligned}\tag{5-20a}$$

若 $i_L(t_0)=0$,即在初始时刻电感中没有电流，也就没有储能。那么电感在 t 时刻储存的磁场能量为

$$W_L=\frac{1}{2}Li_L^2(t)\tag{5-20b}$$

上式表明，电感元件是储能元件，储能的多少与其电流二次方成正比。电流增大时，储能增加，电感吸收能量；当电流减小时，储能减少，电感释放能量。但电感元件在任何时刻释放的能量都不可能多于它储存的能量，故它是一种无源元件。

思 考 题

5-4-1 如果电压 u_L 和电流 i_L 的参考方向是非关联的，试写出电感元件伏安关系的相量形式。

5-4-2　试指出下列各式哪些是对的，哪些是错的（均在关联参考方向下）？

（1）$\frac{u_L}{i_L}=X_L$；　（2）$\frac{\dot{U}_L}{\dot{I}_L}=X_L$；

（3）$\frac{U_L}{I_L}=jX_L$；　（4）$\dot{I}_L=-j\frac{\dot{U}_L}{\omega L}$；

（5）$u_L=L\frac{di_L}{dt}$；　（6）$u_L=j\dot{I}_L X_L$

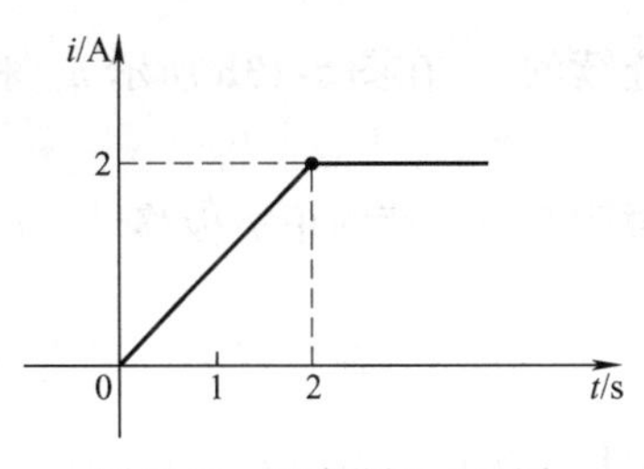

图 5-12　思考题 5-4-3 图

5-4-3　2mH 的电感电流波形如图 5-12 所示，求它两端电压的波形，并计算在 $t=1.5$s 时的储能。

5-4-4　感抗为 5Ω 的电感元件，电压相量为 $\dot{U}_L=10\angle 30^\circ$ V，求其电流相量 $\dot{I}_L$，并画出相量图（关联参考方向下）。

第五节　电容元件及其伏安关系的相量形式

一、电容元件及其伏安关系

工程实际中使用的电容元件种类繁多，外形各不相同，但它们的基本结构是一致的，通常都是用具有一定间隙、中间充满介质（例如空气、蜡纸、云母片、涤纶薄膜、陶瓷等）的两块金属极板（或箔、膜）构成，从极板上引出电极后，可将电容器接到电路中去。这样设计、制造出来的电容器，体积小、电容效应大，因为电场局限在两个极板之间，不易受其他因素影响，因此具有固定的量值。如果忽略这些元件的介质损耗和漏电流，可以用一个仅储存电荷和电场能量的理想元件——电容元件作为它们的电路模型。

将电容元件接到电源上时，电容的两个极板上就分别聚集等量异号的电荷，并在介质中建立起电场。同一个电容元件，两端电压 u_C 不同时，两极板上聚集的电荷量也不同，它的这一特性可用库伏特性来表征，当选取电容元件端电压 u_C 的参考方向由正极板指向负极板时，则线性电容元件的库伏特性如图 5-13a 所示，它是一条通过 q_C-u_C 平面坐标原点的直线。

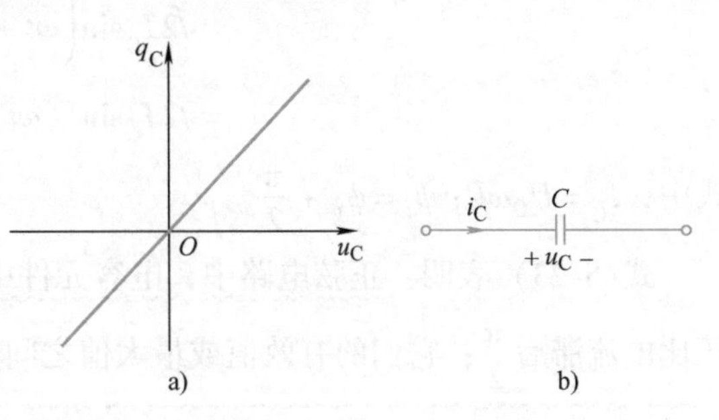

图 5-13　电容元件的库伏特性及电路符号

把单位电压下聚集的电荷量定义为电容器的电容量，简称为电容 C，即

$$C=\frac{dq_C}{du_C}\tag{5-21}$$

国际单位制中，C 的基本单位是法〔拉〕（F），常用的单位还有微法（μF）和皮法（pF）。

线性电容的电容量只与其本身的几何尺寸以及内部介质情况有关，而与其端电压无关。本书涉及的电容元件均为线性元件。

线性电容元件的电路图形符号如图5-13b 所示。

电容端电压发生变化时，极板上的电荷也相应发生变化，在与电容相连接的导线中就有

电荷移动而形成电流（介质中的电场变化形成位移电流，因而整个电容电路中的电流仍是连续的）。在图5-13b所示 u_C 和 i_C 的关联参考方向下，当 u_C 增大时，$\frac{du_C}{dt}>0$，则$\frac{dq}{dt}>0$，说明有正电荷向正极板移动，$i_C>0$，此时是电容器的充电状态。反之，u_C 减小时，$\frac{du_C}{dt}<0$，$\frac{dq}{dt}<0$，电荷量减小，说明有正电荷从正极板移出，$i_C<0$，此时是电容器的放电状态。根据电流的定义并将式(5-21)代入得

$$i_C=\frac{dq}{dt}=\frac{dCu_C}{dt}$$

即

$$i_C=C\frac{du_C}{dt} \tag{5-22}$$

式(5-22)就是电容元件上电压与电流的关系式，它表明，电容元件某瞬间的电流正比于该瞬间电容电压的变化率，而不是决定于该瞬间的电压值。当电容电压 u_C 不变化时（如直流），则电流 i_C 为零，电容元件相当于开路。

二、电容元件伏安关系的相量形式

设电容 C 的端电压为正弦电压，即

$$u_C=\sqrt{2}U_C\sin(\omega t+\psi_u)$$

根据式(5-22)，在 i_C 与 u_C 为关联参考方向下

$$\begin{aligned}i_C&=C\frac{du_C}{dt}=\sqrt{2}U_C\omega C\cos(\omega t+\psi_u)\\&=\sqrt{2}I_C\sin\left(\omega t+\psi_u+\frac{\pi}{2}\right)\\&=\sqrt{2}I_C\sin(\omega t+\psi_i)\end{aligned} \tag{5-23}$$

式中，$I_C=U_C\omega C$；$\psi_i=\psi_u+\frac{\pi}{2}$。

式(5-23)表明：正弦电路中，电容元件中的电压和电流是同频率的正弦量；相位上电压比电流滞后$\frac{\pi}{2}$；它们的有效值或最大值之间有如下关系式：

或

$$\left.\begin{aligned}I_C&=U_C\omega C\\U_C&=I_C\frac{1}{\omega C}=I_CX_C\\U_{Cm}&=I_{Cm}X_C\end{aligned}\right\} \tag{5-24}$$

式中

$$X_C=\frac{1}{\omega C}=\frac{1}{2\pi fC} \tag{5-25}$$

X_C 称为电容的电抗，简称容抗。它反映了电容元件在正弦电路中限制电流通过的能力，单位与电阻单位相同（Ω）。

容抗与频率成反比，当 $\omega\to\infty$时，$X_C=0$，电容相当于短路；在直流电路中，$\omega=0$，$X_C\to\infty$，电容相当于开路，这就是电容的隔直性能。

将 u_C 和 i_C 都用相量表示，则有

$$\dot{I}_C = I_C \angle \psi_i$$

$$\dot{U}_C = U_C \angle \psi_u = I_C \frac{1}{\omega C} \angle \psi_i - \frac{\pi}{2}$$

$$= I_C \angle \psi_i \frac{1}{\omega C} \angle -\frac{\pi}{2}$$

$$= \dot{I}_C \left(-\mathrm{j}\frac{1}{\omega C}\right)$$

即
$$\dot{U}_C = \dot{I}_C(-\mathrm{j}X_C) \tag{5-26}$$

式(5-26) 即为电容元件伏安关系的相量形式。它综合反映了电容元件的电压与电流有效值(最大值) 之间的关系以及它们的相位关系。

电容元件的相量模型如图 5-14a 所示。u_C 及 i_C 的波形图及相量图分别如图 5-14b、c 所示。

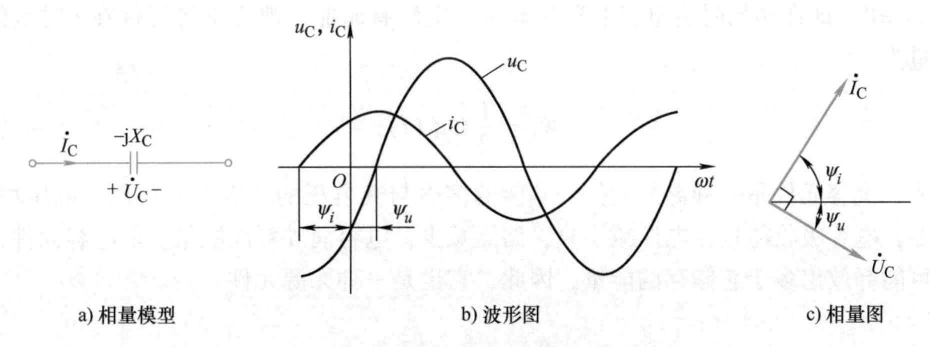

a) 相量模型　　b) 波形图　　c) 相量图

图 5-14　电容元件的相量模型、电压与电流波形图及相量图

例 5-7　将 $C = 5\mu F$ 的电容元件接到 $u = 220\sqrt{2}\sin(314t - 30°)$ V 的电源上，求电容电流 i_C。若频率提高一倍，则 X_C 及 I_C 各为多少?

解　将电压用相量表示为

$$\dot{U} = 220\angle -30° \text{ V}$$

因为
$$X_C = \frac{1}{\omega C} = \frac{1}{314 \times 5 \times 10^{-6}}\Omega = 636.9\Omega$$

根据式(5-26)

$$\dot{I}_C = \frac{\dot{U}}{-\mathrm{j}X_C} = \frac{220\angle -30°}{-\mathrm{j}636.9}\text{A} = \frac{220\angle -30°}{636.9\angle -90°}\text{A} = 0.345\angle 60° \text{ A}$$

所以
$$i_C = 0.345\sqrt{2}\sin(314t + 60°) \text{ A}$$

若频率提高一倍，容抗为

$$X'_C = \frac{1}{2 \times 314 \times 5 \times 10^{-6}}\Omega = 318.45\Omega$$

电流有效值为

$$I'_C=\frac{U}{X'_C}=\frac{220}{318.45}\text{A}=0.69\text{A}$$

即电源频率提高一倍时，容抗减小一倍，在电压有效值不变的情况下，电流有效值增大一倍。

三、电容元件的储能

已充电的电容器中，储存着电场能量，这些能量是充电时由电源供给的。从 t_0 到 t 这段时间内，外部输入电容的电场能量为

$$\begin{aligned}W_C&=\int_{t_0}^{t}p_C(\xi)\mathrm{d}\xi=\int_{t_0}^{t}C\frac{\mathrm{d}u_C(\xi)}{\mathrm{d}\xi}u_C(\xi)\mathrm{d}\xi\\&=C\int_{u_C(t_0)}^{u_C(t)}u_C(\xi)\mathrm{d}u_C(\xi)\\&=\frac{1}{2}Cu_C^2(t)-\frac{1}{2}Cu_C^2(t_0)\end{aligned}\tag{5-27}$$

若 $u_C(t_0)=0$，即在初始时刻电容上没有电压，也没有储能，那么电容元件在 t 时刻储存的电场能量为

$$W_C=\frac{1}{2}Cu_C^2(t)\tag{5-28}$$

上式表明，电容元件是一种储能元件，储能的多少与其电压的二次方成正比。电压增大时，储能增加，电容吸收能量；电压减小时，储能减少，电容向外释放能量。但电容元件在任何时刻不可能释放出多于它储存的能量，因此，它也是一种无源元件。

思考题

5-5-1 电容元件在交流电路中，当电流瞬时值 $i_C=0$ 时，是否电压瞬时值 $u_C=0$？

5-5-2 幅值为10V，初相为60°的工频正弦电压加到 $C=3.18\mu\text{F}$ 的电容元件上，写出电容电流的瞬时值表达式(关联参考方向下)；并求出 $t=0$ 时的电容储能。

5-5-3 判断下列各式的正、误。

(1) $i_C=\dfrac{u_C}{X_C}$； (2) $U_C=I_C\cdot\omega C$； (3) $\dot{I}_C=\dfrac{\dot{U}_C}{X_C}$；

(4) $\dot{I}_C=\mathrm{j}\dfrac{\dot{U}_C}{X_C}$； (5) $u_C=C\dfrac{\mathrm{d}i_C}{\mathrm{d}t}$； (6) $i_C=C\dfrac{\mathrm{d}u_C}{\mathrm{d}t}$

第六节 基尔霍夫定律的相量形式

根据KCL，电路中任一节点在任何时刻都有

$$\sum i=0$$

因为正弦电路中，所有的响应都是与激励同频率的正弦量，所以KCL式中的各个电流

都是同频率的正弦量。根据相量与正弦量的对应关系，可得基尔霍夫电流定律的相量形式为

$$\sum \dot{I} = 0 \tag{5-29}$$

它表明，正弦电路中任一节点的所有电流相量的代数和等于零。

同样道理，基尔霍夫电压定律的相量形式为

$$\sum \dot{U} = 0 \tag{5-30}$$

即正弦电路中，任一回路的所有电压相量的代数和等于零。

应该注意到，正弦电路中各支路电流或各元件电压的初相位一般都不相等，所以式(5-29) 和式(5-30) 中的各项都是相量，而不是有效值。

例 5-8 已知图 5-15a 所示电路中，各电压表读数分别为：PV_1 为 60V，PV_2 为 80V，试求端电压 U（电压表内阻为无限大，读数均为有效值）。

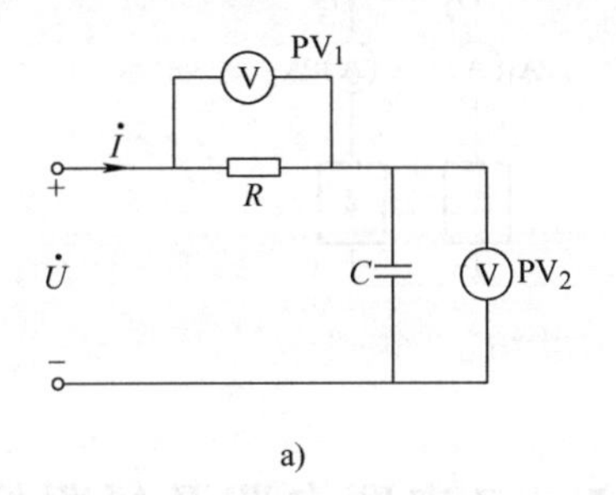

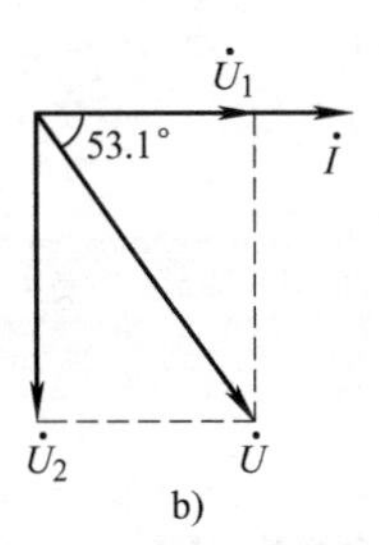

图 5-15 例 5-8 图

解 因电路中 R、C 两元件串联，流过相同电流，可设电流 i 为参考正弦量，即

$$\dot{I} = I\angle 0°\text{A}$$

则电阻电压相量为 $\dot{U}_1 = 60\angle 0°\text{V}$

电容电压相量为 $\dot{U}_2 = 80\angle -90°\ \text{V} = -\text{j}80\text{V}$

根据 KVL 的相量形式，有

$$\dot{U} = \dot{U}_1 + \dot{U}_2 = 60\text{V} - \text{j}80\text{V} = 100\angle -53.1°\ \text{V}$$

端电压 U 为 100V。电路相量图如图 5-15b 所示，图中也可得 $U = \sqrt{60^2 + 80^2}\ \text{V} = 100\text{V}$。

思 考 题

5-6-1 试说明在什么条件下，正弦交流电路的 KCL 为 $\sum I = 0$，KVL 为 $\sum U = 0$。

5-6-2 在图 5-16 各电路中，电流表 PA_1 和 PA_2 的读数如图中所标，求 PA_0 的读数。

5-6-3 在图 5-17 所示电路中，已知电流表 PA_1 和 PA_2 的读数分别为 $I_1 = 3\text{A}$，$I_2 = 4\text{A}$。

(1) PA_0 表的读数是否一定比 PA_1 或 PA_2 表的读数大？为什么？

(2) 设元件 1 为电阻元件，问元件 2 应为何种元件方可使 PA_0 读数最大？此读数应是多少？

(3) 设元件 1 为电容元件，问元件 2 应为何种元件方可使 PA_0 读数最小？此读数应是多少？

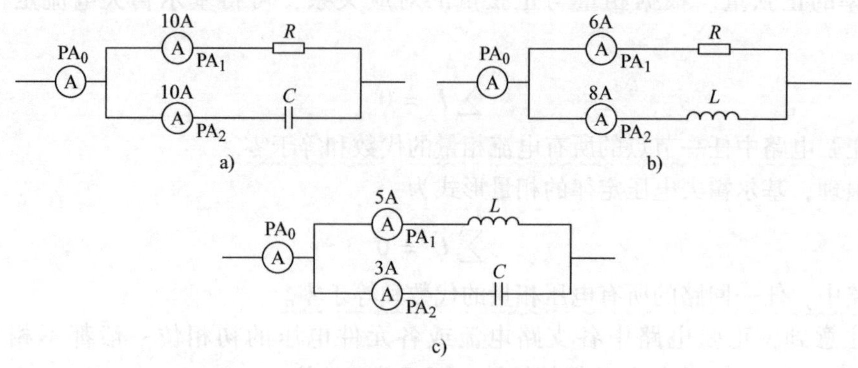

图 5-16 思考题 5-6-2 图

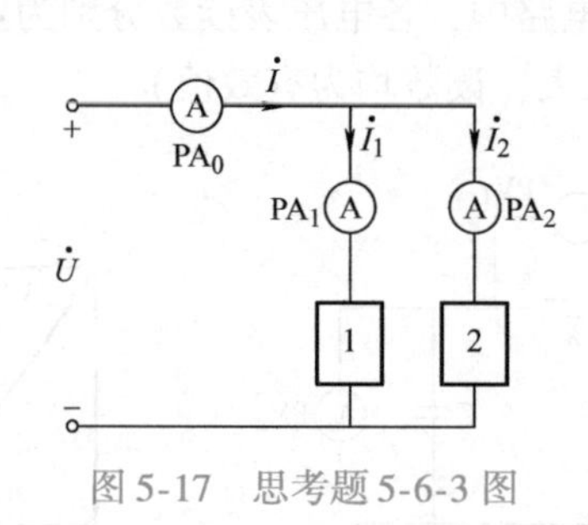

图 5-17 思考题 5-6-3 图

第七节 R、L、C 串联电路及复阻抗

一、复阻抗和阻抗三角形

图 5-18a 为 R、L、C 串联电路的相量模型，按图中选定的参考方向，根据相量形式的 KVL，可得

$$\dot{U}=\dot{U}_R+\dot{U}_L+\dot{U}_C$$

将各元件电压与电流的相量关系式代入上式得

$$\begin{aligned}\dot{U}&=R\dot{I}+\mathrm{j}X_L\dot{I}-\mathrm{j}X_C\dot{I}\\&=[R+\mathrm{j}(X_L-X_C)]\dot{I}\\&=(R+\mathrm{j}X)\dot{I}\end{aligned}$$

设
$$Z=R+\mathrm{j}X \tag{5-31}$$

则
$$\dot{U}=Z\dot{I} \tag{5-32}$$

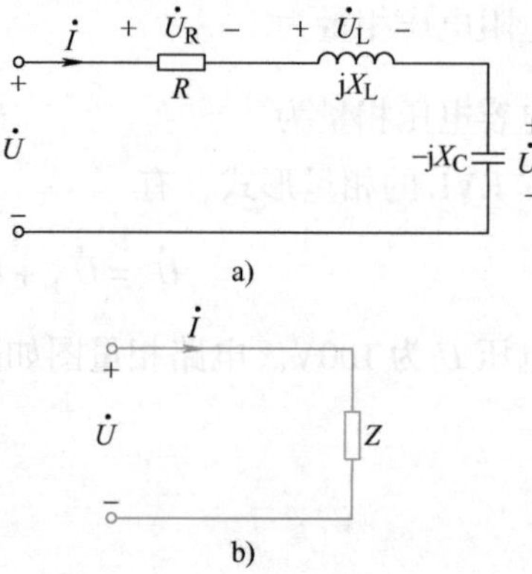

式(5-31) 中的 Z 称为电路的复阻抗。它是一个复数，实部 R 是电路的电阻，虚部为

$$X=X_L-X_C \tag{5-33}$$

称为电路的电抗，是电路中感抗与容抗的差，可见，电抗的值是有正有负的。

图 5-18 R、L、C 串联电路及复阻抗的图形符号

复阻抗 Z 的单位仍与电阻的单位相同。它不是代表正弦量的复数，所以它不是相量，故不在大写字母 Z 上加小圆点。

式(5-32) 是 R、L、C 串联电路的伏安关系的相量形式，与欧姆定律相类似，所以称之为欧姆定律的相量形式。

线性电路中，复阻抗 Z 仅由电路的参数及电源频率决定，与电压、电流的大小无关。在电路中，复阻抗可用图 5-18b 所示的图形符号表示。单一的电阻、电感或电容元件可看成是复阻抗的一种特例，它们对应的复阻抗分别为 $Z=R$；$Z=\mathrm{j}\omega L$；$Z=-\mathrm{j}\dfrac{1}{\omega C}$。

将复阻抗 Z 用极坐标形式表示为

$$Z=|Z|\angle\varphi$$

式中

$$\left.\begin{aligned}|Z|&=\sqrt{R^2+X^2}\\ \varphi&=\arctan\frac{X}{R}\end{aligned}\right\}\tag{5-34a}$$

它们分别是复阻抗的模和辐角。显然，复阻抗的 $|Z|$、R 和 X 构成一个直角三角形，如图 5-19a 所示，称为阻抗三角形。

由式(5-32) 可得

$$Z=\frac{\dot{U}}{\dot{I}}=\frac{U\angle\psi_u}{I\angle\psi_i}=\frac{U}{I}\angle\psi_u-\psi_i=|Z|\angle\varphi$$

可见

$$\left.\begin{aligned}|Z|&=\frac{U}{I}\\ \varphi&=\psi_u-\psi_i\end{aligned}\right\}\tag{5-34b}$$

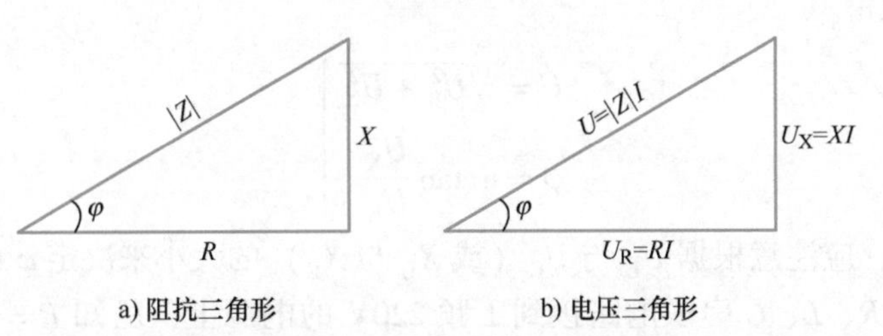

a) 阻抗三角形　　b) 电压三角形

图 5-19　阻抗三角形和电压三角形

上式说明，复阻抗的模 $|Z|$ 是它的端电压及电流有效值之比，称为电路的阻抗。复阻抗的辐角 φ 是电压超前于电流的相位角，称为电路的阻抗角。所以复阻抗 Z 综合反映了电压与电流间的大小及相位关系。

二、电压三角形

在 R、L、C 串联电路中，一般可选择电流 $\dot{I}$ 为参考正弦量，则 $\dot{U}_{\mathrm{R}}$ 与 $\dot{I}$ 同相，$\dot{U}_{\mathrm{L}}$ 比 $\dot{I}$ 超前$\dfrac{\pi}{2}$，$\dot{U}_{\mathrm{C}}$ 比 $\dot{I}$ 滞后$\dfrac{\pi}{2}$。可画出电路的相量图如图 5-20 所示。在图 a 中，$U_{\mathrm{L}}>U_{\mathrm{C}}$，说明此时 $X_{\mathrm{L}}>X_{\mathrm{C}}$，则 $X>0$，$\varphi>0$，电路端电压 $\dot{U}$ 比电流 $\dot{I}$ 超前 φ，电路呈感性，称之为感性电路；图 b 中，$U_{\mathrm{L}}<U_{\mathrm{C}}$，说明此时 $X_{\mathrm{L}}<X_{\mathrm{C}}$，则 $X<0$，$\varphi<0$，电路端电压 $\dot{U}$ 比电流 $\dot{I}$

滞后 $|\varphi|$ 角，电路呈容性，称之为容性电路；图 c 中，$U_L = U_C$，此时 $X_L = X_C$，$\varphi = 0$，端电压 $\dot{U}$ 与电流 $\dot{I}$ 同相，电路呈阻性，这是 R、L、C 串联电路的一种特殊工作状态，称为串联谐振，在本章的第十四节中将专门进行讨论。

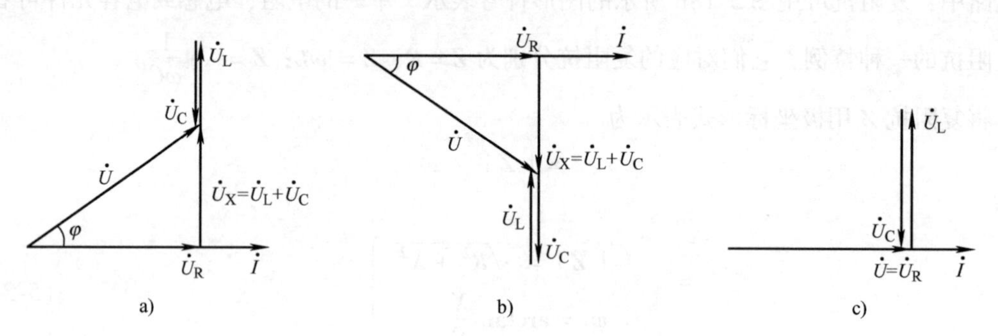

图 5-20　R、L、C 串联电路的相量图

图 5-20 相量图中，用相量多边形表示了电路的端电压与各元件上电压的关系，即

$$\dot{U} = \dot{U}_R + \dot{U}_L + \dot{U}_C = \dot{U}_R + \dot{U}_X$$

式中，$\dot{U}_X = \dot{U}_L + \dot{U}_C$ 称为电抗电压。由于 $\dot{U}_L$ 与 $\dot{U}_C$ 的相位相反，故电抗电压的有效值应为 $U_X = |U_L - U_C|$。不难看出，电阻电压、电抗电压和电路端电压三个有效值之间也构成一个直角三角形，称为电压三角形，如图 5-19b 所示。将图 5-19a、b 相比较，可见，阻抗三角形的各边同乘以 I 即得电压三角形，所以，阻抗三角形与电压三角形是相似三角形。

由电压三角形可得

$$\left.\begin{aligned} U &= \sqrt{U_R^2 + U_X^2} \\ \varphi &= \arctan\frac{U_X}{U_R} \end{aligned}\right\} \tag{5-35}$$

使用式(5-35) 时，应注意根据 U_L 与 U_C（或 X_L 与 X_C）的大小来决定 φ 的正负。

例 5-9　一个 R、L、C 串联电路接到工频 220V 的电源上，已知 $R = 15\Omega$，$L = 150\text{mH}$，求在电容 C 分别为 50μF 和 100μF 两种情况下电路的电抗、阻抗、阻抗角、电流和各元件上电压的有效值。

解　(1) 当 $C = 50\mu\text{F}$ 时，

$$X_L = \omega L = 314 \times 150 \times 10^{-3}\Omega = 47.1\Omega$$

$$X_C = \frac{1}{\omega C} = \frac{1}{314 \times 50 \times 10^{-6}}\Omega = 63.6\Omega$$

电抗为

$$X = X_L - X_C = (47.1 - 63.6)\Omega = -16.5\Omega$$

因为 $X < 0$，故电路呈容性。

阻抗为

$$|Z| = \sqrt{R^2 + X^2} = \sqrt{15^2 + (-16.5)^2}\,\Omega = 22.3\Omega$$

阻抗角为

$$\varphi=\arctan\frac{X}{R}=\arctan\frac{-16.5}{15}=-47.7^\circ$$

复阻抗为

$$Z=22.3\angle -47.7^\circ\ \Omega$$

设电源电压为参考相量，即

$$\dot{U}=220\angle 0^\circ \text{V}$$

则电路电流为

$$\dot{I}=\frac{\dot{U}}{Z}=\frac{220\angle 0^\circ}{22.3\angle -47.7^\circ}\text{A}=9.87\angle 47.7^\circ\ \text{A}$$

电阻电压为

$$\dot{U}_\text{R}=\dot{I}R=9.87\angle 47.7^\circ\times 15\text{V}=148.05\angle 47.7^\circ\ \text{V}$$

电感电压为

$$\dot{U}_\text{L}=\dot{I}\,\text{j}X_\text{L}=9.87\angle 47.7^\circ\times \text{j}47.1\text{V}=464.9\angle 137.7^\circ\ \text{V}$$

电容电压为

$$\dot{U}_\text{C}=\dot{I}(-\text{j}X_\text{C})=9.87\angle 47.7^\circ\times(-\text{j}63.6)\text{V}=627.7\angle -42.3^\circ\ \text{V}$$

各元件的电流电压有效值分别为

$$I=9.87\text{A};\ U_\text{R}=148.05\text{V};\ U_\text{L}=464.9\text{V};\ U_\text{C}=627.7\text{V}$$

（2）当 $C=100\mu\text{F}$ 时

$$X_\text{L}=\omega L=47.1\Omega$$

$$X_\text{C}=\frac{1}{\omega C}=\frac{1}{314\times 100\times 10^{-6}}\Omega=31.8\Omega$$

$$X=X_\text{L}-X_\text{C}=(47.1-31.8)\ \Omega=15.3\Omega$$

因为 $X>0$，故电路呈感性。

$$|Z|=\sqrt{R^2+X^2}=\sqrt{15^2+15.3^2}\Omega=21.4\Omega$$

$$\varphi=\arctan\frac{15.3}{15}=45.5^\circ$$

$$Z=21.4\angle 45.5^\circ\ \Omega$$

$$\dot{I}=\frac{220\angle 0^\circ}{21.4\angle 45.5^\circ}\text{A}=10.26\angle -45.5^\circ\ \text{A}$$

$$\dot{U}_\text{R}=10.26\angle -45.5^\circ\times 15\text{V}=153.9\angle -45.5^\circ\ \text{V}$$

$$\dot{U}_\text{L}=10.26\angle -45.5^\circ\times(\text{j}47.1)\text{V}=483.2\angle 44.5^\circ\ \text{V}$$

$$\dot{U}_\text{C}=10.26\angle -45.5^\circ\times(-\text{j}31.8)\text{V}=326.3\angle -135.5^\circ\ \text{V}$$

各元件的电流电压有效值分别为

$$I=10.26\text{A};\ U_R=153.9\text{V};\ U_L=483.2\text{V};\ U_C=326.3\text{V}$$

从本例题计算结果可看到，当电路的感抗和容抗相对于电阻值较大时，会出现电感和电容上的电压有效值大于电源电压有效值的情况，这是由于感抗和容抗相互补偿的结果。在图5-20的相量图中可以较清楚地看出。

思考题

5-7-1 在R、L、C串联电路中，已知$R=10\Omega$，$L=0.2\text{H}$，$C=10\mu\text{F}$，在电源频率分别为200Hz和300Hz时，电路各呈现什么性质？

5-7-2 R、L、C串联电路中，是否会出现$U_R>U$的现象？

5-7-3 试说明电抗、阻抗、容抗、感抗的联系与区别。

5-7-4 在R、L、C串联电路中，已知$U_R=80\text{V}$；$U_L=100\text{V}$；$U_C=40\text{V}$，则总电压U为多大？

5-7-5 某感性负载的阻抗$|Z|=10\Omega$，电阻$R=6\Omega$，则其感抗X_L为多少欧姆？

5-7-6 在R、L、C串联电路中，下列各式哪些是正确的？哪些是错误的？

（1）$u=u_R+u_L+u_C$；（2）$U=U_R+U_L+U_C$；

（3）$\dot{U}=\dot{U}_R+\dot{U}_L+\dot{U}_C$；（4）$\dot{I}=\dfrac{\dot{U}}{R+\text{j}(X_L-X_C)}$；

（5）$I=\dfrac{U}{R+X_L-X_C}$；（6）$I=\dfrac{U}{\sqrt{R^2+X^2}}$

第八节 R、L、C并联电路及复导纳

一、复导纳和导纳三角形

在图5-21a所示R、L、C并联电路中，按图示参考方向，根据KCL的相量形式，有

$$\dot{I}=\dot{I}_G+\dot{I}_L+\dot{I}_C$$

将各元件伏安关系的相量形式代入上式，得

$$\dot{I}=\frac{\dot{U}}{R}+\frac{\dot{U}}{\text{j}\omega L}+\text{j}\omega C\dot{U}$$

$$=\left(\frac{1}{R}-\text{j}\frac{1}{\omega L}+\text{j}\omega C\right)\dot{U}$$

令$G=\dfrac{1}{R}$，称为电导；$B_L=\dfrac{1}{\omega L}$，称为感纳；$B_C=\omega C$，称为容纳，它们的单位均为西〔门子〕（S）。则有

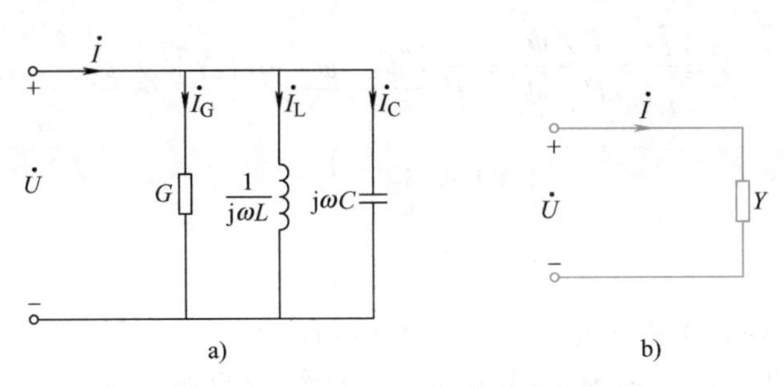

图 5-21 R、L、C 并联交流电路

$$\dot{I} = [G + \mathrm{j}(B_C - B_L)]\dot{U} = (G + \mathrm{j}B)\dot{U}$$

设

$$Y = G + \mathrm{j}B \tag{5-36}$$

则

$$\dot{I} = Y\dot{U} \tag{5-37}$$

式(5-37) 为 R、L、C 并联电路的欧姆定律相量形式。式中 Y 称为复导纳，它的实部是电导 G，虚部为

$$B = B_C - B_L \tag{5-38}$$

称为电纳，它是容纳与感纳之差，可正可负。

复导纳也不是相量，大写字母 Y 上也不应加小圆点。在电路中复导纳可用图 5-21b 所示图形符号表示。

将复导纳用极坐标形式表示为

$$Y = |Y| \angle \varphi_Y$$

式中

$$\left.\begin{aligned} |Y| &= \sqrt{G^2 + B^2} \\ \varphi_Y &= \arctan \frac{B}{G} \end{aligned}\right\} \tag{5-39}$$

它们分别为复导纳的模和辐角。显然，$|Y|$、G、B 构成一直角三角形，如图 5-22a 所示，称为导纳三角形。

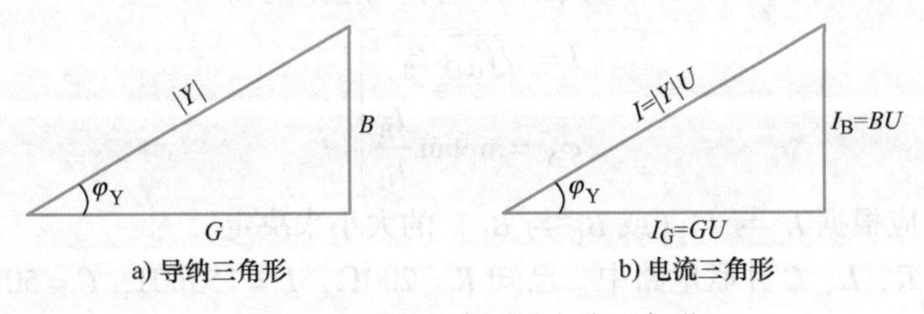

图 5-22 导纳三角形及电流三角形

由式(5-37) 可得

$$Y=\frac{\dot{I}}{\dot{U}}=\frac{I\angle\psi_i}{U\angle\psi_u}=\frac{I}{U}\angle\psi_i-\psi_u=|Y|\angle\varphi_Y$$

可见

$$\left.\begin{aligned}|Y|&=\frac{I}{U}\\ \varphi_Y&=\psi_i-\psi_u\end{aligned}\right\}\tag{5-40}$$

上式说明，复导纳的模是电路的电流与电压有效值之比，称为导纳；复导纳的辐角 φ_Y 是电流超前于电压的相位角，称为导纳角。复导纳综合反映了电流与电压的大小及相位关系。

二、电流三角形

在 R、L、C 并联电路中，可选择电压 $\dot{U}$ 为参考正弦量，则 $\dot{I}_R$ 与 $\dot{U}$ 同相，$\dot{I}_L$ 比 $\dot{U}$ 滞后$\frac{\pi}{2}$，$\dot{I}_C$ 比 $\dot{U}$ 超前$\frac{\pi}{2}$，可画出电路相量图如图 5-23 所示。图 a 中，$I_C<I_L$，此时 $B_C<B_L$，$B<0$，$\varphi_Y<0$，电路中电流 $\dot{I}$ 比端电压 $\dot{U}$ 滞后 $|\varphi_Y|$ 角，电路呈感性；图 b 中，$I_C>I_L$，此时 $B_C>B_L$，$B>0$，$\varphi_Y>0$，电流 $\dot{I}$ 比端电压 $\dot{U}$ 超前 φ_Y 角，电路呈容性；图 c 中，$I_C=I_L$，$B_C=B_C$，$\varphi_Y=0$，电流 $\dot{I}$ 与电压 $\dot{U}$ 同相，电路呈现阻性，这是 R、L、C 并联电路的一种特殊工作状态，称为并联谐振。本章第十五节中将专门进行讨论。

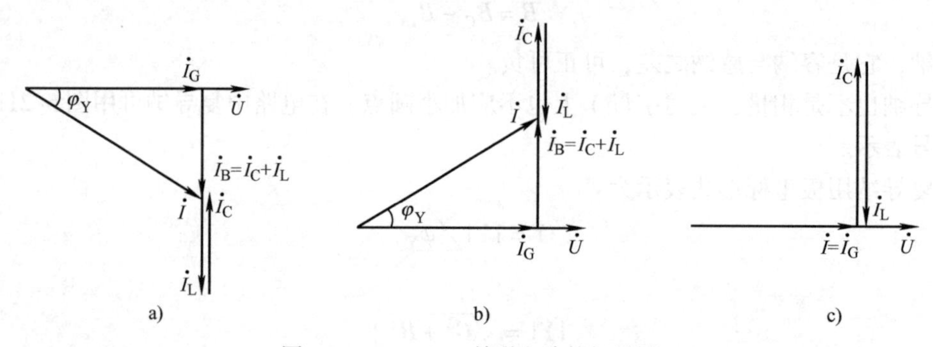

图 5-23 R、L、C 并联电路的相量图

图 5-23 的相量图中，$\dot{I}_B=\dot{I}_L+\dot{I}_C$，由于 $\dot{I}_L$与 $\dot{I}_C$相位相反，所以 $I_B=|I_L-I_C|$。图中可看出，I_G、I_B 及 I 三个电流的有效值也构成一个直角三角形，称为电流三角形，它与导纳三角形是相似三角形，如图 5-22b 所示。由电流三角形可得

$$\left.\begin{aligned}I&=\sqrt{I_G^2+I_B^2}\\ \varphi_Y&=\arctan\frac{I_B}{I_G}\end{aligned}\right\}\tag{5-41}$$

式中，φ_Y 的正负应根据 I_C 与 I_L（或 B_C 与 B_L）的大小来决定。

例 5-10 在 R、L、C 并联电路中，已知 $R=200\Omega$，$L=150\text{mH}$，$C=50\mu\text{F}$，总电流 $i=141\sin(314t+30°)$ mA，求各元件中的电流及端电压的解析式。电路呈现什么性质？

解 由已知条件可得

$$G=\frac{1}{R}=\frac{1}{200}\mathrm{S}=0.005\mathrm{S}$$

$$B_{\mathrm{L}}=\frac{1}{\omega L}=\frac{1}{314\times150\times10^{-3}}\mathrm{S}=0.021\mathrm{S}$$

$$B_{\mathrm{C}}=\omega C=314\times50\times10^{-6}\mathrm{S}=0.0157\mathrm{S}$$

$$\begin{aligned}Y&=G+\mathrm{j}(B_{\mathrm{C}}-B_{\mathrm{L}})\\&=0.005\mathrm{S}+\mathrm{j}(0.0157-0.021)\mathrm{S}\\&=0.005\mathrm{S}-\mathrm{j}0.0053\mathrm{S}=0.0073\angle-46.7^{\circ}\ \mathrm{S}\end{aligned}$$

将电流 i 用相量表示为

$$\dot{I}=\frac{141}{\sqrt{2}}\angle30^{\circ}\ \mathrm{mA}=100\angle30^{\circ}\ \mathrm{mA}$$

$$\dot{U}=\frac{\dot{I}}{Y}=\frac{100\angle30^{\circ}\times10^{-3}}{0.0073\angle-46.7^{\circ}}\mathrm{V}=13.7\angle76.7^{\circ}\ \mathrm{V}$$

$$\dot{I}_{\mathrm{R}}=G\dot{U}=0.005\times13.7\angle76.7^{\circ}\ \mathrm{A}=68.5\angle76.7^{\circ}\ \mathrm{mA}$$

$$\dot{I}_{\mathrm{L}}=(-\mathrm{j}B_{\mathrm{L}})\dot{U}=(-\mathrm{j}0.021)\times13.7\angle76.7^{\circ}\ \mathrm{A}=287\angle-13.3^{\circ}\ \mathrm{mA}$$

$$\dot{I}_{\mathrm{C}}=(\mathrm{j}B_{\mathrm{C}})\dot{U}=\mathrm{j}0.0157\times13.7\angle76.7^{\circ}\ \mathrm{A}=215\angle166.7^{\circ}\ \mathrm{mA}$$

所以,各元件电流及端电压的解析式分别为

$$i_{\mathrm{R}}=68.5\sqrt{2}\sin(314t+76.7^{\circ})\mathrm{mA}$$

$$i_{\mathrm{L}}=287\sqrt{2}\sin(314t-13.3^{\circ})\mathrm{mA}$$

$$i_{\mathrm{C}}=215\sqrt{2}\sin(314t+166.7^{\circ})\mathrm{mA}$$

$$u=13.7\sqrt{2}\sin(314t+76.7^{\circ})\mathrm{V}$$

因为复导纳 Y 的导纳角 $\varphi_{\mathrm{Y}}=-46.7^{\circ}<0$，电路呈现感性。

思考题

5-8-1　在例 5-10 中，$I_{\mathrm{L}}>I$，$I_{\mathrm{C}}>I$，即部分电流大于总电流，这是什么原因？在 R、L、C 并联交流电路中是否还可能出现 $I_{\mathrm{R}}>I$？

5-8-2　下列表示 R、L、C 并联电路中电压、电流关系的表达式中，哪些是错误的？哪些是正确的？

(1) $i=i_{\mathrm{G}}+i_{\mathrm{L}}+i_{\mathrm{C}}$；　(2) $I=I_{\mathrm{G}}+I_{\mathrm{L}}+I_{\mathrm{C}}$；

(3) $\dot{I}=\dot{I}_{\mathrm{G}}+\dot{I}_{\mathrm{L}}+\dot{I}_{\mathrm{C}}$；　(4) $U=\dfrac{I}{G+\mathrm{j}(B_{\mathrm{C}}-B_{\mathrm{L}})}$；

(5) $\dot{U}=\dfrac{\dot{I}}{G+\mathrm{j}(B_{\mathrm{C}}-B_{\mathrm{L}})}$；　(6) $U=\dfrac{I}{|Y|}$

5-8-3　试说明电纳与容纳、感纳的联系和区别，复导纳 Y 等于电导 G 与电纳 B 之和吗？

第九节 无源二端网络的等效复阻抗和复导纳

一、复阻抗（复导纳）的串联和并联

复阻抗或复导纳的串联、并联和混联电路的分析，形式上与电阻电路完全一样，也可导出相类似的等效复阻抗或复导纳的计算公式。

对于图5-24a所示的由n个复阻抗串联的电路，其等效复阻抗是

$$Z = Z_1 + Z_2 + \cdots + Z_n \tag{5-42a}$$

对于图5-24b所示的由n个复导纳并联的电路，其等效复导纳是

$$Y = Y_1 + Y_2 + \cdots + Y_n \tag{5-42b}$$

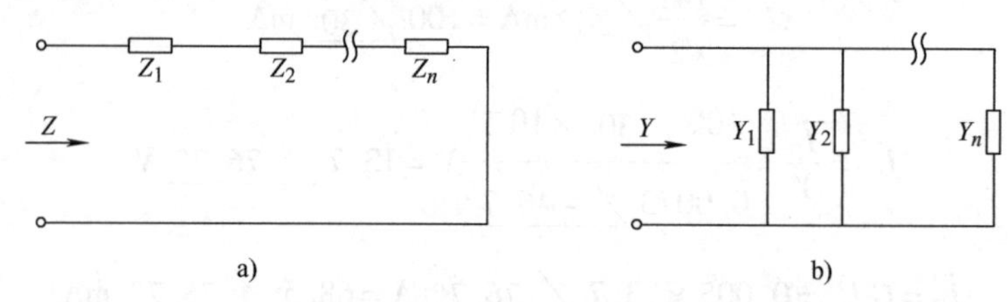

图5-24 复阻抗的串联和复导纳的并联

当只有两个复阻抗Z_1、Z_2串联时，每个复阻抗的电压分配公式是

$$\left.\begin{aligned}\dot{U}_1 &= \frac{Z_1}{Z_1+Z_2}\dot{U}\\ \dot{U}_2 &= \frac{Z_2}{Z_1+Z_2}\dot{U}\end{aligned}\right\} \tag{5-43}$$

式中，$\dot{U}_1$、$\dot{U}_2$分别为复阻抗Z_1和Z_2上的电压，$\dot{U}$为总电压。

当只有两个复阻抗Z_1、Z_2并联时，等效复阻抗为

$$Z = \frac{Z_1 Z_2}{Z_1+Z_2} \tag{5-44}$$

每个复阻抗的电流分配公式是

$$\left.\begin{aligned}\dot{I}_1 &= \frac{Z_2}{Z_1+Z_2}\dot{I}\\ \dot{I}_2 &= \frac{Z_1}{Z_1+Z_2}\dot{I}\end{aligned}\right\} \tag{5-45}$$

式中，$\dot{I}_1$、$\dot{I}_2$分别是流过复阻抗Z_1和Z_2的电流，$\dot{I}$为总电流。

二、无源二端网络的等效电路

对于一个无源二端网络，在讨论其端口电压与电流的关系时，总可以用一个等效复阻抗或等效复导纳来表示，如同直流电路中的无源二端电阻网络可用一个等效电阻或等效电导来表示一样。

图5-25a所示的无源二端网络，在端口电压$\dot{U}$与端口电流$\dot{I}$关联参考方向下，其等效复阻抗为

$$Z=\frac{\dot{U}}{\dot{I}}=|Z|\angle\varphi=R+\mathrm{j}X \tag{5-46a}$$

也称之为入端阻抗或输入阻抗。

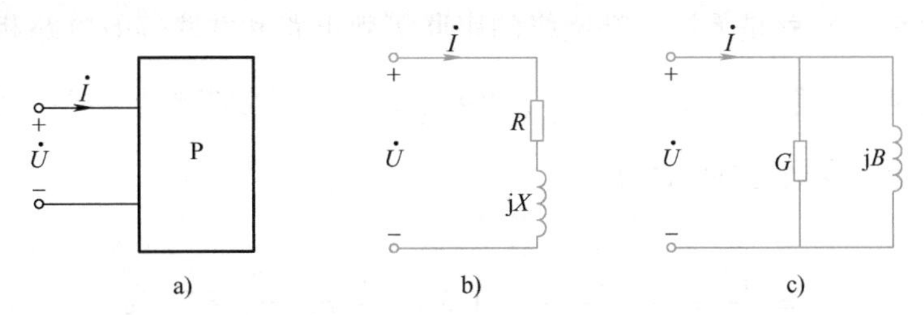

图 5-25　无源二端网络的两种等效电路

它可以看作是由电阻 R 与电抗 X 相串联组成的电路，如图 5-25b 所示，称为无源二端网络的串联形式等效电路（图中假设 $X>0$，应以电感元件符号表示；若 $X<0$，应以电容元件符号表示）。

无源二端网络的等效复导纳为

$$Y=\frac{\dot{I}}{\dot{U}}=|Y|\angle\varphi_{\mathrm{Y}}=G+\mathrm{j}B \tag{5-46b}$$

也称之为入端导纳或输入导纳。它可以看作是由电导 G 与电纳 B 相并联组成的电路，如图 5-25c 所示，称为无源二端网络的并联形式等效电路（图中假设 $B<0$，应以电感元件符号表示之；若 $B>0$，应以电容元件符号表示）。

三、等效复阻抗及复导纳的相互转换

同一个无源二端网络，既可以用等效复阻抗表示，也可以用等效复导纳表示。由式(5-46a) 及式(5-46b) 可见，两者之间应是互为倒数的关系，即

$$\left.\begin{aligned}Y&=\frac{1}{Z}\\ \text{或}\quad Z&=\frac{1}{Y}\end{aligned}\right\} \tag{5-47}$$

根据上式，可以导出两种等效电路参数之间的关系。因为

$$Y=\frac{1}{Z}=\frac{1}{R+\mathrm{j}X}=\frac{R}{R^2+X^2}-\mathrm{j}\frac{X}{R^2+X^2}=G+\mathrm{j}B$$

所以有

$$\left.\begin{aligned}G&=\frac{R}{R^2+X^2}\\ B&=-\frac{X}{R^2+X^2}\end{aligned}\right\} \tag{5-48}$$

反之，因为

$$Z=\frac{1}{Y}=\frac{1}{G+\mathrm{j}B}=\frac{G}{G^2+B^2}-\mathrm{j}\frac{B}{G^2+B^2}=R+\mathrm{j}X$$

故有

$$\left.\begin{aligned} R &= \frac{G}{G^2+B^2} \\ X &= -\frac{B}{G^2+B^2} \end{aligned}\right\} \tag{5-49}$$

式(5-48)和式(5-49)就是无源二端网络的串联等效电路和并联等效电路相互转换时的关系式。应注意的是：一般情况下，$G \neq \frac{1}{R}$，$B \neq \frac{1}{X}$；而且等效参数只对某一确定频率有效。如果频率改变，等效参数也都将改变。

又因为

$$Z = \frac{1}{Y} = \frac{1}{|Y| \angle \varphi_Y} = |Z| \angle -\varphi_Y = |Z| \angle \varphi$$

式中

$$\varphi = -\varphi_Y = \Psi_u - \Psi_i \tag{5-50}$$

上式表明，对于一个无源二端网络，不管是用等效复阻抗 Z 表示，还是用等效复导纳 Y 表示，其端电压超前于电流的相位都等于阻抗角 φ。在以后的叙述中，凡涉及负载的电压、电流相位关系时，一般都采用 φ 来说明问题。

例 5-11　在图 5-26a 所示电路中，已知电源频率为 $f=50\text{Hz}$，$R=10\Omega$，$L=50\text{mH}$，$C=159\mu\text{F}$，电流 $\dot{I}=1\angle 0°\text{A}$，求：(1) 支路电流 $\dot{I}_1$ 和 $\dot{I}_2$；(2) 该电路的串联等效电路和并联等效电路；(3) 该电路的等效阻抗角。

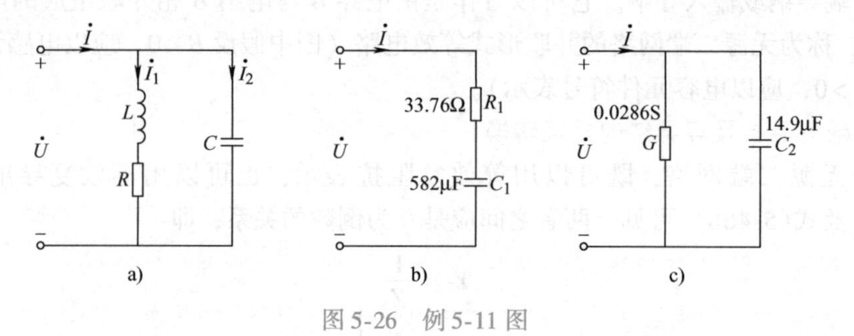

图 5-26　例 5-11 图

解　(1) 由已知条件可得

$$\omega L = 2 \times 50\pi \times 50 \times 10^{-3}\Omega = 15.7\Omega$$

$$\frac{1}{\omega C} = \frac{1}{314 \times 159 \times 10^{-6}}\Omega = 20\Omega$$

则图 5-26a 中 R、L 串联支路的复阻抗为

$$Z_1 = R + \text{j}\omega L = (10 + \text{j}15.7)\Omega$$

电容 C 支路的复阻抗为

$$Z_2 = -\text{j}\frac{1}{\omega C}\Omega = -\text{j}20\Omega$$

根据式(5-45)的分流公式，可得

$$\dot{I}_1 = \frac{Z_2}{Z_1+Z_2}\dot{I} = \frac{-\text{j}20}{10+\text{j}15.7-\text{j}20} \times 1\angle 0°\text{A} = 1.83\angle -66.7°\text{A}$$

$$\dot{I}_2 = \dot{I} - \dot{I}_1 = (1\angle 0° - 1.83\angle -66.7°)\text{A} = 1.7\angle 80.5°\text{A}$$

（2）图5-26a电路的等效复阻抗为

$$Z=\frac{Z_1Z_2}{Z_1+Z_2}=\frac{(10+\mathrm{j}15.7)(-\mathrm{j}20)}{10+\mathrm{j}15.7-\mathrm{j}20}\Omega=\frac{372.28\angle-32.5^\circ}{10.9\angle-23.3^\circ}\Omega$$

$$=34.2\angle-9.2^\circ\ \Omega$$

$$=(33.76-\mathrm{j}5.47)\Omega$$

其串联等效电路如图5-26b所示，它由阻值为33.76Ω的电阻 R_1 和一个容抗为5.47Ω的电容 C_1 串联组成，电容参数为

$$C_1=\frac{1}{\omega X_C}=\frac{1}{314\times5.47}\mathrm{F}=582\mu\mathrm{F}$$

等效复阻抗 Z 的虚部为负值，表明该二端网络呈容性。

根据式(5-47)得

$$Y=\frac{1}{Z}=\frac{1}{33.76-\mathrm{j}5.47}\mathrm{S}=\frac{1}{34.2\angle-9.2^\circ}\mathrm{S}=0.029\angle9.2^\circ\mathrm{S}$$

$$=(0.0286+\mathrm{j}0.0046)\mathrm{S}$$

所以并联等效电路如图5-26c所示，它由一电导值为0.0286S的电导 G 与一容纳为0.0046S的电容 C_2 并联组成，该电容参数为

$$C_2=\frac{B_C}{\omega}=\frac{0.0046}{314}\mathrm{F}=14.9\mu\mathrm{F}$$

以上参数仅适用于 $f=50\mathrm{Hz}$ 的情况。

此处等效复导纳的虚部为正值，表明电路呈容性，其结论与串联等效电路的结论是相同的。这说明一个电路对外呈现的性质不会因其等效电路形式的不同而改变。

（3）等效阻抗角 $\varphi=-9.2^\circ$。

思考题

5-9-1　在 n 个复阻抗串联的电路中，每个复阻抗的电压是否一定小于总电压？在 n 个复导纳的并联电路中，等效复导纳的模是否一定等于各个复导纳的模之和？

5-9-2　对于一个无源二端网络，在电压与电流为关联参考方向下，求解下列问题。

（1）$\dot{U}=(120+\mathrm{j}160)\mathrm{V},\ \dot{I}=(2+\mathrm{j}3)\mathrm{A},Z=?$

（2）$u=100\sin(\omega t+30^\circ)\mathrm{V},Z=(4+\mathrm{j}3)\Omega,i=?$

（3）$i=200\sqrt{2}\sin(\omega t+45^\circ)\mathrm{A},Y=(15+\mathrm{j}20)\mathrm{S},u=?$

5-9-3　如果某支路的复阻抗为 $Z=(30+\mathrm{j}40)\ \Omega$，则其等效复导纳为 $Y=\left(\frac{1}{30}+\frac{1}{\mathrm{j}40}\right)\mathrm{S}$ 对吗？

第十节　正弦电流电路的分析计算

通过前面几节的讨论，导出了相量形式的欧姆定律和基尔霍夫定律。对于正弦电路中的单一元件，伏安关系也都有其相量表达式。总的来说，将正弦电路中的电压、电流用相量表示，在引入复阻抗、复导纳的概念后，正弦电路就具有了与直流电路完全相似的基本定律。这样，分析直流电阻电路的所有方法、公式及定理也就完全可以类推并适用于对正弦电流电

路的分析计算。所不同的仅在于用电压相量和电流相量取代了以前的直流电压和电流；用复阻抗和复导纳取代了直流电阻和电导，这就是分析正弦电流电路的相量法。本节通过具体例题加以说明。

例 5-12 图 5-27 所示电路中，已知 $R_1=100\Omega$，$R_2=100\Omega$，$R_3=50\Omega$，$C_1=10\mu F$，$L_3=50mH$，$U=100V$，$\omega=1000rad/s$。求各支路电流。

解 由已知条件可得

$$X_{C1}=\frac{1}{\omega C_1}=\frac{1}{1000\times10\times10^{-6}}\Omega=100\Omega$$

$$X_{L3}=\omega L_3=1000\times50\times10^{-3}\Omega=50\Omega$$

电路的等效复阻抗为

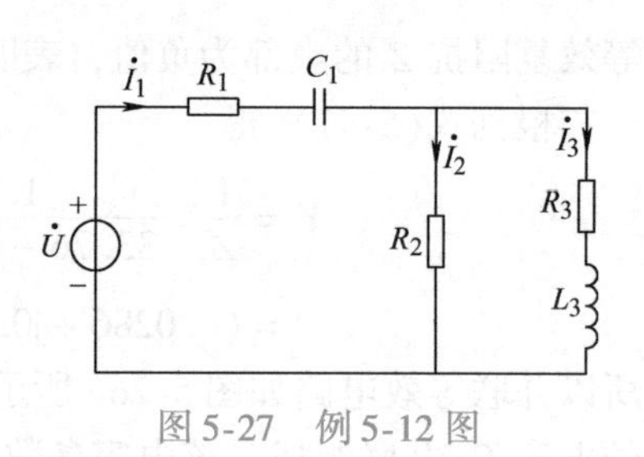

图 5-27 例 5-12 图

$$\begin{aligned}Z&=R_1-jX_{C1}+\frac{R_2(R_3+jX_{L3})}{R_2+R_3+jX_{L3}}\\&=\left(100-j100+\frac{100(50+j50)}{100+50+j50}\right)\Omega\\&=(100-j100+44.75\angle 26.6^\circ)\Omega\\&=(100-j100+40+j20)\Omega\\&=(140-j80)\Omega=161.2\angle-29.7^\circ\ \Omega\end{aligned}$$

设 $\dot{U}=100\angle 0^\circ V$，则

$$\dot{I}_1=\frac{\dot{U}}{Z}=\frac{100\angle 0^\circ}{161.2\angle-29.7^\circ}A=0.62\angle 29.7^\circ A$$

按分流公式得

$$\begin{aligned}\dot{I}_2&=\dot{I}_1\frac{R_3+jX_{L3}}{R_2+R_3+jX_{L3}}\\&=0.62\angle 29.7^\circ\times\frac{50+j50}{100+50+j50}A\\&=0.62\angle 29.7^\circ\times0.447\angle 26.6^\circ A\\&=0.28\angle 56.3^\circ A\end{aligned}$$

$$\begin{aligned}\dot{I}_3=\dot{I}_1-\dot{I}_2&=(0.62\angle 29.7^\circ-0.28\angle 56.3^\circ)A\\&=(0.538+j0.307-0.155-j0.233)A\\&=(0.383+j0.074)A=0.39\angle 10.9^\circ A\end{aligned}$$

例 5-13 图 5-28a 所示电路中，已知 $U_{ab}=100\sqrt{2}V$，$R_1=R_2=X_{L1}=X_{L2}=X_C=10\Omega$，求：(1) 各支路电流；(2) 总电压 U；(3) $\dot{U}_{cd}$ 与 $\dot{U}$ 之间的相位差；(4) 画相量图。

解 (1) 设 $\dot{U}_{ab}=100\sqrt{2}\angle 0^\circ V$

则：

$$\dot{I}_1=\frac{\dot{U}_{ab}}{R_1+jX_{L2}}=\frac{100\sqrt{2}\angle 0^\circ}{10+j10}A=10\angle-45^\circ A$$

$$\dot{I}_2=\frac{\dot{U}_{ab}}{R_2-jX_C}=\frac{100\sqrt{2}\angle 0^\circ}{10-j10}A=10\angle 45^\circ A$$

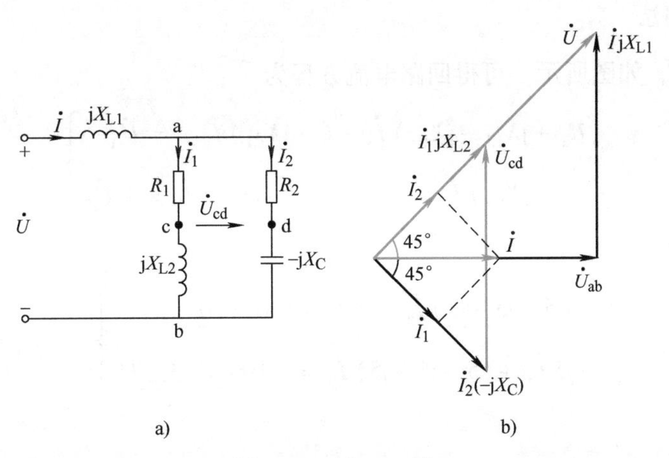

图 5-28　例 5-13 图

$$\dot{I}=\dot{I}_1+\dot{I}_2=(10\angle-45^\circ+10\angle45^\circ)\text{A}=10\sqrt{2}\angle0^\circ\text{A}$$

（2）
$$\begin{aligned}\dot{U}&=\dot{I}\,jX_{L1}+\dot{U}_{ab}\\&=(10\sqrt{2}\angle0^\circ\times j10+100\sqrt{2}\angle0^\circ)\text{V}\\&=(100\sqrt{2}\angle90^\circ+100\sqrt{2}\angle0^\circ)\text{V}\\&=200\angle45^\circ\text{V}\end{aligned}$$

（3）
$$\begin{aligned}\dot{U}_{cd}&=\dot{I}_1\,jX_{L2}-\dot{I}_2(-jX_C)\\&=[10\angle-45^\circ\times j10-10\angle45^\circ\cdot(-j10)]\text{V}\\&=(100\angle45^\circ-100\angle-45^\circ)\text{V}=100\sqrt{2}\angle90^\circ\text{V}\end{aligned}$$

所以　$\dot{U}_{cd}$ 与 $\dot{U}$ 的相位差为 90° − 45° = 45°，且 $\dot{U}_{cd}$ 比 $\dot{U}$ 超前 45°。

（4）该电路的相量图如图 5-28b 所示，图中非常清楚地反映了各相量之间的关系，例如

$$\dot{I}=\dot{I}_1+\dot{I}_2$$

$$\dot{U}=\dot{U}_{ab}+\dot{I}\,jX_{L1}$$

$$\dot{U}_{cd}=\dot{I}_1\,jX_{L2}-\dot{I}_2(-jX_C)$$

及 $\dot{U}_{cd}$ 比 $\dot{U}$ 超前 45°等等。所以，在分析计算正弦交流电路时，辅以相量图，有时会大大简化计算过程，并能帮助判断计算结果的正确与否。

例 5-14　图 5-29 所示电路中，已知 $\dot{U}_{s1}=100\angle0^\circ$ V，$\dot{U}_{s2}=100\angle53.1^\circ$ V，$R_1=X_{L1}=X_{C1}=R_2=X_{C2}=5\Omega$，试分别用回路法和节点法求图中电流 $\dot{I}$。

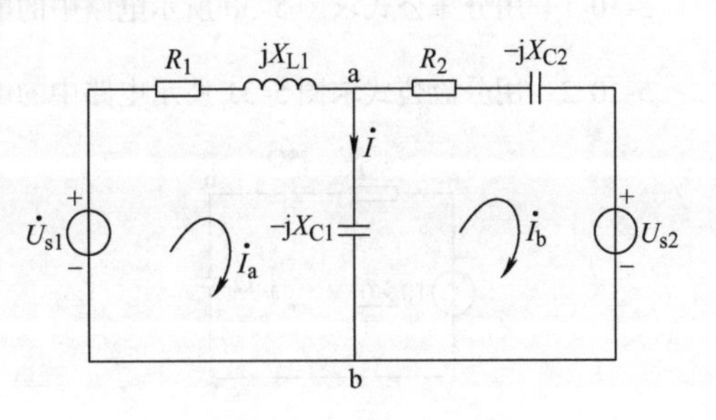

图 5-29　例 5-14 图

解 (1) 回路法

设回路电流 $\dot{I}_a$、$\dot{I}_b$ 如图所示。可得回路电流方程为

$$\left.\begin{aligned}(R_1+jX_{L1}-jX_{C1})\dot{I}_a-(-jX_{C1})\dot{I}_b&=\dot{U}_{s1}\\-(-jX_{C1})\dot{I}_a+(R_2-jX_{C2}-jX_{C1})\dot{I}_b&=-\dot{U}_{s2}\end{aligned}\right\}$$

代入已知数据，得

$$\left.\begin{aligned}(5+j5-j5)\dot{I}_a+j5\dot{I}_b&=100\angle 0^\circ\\j5\dot{I}_a+(5-j5-j5)\dot{I}_b&=-100\angle 53.1^\circ\end{aligned}\right\}$$

联立解方程组可得

$$\dot{I}_a=(8-j6)\text{A}$$

$$\dot{I}_b=(6-j12)\text{A}$$

则待求电流为

$$\begin{aligned}\dot{I}&=\dot{I}_a-\dot{I}_b=(8-j6-6+j12)\text{A}\\&=(2+j6)\text{A}=6.32\angle 71.6^\circ\ \text{A}\end{aligned}$$

(2) 节点法

列节点电压方程为

$$\dot{U}_{ab}\left(\frac{1}{R_1+jX_{L1}}+\frac{1}{R_2-jX_{C2}}+\frac{1}{-jX_{C1}}\right)=\frac{\dot{U}_{s1}}{R_1+jX_{L1}}+\frac{\dot{U}_{s2}}{R_2-jX_{C2}}$$

代入已知数据并解得

$$\dot{U}_{ab}=(30-j10)\text{V}$$

则待求电流为

$$\dot{I}=\frac{\dot{U}_{ab}}{-jX_{C1}}=\frac{30-j10}{-j5}\text{A}=(2+j6)\text{A}=6.32\angle 71.6^\circ\ \text{A}$$

思 考 题

5-10-1 用分压公式求图 5-30 所示电路中的电压 $\dot{U}_{ab}$ 和 $\dot{U}_{bc}$。

5-10-2 用分流公式求图 5-31 所示电路中的电流 $\dot{I}_1$ 和 $\dot{I}_2$。

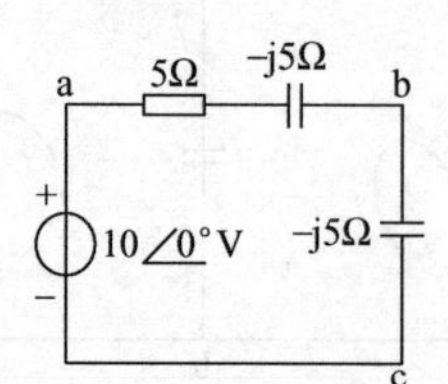

图 5-30 思考题 5-10-1 图

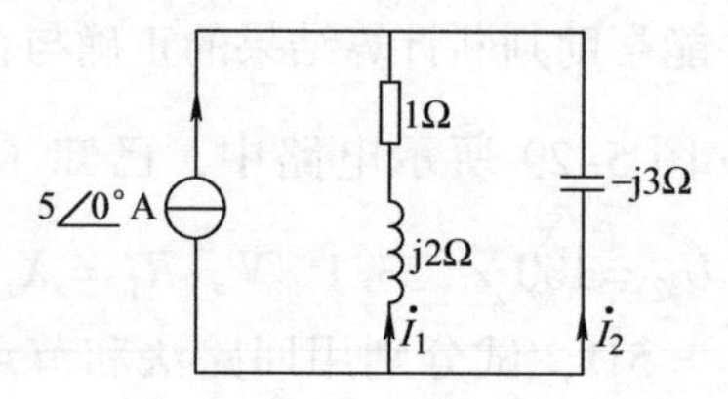

图 5-31 思考题 5-10-2 图

5-10-3 用戴维南定理求解例 5-14 题。

第十一节　正弦交流电路中电阻、电感、电容元件的功率

一、电阻元件的功率

正弦交流电路中，某段电路在某一瞬间所吸收的功率称为该段电路的瞬时功率，用小写字母 p 表示。在电路的电压与电流为关联参考方向下，瞬时功率等于电压瞬时值与电流瞬时值的乘积，即

$$p = ui \tag{5-51}$$

对于电阻元件，设流过的电流为

$$i_R = \sqrt{2} I_R \sin\omega t$$

则其端电压为

$$u_R = \sqrt{2} I_R R\sin\omega t = \sqrt{2} U_R \sin\omega t$$

其瞬时功率为

$$\begin{aligned} p_R = u_R i_R &= 2U_R I_R \sin^2\omega t = U_R I_R (1-\cos2\omega t) \\ &= U_R I_R - U_R I_R \cos2\omega t \end{aligned} \tag{5-52}$$

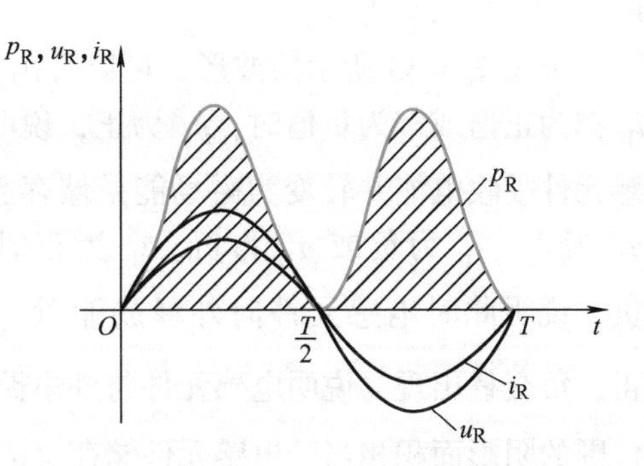

图 5-32　p_R、u_R、i_R 的波形

电阻元件中瞬时功率的波形图如图 5-32 所示。可以看出，电阻元件的瞬时功率是以两倍于电压的频率变化的，而且总有 $p_R \geqslant 0$，这正说明电阻元件是耗能元件。

瞬时功率的实用意义并不大。工程上定义瞬时功率在一个周期内的平均值为平均功率，用大写字母 P 表示，即

$$P = \frac{1}{T}\int_0^T p\mathrm{d}t \tag{5-53}$$

式(5-53) 适用于任何周期性交流电路。将式(5-52) 代入式(5-53)，得正弦电路中电阻元件的平均功率为

$$\begin{aligned} P_R &= \frac{1}{T}\int_0^T (U_R I_R - U_R I_R \cos2\omega t)\mathrm{d}t \\ &= U_R I_R = I_R^2 \cdot R = \frac{U_R^2}{R} \end{aligned} \tag{5-54}$$

显然，正弦电路中电阻元件平均功率的计算公式在形式上与直流电路中的完全相似，区别仅在于式(5-54) 中的 U_R、I_R 都应是有效值。

在电工技术中，平均功率常简称为功率。通常所说的电动机功率是 10kW、电灯功率是 40W 等，都是指平均功率。

二、电感元件的功率

在电压、电流的关联参考方向下，设流过电感元件的电流为

$$i_L = \sqrt{2} I_L \sin\omega t$$

则电压为

$$u_L = \sqrt{2} I_L X_L \sin\left(\omega t + \frac{\pi}{2}\right)$$

$$=\sqrt{2}U_L\sin\left(\omega t+\frac{\pi}{2}\right)$$

其瞬时功率为

$$p_L=u_Li_L=2U_LI_L\sin\left(\omega t+\frac{\pi}{2}\right)\sin\omega t$$
$$=U_LI_L\sin2\omega t \tag{5-55}$$

可见，电感元件的瞬时功率也是以两倍于电压的频率变化的，但与电阻元件不同的是，其瞬时功率有正有负。电感元件中瞬时功率的波形如图5-33中的 p_L 所示。

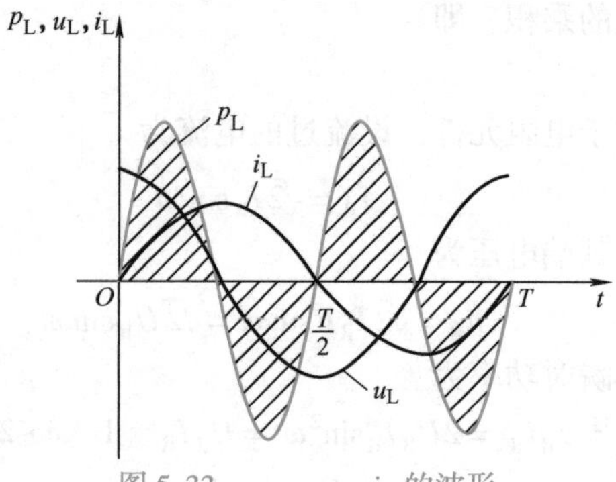

图5-33 p_L、u_L、i_L 的波形

观察图5-33所示的波形，可以看出，当 u_L、i_L 都为正值或都为负值时，p_L 为正，说明此时电感元件吸收电能并转变为磁场能量储存起来；当 u_L 为正、i_L 为负或 u_L 为负、i_L 为正时，p_L 为负，说明此时电感元件向外释放能量。p_L 值的正、负交替出现，说明电感元件与外电路不断地进行着能量的交换。p_L 的波形曲线与横轴包围的阴影面积相当于电感元件储存（p_L 为正时）和释放（p_L 为负时）的能量，它们彼此相等。显然，电感元件在一个周期内吸收的平均功率为零。这个结论还可由式(5-53)得出，即平均功率为

$$P_L=\frac{1}{T}\int_0^T p_L\mathrm{d}t=\frac{1}{T}\int_0^T U_LI_L\sin2\omega t\mathrm{d}t=0$$

这正说明了电感元件是不消耗功率，只与外界进行能量交换的元件。

不同的电感元件与外界交换能量的规模是不同的，但由于任何一个电感元件的平均功率总是为零，所以平均功率不可能用来反映电感元件交换能量的不同规模。所以，工程上把电感元件瞬时功率的最大值定义为无功功率，它代表电感元件与外电路交换能量的最大速率。电感元件的无功功率用 Q_L 表示，根据定义有

$$Q_L=U_LI_L=I_L^2X_L=\frac{U_L^2}{X_L} \tag{5-56}$$

无功功率应具有与平均功率相同的量纲，但它与平均功率的概念是不同的，它并不是电路实际消耗的功率，为了区别起见，无功功率的单位定为乏，字母符号为var。相对于无功功率，平均功率又称为有功功率。

应当指出，对“无功”两字应理解为“交换而不消耗”，而不应理解为“无用”。无功功率在工程上占有重要地位，例如电动机、变压器等具有电感的设备，没有磁场就不能工作，而磁场能量是由电源供给的。这些设备和电源之间必须要进行一定规模的能量交换，或者说，电源要对这些设备提供一定的无功功率才能使它们正常运行。

三、电容元件的功率

在电压、电流的关联参考方向下，设流过电容元件的电流为

$$i_C = \sqrt{2} I_C \sin\omega t$$

则电压为

$$\begin{aligned} u_C &= \sqrt{2} I_C X_C \sin\left(\omega t - \frac{\pi}{2}\right) \\ &= \sqrt{2} U_C \sin\left(\omega t - \frac{\pi}{2}\right) \end{aligned}$$

其瞬时功率为

$$\begin{aligned} p_C &= u_C i_C = 2 U_C I_C \sin\left(\omega t - \frac{\pi}{2}\right)\sin\omega t \\ &= -U_C I_C \sin 2\omega t \end{aligned} \tag{5-57}$$

p_C、u_C、i_C 的波形如图 5-34 所示。将 p_C 的波形与图 5-33 中 p_L 的波形相比较，可以看出，电容元件吸收和释放能量的情况与电感元件相似。即电容元件也只与外界进行能量交换，而不消耗能量。它的平均功率也是为零，即

$$\begin{aligned} P_C &= \frac{1}{T}\int_0^T p_C \mathrm{d}t \\ &= \frac{1}{T}\int_0^T (-U_C I_C \sin 2\omega t)\mathrm{d}t = 0 \end{aligned}$$

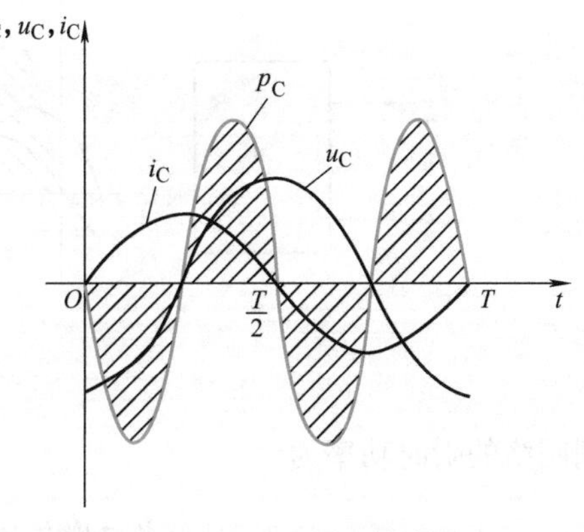

图 5-34　p_C、u_C、i_C 的波形

电容元件以电场能量的形式与外界进行能量的交换，这是与电感元件不同的。另外，从图 5-33 及图 5-34 中 p_L 和 p_C 的波形可以看到，在电感、电容中流过相同相位的电流时，它们的瞬时功率在相位上却是反相的，即当电感在吸收能量时，电容就释放能量；反之，电感释放能量，电容就吸收能量。仍以瞬时功率最大值来定义电容的无功功率，那么，为了加以区别，将电容元件的无功功率定义为

$$Q_C = -U_C I_C = -I_C^2 X_C = -\frac{U_C^2}{X_C} \tag{5-58}$$

式(5-56) 和式(5-58) 中的正、负号强调了电感元件与电容元件在电路中进行能量交换时的相反进程（吸收或释放）。当电路中既有电感元件又有电容元件时，它们的无功功率相互补偿，即正、负号仅表示相互补偿的意义。

思　考　题

5-11-1　把一个白炽灯分别接在电压有效值为 220V 的交流电源和电压为 220V 的直流电源上，白炽灯的亮度是否一样？

5-11-2　试说明无功功率和有功功率的区别。

5-11-3　试说明感性无功功率 Q_L 和容性无功功率 Q_C 的相同之处和不同之处。

5-11-4　为什么说电感元件和电容元件是无源元件？

第十二节 二端网络的功率

一、瞬时功率

图5-35a所示的二端网络中，设电流 i 及端电压 u 在关联参考方向下，分别为

$$i=\sqrt{2}I\sin\omega t$$

$$u=\sqrt{2}U\sin(\omega t+\varphi)$$

式中，φ 是电压超前于电流的相位角。

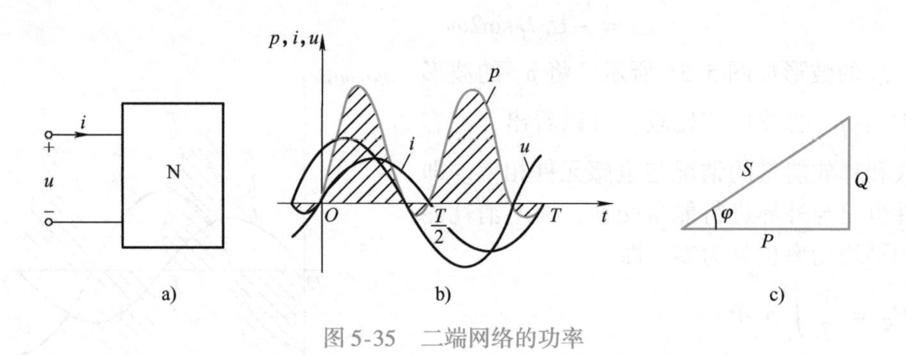

图5-35 二端网络的功率

则网络的瞬时功率为

$$\begin{aligned}p&=ui=\sqrt{2}U\sin(\omega t+\varphi)\times\sqrt{2}I\sin\omega t\\&=UI[\cos\varphi-\cos(2\omega t+\varphi)]\\&=UI\cos\varphi-UI\cos(2\omega t+\varphi)\end{aligned}\tag{5-59}$$

式(5-59) 表明，二端网络的瞬时功率由两部分组成，一部分是常量，另一部分是以两倍于电压频率而变化的正弦量。图5-35b是二端网络的 p、u、i 波形图。图中可见，在 u 或 i 为零时，p 也为零；u、i 方向相同时，p 为正，网络吸收功率；u、i 方向相反时，p 为负，网络发出功率，说明网络与外界有能量的相互交换。p 的波形曲线与横轴包围的阴影面积说明，一个周期内网络吸收的能量比释放的能量多，说明网络有能量的消耗。

二、有功功率（平均功率）和功率因数

二端网络的能量消耗表现为网络存在有功功率，将式(5-59) 代入式(5-53)，可得有功功率为

$$P=\frac{1}{T}\int_0^T p(t)\,\mathrm{d}t=\frac{1}{T}\int_0^T[UI\cos\varphi-UI\cos(2\omega t+\varphi)]\,\mathrm{d}t$$

得

$$P=UI\cos\varphi\tag{5-60}$$

上式表明，二端网络的平均功率，不仅与电压和电流的有效值有关，而且还与它们之间的相位差有关。

式(5-60) 是计算正弦电路功率的一个重要公式，具有普遍意义。式中的 $\cos\varphi$ 称为网络的功率因数。

功率因数 $\cos\varphi$ 的值取决于电压与电流的相位差 φ，即阻抗角，故 φ 角也称为功率因数角。

由前面图 5-19b 及图 5-22b 所示的电压三角形和电流三角形中，可以看出

$$U\cos\varphi = U_R$$

$$I\cos\varphi = I_G$$

所以，式(5-60) 也可表示为

$$\left.\begin{aligned} P &= U_R I \\ \text{或} \quad P &= U I_G \end{aligned}\right\} \tag{5-61}$$

因此，电压 U_R 和电流 I_G 分别称为二端网络的端口电压或端口电流中的有功分量。

前面已讨论过可根据阻抗角（或导纳角）的正负来判断二端网络的性质（感性、容性或阻性），但功率因数却不能，例如，二端网络的阻抗角为 $\varphi = 60°$时是感性电路，$\varphi = -60°$时是容性电路，但它们的功率因数 $\cos\varphi$ 都等于 0.5。为了使功率因数也能反映网络的性质，习惯上将前者写成 $\cos\varphi = 0.5$（滞后）；后者写成 $\cos\varphi = 0.5$（超前）。括号中的“滞后”或“超前”表示的是电路的电流“滞后”或“超前”于电压。

三、无功功率

将式(5-59) 瞬时功率的表达式展开得

$$\begin{aligned} p &= UI\cos\varphi - UI[\cos2\omega t\cos\varphi - \sin2\omega t\sin\varphi] \\ &= UI\cos\varphi(1 - \cos2\omega t) + UI\sin\varphi\sin2\omega t \end{aligned} \tag{5-62}$$

式中，第一项在一个周期内的平均值为 $UI\cos\varphi$，即为二端网络的平均功率。第二项是以最大值为 $UI\sin\varphi$、频率为 2ω 作正弦变化的量，它在一个周期内的平均值为零，但它反映了网络与外界进行能量交换的情况。所以，将该项的最大值定义为网络的无功功率，即

$$Q = UI\sin\varphi \tag{5-63}$$

式中可见，当网络的阻抗角 $\varphi > 0$ 时，电路呈感性，$Q > 0$；$\varphi < 0$ 时，电路呈容性，$Q < 0$。

根据电压三角形和电流三角形，式(5-63) 也可表示为

$$\left.\begin{aligned} Q &= \pm U_X I \\ \text{或} \quad Q &= \pm U I_B \end{aligned}\right\} \tag{5-64}$$

式中的正、负号由阻抗角 φ 的正、负决定。U_X 和 I_B 也分别称为二端网络的端口电压和端口电流中的无功分量。

单个元件是二端网络的特殊情况。由式(5-60) 和式(5-63) 可以看出，对于一个二端网络，在 $\varphi = 0$ 时，网络可等效为一电阻元件，其有功功率为 $P = UI$，无功功率为 $Q = 0$；$\varphi = \pm\frac{\pi}{2}$时，网络可等效为一电感元件或一电容元件，其有功功率为 $P = 0$，无功功率为 $Q = \pm UI$。

在网络中既有电感元件又有电容元件时，无功功率相互补偿，它们在网络内部先自行交换一部分能量后，不足部分再与外界进行交换。这样，二端网络的无功功率应为

$$Q = Q_L + Q_C \tag{5-65}$$

上式表明，二端网络的无功功率是电感元件的无功功率与电容元件无功功率的代数和。式中的 Q_L 为正值，Q_C 为负值，Q 为一代数量，可正可负。这与式(5-63) 的结论是完全一致的。

四、视在功率

从以上分析中看到，正弦电路中的有功功率和无功功率都要在电压和电流有效值的乘积

上打一个折扣。通常将电压和电流有效值的乘积称为视在功率，用大写字母 S 表示，即

$$S = UI \tag{5-66}$$

为了与有功功率和无功功率相区别，视在功率的单位用伏安（V·A）或千伏安（kV·A）表示。

视在功率 S 通常用来表示电气设备的额定容量。额定容量说明了电气设备可能发出或吸收的最大功率。例如对于像变压器、发电机等电源设备，因为它们发出的有功功率与负载的功率因数有关，不是一个常数，所以通常只用视在功率来表示其容量，而不用有功功率表示。

五、功率三角形

综上所述，有功功率 P、无功功率 Q 及视在功率 S 之间存在如下关系：

$$\left.\begin{aligned} P &= S\cos\varphi = UI\cos\varphi \\ Q &= S\sin\varphi = UI\sin\varphi \\ S &= \sqrt{P^2+Q^2} = UI \\ \varphi &= \arctan\frac{Q}{P} \end{aligned}\right\} \tag{5-67}$$

显然，S、P、Q 构成一直角三角形，如图 5-35c 所示。此三角形称为二端网络的功率三角形，它与同网络的电压三角形或电流三角形是相似三角形。

六、复功率

二端网络的 S、P、Q 之间的关系，可用一个复数来表达，该复数称为复功率。为区别于一般的复数和相量，用 $\tilde{S}$ 表示复功率，即为

$$\tilde{S} = P + \mathrm{j}Q \tag{5-68}$$

将式(5-67）代入式(5-68）得

$$\begin{aligned} \tilde{S} &= UI\cos\varphi + \mathrm{j}UI\sin\varphi = UI\angle\varphi = UI\angle\psi_{\mathrm{u}}-\psi_{\mathrm{i}} \\ &= U\angle\psi_{\mathrm{u}}\cdot I\angle-\psi_{\mathrm{i}} = \dot{U}\overset{*}{I} \end{aligned} \tag{5-69}$$

式中，$\overset{*}{I} = I\angle-\psi_{\mathrm{i}}$ 是网络的电流相量 $\dot{I} = I\angle\psi_{\mathrm{i}}$ 的共轭复数。

可以证明，对于任何复杂的正弦电路，其总的有功功率等于电路各部分有功功率的和，总的无功功率等于电路各部分无功功率的和，所以电路总的复功率等于各部分复功率之和。整个电路的复功率、有功功率、无功功率都是守恒的。但一般情况下，视在功率是不存在守恒关系的。

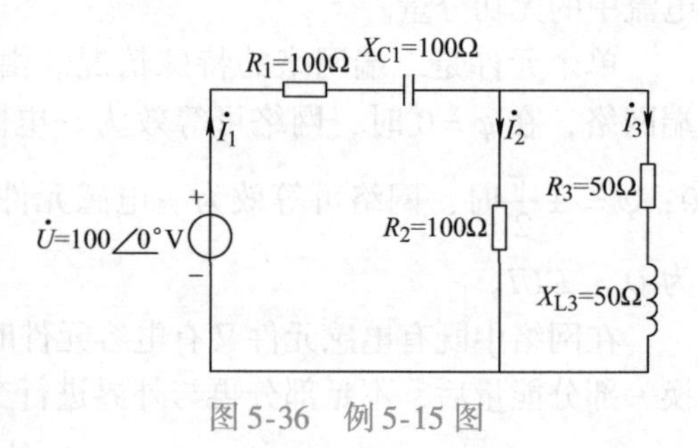

图 5-36 例 5-15 图

例 5-15 计算图 5-36 所示电路中各支路负载的有功功率、无功功率、视在功率及电源的复功率、整个电路的功率因数。

解 图 5-36 所示电路中各支路的电流已在例 5-12 中求得，分别为

$$\dot{I}_1 = 0.62\angle 29.7^\circ\ \mathrm{A};\ \dot{I}_2 = 0.28\angle 56.3^\circ\ \mathrm{A};\ \dot{I}_3 = 0.39\angle 10.9^\circ\ \mathrm{A}$$

各支路负载的电压为

$$\dot{U}_1=\dot{I}_1(R_1-jX_{C1})=0.62\angle 29.7^\circ\times(100-j100)\text{V}=87.4\angle -15.3^\circ\ \text{V}$$

$$\dot{U}_2=\dot{U}_3=\dot{I}_2R_2=0.28\angle 56.3^\circ\times 100\text{V}=28\angle 56.3^\circ\ \text{V}$$

则 $\dot{I}_1$ 支路的负载功率情况为

$$P_1=U_1I_1\cos\varphi_1=87.4\times 0.62\cos(-15.3^\circ-29.7^\circ)\text{W}=38.3\text{W}$$

$$Q_1=U_1I_1\sin\varphi_1=87.4\times 0.62\sin(-15.3^\circ-29.7^\circ)\text{var}=-38.3\text{var}$$

$$S_1=U_1I_1=87.4\times 0.62=54.2\text{V}\cdot\text{A}$$

$\dot{I}_2$ 支路的功率情况为

$$P_2=I_2^2R_2=0.28^2\times 100=7.84\text{W}$$

$$Q_2=0\text{var}$$

$$S_2=P_2=7.84\text{V}\cdot\text{A}$$

$\dot{I}_3$ 支路的功率情况为

$$P_3=I_3^2R_3=0.39^2\times 50\text{W}=7.6\text{W}$$

$$Q_3=I_3^2X_{L3}=0.39^2\times 50\text{var}=7.6\text{var}$$

$$S_3=U_2I_3=28\times 0.39\text{V}\cdot\text{A}=10.9\text{V}\cdot\text{A}$$

各负载总的有功功率

$$P=P_1+P_2+P_3=(38.3+7.84+7.6)\text{W}=53.74\text{W}$$

各负载总的无功功率

$$Q=Q_1+Q_2+Q_3=(-38.3+7.6)\text{var}=-30.7\text{var}$$

电路总的视在功率

$$S=UI_1=100\times 0.62\text{V}\cdot\text{A}=62\text{V}\cdot\text{A}$$

注意：$S\neq S_1+S_2+S_3$。电源发出的复功率为

$$\tilde{S}=\dot{U}\overset{*}{I}_1=100\angle 0^\circ\times 0.62\angle -29.7^\circ\ \text{V}\cdot\text{A}=(53.74-j30.7)\text{V}\cdot\text{A}$$

$$S=\sqrt{53.74^2+30.7^2}=62\text{V}\cdot\text{A}$$

可见，电源发出的有功功率、无功功率、复功率与各负载吸收的诸功率是平衡的。

整个电路的功率因数为

$$\cos\varphi=\cos(-29.7^\circ)=0.868\quad（容性）$$

思考题

5-12-1　某二端网络在 u、i 的关联参考方向下，$u=150\sin\omega t$ V，$i=30\sin(\omega t+30^\circ)$ A，求该网络吸收的有功功率、无功功率和它的功率因数。该网络呈现感性还是容性？

5-12-2　某无源二端网络阻抗 $Z=10\angle 30^\circ\ \Omega$，外加电压 $\dot{U}=5\angle -60^\circ$ V，求该网络的有功功率、无功功率和视在功率。

5-12-3 试说明一个无源二端网络的有功功率、无功功率、视在功率的物理意义，三者之间是什么关系？与复功率又有什么关系？

第十三节 功率因数的提高及有功功率的测量

一、功率因数的提高

前已述及，电源设备的额定容量是指设备可能发出的最大功率，实际运行中设备发出的功率还取决于负载的功率因数，功率因数越高，发出的功率越接近于额定容量，电源设备的能力就越得到充分发挥。另外，由式(5-60) 可知，当负载的功率和电压一定时，功率因数越高，电路中的电流就越小，输电电路的能量损耗就越小，从而就提高了输电效率，改善了供电质量。所以，提高功率因数有重要的经济意义。

实际负载大多数是感性的，如工业中大量使用的感应电动机、照明日光灯等。对于这类电路，往往采用在负载端并联适当的电容器或同步补偿器来提高功率因数。

图5-37a 中，实线部分表示未并联电容时的感性负载。未并联电容时，电路中的电流 $\dot{I}$ 等于感性负载的电流 $\dot{I}_L$，此时的功率因数为 $\cos\varphi_1$，φ_1 即为感性负载的阻抗角。并联电容 C 后，负载本身的工作情况没有任何改变，即其端电压 $\dot{U}$、电流 $\dot{I}_L$ 及阻抗角 φ_1 都没有变，功率情况也没有变，但电源电路中的电流 $\dot{I}$ 变化了。根据相量形式的 KCL，有

$$\dot{I} = \dot{I}_L + \dot{I}_C$$

画出感性负载并联电容后的电路相量图如图5-37b 所示。由相量图中看出，总电流的有效值由原来的 I_L 减小到 I，而且 $\dot{I}$ 滞后于电压 $\dot{U}$ 的相位也由原来的 φ_1 减小到 φ。所以整个电路的功率因数由原来的 $\cos\varphi_1$ 提高到 $\cos\varphi$。

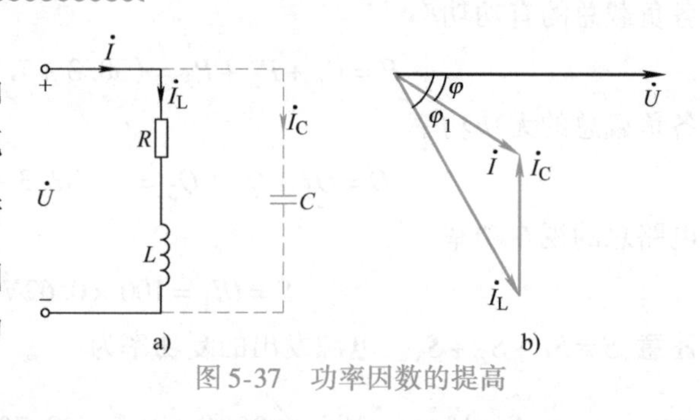

图5-37 功率因数的提高

由图5-37b 的相量图还可以看出，并联电容后，电容电流 $\dot{I}_C$ 补偿了一部分感性负载电流 $\dot{I}_L$ 的无功分量 $I_L\sin\varphi_1$，从而减小了电路中电流的无功分量，显然，电容电流有效值为

$$I_C = I_L\sin\varphi_1 - I\sin\varphi$$

因为

$$I_C = \frac{U}{X_C} = U\omega C$$

所以，要使电路的功率因数由原来的 $\cos\varphi_1$ 提高到 $\cos\varphi$，需并联的电容器的电容量为

$$C = \frac{I_L\sin\varphi_1 - I\sin\varphi}{\omega U} \tag{5-70}$$

从功率意义上讲，感性负载并联电容后，实质上是用电容的无功功率补偿了一部分感性负载的无功功率，它们就地进行了一部分能量的交换，减少了电源供给的无功功率，从而提高了整个电路的功率因数。所以，并联电容的无功功率应为

$$Q_C = Q - Q_L = P\text{tg}\varphi - P\text{tg}\varphi_1 = -P(\text{tg}\varphi_1 - \text{tg}\varphi) \tag{5-71}$$

式中，Q_C 值的负号表示了补偿的意义，与式(5-58）是相一致的；P 为感性负载的有功功率。

又因为

$$Q_C = -\frac{U_C^2}{X_C} = -\omega CU^2$$

所以

$$C = \frac{P}{\omega U^2}(\text{tg}\varphi_1 - \text{tg}\varphi) \tag{5-72}$$

用并联容性设备来提高电路的功率因数，一般只是将功率因数“欠补偿”到 0.9 左右，而不再要求更高，因为当功率因数接近于 1 时，所需的容性设备投资将增加很多，而经济效果并不显著。

例 5-16　将一台功率因数为 0.6，功率为 2kW 的单相交流电动机接到 220V 的工频电源上，求：(1）电路上的电流及电动机的无功功率。(2）若要将电路的功率因数提高到 0.9，需并联多大的电容？这时电路中的电流及电源供给的有功功率、无功功率各为多少？

解　(1）因为 $P = UI\cos\varphi_1$，所以，电路上电流即为电动机电流

$$I_L = \frac{P}{U\cos\varphi_1} = \frac{2\times 10^3}{220\times 0.6}\text{A} = 15.15\text{A}$$

因为 $\cos\varphi_1 = 0.6$，所以 $\varphi_1 = 53.1°$。电动机的无功功率为

$$Q_L = P\text{tg}\varphi_1 = 2\times 10^3\,\text{tg}53.1°\,\text{var} = 2667\,\text{var}$$

(2）当电路的功率因数提高到 0.9 时，则

$$\cos\varphi = 0.9 \qquad \varphi = 25.84°$$

由式(5-72）可得需并联的电容为

$$C = \frac{P}{\omega U^2}(\text{tg}\varphi_1 - \text{tg}\varphi) = \frac{2\times 10^3}{314\times 220^2}(\text{tg}53.1° - \text{tg}25.84°)\text{F} = 111.3\mu\text{F}$$

并联电容后电路中的电流为

$$I = \frac{2\times 10^3}{220\times 0.9}\text{A} = 10.1\text{A}$$

可见，功率因数提高后，电路电流比原来的 15.15A 减小了。

根据式(5-70）同样可计算所需并联的电容为

$$C = \frac{I_L\sin\varphi_1 - I\sin\varphi}{\omega U} = \frac{15.15\sin53.1° - 10.1\sin25.84°}{314\times 220}\text{F} = 111.3\mu\text{F}$$

功率因数提高后，电路的有功功率没有改变，仍为原来电动机的有功功率 2kW，而电路的无功功率变为

$$Q = P\text{tg}\varphi = 2\times 10^3\,\text{tg}25.84°\,\text{var} = 974\,\text{var}$$

或
$$Q = Q_L + Q_C = Q_L - \frac{U^2}{X_C}$$
$$= (2667 - 220^2 \times 314 \times 111.3 \times 10^{-6})\,\text{var}$$
$$= (2667 - 1693)\,\text{var} = 974\,\text{var}$$

二、有功功率的测量

由于交流负载的有功功率不仅与电压和电流的有效值有关系，而且还与其功率因数有关，所以若要测量负载的有功功率，仅用电压表、电流表测出电压和电流来是不够的，通常需采用电动式功率表来进行测量。

电动式功率表内部有两个线圈，一个是固定线圈，也称电流线圈；另一个是可转动的活动线圈，也称电压线圈。测量功率时，电流线圈串接到被测电路中，通过的电流就是被测负载的电流 i；电压线圈则并接在被测电路两端，电压线圈支路（包括附加电阻）的端电压就是被测负载的电压 u。这样，当电流与电压同时分别作用于两线圈时，由于电磁相互作用产生电磁转矩而使活动线圈转动，带动指针偏转。电磁转矩正比于两线圈的电流瞬时值的乘积。由于电压线圈采用串联很大附加电阻的方法来改变量限，电压线圈的电抗可忽略，所以该线圈中的电流与负载的电压 u 是成正比的。那么，活动线圈受到的电磁转矩就正比于被测负载的电压与电流的瞬时值的乘积，即正比于瞬时功率。又由于电动式功率表的指针偏转角正比于电磁转矩在一个周期内的平均值，即平均功率，所以，电动式功率表可用来测量交流电路的有功功率。

电动系功率表的指针偏转方向与两个线圈中的电流方向有关，为此要在表上明确标示出能使指针正向偏转的电流方向。通常分别在每个线圈的一个端钮标有“*”符号，称之为“电源端”，如图 5-38a 所示。接线时应使两线圈的“电源端”接在电源的同一极性上，以保证两线圈的电流参考方向都从该端钮流入。功率表在电路中的图形符号及正确的接线方式如图 5-38b 或 c 所示。

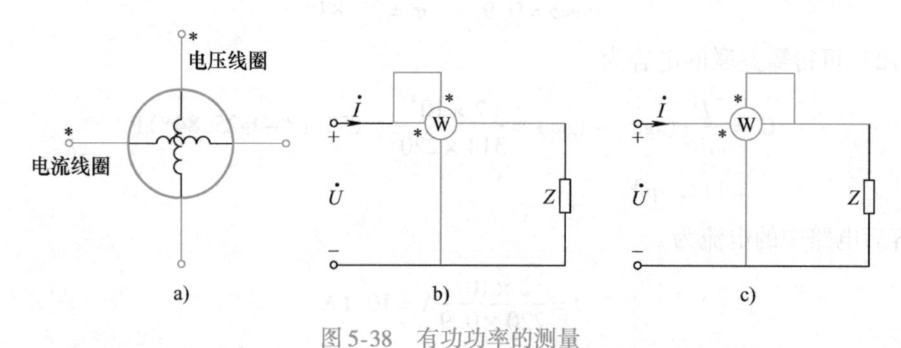

图 5-38 有功功率的测量

例 5-17 为求得一电感线圈的参数 R 和 L，可按图 5-39 所示的电路测量。若功率表、电压表、电流表三表的读数分别为 40W、220V、0.5A，电源频率为 50Hz，求 R、L 值。

解 因为
$$\cos\varphi = \frac{P}{UI} = \frac{40}{220 \times 0.5} = 0.363$$

设电感线圈的复阻抗为
$$Z = |Z| \angle \varphi$$

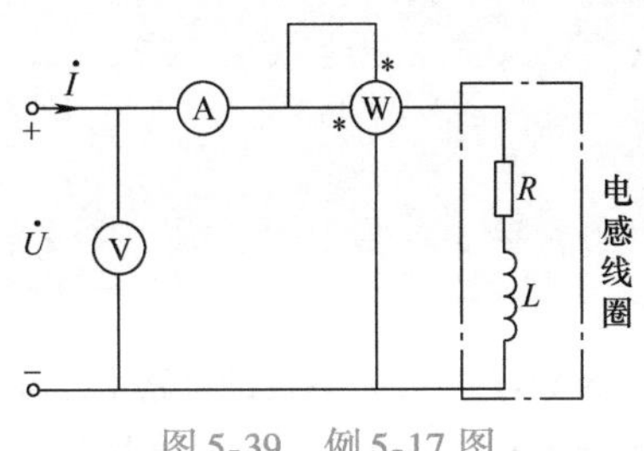

图 5-39　例 5-17 图

则　$|Z| = \frac{U}{I} = \frac{220}{0.5} = 440\Omega$

$$R = |Z|\cos\varphi = 440 \times 0.363\Omega = 160\Omega$$

$$X_L = |Z|\sin\varphi = 440\sqrt{1-0.363^2}\Omega = 410\Omega$$

$$L = \frac{X_L}{\omega} = \frac{410}{314}\text{H} = 1.3\text{H}$$

三、最大功率传输

在第四章中已讨论过电阻负载从直流有源网络中获得最大功率的条件。现在来讨论正弦电路中，负载获得最大功率的条件。

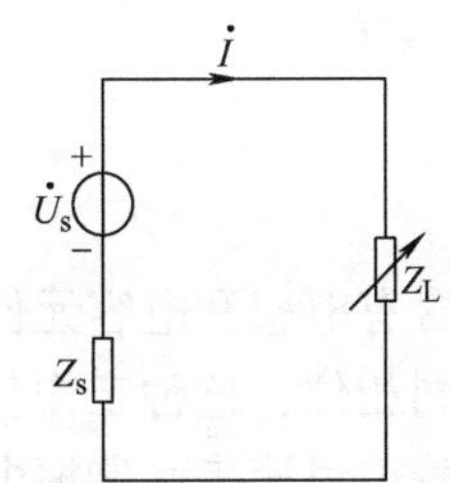

图 5-40　最大功率传输

图 5-40 所示电路中，$\dot{U}_s$ 为电源电压，Z_s 与 Z_L 分别是电源内阻抗和负载复阻抗，并设

$$Z_s = R_s + jX_s$$

$$Z_L = R_L + jX_L$$

通常 $\dot{U}_s$ 和 Z_s 都是给定值，对于任何一个给定的线性含源二端网络，这些值都可由戴维南定理求得。若负载的 R_L、X_L 都可变，电路电流的有效值为

$$I = \frac{U_s}{\sqrt{(R_s + R_L)^2 + (X_s + X_L)^2}}$$

负载获得的功率为

$$P = I^2 R_L = \frac{U_s^2 R_L}{(R_s + R_L)^2 + (X_s + X_L)^2}$$

负载的 R_L、X_L 均出现在分母中。对于任何 R_L 值，只有当 $X_L = -X_s$ 时，P 才达到最大，为

$$P' = \frac{U_s^2 R_L}{(R_s + R_L)^2}$$

这里的 P' 仍是 R_L 的函数，为求得 P' 为最大值时的 R_L 值，可求 P' 对 R_L 的导数并令其为零，即

$$\frac{dP'}{dR_L} = U_s^2 \frac{(R_s + R_L)^2 - 2(R_s + R_L)R_L}{(R_s + R_L)^4} = 0$$

解得

$$R_L = R_s$$

所以，负载 Z_L 从给定电源中获得最大功率的条件是

$$R_L = R_s$$

$$X_L = -X_s$$

即

$$Z_L = Z_s^* \tag{5-73}$$

以上讨论说明，在负载的电阻和电抗都可以改变的情况下，当负载的复阻抗等于电源内阻抗的共轭复数时，负载获得最大功率，并称此时为最大功率匹配。最大功率匹配时，负载所获得的最大功率为

$$P_{\max} = \frac{U_s^2}{4R_s} \tag{5-74}$$

思 考 题

5-13-1 在图5-37a的电路中，若感性负载的有功功率为150W，无功功率为250var，问：在电路的$\cos\varphi=0.6$（滞后）时，电容的无功功率为多少？

5-13-2 能否用串联电容的方法提高感性负载电路的功率因数？是否会影响感性负载的工作状态？

5-13-3 用并联电容的方法提高感性负载电路的功率因数时，是否并联的电容越大越好？

第十四节 串联电路的谐振

含有电感和电容元件的无源二端网络，在一定条件下，电路呈现阻性，即网络的电压与电流同相位，这种工作状态就称为谐振。R、L、C串联电路发生的谐振现象称为串联谐振，本节着重讨论串联谐振电路。

一、谐振条件及特征

图5-41a所示的R、L、C串联电路，在正弦激励下，其复阻抗为

$$\begin{aligned} Z &= R + \mathrm{j}\left(\omega L - \frac{1}{\omega C}\right) = R + \mathrm{j}(X_L - X_C) \\ &= R + \mathrm{j}X \end{aligned}$$

式中的X_L、X_C、X都随激励的频率变化而变化，它们的频率特性曲线如图5-41b所示。图中可见，在$\omega<\omega_0$时，$X_L<X_C$，$X<0$，电路呈容性；在$\omega>\omega_0$时，$X_L>X_C$，$X>0$，电路呈感性；在$\omega=\omega_0$时，$X_L=X_C$，$X=0$，电路呈阻性，发生谐振。因此，串联谐振的条件为

$$\omega L = \frac{1}{\omega C} \tag{5-75}$$

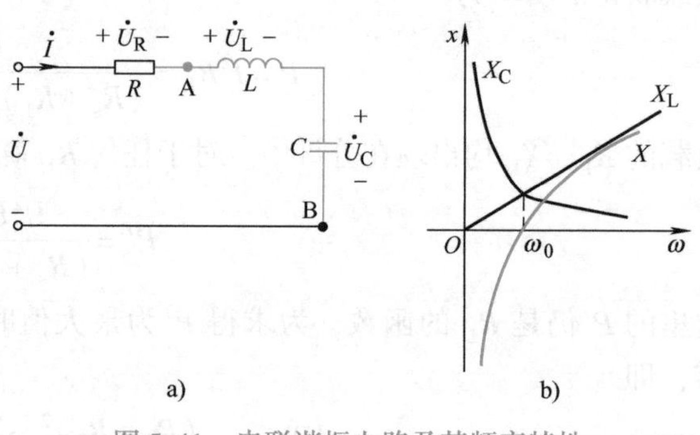

图5-41 串联谐振电路及其频率特性

可见，调节ω、L、C三个参数中的任一个，都可使电路发生谐振。

在电路参数L、C一定时，调节电源激励的频率使电路发生谐振时的角频率称为谐振角频率，用ω_0表示，则有

$$\omega_0 = \frac{1}{\sqrt{LC}} \tag{5-76}$$

相应的谐振频率为

$$f_0 = \frac{1}{2\pi\sqrt{LC}} \tag{5-77}$$

显然，谐振频率仅与电路参数L、C有关，与电阻R无关。

串联谐振时，由于复阻抗的虚部为零，电路复阻抗就等于电路中的电阻R，复阻抗的模

达到最小值。在一定值的电压作用下，谐振时的电流将达到最大值。用 I_0 表示为

$$I_0 = \frac{U}{R} \tag{5-78}$$

式中，I_0 称为谐振电流。以上结论，是串联谐振电路的一个重要特征，常以此来判断电路是否发生了谐振。

串联谐振时，各元件上的电压分别为

$$\left.\begin{aligned}\dot{U}_R &= \dot{I}\,R = \frac{\dot{U}}{R}R = \dot{U}\\ \dot{U}_L &= \dot{I}\,\mathrm{j}X_L = \dot{I}\,\mathrm{j}\omega_0 L\\ \dot{U}_C &= \dot{I}\,(-\mathrm{j}X_C) = \dot{I}\left(-\mathrm{j}\frac{1}{\omega_0 C}\right)\end{aligned}\right\} \tag{5-79}$$

即电感电压与电容电压的有效值相等，相位相反，互相抵消，电阻电压等于电源电压。故串联谐振也称电压谐振。又因为此时有

$$\dot{U}_X = \dot{U}_L + \dot{U}_C = 0$$

所以，对外电路而言，图 5-41a 中的 A、B 两点之间可看作短路。

串联谐振时的电压、电流相量图可参见图 5-20c。

二、特性阻抗和品质因数

串联谐振时，虽然电路的电抗 $X = 0$，但感抗 X_L 和容抗 X_C 并不为零，它们彼此相等，即

$$\omega_0 L = \frac{1}{\omega_0 C} = \frac{1}{\sqrt{LC}}L = \sqrt{\frac{L}{C}} = \rho \tag{5-80}$$

式中，ρ 称为串联电路的特性阻抗，常用单位为 Ω，它是一个只与电路参数 L、C 有关而与频率无关的常量。

在无线电技术中，常用谐振电路的特性阻抗 ρ 与电路电阻 R 的比值大小来表征谐振电路的性能，此比值用字母 Q_P 表示，即

$$Q_P = \frac{\rho}{R} = \frac{\omega_0 L}{R} = \frac{1}{\omega_0 CR} = \frac{1}{R}\sqrt{\frac{L}{C}} \tag{5-81}$$

Q_P 也是一个仅与电路参数有关的常数，称为谐振电路的品质因数。

这样，谐振时电感和电容的电压有效值应为

$$U_L = U_C = I\rho = \frac{U}{R}\rho = Q_P U \tag{5-82}$$

即该两元件上的电压有效值为电源电压的 Q_P 倍。由于 $\omega_0 L$ 或 $\frac{1}{\omega_0 C}$ 有可能远大于 R，即 Q_P 有可能很大，就使得在谐振时，电感和电容的电压有可能远大于激励电源的电压。在无线电工程中，微弱的信号可通过串联谐振在电感或电容上获得高于信号电压许多倍的输出信号而加以利用。但在电力工程中，由于电源电压本身较高，串联谐振可能产生危及设备的过电压，故应力求避免。

三、选择性与通频带

在一定值的电压作用下，串联谐振时（$\omega=\omega_0$），电路的电流达到最大 I_0，当 ω 偏离 ω_0 时，由于电路阻抗模的增大，电流值就会下降，表明电路具有选择最接近于谐振频率附近信号的性能，这种性能在无线电技术中称为选择性。

图 5-42 以 $\frac{\omega}{\omega_0}$ 为横坐标，以 $\frac{I}{I_0}$ 为纵坐标，画出了一组不同 Q_P 值下电路电流随信号频率变化的曲线。因为对于 Q_P 相同的任何 R、L、C 串联电路只有一条曲线与之对应，故该曲线称为串联谐振通用曲线。图中可见，Q_P 值的大小影响电流在谐振频率附近变化的陡度，Q_P 值越大，变化陡度越大，即电路的选择性越好。

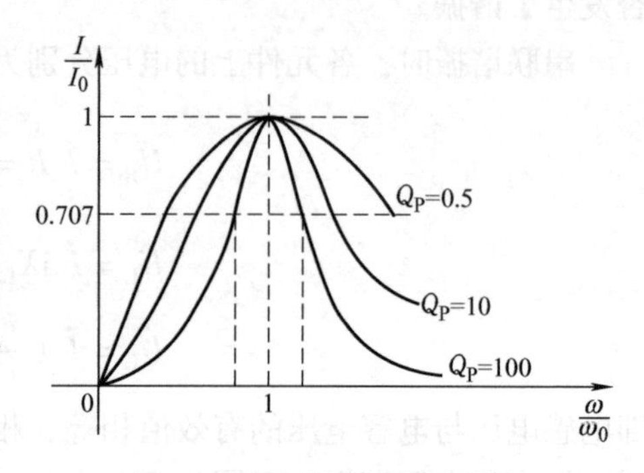

图 5-42 串联谐振通用曲线

工程上还规定，在谐振通用曲线上 I/I_0 的值为 $1/\sqrt{2}$，即 0.707 时所对应的两个频率之间的宽度称为通频带，它是谐振电路允许通过信号的频率范围。不难看出，电路的选择性越好，通频带就越窄，反之，通频带越宽，选择性就越差。无线电技术中，往往是从不同的角度来评价通频带宽窄的，当强调电路的选择性时，就希望通频带窄一些；当强调电路的信号通过能力时，则希望通频带宽一些。

例 5-18 某收音机的输入回路可简化为一个线圈和可变电容器相串联的电路。线圈参数为 $R=15\Omega$，$L=0.23\text{mH}$，可变电容器的变化范围为 42～360pF，求此电路的谐振频率范围。若某接收信号电压为 10μV，频率为 1000kHz，求此时电路中的电流、电容电压及品质因数 Q_P。

解 根据谐振条件有

$$f_{01}=\frac{1}{2\pi\sqrt{0.23\times10^{-3}\times42\times10^{-12}}}\text{Hz}=1620\text{kHz}$$

$$f_{02}=\frac{1}{2\pi\sqrt{0.23\times10^{-3}\times360\times10^{-12}}}\text{Hz}=553\text{kHz}$$

即调频范围为 553～1620kHz。当接收信号为 1000kHz 时，电容的值应为

$$C=\frac{1}{\omega_0^2L}=\frac{1}{(2\pi\times10^6)^2\times0.23\times10^{-3}}\text{F}=110\text{pF}$$

则电路中的电流为

$$I_0=\frac{U}{R}=\frac{10\times10^{-6}}{15}\text{A}=0.67\mu\text{A}$$

电容电压为

$$U_C=I_0X_C=0.67\times10^{-6}\times\frac{1}{2\pi\times10^6\times110\times10^{-12}}\text{V}=0.97\text{mV}$$

电路的品质因数为

$$Q_P=\frac{U_C}{U}=\frac{0.97\times10^{-3}}{10\times10^{-6}}=97$$

或

$$Q_P = \frac{\rho}{R} = \frac{1}{15} \times \sqrt{\frac{0.23 \times 10^{-3}}{110 \times 10^{-12}}} = 97$$

思 考 题

5-14-1　什么叫串联谐振？串联谐振时，电路有哪些特征？

5-14-2　什么是串联谐振电路的特性阻抗和品质因数？品质因数对电路的选择性有什么影响？

5-14-3　R、L、C 串联电路接到电压 $U=10\text{V}$、$\omega=10^4\text{rad/s}$ 的电源上，调节电容 C 使电路中电流达到最大值 100mA，这时电容上的电压为 600V，求：R、L、C 的值及电路的品质因数 Q_P。

第十五节　并联电路的谐振

一、理想元件并联电路的谐振

图 5-43 所示的理想元件 G、L、C 并联电路，其复导纳为

$$Y = G + \text{j}B = G + \text{j}\left(\omega C - \frac{1}{\omega L}\right)$$

当复导纳虚部为零时，电路的端口电压及电流同相位，电路发生并联谐振。显然，该电路发生并联谐振的条件为

$$\omega_0 C = \frac{1}{\omega_0 L}$$

或

$$\omega_0 = \frac{1}{\sqrt{LC}}$$

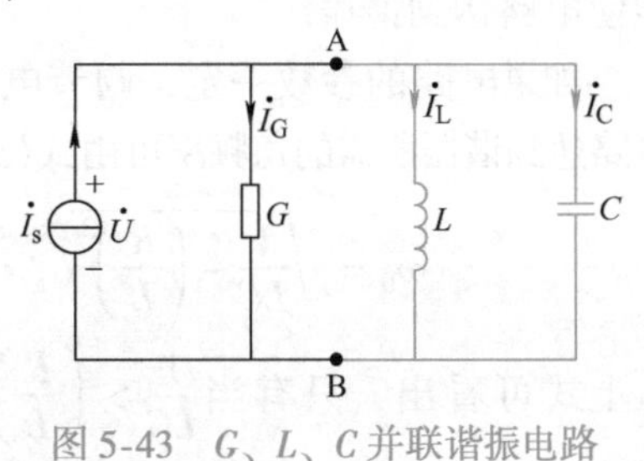

图 5-43　G、L、C 并联谐振电路

式中，ω_0 为谐振角频率，与串联谐振条件是相同的。并联谐振时，复导纳最小，为 $Y=G$，在一定值的电流源 $\dot{I}_s$ 作用下，电路的端电压 U 就达到最大值为

$$U_0 = I_s / G$$

此时各元件上的电流分别为

$$\dot{I}_G = \dot{U}_0 G = \frac{\dot{I}_s}{G} G = \dot{I}_s$$

$$\dot{I}_L = \dot{U}_0\left(-\text{j}\frac{1}{\omega_0 L}\right)$$

$$\dot{I}_C = \dot{U}_0(\text{j}\omega_0 C)$$

即电阻上电流等于电源电流；电感与电容元件的电流有效值相等，相位相反，互相抵消。故并联谐振也称为电流谐振。因为此时有

$$\dot{I}_B = \dot{I}_L + \dot{I}_C = 0$$

所以，对外电路而言，图 5-43 中 A、B 两点的右边电路可相当于开路。并联谐振时的电压、电流相量图可参见图 5-23c。

并联谐振电路的品质因数定义为谐振时的感纳（或容纳）与电导的比，即

$$Q_P = \frac{\omega_0 C}{G} = \frac{1}{G}\sqrt{\frac{C}{L}} \tag{5-83}$$

并联谐振时，电感、电容的电流大小为

$$I_L = I_C = U_0 \cdot \omega_0 C = \frac{I_S}{G}\omega_0 C = Q_P I_S$$

可见，当 Q_P 较大时，电感和电容元件的电流会比电源电流大很多倍而出现过电流现象。

二、实用简单并联电路的谐振

工程上广泛应用实际电感线圈和实际电容器组成的并联谐振电路。在不考虑实际电容器的介质损耗时，该并联装置的电路模型如图 5-44a 所示。电路的复导纳为

$$Y = \frac{1}{R + j\omega L} + j\omega C = \frac{R}{R^2 + (\omega L)^2} - j\frac{\omega L}{R^2 + (\omega L)^2} + j\omega C \tag{5-84}$$

电路发生谐振时，复导纳的虚部应为零，得

$$C = \frac{L}{R^2 + (\omega L)^2} \tag{5-85}$$

由上式可以看出，当电路的频率 ω 和实际电感线圈的参数 R、L 一定时，改变电容总能使电路达到谐振。

如果电路的参数一定，调节电源频率使电路达到谐振所需的角频率可由式(5-85) 得

$$\omega_0 = \sqrt{\frac{1}{LC} - \left(\frac{R}{L}\right)^2} \tag{5-86}$$

从上式可看出，只有当 $\frac{1}{LC} > \left(\frac{R}{L}\right)^2$ 时，即

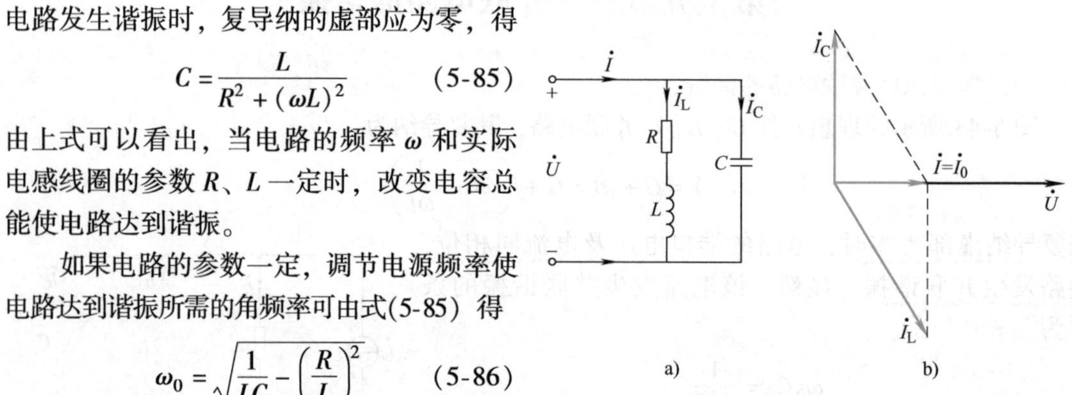

图 5-44 电感线圈与电容并联的谐振电路

$R < \sqrt{\frac{L}{C}}$ 时，ω_0 才是实数，才有可能通过调频使电路达到谐振。

图 5-44a 的并联电路发生谐振时的相量图如图 5-44b 所示。可以看出，调节电容 C 使电路达到谐振的过程，实质上是使 $\dot{I}_L$ 的无功分量与 $\dot{I}_C$ 完全抵消的过程。在一定的电压 $\dot{U}$ 作用下，谐振时电流最小。整个电路可等效为一个电阻 R_0，它等于复导纳的实部的倒数，由式(5-84) 得

$$R_0 = \frac{R^2 + (\omega L)^2}{R}$$

又因为谐振时 $C = \frac{L}{R^2 + (\omega L)^2}$，即 $R^2 + (\omega L)^2 = \frac{L}{C}$，所以，谐振时的等效电阻为

$$R_0 = \frac{L}{RC} \tag{5-87}$$

由于实际电感线圈的内阻 R 一般都较小，都可能有 $R << \sqrt{\frac{L}{C}}$ 的情况，所以，谐振时的等效电阻较大。同时由式(5-86) 可见，此时电路的谐振角频率可写为

$$\omega_0 \approx \frac{1}{\sqrt{LC}} \tag{5-88}$$

与图5-43所示理想元件并联谐振电路的谐振频率相接近。

以上仅讨论了一些较简单的谐振电路，实际工程技术中遇到的谐振电路要比以上讨论的电路复杂得多，而且可能在一个电路中，既有串联谐振又有并联谐振。对它们的分析方法是类似的，即谐振时，电路的等效复阻抗或复导纳的虚部为零。

思考题

5-15-1　什么叫并联谐振？理想元件并联谐振时有何特征？

5-15-2　图5-44a所示并联电路谐振时，测得总电流 I 和电感线圈电流 I_L 分别为9A和15A，求电容支路电流 I_C。

5-1　已知 $i_{ab}=3.11\sin(314t-45°)$ A。

(1) 试求它的幅值、有效值和周期、频率、角频率。

(2) 试画出它的波形图，并求 $t=5$ms 时的瞬时值，并说明该瞬时电流的实际方向。

(3) 试写出 i_{ba} 的瞬时值表达式，并画出它的波形图。

5-2　已知 $u_1=220\sqrt{2}\sin(\omega t+60°)$ V，$u_2=380\sqrt{2}\sin(\omega t-30°)$ V。

(1) 在同一坐标中画出 u_1 与 u_2 的波形图，并求 $t=0$ 时的瞬时值。

(2) 求 u_1 与 u_2 的相位差，若以 u_1 为参考正弦量，重写它们的瞬时值表达式。

5-3　把下列复数化为代数形式：

(1) $22\angle 85°$；(2) $38\angle -15.4°$；(3) $11\angle -153.1°$；(4) $12\angle 96°$

5-4　把下列复数化为极坐标形式：

(1) $7.5+\mathrm{j}3.2$；(2) $-94.4+\mathrm{j}125$；(3) $-10.5-\mathrm{j}25$；(4) $1.5-\mathrm{j}0.3$

5-5　写出对应于下列相量的正弦量，并画出它们的相量图（设它们的角频率都为 ω）。

(1) $\dot{U}_1=(40-\mathrm{j}30)$ V；　　(2) $\dot{U}_2=(8+\mathrm{j}15)$ V；

(3) $\dot{I}_1=0.22\angle -51.4°$ A；　　(4) $\dot{I}_2=3.8\angle 75.8°$ A

5-6　有正弦量 $u_1=220\sqrt{2}\sin(\omega t+45°)$ V 和 $u_2=220\sqrt{2}\sin(\omega t-45°)$ V，试写出表示它们的相量，并用相量法求 u_1+u_2 和 u_1-u_2。

5-7　设有一电感线圈，其电阻可略去不计，电感为35mH，将它接到电压为110V的正弦电源上，分别求电源频率在50Hz和500Hz时的感抗、电路电流及电流从零开始的 $\frac{1}{4}$ 周期中线圈储存的磁场能量。

5-8　一电容接到工频220V的电源上，测得电流为0.5A，求电容器的电容量 C。若将电源频率变为500Hz，电路电流变为多大？

5-9　求图5-45所示正弦电路中各未知电压表的读数（设电压表内阻为无限大）。

5-10　图5-46所示电路中，已知 $X_L=X_C=R=10\Omega$，电阻上电流为10A，求电源电压 U 值。

5-11　电阻为 3Ω，电感为12mH的串联电路接到 $u=220\sqrt{2}\sin(314t+30°)$ V 的电源上，求电路的电流、电阻电压、电感电压的瞬时值表达式，并作相量图。

5-12　图5-47所示电路中，已知 $X_L=\sqrt{3}R_1$，$X_C=\sqrt{3}R_2$，电源电压有效值 $U=100$V，求 U_{ab} 及 u_{ab} 与 u 的相位差。

5-13 一个具有内阻 R 的电感线圈与电容器串联接到工频 100V 的电源上，电流为 2A，线圈上电压为 150V，电容上电压为 200V，求参数 R、L、C。

5-14 图 5-48 所示电路中，已知 $Z_1 = j2\Omega$，$Z_2 = 2 - j2\Omega$，$Z_3 = 1 + j\Omega$，$I_2 = 1A$，求总电压 U 及电路的总阻抗角。

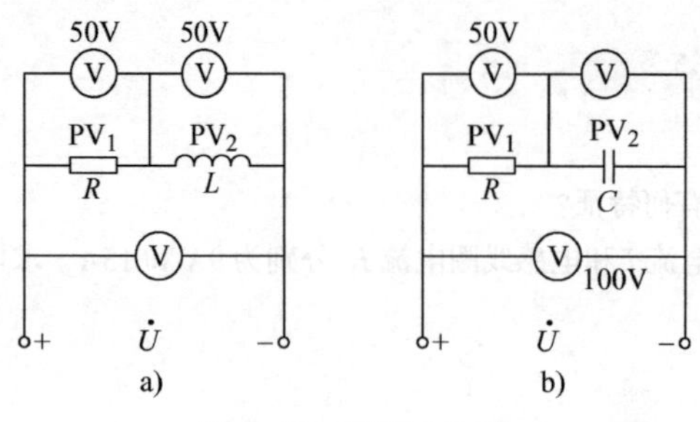

图 5-45 习题 5-9 图

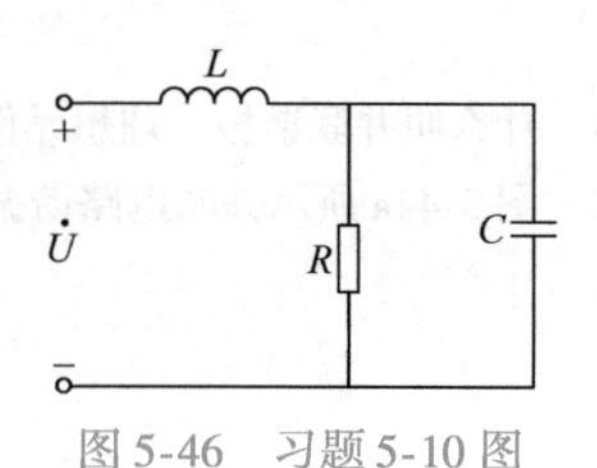

图 5-46 习题 5-10 图

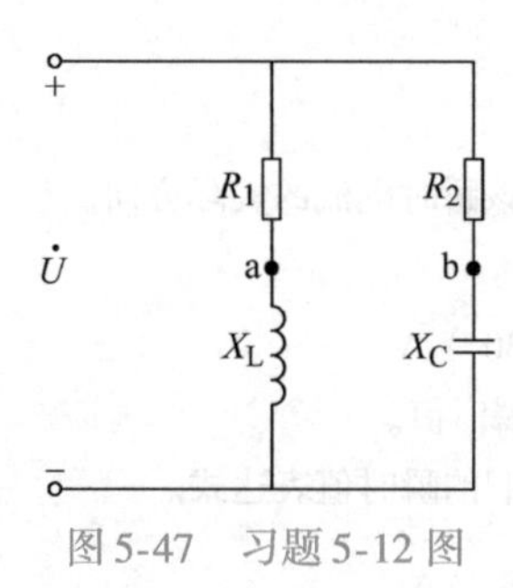

图 5-47 习题 5-12 图

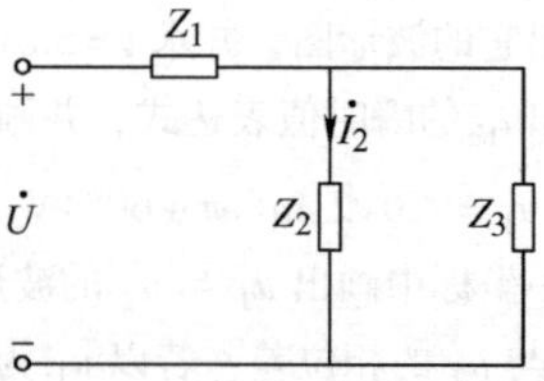

Z1
+
U
−
I2
Z2
Z3

图 5-48 习题 5-14 图

5-15 已知某负载在电压、电流关联参考方向下的值为：

(1) $\dot{U} = 100\angle 120^\circ$ V，$\dot{I} = 5\angle 60^\circ$ A

(2) $\dot{U} = 48\angle 70^\circ$ V，$\dot{I} = 8\angle 100^\circ$ A

试分别求其串联形式和并联形式等效电路。

5-16 荧光灯管和镇流器串联接到交流电源上，可看作 R、L 串联电路，如图 5-49 所示，已知灯管的等效电阻 $R_1 = 280\Omega$，当电源电压 $U = 220V$，$f = 50Hz$ 时，灯管电压为 103V，镇流器电压为 190V，试求镇流器的等效参数 R_2、L，并画出相量图。

5-17 分别用节点法和戴维南定理求图 5-50 所示电路中的电流 I。已知 $\dot{U}_s = 100\angle 0^\circ$ V，$\dot{I}_s = 10\sqrt{2}\angle -45^\circ$ A，$Z_1 = Z_3 = 10\Omega$，$Z_2 = -j10\Omega$，$Z_4 = j5\Omega$。

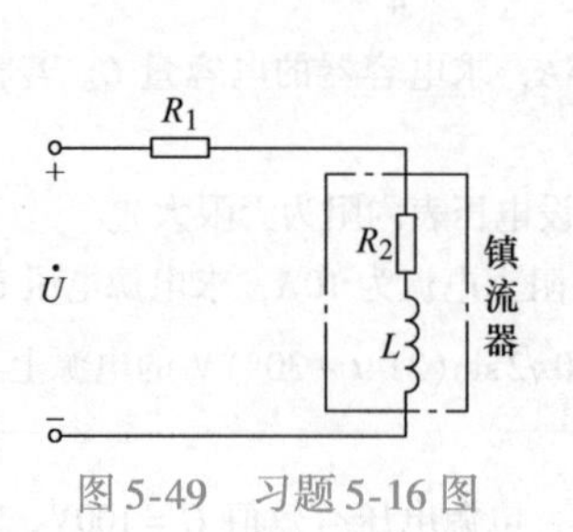

图 5-49 习题 5-16 图

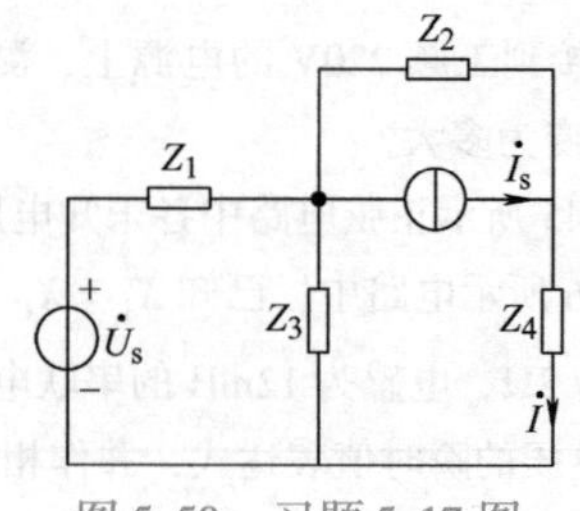

图 5-50 习题 5-17 图

5-18　图5-51所示电路中，已知 $R_1=5\Omega$，$R_2=X_L$，$I_1=10\sqrt{2}A$，$I_2=10A$，电源电压 $U=100V$，求总电流 I 及参数 R_2、X_L、X_C。

5-19　在图5-52所示移相电路中，已知输入正弦电压 u_1 的频率 $f=300Hz$，$R=100\Omega$，要求输出电压 u_2 的相位要比 u_1 滞后45°，问电容 C 的值应为多大？如果频率增高，u_2 比 u_1 滞后的角度增大还是减小？

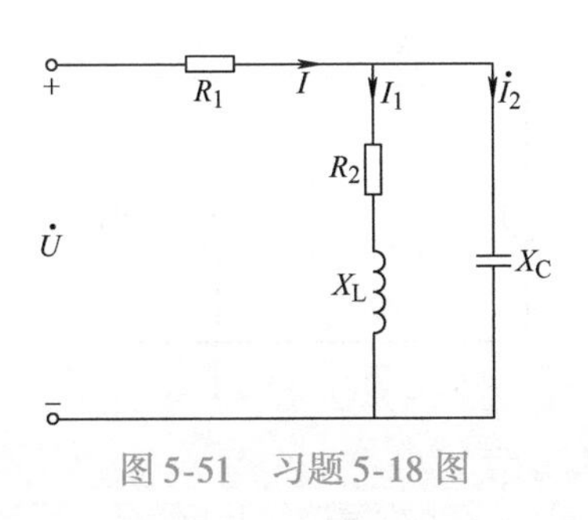

图5-51　习题5-18图

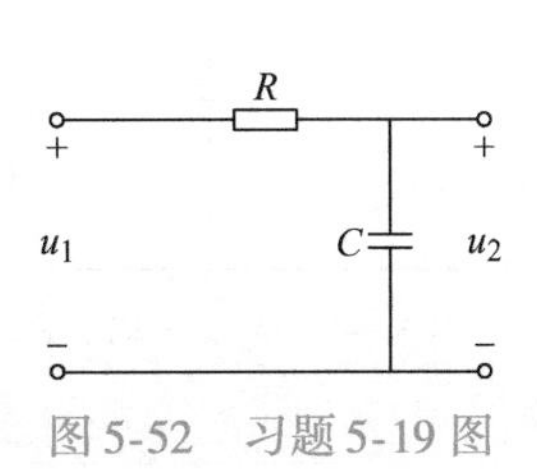

图5-52　习题5-19图

5-20　在220V的电路上，并接有20只40W，功率因数为0.5的荧光灯和100只40W的白炽灯，求电路总电流及总的有功功率、无功功率、视在功率和功率因数。

5-21　有3个负载，它们的功率分别是：$P_1=1.76kW$，$P_2=1.32kW$，$P_3=2.2kW$，并已知 $\cos\varphi_1=0.8$（滞后），$\cos\varphi_2=0.6$（滞后），$I_3=20A$（超前），将它们并联接到220V的交流电源上，求总电流及电路的功率因数。

5-22　将两个感性负载并联接到220V的工频电源上，已知 $P_1=2.5kW$，$\cos\varphi_1=0.5$；$S_2=4kV\cdot A$，$\cos\varphi_2=0.707$，求它们的总视在功率及电路的功率因数；欲将功率因数提高到0.866，需并多大电容？

5-23　一台功率 $P=1.1kW$ 的单相电动机接到220V的工频电源上，其电流为10A，求电动机的功率因数。若在电动机两端并接 $C=79.5\mu F$ 的电容器，电路的功率因数又为多少？

5-24　一台电动机接到工频220V电源上，吸收的功率为1.4kW，功率因数为0.7，欲将功率因数提高到0.9，需并联多大电容？补偿的无功功率是多少？

5-25　某工厂供电电路的额定电压为10kV，负载的有功功率为400kW，无功功率为260kvar，为使该厂的功率因数提高到0.9，求并联同步补偿机需补偿的无功功率。

5-26　图5-53所示电路中，电流表 PA_1、PA_2 的读数分别为30A和20A，电源电压 $U=220V$，并已知 $R=X_{L1}=10\Omega$，求：(1) 电压表的读数；(2) 功率表的读数；(3) X_{L2} 及 X_C 的值。

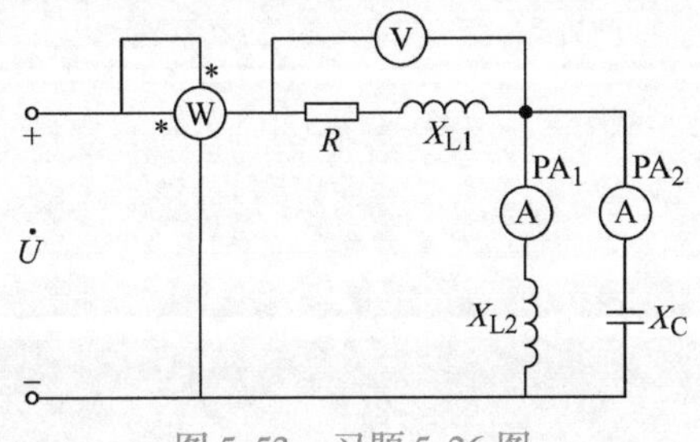

图5-53　习题5-26图

5-27　求题5-14中各支路的复功率，并验算电路复功率平衡情况。

5-28　一个 $R=10\Omega$，$L=3mH$ 的线圈与 $C=160pF$ 的电容器组成串联电路，它的谐振频率、特性阻抗和品质因数各为多少？若将该电路接到15V的正弦交流电源上，求谐振时的电流和电感电压、电容电压。

5-29 一个R、L、C串联电路接到10V正弦电源上，调节电源频率，在f_1时电路电流达到最大值为2A，频率在$f_2=50\text{Hz}$，$f_3=100\text{Hz}$时，电路电流都为1A，求电路参数R、L、C及频率f_1。

5-30 图5-54所示电路在谐振时，$I_1=I_2=10\text{A}$，$U=50\text{V}$，求R、X_L及X_C值。

5-31 图5-55所示电路中，$I_s=1\text{A}$，$R_1=R_2=10\Omega$，$L=0.2\text{H}$，当频率为100Hz时电路发生谐振，求谐振时电容C的值及电流源的端电压。

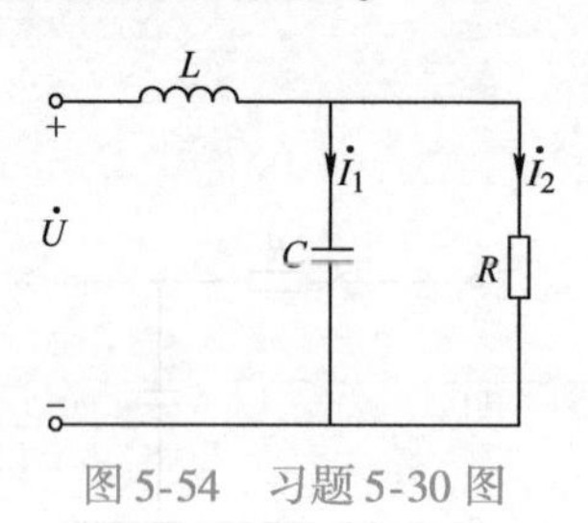

图5-54 习题5-30图

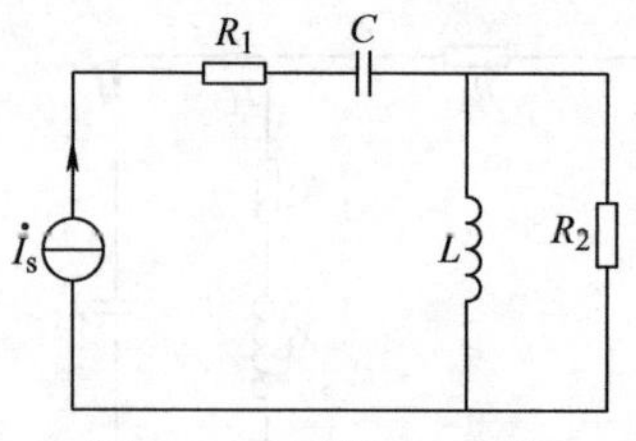

图5-55 习题5-31图

第六章

互感电路

第一节　互感电压及互感系数

一、互感电压

前已述及，线圈中由于电流的变化而产生的感应电压，称为自感电压。如果一个线圈中的交变电流产生的磁通还穿过相邻的另一个线圈，那么在另一个线圈中也会产生感应电压。这种感应电压称为互感电压。这种由于一个线圈的电流变化而在另一线圈中产生互感电压的物理现象称为互感应。具有互感应现象的电路称为互感电路。

两个相邻放置的线圈1和线圈2，如图6-1a所示，它们的匝数分别为N_1和N_2。当线圈1中流入交变电流i_1，它产生的交变磁通ϕ_{11}不但与本线圈相交链产生自感磁链ψ_{11}，而且还有部分磁通ϕ_{21}穿过线圈2，并与之交链产生磁链ψ_{21}。这种由一个线圈中电流所产生的与另一个线圈相交链的磁链ψ_{21}，就称为互感磁链。同样，在图6-1b中，当线圈2中流入交变电流i_2时，不仅在线圈2中产生自感磁通ϕ_{22}和自感磁链ψ_{22}，而且在线圈1中产生互感磁通ϕ_{12}和互感磁链ψ_{12}。以上的自感磁链与自感磁通、互感磁链与互感磁通之间有如下关系

$$\left.\begin{aligned}\psi_{11}=N_1\phi_{11}\qquad \psi_{22}=N_2\phi_{22}\\ \psi_{12}=N_1\phi_{12}\qquad \psi_{21}=N_2\phi_{21}\end{aligned}\right\}\tag{6-1}$$

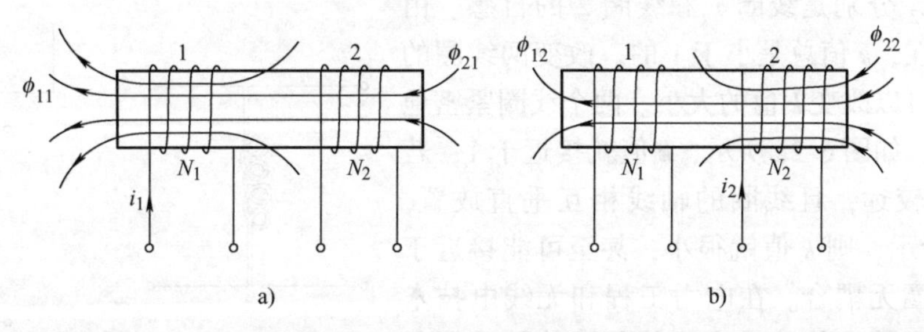

图6-1　两个具有互感应的线圈

本章在述及两个线圈间的相关物理量时，均采用双下标标注。如ψ_{11}表示线圈1的电流在线圈1中产生的磁链，即自感磁链；ψ_{12}表示线圈2的电流在线圈1中产生的互感磁链；而ψ_{21}则表示线圈1的电流在线圈2中产生的互感磁链。

根据电磁感应定律，因互感磁链的变化而产生的互感电压应为

$$\left.\begin{aligned} u_{12} &= \left|\frac{\mathrm{d}\psi_{12}}{\mathrm{d}t}\right| \\ u_{21} &= \left|\frac{\mathrm{d}\psi_{21}}{\mathrm{d}t}\right| \end{aligned}\right\} \tag{6-2}$$

即两线圈中互感电压的大小分别与互感磁链的变化率成正比。

二、互感系数

彼此间具有互感应的线圈称为互感耦合线圈，简称为耦合线圈。耦合线圈中，若选择互感磁链与产生它的电流方向符合右手螺旋定则，则它们的比值定义为耦合线圈的互感系数，简称互感，用 M 表示，且有

$$\left.\begin{aligned} M_{12} &= \frac{\mathrm{d}\psi_{12}}{\mathrm{d}i_2} \\ M_{21} &= \frac{\mathrm{d}\psi_{21}}{\mathrm{d}i_1} \end{aligned}\right\} \tag{6-3}$$

式中，M_{12}是线圈 2 对线圈 1 的互感，M_{21}是线圈 1 对线圈 2 的互感，可以证明

$$M_{12} = M_{21} = M \tag{6-4}$$

即有

$$M = \frac{\mathrm{d}\psi_{12}}{\mathrm{d}i_2} = \frac{\mathrm{d}\psi_{21}}{\mathrm{d}i_1} \tag{6-5}$$

互感 M 是一个正实数，它和自感 L 有相同的单位，常用单位为亨（H）、毫亨（mH）和微亨（μH）。互感的大小反映一个线圈的电流在另一个线圈中产生磁链的能力，它与两线圈的几何形状、匝数以及它们之间的相对位置有关。一般情况下，两个耦合线圈中的电流产生的磁通只有一部分与另一线圈相交链，而另一部分不与另一线圈相交链的磁通称为漏磁通，简称漏磁。线圈间的相对位置直接影响漏磁通的大小，即影响互感 M 的大小。通常用耦合系数 k 来反映线圈的耦合程度，并定义

$$k = \frac{M}{\sqrt{L_1 L_2}} = \sqrt{\frac{\phi_{21}\phi_{12}}{\phi_{11}\phi_{22}}} \tag{6-6}$$

式中，L_1、L_2 分别是线圈 1 和线圈 2 的自感。由于漏磁的存在，k 值总是小于 1 的。改变两线圈的相对位置，可以改变 k 值的大小。两个线圈紧密地缠绕在一起，如图 6-2a 所示，k 值就接近于 1；若两线圈相距较远，且线圈的轴线相互垂直放置，如图 6-2b 所示，则 k 值就很小，甚至可能接近于零，即两线圈无耦合。在电力工程和无线电技术中，为了更有效地传输功率或信号，总是采用紧密耦合，使 k 值尽可能地接近于 1；但在控制电路或仪表线路中，为了避免干扰，则要极力减小耦合作用，除了采用屏蔽手段外，合理地布置线圈相对位置以降低耦合程度也是一个有效的方法。

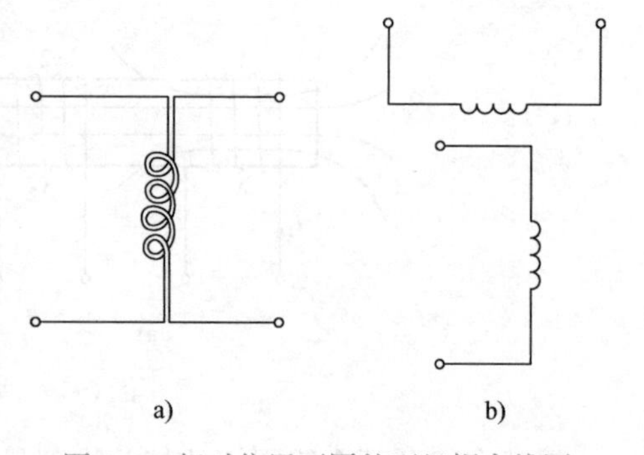

图 6-2 相对位置不同的两组耦合线圈

思考题

6-1-1　一个线圈两端的电压是否仅由流过其中的电流决定？

6-1-2　由于互感磁通一定小于自感磁通，所以两线圈间的互感 M 一定小于各线圈的自感 L_1 和 L_2，这个结论对吗？

6-1-3　当图 6-1a、b 所示两线圈中流过的是直流电流时，两线圈中会产生互感电压吗？

第二节　互感线圈的同名端

在研究自感现象时，由于线圈的自感磁链是由流过线圈本身的电流产生的，只要选择自感电压 u_L 与电流 i_L 为关联参考方向，则有 $u_L = L\dfrac{di_L}{dt}$，不必考虑线圈的绕向问题。

对于互感电压，在引入互感 M 后，式(6-2) 可表达为

$$\left.\begin{aligned} u_{12} &= M\left|\frac{di_2}{dt}\right| \\ u_{21} &= M\left|\frac{di_1}{dt}\right| \end{aligned}\right\} \tag{6-7}$$

式(6-7) 表明，互感电压的大小与产生该电压的另一线圈的电流变化率成正比。

由于互感磁链是由另一个线圈的电流产生的，由此而产生的互感电压在方向上会与两耦合线圈的实际绕向有关。观察图 6-3a、b 所示的两组耦合线圈，它们的区别仅在于线圈 2 的绕向不同，当电流 i_1 都从线圈 1 的端钮 A 流入并增强时，则互感磁链 ψ_{21} 也都在图示方向下增强，根据楞次定律可判断，图 6-3a 的线圈 2 中产生的互感电压 u_{21} 的实际方向是由端钮 B 指向端钮 Y，而图 6-3b 的线圈 2 中产生的互感电压 u_{21} 的实际方向则由端钮 Y 指向端钮 B。可见，要正确写出互感电压的表达式，必须要考虑耦合线圈的绕向和相对位置。但工程实际中的线圈绕向一般不易从外部看出，而且在电路图中也不可能画出每个线圈的具体绕向来。为此，人们采用了标记同名端的方法。

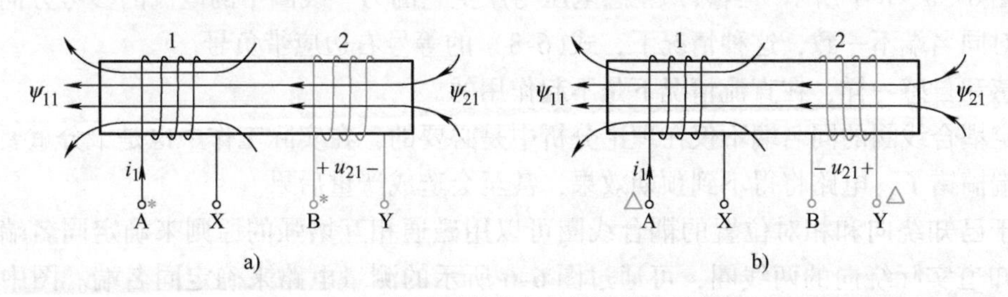

图 6-3　互感电压的方向与线圈绕向的关系

一、同名端

在图 6-3a 所示的耦合线圈中，设电流分别从线圈 1 的端钮 A 和线圈 2 的端钮 B 流入，根据右手螺旋定则可知，两线圈中由电流产生的磁通是互相增强的，那么就称 A 和 B 是一对同名端，用相同符号“＊”标出。当然其他两端钮 X 和 Y 也是同名端，这里就不必再做标记。而 A 和 Y、B 和 X 均称为异名端。在图 6-3b 中，当电流分别从 A、B 两端钮流入时，

它们产生的磁通是互相减弱的，则A和B、X和Y就分别为两对异名端，而A和Y、B和X则分别为两对同名端，图中用符号“△”标出了A和Y这对同名端。

图6-4a、b中标出了几种不同相对位置和绕向的互感线圈的同名端。应看到，同名端总是成对出现的，如果有两个以上的线圈彼此间都存在磁耦合时，同名端应当一对一对地加以标记，各对须用不同的符号加以区别，如图6-4b所示。

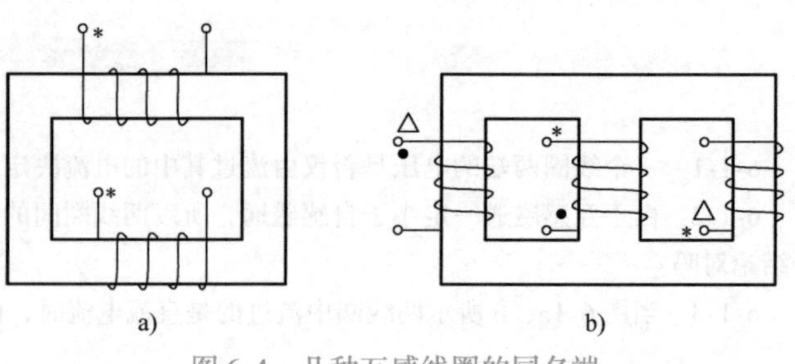

图6-4 几种互感线圈的同名端

采用了标记同名端的方法后，图6-3a、b所示的两组线圈在电路图中就可以分别用图6-5a、b所示的电路符号来表示。

二、同名端原则

同名端确定后，在讨论互感电压时，就不必去关心线圈的实际绕向究竟如何，而只要根据同名端和电流的参考方向，就可以方便地确定这个电流在另一线圈中产生的互感电压的方向。分析图6-3a、b所示的两组线圈可以看到，当选择一个线圈的电流（i_1 或 i_2）参考方向是从同名端标记端流入，同时选择该电流在另一线圈中产生的互感电压（u_{21}或 u_{12}）的参考正极性也是同名端标记端，这时，互感电压的表达式就为

$$\left.\begin{aligned} u_{21} &= M\frac{\mathrm{d}i_1}{\mathrm{d}t} \\ u_{12} &= M\frac{\mathrm{d}i_2}{\mathrm{d}t} \end{aligned}\right\} \tag{6-8}$$

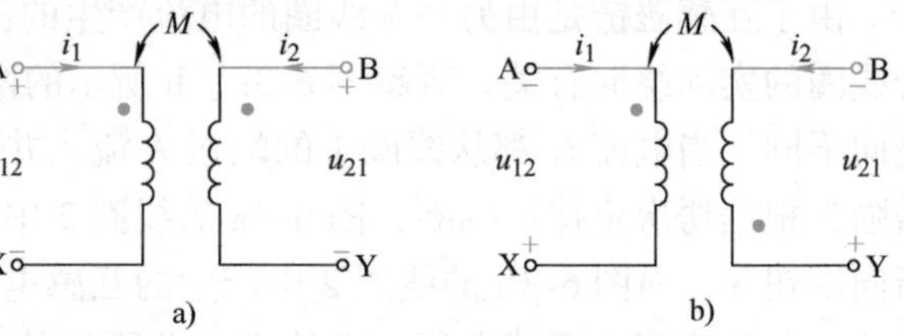

上述这种选择电流和互感电压参考方向的方法，称为选择互感电压与产生该电压的电流参考方向相对同名端一致的原则。这是一种习惯选择方法，在电路图中就如图6-5a、b中所示。当然，互感电压与产生它的另一线圈中的电流的参考方向也可以选择得对同名端不一致，这种情况下，式(6-8）的等号右边应带负号。

图6-5 图6-3的互感线圈的电路符号

互感和自感一样，在直流情况下是不起作用的。

确定耦合线圈的同名端不仅在理论分析中是必要的，在实际工作中也是十分重要的。如果同名端搞错了，电路将得不到预期效果，甚至会造成严重后果。

对于已知绕向和相对位置的耦合线圈可以用磁通相互增强的原则来确定同名端。而对于难以知道实际绕向的两线圈，可通过图6-6所示的测量电路来确定同名端。图中，当开关S闭合的瞬间，线圈1中的电流 i_1 在图示方向下有$\frac{\mathrm{d}i_1}{\mathrm{d}t}>0$。在线圈2的B、B′两端钮之间接入一个直流毫伏表，其极性如图所示。若此瞬间电压表正偏，说明B端相对于B′端是高电位，这时就说明两线圈的A和B为同名端。其原理可由式(6-8）知：当有随时间增大的电流从互感线圈的任一端流入时，就会在另一线圈中产生一个相应同名端为正极性的互感电压。

例 6-1　在图 6-7 所示电路中，已知两线圈的互感 $M=0.1\text{H}$，电流源 $i_s=10\sin(100t+30°)$ A，试求线圈 2 中的互感电压 u_{21}。

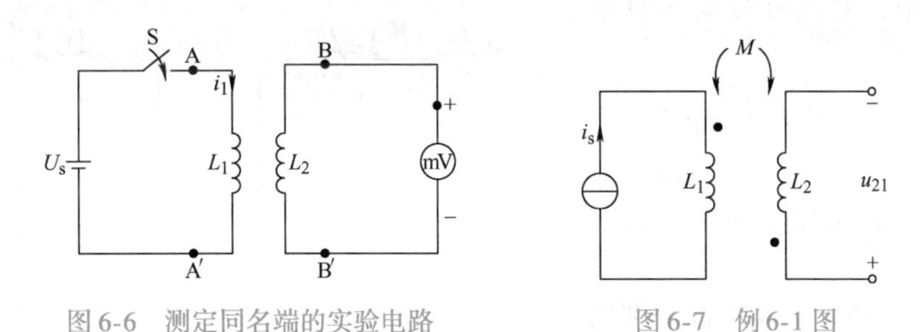

图 6-6　测定同名端的实验电路　　　图 6-7　例 6-1 图

解　互感电压 u_{21} 的参考方向如图所示，它与 i_s 是对同名端一致的。则有

$$u_{21}=M\frac{\mathrm{d}i_s}{\mathrm{d}t}=M\frac{\mathrm{d}[10\sin(100t+30°)]}{\mathrm{d}t}=0.1\times10\times100\cos(100t+30°)$$
$$=100\sin(100t+120°)\text{V}$$

6-2-1　自感磁链、互感磁链的方向由什么确定？若仅改变产生互感磁链的电流方向，耦合线圈的同名端会改变吗？

6-2-2　如图 6-8 所示的耦合线圈，u_{34} 参考方向已标于图上，已知 $i_1=\sin t$（t 以 s 为单位，i_1 以 A 为单位），$M=1\text{H}$，求电压 u_{34}。

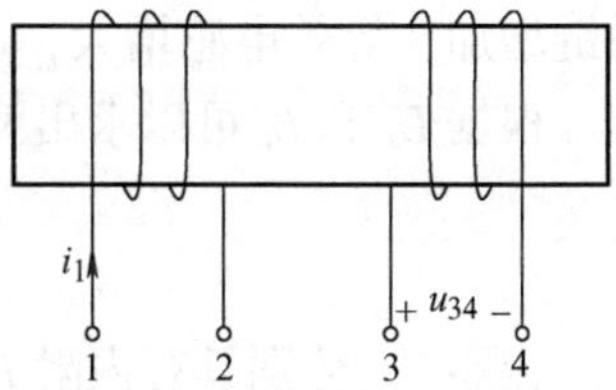

图 6-8　思考题 6-2-2 图

6-2-3　具有磁耦合的线圈为什么要定义同名端？

6-2-4　在图 6-6 中，若已知 A 与 B 是同名端，开关 S 原先闭合已久，现瞬时切断开关 S，毫伏表应如何偏转？为什么？这与同名端一致原则矛盾吗？

第三节　互感线圈的连接及等效电路

分析计算具有互感的电路，依据仍然是基尔霍夫定律。在正弦激励源作用下，相量法仍适用。与一般正弦电路的不同点是，在有互感的支路中必须考虑由于磁耦合而产生的互感电压。

本节先分析互感线圈的串、并联电路，为了简化，暂不考虑线圈的内阻。

一、互感线圈的串联

图 6-9a 是两个互感线圈的一对异名端连接在一起形成的一个串联电路，电流 i 均从两线圈的同名端流入（或流出），这种串联方式称为顺向串联。图 6-9b 是两个互感线圈的一对同名端连接在一起，电流 i 均从两线圈的异名端流入（或流出），这种串联方式称反向串联。按关联参考方向标出自感电压 u_{11}、u_{22} 的参考方向；按对同名端一致的原则标出互感电压 u_{12}、u_{21} 的参考方向，如图中所示。根据 KVL，有

$$u=u_{11}\pm u_{12}+u_{22}\pm u_{21} \tag{6-9}$$

式中，互感电压 u_{12}、u_{21} 项前面的正号对应于顺向串联，负号对应于反向串联。将电流与自感电压、互感电压的关系式代入式(6-9)，得

$$u = L_1 \frac{\mathrm{d}i}{\mathrm{d}t} \pm M \frac{\mathrm{d}i}{\mathrm{d}t} + L_2 \frac{\mathrm{d}i}{\mathrm{d}t} \pm M \frac{\mathrm{d}i}{\mathrm{d}t} = (L_1 + L_2 \pm 2M)\frac{\mathrm{d}i}{\mathrm{d}t}$$

在正弦电路中，上式可写成相量形式为

$$\dot{U} = \mathrm{j}\omega(L_1 + L_2 \pm 2M)\dot{I} = \mathrm{j}\omega L\dot{I} \tag{6-10}$$

式中，$L = L_1 + L_2 \pm 2M$，称为串联等效电感。

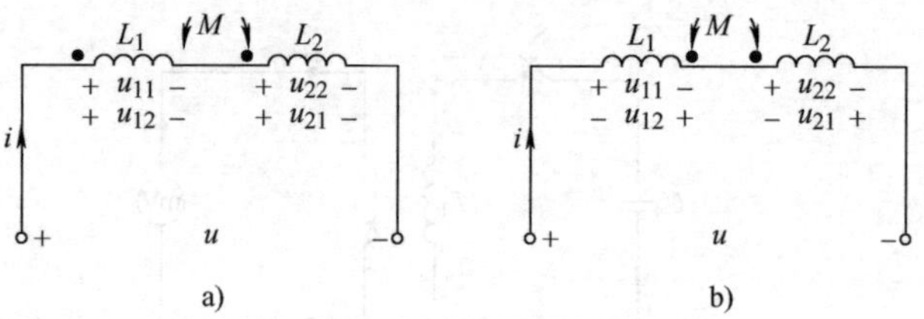

图 6-9 互感线圈的串联

图 6-9a、b 所示电路可以分别用一个等效电感 L 来替代。顺向串联时等效电感 L_s 大于两线圈的自感之和，其值为

$$L_s = L_1 + L_2 + 2M$$

反向串联时的等效电感 L_f 小于两线圈的自感之和，其值为

$$L_f = L_1 + L_2 - 2M$$

L_s 大于 L_f 从物理本质上说明是由于顺向串联时，电流从同名端流入，两磁通相互增强，总磁链增加，等效电感增大，而反向串联时情况则相反，总磁链减小，等效电感减小。

根据 L_s 和 L_f 可以求出两线圈的互感 M 为

$$M = \frac{L_s - L_f}{4} \tag{6-11}$$

例 6-2 分别具有内阻 R_1、R_2 的两个线圈串联到工频 220V 的正弦电源上，顺向串联时电流为 2.7A，功率为 218.7W，反向串联时电流为 7A，求互感 M。

解 顺向串联时，可用等效电阻 $R = R_1 + R_2$ 和等效电感 $L_s = L_1 + L_2 + 2M$ 相串联的电路模型来表示。根据已知条件，得

$$R = \frac{P}{I_s^2} = \left(\frac{218.7}{2.7^2}\right)\Omega = 30\Omega$$

$$\omega L_s = \sqrt{\left(\frac{U}{I_s}\right)^2 - R^2} = \sqrt{\left(\frac{220}{2.7}\right)^2 - 30^2}\,\Omega = 75.8\Omega$$

$$L_s = \left(\frac{75.8}{2\pi \times 50}\right)\mathrm{H} = 0.24\mathrm{H}$$

反向串联时，线圈电阻不变，由已知条件可求出反向串联时的等效电感

$$\omega L_f = \sqrt{\left(\frac{U}{I_f}\right)^2 - R^2} = \sqrt{\left(\frac{220}{7}\right)^2 - 30^2}\,\Omega = 9.4\Omega$$

$$L_f = \left(\frac{9.4}{2\pi \times 50}\right)\mathrm{H} = 0.03\mathrm{H}$$

所以得

$$M = \frac{L_s - L_f}{4} = \left(\frac{0.24 - 0.03}{4}\right)\mathrm{H} = 0.053\mathrm{H}$$

二、互感线圈的并联

互感线圈的并联也有两种形式，一种是两个互感线圈同名端在同一侧，称为同侧并联，如图 6-10a 所示；另一种是两个互感线圈同名端在两侧，称为异侧并联，如图 6-10b 所示。

在图示电压、电流参考方向下，可列出如下电路方程

$$\begin{cases}\dot{I}=\dot{I}_1+\dot{I}_2\\ \dot{U}=\mathrm{j}\omega L_1\dot{I}_1\pm\mathrm{j}\omega M\dot{I}_2\\ \dot{U}=\mathrm{j}\omega L_2\dot{I}_2\pm\mathrm{j}\omega M\dot{I}_1\end{cases}\tag{6-12}$$

式中，互感电压项前的正号对应于同侧并联，负号对应于异侧并联。将式(6-12) 作适当变化，可得

$$\frac{\dot{U}}{\dot{I}}=\frac{\mathrm{j}\omega(L_1L_2-M^2)}{L_1+L_2\mp 2M}\tag{6-13}$$

式(6-13) 表明，两个互感线圈并联以后的等效电感为

$$L=\frac{L_1L_2-M^2}{L_1+L_2\mp 2M}\tag{6-14}$$

式中，M 项前面的负号对应于同侧并联，正号对应于异侧并联。

按式(6-12) 进行变量代换、整理，可得方程

$$\left.\begin{aligned}\dot{U}&=\mathrm{j}\omega L_1\dot{I}_1\pm\mathrm{j}\omega M(\dot{I}-\dot{I}_1)=\mathrm{j}\omega(L_1\mp M)\dot{I}_1\pm\mathrm{j}\omega M\dot{I}\\ \dot{U}&=\mathrm{j}\omega L_2\dot{I}_2\pm\mathrm{j}\omega M(\dot{I}-\dot{I}_2)=\mathrm{j}\omega(L_2\mp M)\dot{I}_2\pm\mathrm{j}\omega M\dot{I}\end{aligned}\right\}\tag{6-15}$$

式(6-15) 方程与图 6-11 所示电路的方程是一致的，也就是说，图 6-10 所示具有互感的电路可以用图 6-11 所示无互感的电路来等效代替。图 6-11 就称为图 6-10 的去耦等效电路，图 6-11 中，M 前面有正、负号，上面的对应互感线圈同侧并联，下面的对应互感线圈的异侧并联。应当注意到去耦等效电路只是对外电路（或端钮）等效。去耦电路和原电路比较，内部结构已发生变化。

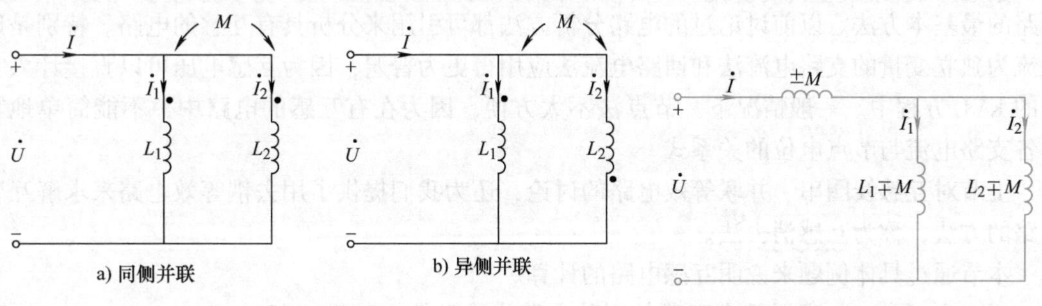

图 6-10　互感线圈并联

图 6-11　并联互感线圈的去耦等效电路

有时还会遇到两个耦合线圈按图 6-12a、b 所示的方式相连接的情况，它们有一端连在一起，通过三个端钮与外电路相联。图 6-12a 称同侧相联，图 6-12b 称异侧相联。在图示参考方向下，可列出其端钮间的电压方程为

$$\left.\begin{aligned}\dot{U}_{13}&=\mathrm{j}\omega L_1\dot{I}_1\pm\mathrm{j}\omega M\dot{I}_2\\ \dot{U}_{23}&=\mathrm{j}\omega L_2\dot{I}_2\pm\mathrm{j}\omega M\dot{I}_1\end{aligned}\right\}\tag{6-16}$$

式中，M 项前的正号对应于同侧相联，负号对应于异侧相联。利用电流 $\dot{I}=\dot{I}_1+\dot{I}_2$ 的关系式可将式(6-16)变换为

$$\left.\begin{aligned}\dot{U}_{13}&=\mathrm{j}\omega(L_1\mp M)\dot{I}_1\pm\mathrm{j}\omega M\dot{I}\\\dot{U}_{23}&=\mathrm{j}\omega(L_2\mp M)\dot{I}_2\pm\mathrm{j}\omega M\dot{I}\end{aligned}\right\}\qquad(6\text{-}17)$$

同样可以画出与式(6-17)对应的去耦等效电路模型，如图6-12c所示，图中 M 前面有正、负号，上面的对应于同侧相联，下面的对应于异侧相联。

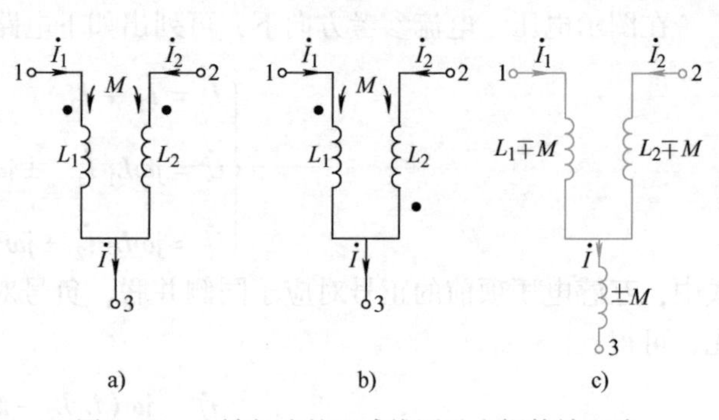

图6-12 一端相连的互感线圈及去耦等效电路

思考题

6-3-1 为什么不能将有互感的两线圈简单地串联或并联？否则可能产生什么严重后果？

6-3-2 某变压器的一次侧由线圈1-1′和线圈2-2′通过一定方式连接而成，如图6-13所示。已知两线圈额定电压都为110V，问：在电源电压为220V和110V两种情况下，该两线圈的四个端钮应如何连接？当电源电压为220V时，将端钮1′和2′连接起来，而将1和2两端钮接到电源上去，将会出现什么情况？

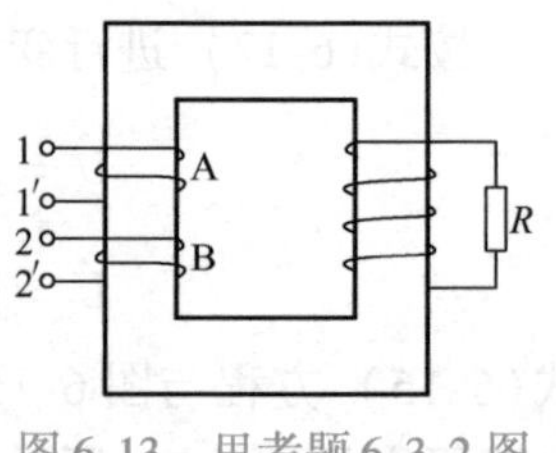

图6-13 思考题6-3-2图

第四节 互感电路的计算

根据标出的同名端，计入互感电压，按KCL、KVL列出电路方程求解，这是计算互感电路的最基本方法。以前讨论过的电路分析方法都可引用来分析具有互感的电路。特别是以电流为独立变量的支路电流法和回路电流法应用得更为普遍，因为互感电压可以直接计入它们的KVL方程中。一般情况下，节点法不太方便，因为在有互感的电路中，不能简单地写出各支路电流与节点电位的关系式。

上节对互感线圈串、并联等效电路的讨论，还为我们提供了用去耦等效电路来求解互感电路的方法，称为互感消去法。

本节通过具体例题来说明互感电路的计算。

例6-3 图6-14所示具有互感的正弦电路中，已知：$X_{L1}=10\Omega$，$X_{L2}=20\Omega$，$X_C=5\Omega$，耦合线圈互感抗 $X_M=10\Omega$，电源电压 $\dot{U}_s=20\underline{/0°}$ V，$R_L=30\Omega$，分别用支路法、互感消去法及戴维南定理求 $\dot{I}_2$。

解 (1) 支路法

各支路电流标于电路图中，由KVL有

$$\begin{cases}\dot{U}_s=\dot{U}_{L1}+\dot{U}_c\\\dot{U}_c=-\dot{U}_{L2}-R_L\dot{I}_2\end{cases}$$

其中，$\dot{U}_{L1}=jX_{L1}\dot{I}_1-jX_M\dot{I}_2$；$\dot{U}_{L2}=jX_{L2}\dot{I}_2-jX_M\dot{I}_1$，将已知数据代入方程式中得

$$20\angle 0°=j10\dot{I}_1-j10\dot{I}_2-j5\dot{I}_3$$

$$-j5\dot{I}_3=-j20\dot{I}_2+j10\dot{I}_1-30\dot{I}_2$$

且由 KCL 有　$\dot{I}_3=\dot{I}_1+\dot{I}_2$

最后可解得　$\dot{I}_2=\sqrt{2}\angle 45°$ A

（2）互感消去法

题图所示电路是有一端相连的两个互感线圈，可画出图 6-15 所示的去耦等效电路，对该电路的计算方法则与无互感电路完全相同。利用阻抗的串、并联等效变换，就可以计算得

$$\dot{I}_2=\sqrt{2}\angle 45°\ \text{A}$$

须提请注意的是，图 6-15 中的 A′点并不是原图 6-14 中的 A 点，在图 6-15 中标出了相应的 A 点。该图中所标的 $\dot{U}_{L1}$、$\dot{U}_{L2}$才是原图中的相应值。

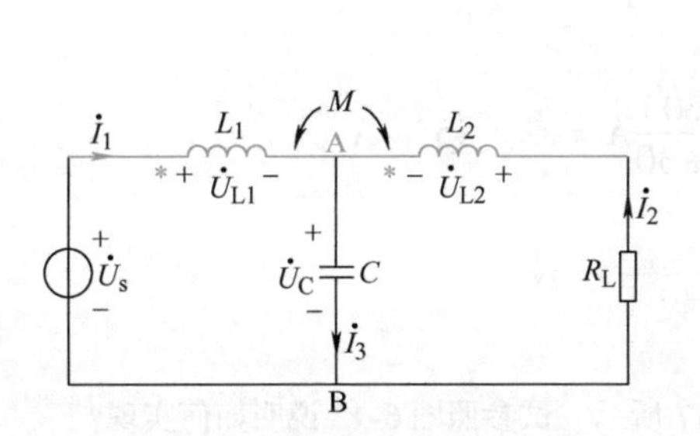

图 6-14　例 6-3 电路图

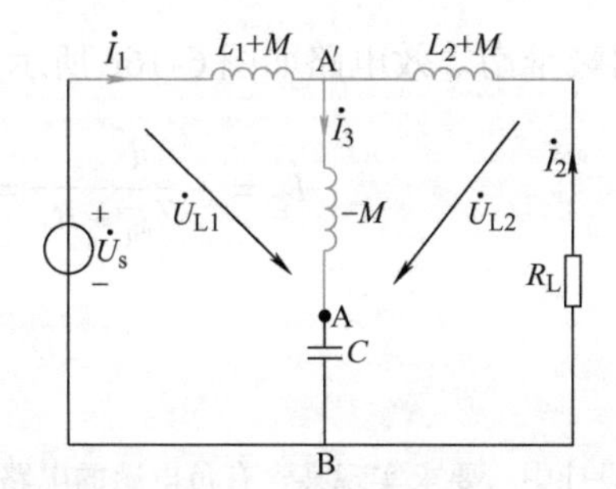

图 6-15　图 6-14 的去耦电路

（3）用戴维南定理求解

将 R_L 支路移去，对剩余的二端网络求戴维南等效电路（注意不能同时将电感 L_2 移去）。在图 6-16a 中求开路电压 $\dot{U}_{oc}$。因为开路，图中 $\dot{I}_2=0$，故线圈 1 中仅有自感电压 $jX_{L1}\dot{I}_1$，而无互感电压；线圈 2 中则仅有互感电压 $-jX_M\dot{I}_1$，而无自感电压。由图 6-16a 左边网孔列 KVL 方程有

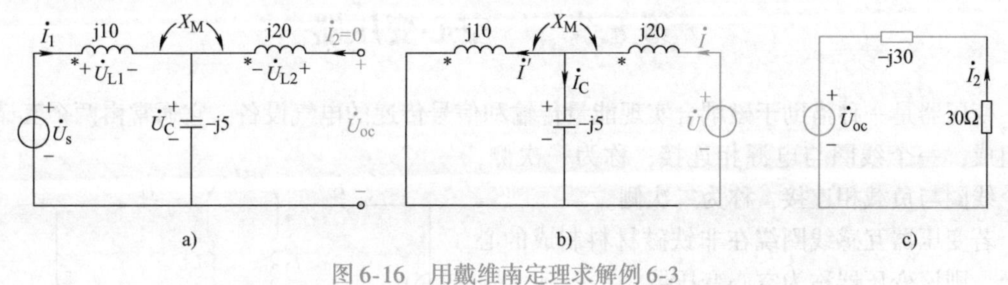

图 6-16　用戴维南定理求解例 6-3

$$\dot{U}_s=\dot{U}_{L1}+\dot{U}_C=jX_{L1}\dot{I}_1+(-jX_C)\dot{I}_1=j10\dot{I}_1-j5\dot{I}_1=j5\dot{I}_1$$

将 $\dot{U}_s=20\angle 0°$ V 代入得

$$\dot{I}_1 = -\mathrm{j}4\mathrm{A}$$

开路电压 $\dot{U}_{oc} = \dot{U}_{L2} + \dot{U}_C = -\mathrm{j}X_M\dot{I}_1 - \mathrm{j}X_C\dot{I}_1 = -\mathrm{j}(10+5)\dot{I}_1$

$$= -\mathrm{j}15\dot{I}_1 = -60\mathrm{V}$$

用外加电源法求 Z_{eq}（也可利用去耦等效电路求得），如图 6-16b 所示。列电路方程如下：

由 KCL 有 $\dot{I} = \dot{I}' + \dot{I}_C$

由 KVL 有

$$\left.\begin{aligned} &\mathrm{j}20\dot{I} + \mathrm{j}10\dot{I}' + (-\mathrm{j}5)\dot{I}_C = \dot{U} \\ &\mathrm{j}10\dot{I}' + \mathrm{j}10\dot{I} - (-\mathrm{j}5)\dot{I}_C = 0 \end{aligned}\right\}$$

解上述方程组，得

$$\dot{U} = -\mathrm{j}30\dot{I}$$

$$Z_{eq} = \frac{\dot{U}}{\dot{I}} = -\mathrm{j}30\Omega$$

最后可得戴维南等效电路如图 6-16c 所示，图中

$$\dot{I}_2 = -\frac{\dot{U}_{oc}}{Z_{eq}+R_L} = \frac{-(-60)}{-\mathrm{j}30+30}\mathrm{A} = \sqrt{2}\angle 45°\ \mathrm{A}$$

思 考 题

网络设计中，要求实现某含有负电感的电路如图 6-17 所示。试参照图 6-12 说明如何实现？

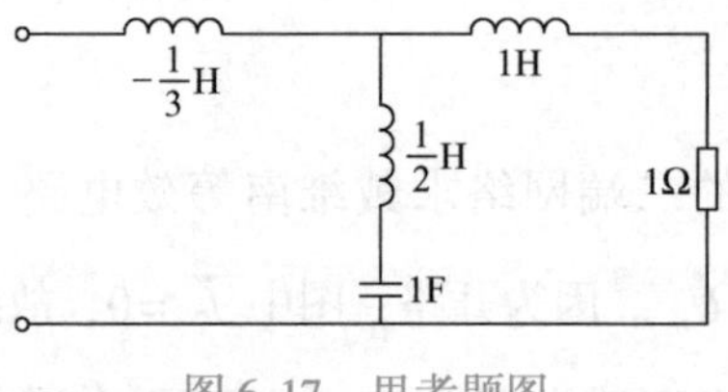

图 6-17 思考题图

第五节 空心变压器

变压器是一种借助于磁耦合实现能量传输和信号传递的电气设备。它通常由两个互感线圈组成，一个线圈与电源相连接，称为一次侧；一个线圈与负载相连接，称为二次侧。

若变压器互感线圈绕在非铁磁材料制成的心子上，则该变压器称为空心变压器。

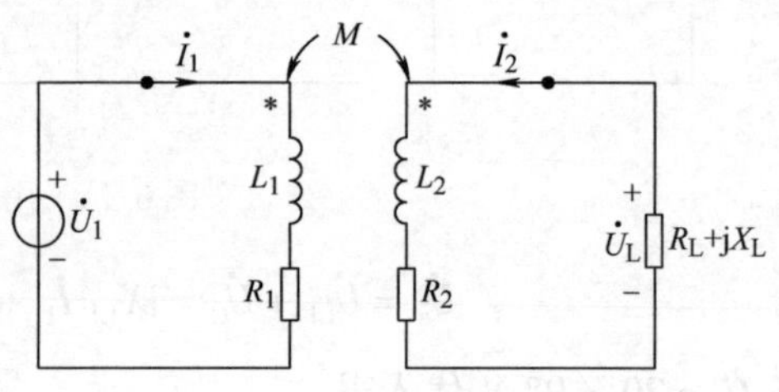

图 6-18 空心变压器电路

图 6-18 为空心变压器的电路模型。其一次侧和二次侧分别用电感与电阻相串联的电路模型表示，一次侧参数为 R_1、L_1；二次侧参数为 R_2、

L_2；两线圈的互感为 M。根据图中所示电流，电压参考方向以及标注的同名端，可列出一次侧、二次侧的 KVL 方程如下

$$\dot{I}_1 R_1 + \mathrm{j}X_{L1}\dot{I}_1 + \mathrm{j}X_M\dot{I}_2 = \dot{U}_1$$

$$\dot{I}_2 R_2 + \mathrm{j}X_{L2}\dot{I}_2 + \mathrm{j}X_M\dot{I}_1 + \dot{I}_2(R_L + \mathrm{j}X_L) = 0$$

式中，$X_{L1} = \omega L_1$，$X_{L2} = \omega L_2$，$X_M = \omega M$。

令　$Z_{11} = R_1 + \mathrm{j}X_{L1}, Z_{22} = (R_2 + R_L) + \mathrm{j}(X_{L2} + X_L) = R_{22} + \mathrm{j}X_{22}$

则

$$Z_{11}\dot{I}_1 + \mathrm{j}X_M\dot{I}_2 = \dot{U}_1 \tag{6-18}$$

$$\mathrm{j}X_M\dot{I}_1 + Z_{22}\dot{I}_2 = 0 \tag{6-19}$$

由式(6-19) 可得

$$\dot{I}_2 = -\frac{\mathrm{j}X_M\dot{I}_1}{Z_{22}} \tag{6-20}$$

将式(6-20) 代入式(6-18) 中得

$$\dot{I}_1 = \frac{\dot{U}_1}{Z_{11} + \dfrac{X_M^2}{Z_{22}}} \tag{6-21}$$

从式(6-20)、式(6-21) 可以看出，虽然空心变压器的两个互感线圈在电路上没有直接的联系，但是由于互感的作用，使得二次侧获得了与电源同频率的互感电压，当二次侧闭合后，产生二次侧电流 $\dot{I}_2$，而二次侧电流又反过来去影响一次侧，这种二次侧对一次侧的影响可以看作在一次侧电路中串入了一个复阻抗 Z_1'，其值为

$$Z_1' = \frac{X_M^2}{Z_{22}} = \frac{X_M^2}{R_{22} + \mathrm{j}X_{22}} = R_1' + \mathrm{j}X_1' \tag{6-22}$$

Z_1' 称为反射阻抗。

利用反射阻抗的概念，根据式(6-21) 可以得到从空心变压器的电源端（一次侧）看进去的等效电路，称为一次侧的等效电路，如图 6-19a 所示。根据式(6-20) 还可画出与图 6-18 相对应的二次侧等效电路，如图 6-19b 所示，注意图中 $\mathrm{j}X_M\dot{I}_1$ 的实际方向与同名端有关。适当利用以上各种等效电路可以简化分析计算。

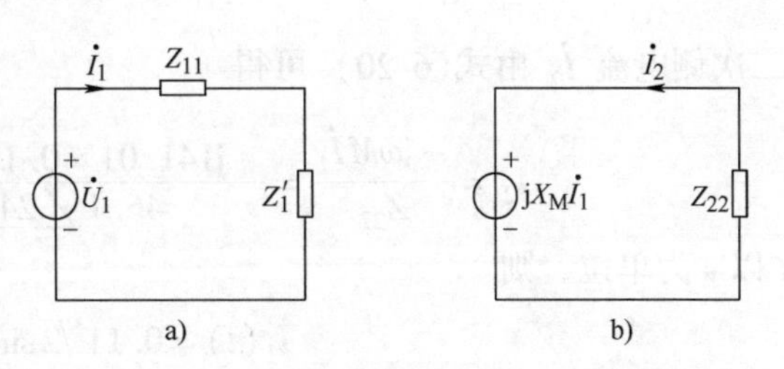

图 6-19　空心变压器一次侧、二次侧等效电路

例 6-4　图 6-20a 电路中，已知变压器各参数如下：$L_1 = 3.6\text{H}$，$L_2 = 0.06\text{H}$，$M = 0.465\text{H}$，$R_1 = 20\Omega$，$R_2 = 0.08\Omega$，$R_L = 42\Omega$，电源电压 $u_s = 115\sqrt{2}\sin\left(314t + \dfrac{\pi}{2}\right)\text{V}$（$t$ 以 s 为单位）。(1) 用一次侧、二次侧等效电路求电流 i_1、i_2；(2) 用戴维南定理求 i_2。

解　(1) 根据已知参数得

$$X_M = \omega M = 314 \times 0.465\Omega = 141.01\Omega$$

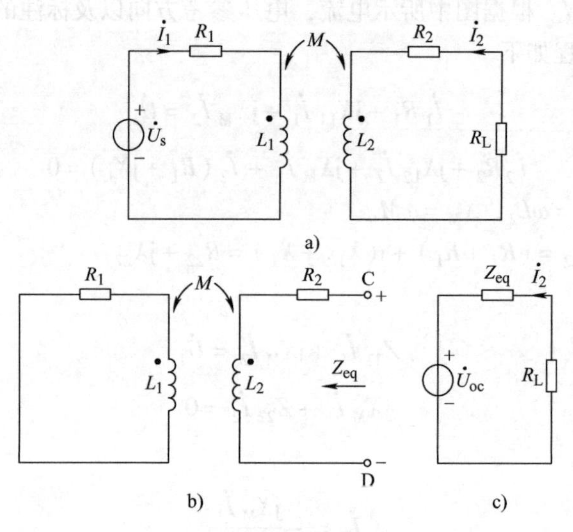

图 6-20 例 6-4 图

$$Z_{22} = R_2 + j\omega L_2 + R_L = (0.08 + j314 \times 0.06 + 42)\Omega$$
$$= (42.08 + j18.84)\Omega = 46.1\angle 24.1° \ \Omega$$

反射阻抗 Z_1' 为

$$Z_1' = \frac{X_M^2}{Z_{22}} = \frac{141.01^2}{46.1\angle 24.1°}\Omega = (393.72 - j176.12)\Omega$$

一次侧电路中 $Z_{11} = R_1 + j\omega L_1$，代入数据得

$$Z_{11} = (20 + j314 \times 3.6)\Omega = (20 + j1130.4)\Omega$$

将 Z_{11}、Z_1' 代入式(6-21)，可得一次侧电流为

$$\dot{I}_1 = \frac{\dot{U}_1}{Z_{11} + Z_1'} = \frac{115\angle 90°}{20 + j1130.4 + 393.72 - j176.12}\text{A} = 0.11\angle 25.1° \ \text{A}$$

二次侧电流 $\dot{I}_2$ 由式(6-20) 可得

$$\dot{I}_2 = \frac{-j\omega M\dot{I}_1}{Z_{22}} = \frac{-j141.01 \times 0.11\angle 25.1°}{46.1\angle 24.1°}\text{A} = 0.35\angle -89° \ \text{A}$$

t 以 s 为单位，则

$$i_1(t) = 0.11\sqrt{2}\sin(314t + 25.1°)\text{A}$$
$$i_2(t) = 0.35\sqrt{2}\sin(314t - 89°)\text{A}$$

（2）用戴维南定理求解。先求 R_L 开路时的电压 $\dot{U}_{oc}$，因为此时二次侧开路，$\dot{I}_2 = 0$，故

$$\dot{I}_{10} = \frac{\dot{U}_1}{R_1 + jX_{L1}} = \frac{115\angle 90°}{20 + j1130.4}\text{A} = 0.102\angle 1° \ \text{A}$$

得

$$\dot{U}_{oc} = jX_M\dot{I}_{10} = j141.01 \times 0.102\angle 1° \ \text{V} = 14.38\angle 91° \ \text{V}$$

再在图 6-20b 的电路中求 C、D 端的输入阻抗 Z_{eq}，这时可用外加电源法来求解，但需列出

两回路的方程才能找出关系式。若采用反射阻抗的概念来计算则要简便得多。在图6-20b中，可将 R_1、L_1 看作二次侧，这样从C、D端看进去的输入阻抗即为

$$Z_{eq}=R_2+jX_{L2}+Z_2'=R_2+jX_{L2}+\frac{X_M^2}{R_1+jX_{L1}}$$
$$=\left(0.08+j314\times0.06+\frac{141.01^2}{20+j1130.4}\right)\Omega$$
$$=(0.39+j1.25)\Omega$$

所以对于负载 R_L，原电路可以等效成图6-20c所示电路，二次侧电流为

$$\dot{I}_2=\frac{-\dot{U}_{oc}}{R_L+Z_{eq}}=\frac{-14.38\angle 91^\circ}{42+0.39+j1.25}\text{A}=0.35\angle -89^\circ\ \text{A}$$
$$i_2(t)=0.35\sqrt{2}\sin(314t-89^\circ)\text{A}$$

思考题

式(6-18)、式(6-19)是根据图6-18所标电压、电流参考方向及同名端列出的KVL方程，从而获得式(6-22)。若空心变压器的一次侧、二次侧电流参考方向改变，式(6-18)、式(6-19)、式(6-22)是否变化？若同名端改变呢？

习　题

6-1　两个耦合线圈串联起来接至220V、50Hz的正弦电源上，得到如下数据：第一次串联，测出电路中电流 $I=2.5$A，电路有功功率为62.5W；调换其中一个线圈的两端钮后再串联，测出电路的有功功率为250W。问：哪种情况是顺串？哪种情况是反串？两耦合线圈的互感为多大？

6-2　图6-21所示电路中，已知 $L_1=6$H，$L_2=4$H，两耦合线圈顺向串联时，电路的谐振频率是反向串联时谐振频率的 $\frac{1}{2}$ 倍，求互感 M。

6-3　图6-22所示电路中，已知 $R_1=R_2=100\Omega$，$L_1=3$H，$L_2=10$H，$M=5$H，电源为一有效值 $U=220$V、$\omega=100$rad/s 的正弦量，求各支路电流 I_1、I_2、I 及电路消耗的有功功率 P。

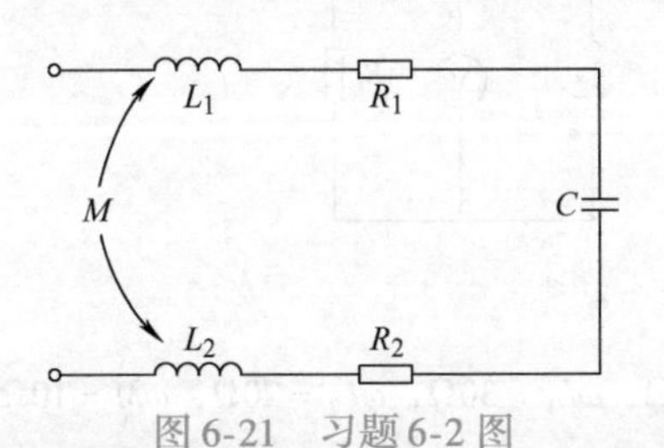

图6-21　习题6-2图

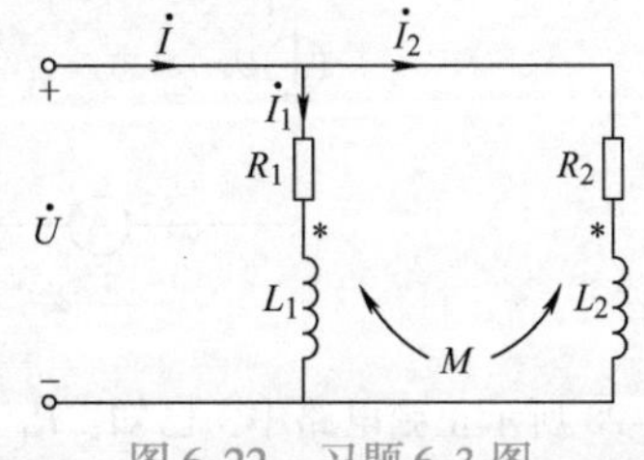

图6-22　习题6-3图

6-4　利用去耦等效电路求图6-23所示各电路的等效复阻抗 Z_{AB}。

6-5　图6-24所示电路中，已知 $R_1=R_2=3\Omega$，$X_{L1}=X_{L2}=4\Omega$，$X_M=2\Omega$，电源电压有效值 $U_1=10$V，求：B、Y 间的开路电压。

6-6　电路如图6-25所示，已知 $R_1=3\Omega$，$R_2=5\Omega$，$\omega L_1=7.5\Omega$，$\omega L_2=12.5\Omega$，$\omega M=6\Omega$，电源电压有效值为50V。分别求开关S打开和闭合时的电流 I_1 与 I_2。

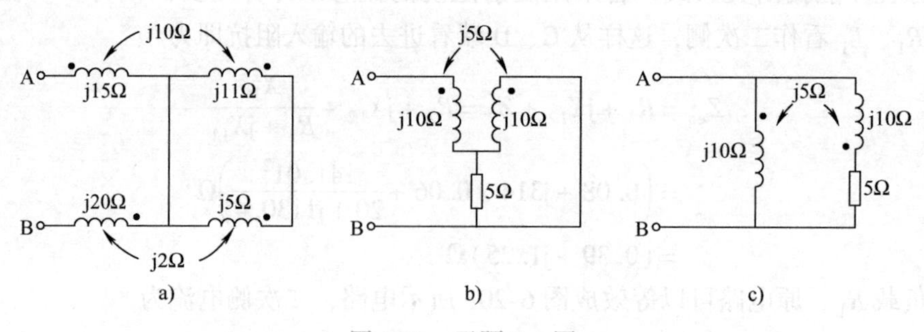

图6-23 习题6-4 图

6-7 图6-26 所示电路中，已知 $R_1=3\Omega$，$R_2=4\Omega$，$X_{L1}=20\Omega$，$X_{L2}=30\Omega$，$X_M=X_C=15\Omega$，电源电压有效值 $U=200\text{V}$，求各支路电流的大小。

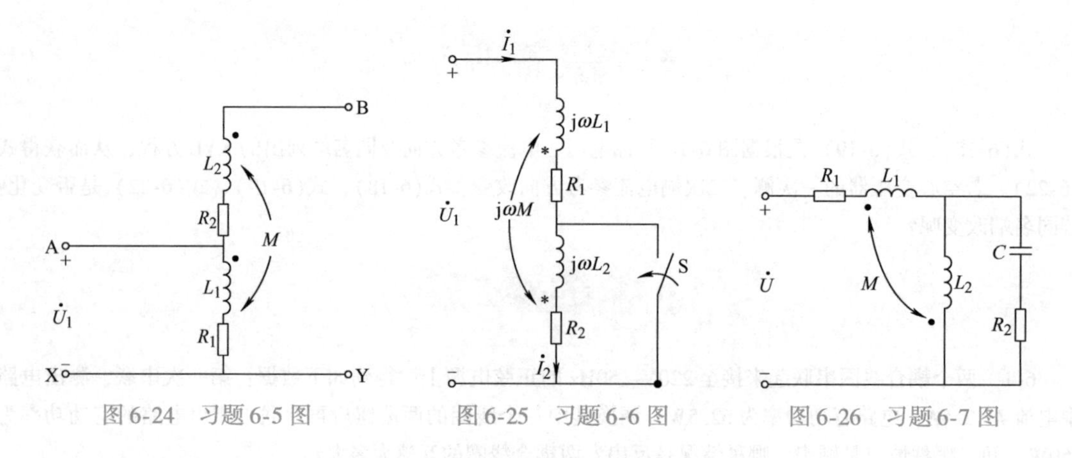

图6-24 习题6-5 图　　图6-25 习题6-6 图　　图6-26 习题6-7 图

6-8 已知图6-27 所示正弦电路中，$R_1=\omega L_1=8\text{k}\Omega$，$\omega L_2=2\text{k}\Omega$，$\omega M=4\text{k}\Omega$，$R_L=1\text{k}\Omega$，电源电压 $\dot{U}_s=8\angle 0°\ \text{V}$，求图中电压表、电流表读数。

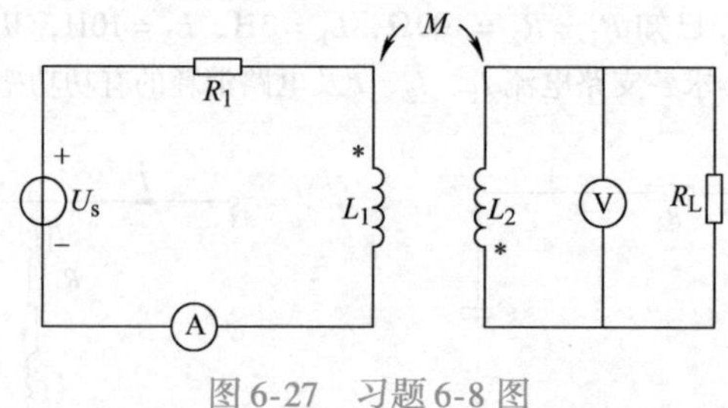

图6-27 习题6-8 图

6-9 图6-28 所示正弦电路中，已知：$R_1=R_2=10\Omega$，$\omega L_1=30\Omega$，$\omega L_2=20\Omega$，$\omega M=10\Omega$，电源电压 $\dot{U}=100\angle 0°\ \text{V}$。求电压 U_2 及 R_2 电阻消耗的功率。

6-10 已知图6-29 中 $\omega L_1=10\Omega$，$\omega L_2=2000\Omega$，$\omega=100\text{rad/s}$，两线圈的耦合系数 $k=1$，$R_1=10\Omega$，$\dot{U}_1=10\angle 0°\ \text{V}$ 求：(1) a、b 端的戴维南等效电路；(2) a、b 间的短路电流。

6-11 图6-30 所示正弦交流电路中，已知 $I_2=3\text{A}$，$R_1=10\Omega$，$L_1=3\text{mH}$，$C_1=50\mu\text{F}$，$R_2=25\Omega$，$L_2=10\text{mH}$，$C_2=200\mu\text{F}$，$M=4\text{mH}$，$\omega=1000\text{rad/s}$，求 I_1 及 U_1。

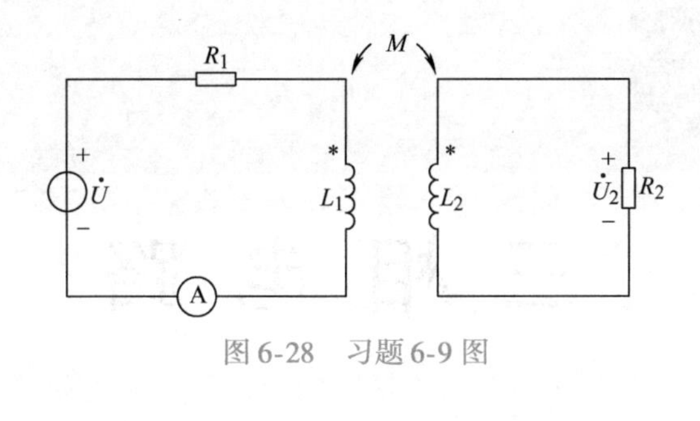

图 6-28　习题 6-9 图

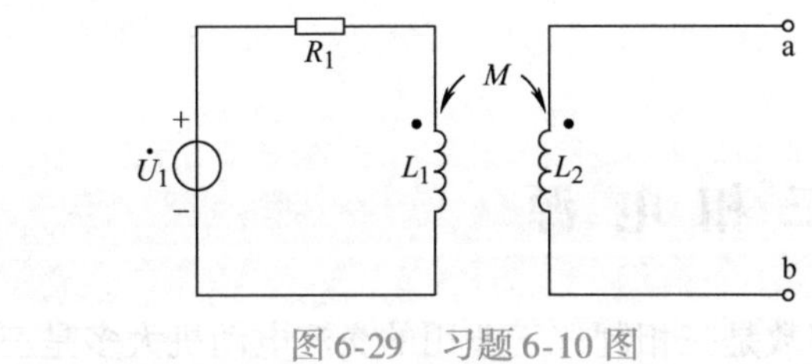

图 6-29　习题 6-10 图

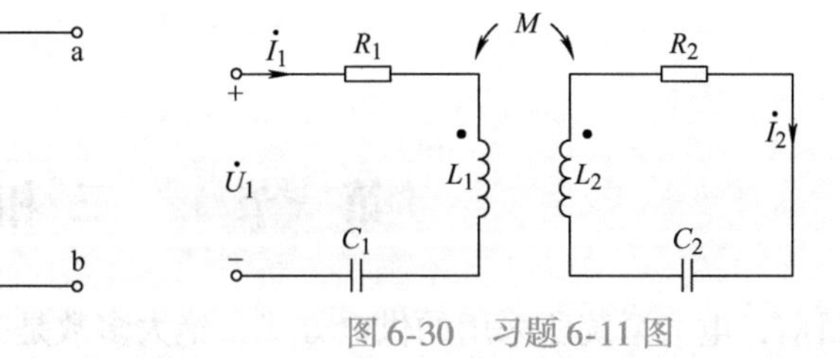

图 6-30　习题 6-11 图

第七章

三相电路

第一节 三相电源

目前，电力系统所采用的供电方式，绝大多数是三相制，工业用的交流电动机大多是三相交流电动机，单相交流电则是三相交流电的一部分，也即是三相交流电中的一相。三相交流电在国民经济中获得广泛的应用，这是因为三相交流电比单相交流电在电能的产生、输送和应用上具有显著的优点。例如：在电机尺寸相同的条件下，三相发电机的输出功率比单相发电机高50%左右；输送距离和输送功率一定时，采用三相制比单相制要节省大量的有色金属；三相用电设备（如三相交流电动机等）具有结构简单、运行可靠、维护方便等良好性能。

三相交流电源通常由三相发电机产生，三相交流发电机结构原理如图7-1a所示，图中①是定子，由铁磁材料构成；②为转子，它是一对磁极。定子与转子间的空气隙中磁感应强度按正弦规律分布。在定子铁心上均匀嵌入3个绕组AX、BY、CZ，A、B、C是绕组的始端，X、Y、Z为绕组的末端，3个绕组平面在空间的位置彼此相隔120°角，绕组几何结构、绕向、匝数完全相同。

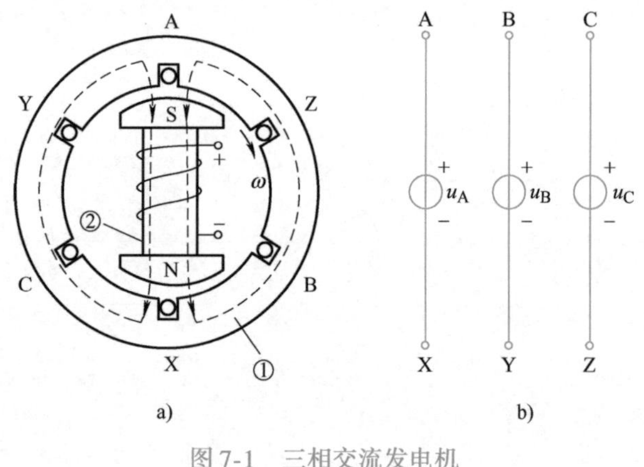

图7-1　三相交流发电机

当转子以角速度 ω 匀速转动时，在定子3个绕组中将产生3个振幅、频率完全相同，相位上依次相差120°的正弦感应电动势，设它们的方向都是从末端指向始端，并以 e_A 为参考正弦量，则有

$$\begin{cases} e_A = E_m \sin\omega t \\ e_B = E_m \sin(\omega t - 120°) \\ e_C = E_m \sin(\omega t + 120°) \end{cases}$$

若用3个电压源 u_A、u_B、u_C 分别表示三相交流发电机3个绕组的电压，并设其方向由始端指向末端，如图7-1b所示，则有

$$\begin{cases} u_A = U_m \sin\omega t \\ u_B = U_m \sin(\omega t - 120°) \\ u_C = U_m \sin(\omega t + 120°) \end{cases} \tag{7-1}$$

这组电源称为对称三相电源，每个电压就是一相，并依次称为 A 相、B 相和 C 相。它们的相量表达式为

$$\left.\begin{aligned} \dot{U}_A &= U\angle 0° \\ \dot{U}_B &= U\angle -120° \\ \dot{U}_C &= U\angle 120° \end{aligned}\right\} \tag{7-2}$$

对称三相电源的波形、相量图分别如图 7-2a 和图 7-2b 所示。

从波形和相量图都很容易得出，对称三相电源的特点是

$$\left.\begin{aligned} \dot{U}_A + \dot{U}_B + \dot{U}_C &= 0 \\ u_A + u_B + u_C &= 0 \end{aligned}\right\} \tag{7-3}$$

或

三相电源中每相电压依次达到同一值（例如正的最大值）的先后次序称为三相电源的相序。式(7-1) 表示的三相电源的相序为 A—B—C—A，即 B 相比 A 相滞后，C 相又比 B 相滞后，称之为正序。反之，C—B—A 的相序则称为逆序。工程上通用的是正序。

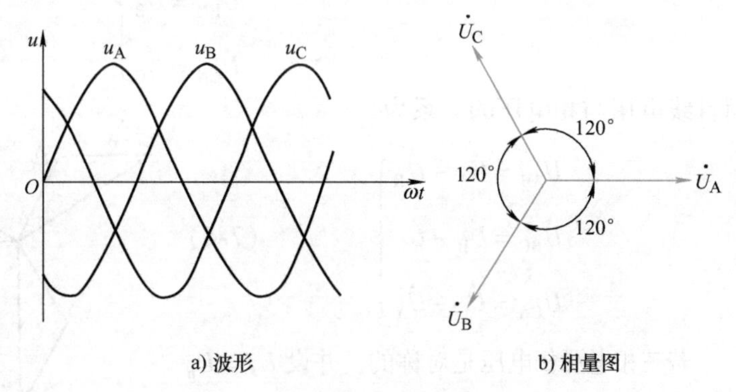

a) 波形　　b) 相量图

图 7-2　对称三相电源的波形及相量图

A 相可以任意指定，但 A 相一经确定，那么比 A 相滞后 120°的就是 B 相，比 A 相超前 120°的就为 C 相，这是不可混淆的。工业上通常在交流发电机引出线及配电装置的三相母线上涂以黄、绿、红三色区分 A、B、C 三相。

7-1-1　何为对称三相电源？对称三相电源的特点是什么？

7-1-2　已知对称三相电源中的 $\dot{U}_B = 220\angle -30°$ V，写出另两相电压相量及瞬时值表达式，画出相量图。

第二节　三相电源的连接

三相电源有星形（Y）和三角形（△）两种连接方式，以构成一定的供电体系向负载供电。

一、星形联结（Y）

如图7-3所示，将三相电源的3个负极性端连接在一起，形成一个节点N，称为中性点。再由3个正极性端A、B、C分别引出3根输出线，称为端线（相线，俗称火线）。这样就构成了三相电源的星形联结，中性点也可引出一根线，这根线称为中性线。三相电路系统中有中性线时，称为三相四线制电路，无中性线时称为三相三线制电路。

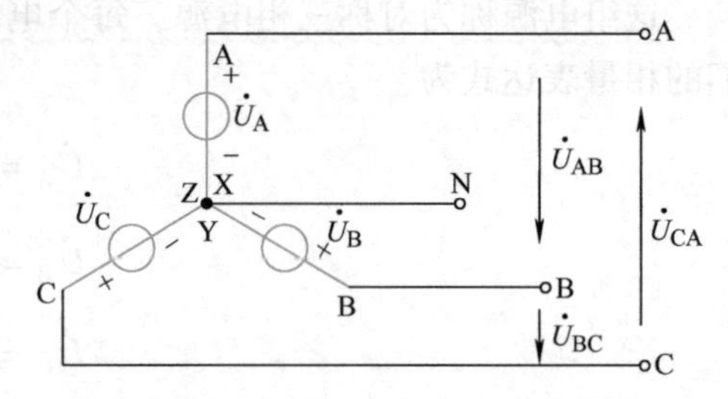

图7-3 三相电源的星形联结

每相电源电压，即此处的端线与中性点之间的电压称为相电压，分别用 $\dot{U}_{AN}$、$\dot{U}_{BN}$、$\dot{U}_{CN}$ 表示A、B、C三相相电压，双下标表示了它们的参考方向，即从端线指向中性点。

每两根端线之间的电压称为线电压，方向也用双下标表示，如线电压 $\dot{U}_{AB}$ 表示其参考方向从端线A指向端线B。由图7-3可见

$$\left.\begin{aligned}\dot{U}_{AN}&=\dot{U}_A\\\dot{U}_{BN}&=\dot{U}_B\\\dot{U}_{CN}&=\dot{U}_C\end{aligned}\right\}$$

而且线电压与相电压的关系为

$$\left.\begin{aligned}\dot{U}_{AB}&=\dot{U}_A-\dot{U}_B\\\dot{U}_{BC}&=\dot{U}_B-\dot{U}_C\\\dot{U}_{CA}&=\dot{U}_C-\dot{U}_A\end{aligned}\right\}\qquad(7\text{-}4)$$

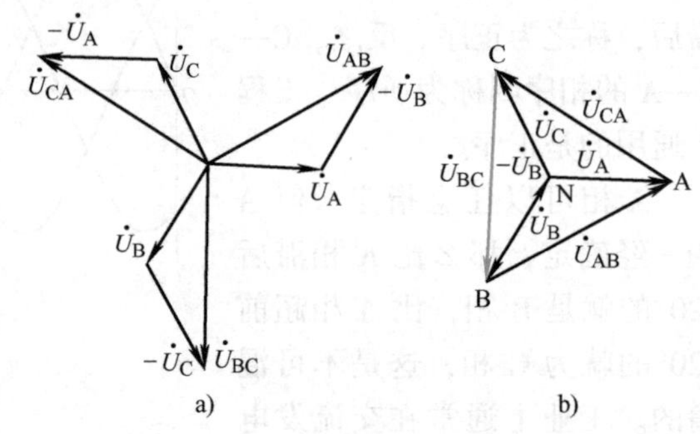

图7-4 三相电源星形联结时的相量图

若三相电源相电压是对称的，并设 $\dot{U}_A=U_p\angle 0^\circ$，则：$\dot{U}_B=U_p\angle -120^\circ$，$\dot{U}_C=U_p\angle 120^\circ$，画相量图如图7-4所示，图7-4a、b是两种不同的画法。由相量图可得

$$\left.\begin{aligned}\dot{U}_{AB}&=U_p\angle 0^\circ-U_p\angle -120^\circ=\sqrt{3}U_p\angle 30^\circ\\\dot{U}_{BC}&=U_p\angle -120^\circ-U_p\angle 120^\circ=\sqrt{3}U_p\angle -90^\circ\\\dot{U}_{CA}&=U_p\angle 120^\circ-U_p\angle 0^\circ=\sqrt{3}U_p\angle 150^\circ\end{aligned}\right\}\qquad(7\text{-}5)$$

式(7-5)也可表示为

$$\left.\begin{aligned}\dot{U}_{AB}&=\sqrt{3}\dot{U}_A\angle 30^\circ\\\dot{U}_{BC}&=\sqrt{3}\dot{U}_B\angle 30^\circ\\\dot{U}_{CA}&=\sqrt{3}\dot{U}_C\angle 30^\circ\end{aligned}\right\}\qquad(7\text{-}6)$$

由式(7-6) 可得出如下结论：①三相电源作星形联结时，若相电压是对称的，那么线电压也一定是对称的；②线电压有效值（幅值）是相电压有效值（幅值）的$\sqrt{3}$倍；记作

$$U_l = \sqrt{3}U_p \tag{7-7}$$

③在相位上，各个线电压超前于相应两个相电压中的先行相 30°，如 $\dot{U}_{AB}$ 超前 $\dot{U}_A$ 30°，$\dot{U}_{BC}$ 超前 $\dot{U}_B$ 30° 等。

二、三角形联结（△）

如图 7-5 所示将三相电源的 3 个电压源正、负极相串接，即 X 与 B、Y 与 C、Z 与 A 分别相连接，然后从三个连接点引出 3 根端线，这就是三相电源的三角形联结。

三相电源作三角形联结时，三个电压源形成一个闭合回路，只要连线正确，由于有 $\dot{U}_A+\dot{U}_B+\dot{U}_C=0$，所以闭合回路中不会产生环流。如果某一相接反了（例如 C 相接反），那么 $\dot{U}_A+\dot{U}_B+(-\dot{U}_C)\neq 0$，而三相电源的内阻抗很小，在回路内会形成很大的环流，将会烧毁三相电源设备，为避免此类现象，可在连接电源时串接一电压表，根据该表读数来判断三相电源连接正确与否。详见思考题 7-2-4。

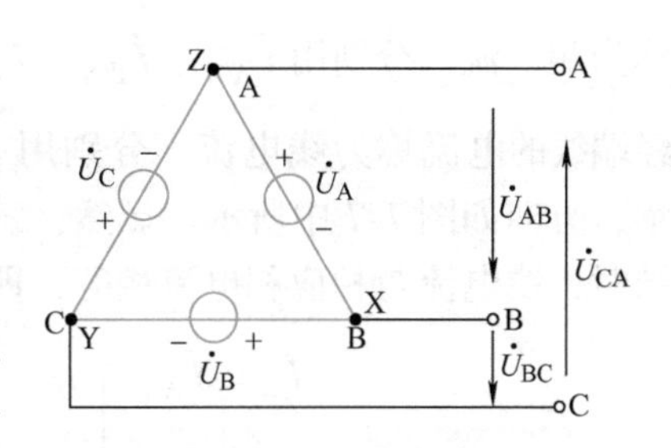

图 7-5　三相电源三角形联结

显然，三相电源作三角形联结时线电压与相应相电压相等，即

$$\left.\begin{aligned}\dot{U}_{AB} &= \dot{U}_A\\ \dot{U}_{BC} &= \dot{U}_B\\ \dot{U}_{CA} &= \dot{U}_C\end{aligned}\right\} \tag{7-8}$$

在以后的叙述中，如无特殊说明，三相电源都认为是对称的，所谓三相电源的电压值一般指的是线电压的有效值。

思考题

7-2-1　三相对称电源Y联结，若其中一相电源接反了，是否仍然可以获得一组对称的线电压？$U_l=\sqrt{3}U_p$成立吗？画相量图进行分析。

7-2-2　Y联结的三相电源，相电压分别为 $u_A=U_m\sin 3\omega t$，$u_B=U_m\sin 3(\omega t-120°)$，$u_C=U_m\sin 3(\omega t+120°)$，它们组成的是对称三相正序电源吗？

7-2-3　将三相交流发电机 A、B、C 三端点连成中点，而从 X、Y、Z 引出端线，这时 $U_l=\sqrt{3}U_p$ 还成立吗？

7-2-4　三相电源作三角形联结时，为确保连接正确，将一电压表串接到三相电源的回路中，如图 7-6 所示，若连接正确，电压表读数为多少？若有一相接反或两相接反，电压表读数又分别为多少？

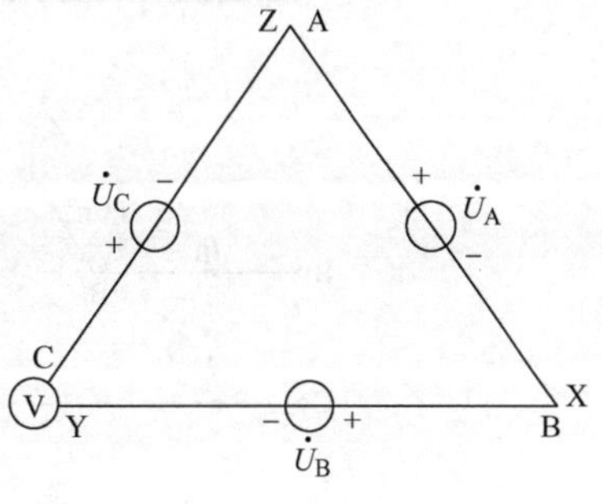

图 7-6　思考题 7-2-4

第三节 三相负载的连接

三相负载的连接方式也有星形和三角形两种。

一、星形联结（Y）

如图7-7所示，三相负载Z_A、Z_B、Z_C的连接方式为星形联结。图中N′点为负载中性点，从A′、B′、C′引出三根端线与三相电源相连，在三相四线系统中，负载中性点N′与电源中性点N相连的线称为中性线。

三相负载星形联结时，流经各相负载的电流称为相电流，分别用$\dot{I}_{A'N'}$、$\dot{I}_{B'N'}$、$\dot{I}_{C'N'}$表示；而流经端线的电流称为线电流，分别用$\dot{I}_A$、$\dot{I}_B$、$\dot{I}_C$表示，方向如图7-7中所示。显然，三相负载星形联结时，线电流与相应相电流相等，即

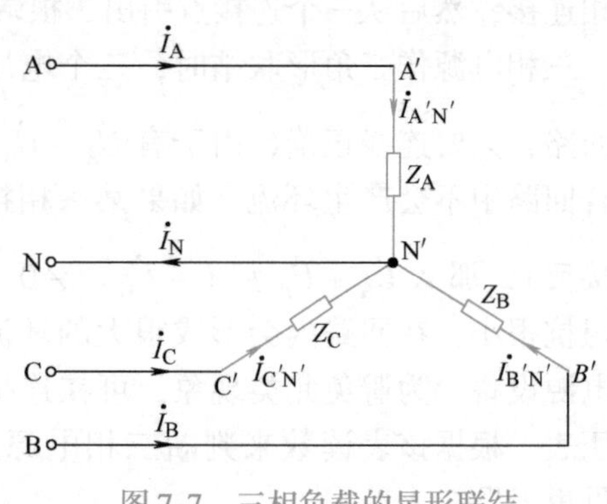

图7-7 三相负载的星形联结

$$\left.\begin{aligned}\dot{I}_A &= \dot{I}_{A'N'}\\ \dot{I}_B &= \dot{I}_{B'N'}\\ \dot{I}_C &= \dot{I}_{C'N'}\end{aligned}\right\} \tag{7-9}$$

流经中性线的电流称为中线电流，用$\dot{I}_N$表示。在图7-7所示的电流方向下，中线电流为

$$\dot{I}_N = \dot{I}_A + \dot{I}_B + \dot{I}_C \tag{7-10}$$

若线电流$\dot{I}_A$、$\dot{I}_B$、$\dot{I}_C$为一组对称三相正弦量，则

$$\dot{I}_N = 0$$

此时若将中性线去掉，对电路没有任何影响。

二、三角形联结（△）

将三相负载Z_A、Z_B、Z_C接成三角形后与电源相连，如图7-8a所示，就是负载的△联结。

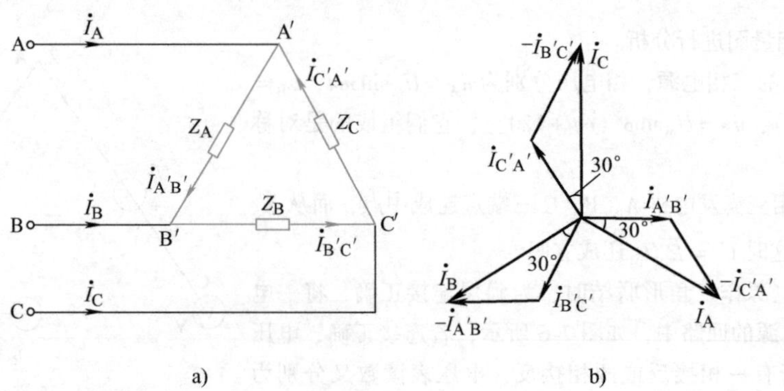

图7-8 三相负载的△联结及对称电流相量图

此时，每相负载的相电压等于线电压。每相负载流过的电流为相电流，分别用$\dot{I}_{A'B'}$、$\dot{I}_{B'C'}$、$\dot{I}_{C'A'}$表示，线电流为$\dot{I}_A$、$\dot{I}_B$、$\dot{I}_C$。在图7-8a所标注的参考方向下，据KCL有

$$\left.\begin{aligned}\dot{I}_A&=\dot{I}_{A'B'}-\dot{I}_{C'A'}\\\dot{I}_B&=\dot{I}_{B'C'}-\dot{I}_{A'B'}\\\dot{I}_C&=\dot{I}_{C'A'}-\dot{I}_{B'C'}\end{aligned}\right\}\tag{7-11}$$

若三相负载相电流是对称的，并设$\dot{I}_{A'B'}=I_p\angle 0^\circ$，则$\dot{I}_{B'C'}=I_p\angle -120^\circ$，$\dot{I}_{C'A'}=I_p\angle 120^\circ$，代入式(7-11) 可得

$$\left.\begin{aligned}\dot{I}_A&=\sqrt{3}I_p\angle -30^\circ=\sqrt{3}\dot{I}_{A'B'}\angle -30^\circ\\\dot{I}_B&=\sqrt{3}I_p\angle -150^\circ=\sqrt{3}\dot{I}_{B'C'}\angle -30^\circ\\\dot{I}_C&=\sqrt{3}I_p\angle 90^\circ=\sqrt{3}\dot{I}_{C'A'}\angle -30^\circ\end{aligned}\right\}\tag{7-12}$$

上式表明：①三相负载△联结时，若相电流是一组对称三相电流，那么线电流也是一组对称三相电流；②线电流有效值是相电流有效值的$\sqrt{3}$倍，记为

$$I_l=\sqrt{3}I_p\tag{7-13}$$

③ 各个线电流相位滞后于相应两个相电流中的后续相30°，如$\dot{I}_A$滞后$\dot{I}_{A'B'}$30°；$\dot{I}_B$滞后$\dot{I}_{B'C'}$30°等，相量图如图7-8b所示。

将三角形联结的三相负载看成一个广义节点，由KCL知，$\dot{I}_A+\dot{I}_B+\dot{I}_C=0$恒成立，与电流的对称与否无关。

三相负载的相电压、线电压的概念与上节介绍的三相电源中的有关概念相同，这里不再讨论。

若三相负载的复阻抗相等，即$Z_A=Z_B=Z_C$时，称为对称三相负载，三相电动机就是一组对称负载。将对称负载接到对称三相电源上，就构成了对称三相电路。三相负载的复阻抗不相等时，称为不对称负载，由它们构成的电路就是不对称三相电路，三相照明电路一般是不对称的。

三相电源和三相负载通过输电线（端线）相连构成了三相电路。工程上根据实际需要，可以组成多种类型的三相电路，如星形（电源）-星形（负载），简称Y-Y，还有Y-△、△-Y和△-△等。图7-9示出了由两组对称三相负载（三相电动机）及一组不对称负载（照明负载）同时接入三相四线制电路中的例子。

图7-9中没有画出电源的连接方式，这是因为从负载的角度来说，所关心的是电源能输出多大的线电压，至于电源内部究竟是如何连接的，则是无关紧要的，所以为了简化电路图，习惯上省略三相电源不画，而仅画出与负载相连的端线和中性线即可。

三相负载按什么方式连接，必须根据每相负载的额定电压与给定的电源线电压关系而定。当各相负载的额定电压等于电源的线电压，则负载应作三角形联结；而当负载的额定电压等于电源线电压的$\frac{1}{\sqrt{3}}$时，则负载应作星形联结。此外，若有许多单相负载接到三相电源上，应尽可能把这些负载平均地分配到每一相上，以使电路尽可能地对称。

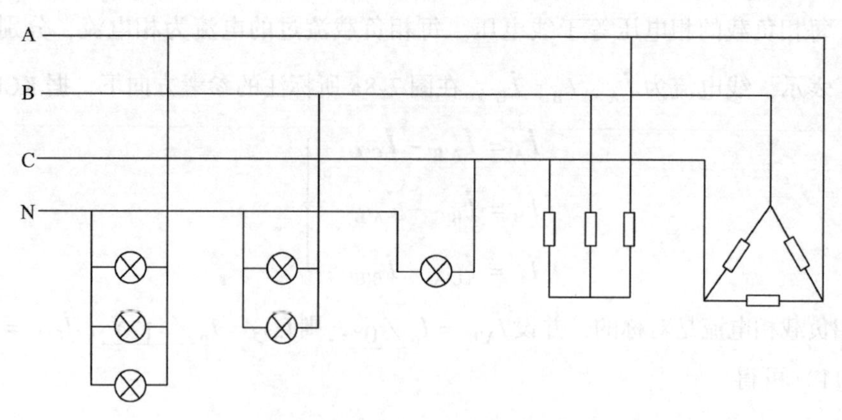

图 7-9 三相电路实例

7-3-1 3 个阻值相等的电阻接成Y联结后，接到线电压为 380V 的三相电源上，线电流为 2A，则相电压、相电流分别为多大？现若把这 3 个电阻改成△联结，接到线电压 220V 的三相电源，相电流、线电流各为多少？

7-3-2 三相三线制电路中，$\dot{I}_{\mathrm{A}}+\dot{I}_{\mathrm{B}}+\dot{I}_{\mathrm{C}}=0$ 总是成立，三相四线制电路中此等式也总是成立吗？

7-3-3 某△联结负载的相电流 $\dot{I}_{\mathrm{A'B'}}=3\angle 30^{\circ}\,\mathrm{A}$，则可确定线电流 $\dot{I}_{\mathrm{A}}=3\sqrt{3}\angle 0^{\circ}\,\mathrm{A}$，对吗？

第四节 对称三相电路的计算

三相电路实质上是复杂的正弦交流电路，以前讨论过的正弦交流电路的分析方法完全适用于三相电路。但对称三相电路有其自身的特点，掌握这些特点，可以简化对它的分析计算。

下面以图 7-10a 所示电路为例，首先讨论对称三相电路的特点。图中 Z_l 为端线阻抗，Z_{N} 为中性线阻抗，三相负载 $Z_{\mathrm{A}}=Z_{\mathrm{B}}=Z_{\mathrm{C}}=Z$。电路中 N、N′分别为电源和负载的中性点，这是一个具有两个节点的正弦交流电路，电压 $\dot{U}_{\mathrm{N'N}}$ 称为中性点电压，应用节点电压法有

$$\dot{U}_{\mathrm{N'N}}=\frac{(\dot{U}_{\mathrm{A}}+\dot{U}_{\mathrm{B}}+\dot{U}_{\mathrm{C}})/(Z+Z_l)}{\dfrac{1}{Z_l+Z}+\dfrac{1}{Z_l+Z}+\dfrac{1}{Z_l+Z}+\dfrac{1}{Z_{\mathrm{N}}}}$$

因为

$$\dot{U}_{\mathrm{A}}+\dot{U}_{\mathrm{B}}+\dot{U}_{\mathrm{C}}=0$$

所以

$$\dot{U}_{\mathrm{N'N}}=0$$

各相负载的相电流（即线电流）为

$$\dot{I}_{\mathrm{A}}=\frac{\dot{U}_{\mathrm{A}}-\dot{U}_{\mathrm{N'N}}}{Z+Z_l}=\frac{\dot{U}_{\mathrm{A}}}{Z+Z_l}$$

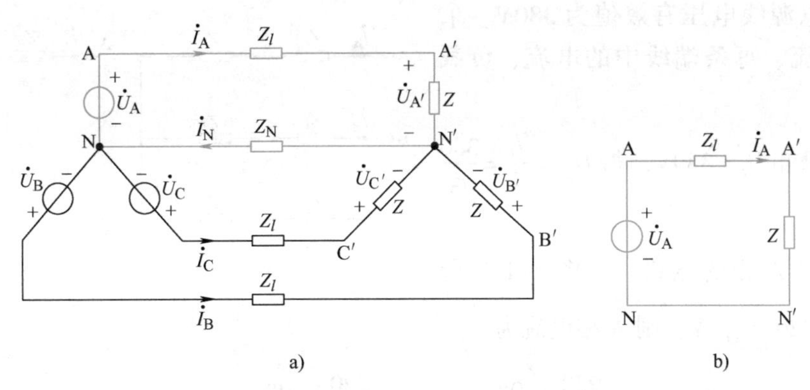

图 7-10　对称Y-Y电路及取 A 相计算图

$$\dot{I}_B = \frac{\dot{U}_B}{Z + Z_l}$$

$$\dot{I}_C = \frac{\dot{U}_C}{Z + Z_l}$$

各相负载的相电压为

$$\dot{U}_{A'} = \dot{I}_A Z$$

$$\dot{U}_{B'} = \dot{I}_B Z$$

$$\dot{U}_{C'} = \dot{I}_C Z$$

以上分析可见，对称Y-Y联结三相电路具有以下特点：

1）各相具有独立性。由于中性点电压 $\dot{U}_{N'N}=0$，各相负载的电压和电流由该相的电源及负载的阻抗决定，而与其他两相无关。

2）各相间具有对称性。即各相负载的电压或电流都是与电源为同相序的对称三相正弦量。

3）中性线不起作用。由于各线、相电流对称，则中性线电流 $\dot{I}_N = \dot{I}_A + \dot{I}_B + \dot{I}_C = 0$，这就是说，不管中性线阻抗为多大，中性线电流总是等于零，中性线的有无不影响电路的工作状态。

根据对称星形联结电路具有的这些特点，对它进行分析计算时，可采用以下步骤：

1）不管电路中是否有中性线，也不管中性线阻抗为何值，总可以先用一条阻抗为零的中性线来替代。

2）单独取出一相电路（通常取 A 相）进行计算，如图 7-10b 所示。要注意的是，该一相电路的电源是星形联结电源的对应相电压（图 7-10b 中的 $\dot{U}_A$）。

3）根据对称性推算其他两相的电压和电流。

由于阻抗的△-Y联结可以进行等效互换，所以所有的对称三相电路都可归为Y-Y联结电路，都可化归为对一相的计算。

例 7-1　图 7-11a 所示对称三相电路中，负载每相阻抗 $Z=(6+\mathrm{j}8)\,\Omega$，端线阻抗 $Z_l=$

$(1+\mathrm{j}1)\,\Omega$，电源线电压有效值为380V，求负载各相电流、每条端线中的电流、负载各相电压。

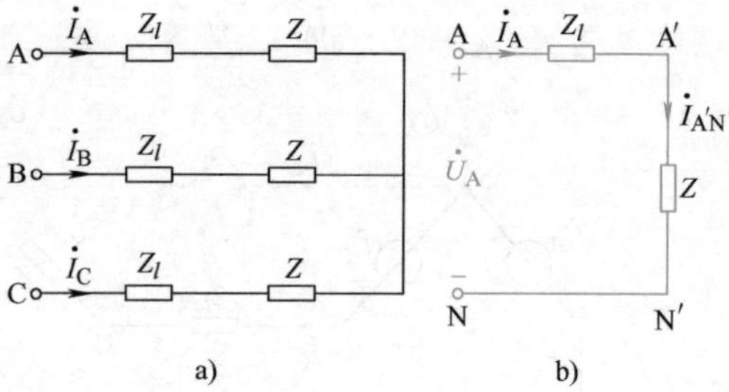

解 由已知 $U_l=380\mathrm{V}$，得 $U_\mathrm{p}=\dfrac{U_l}{\sqrt{3}}=\dfrac{380}{\sqrt{3}}\mathrm{V}=220\mathrm{V}$

a) b)

图7-11 例7-1图

单独画出A相的电路，如图7-11b所示。设 $\dot{U}_\mathrm{A}=220\angle 0^\circ\ \mathrm{V}$，则A相电流为

$$\dot{I}_{\mathrm{A'N'}}=\frac{\dot{U}_\mathrm{A}}{Z_l+Z}=\frac{220\angle 0^\circ}{(1+\mathrm{j}1)+(6+\mathrm{j}8)}\mathrm{A}=\frac{220\angle 0^\circ}{11.4\angle 52.1^\circ}\mathrm{A}=19.3\angle -52.1^\circ\ \mathrm{A}$$

A相负载相电压为

$$\dot{U}_{\mathrm{A'N'}}=\dot{I}_{\mathrm{A'N'}}Z=19.3\angle -52.1^\circ\times(6+\mathrm{j}8)\mathrm{V}=192\angle 1^\circ\ \mathrm{V}$$

因为负载是Y联结，所以线电流为

$$\dot{I}_\mathrm{A}=\dot{I}_{\mathrm{A'N'}}=19.3\angle -52.1^\circ\ \mathrm{A}$$

而B、C两相电流、电压可根据对称性推得

$$\dot{I}_\mathrm{B}=\dot{I}_{\mathrm{B'N'}}=19.3\angle -172.1^\circ\mathrm{A}\qquad \dot{U}_{\mathrm{B'N'}}=192\angle -119^\circ\ \mathrm{V}$$

$$\dot{I}_\mathrm{C}=\dot{I}_{\mathrm{C'N'}}=19.3\angle 67.9^\circ\ \mathrm{A}\qquad \dot{U}_{\mathrm{C'N'}}=192\angle 121^\circ\ \mathrm{V}$$

例7-2 图7-12所示电路中，电源线电压为380V，向两组对称负载供电，一组负载Y联结，$Z_1=(12+\mathrm{j}16)\ \Omega$，另一组负载△联结，$Z_2=(48+\mathrm{j}36)\ \Omega$，分别求两组负载的相电流、线电流及电路中总的线电流。

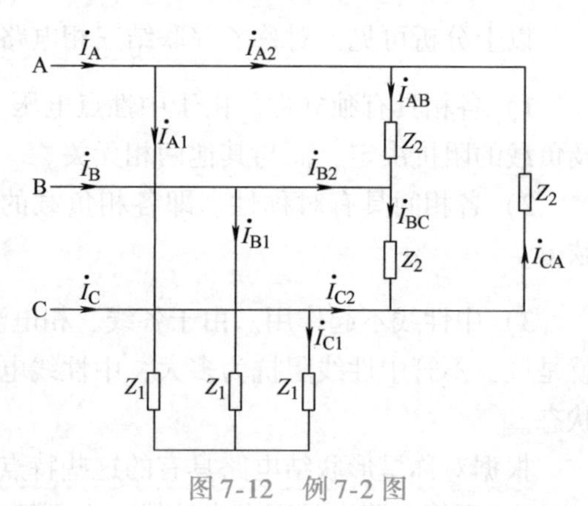

图7-12 例7-2图

解 本电路不计端线阻抗，故两组负载的线电压均为电源线电压，计算时可不必将△联结负载变换为Y联结，而直接对各组负载分别根据对称性取一相进行分析即可。

Y联结负载 Z_1 的相电压为220V，设 $\dot{U}_\mathrm{A}=220\angle 0^\circ\ \mathrm{V}$，其相电流等于线电流为

$$\dot{I}_\mathrm{A1}=\frac{\dot{U}_\mathrm{A}}{Z_1}=\frac{220\angle 0^\circ}{12+\mathrm{j}16}\mathrm{A}=11\angle -53.1^\circ\ \mathrm{A}$$

$$\dot{I}_\mathrm{B1}=11\angle -173.1^\circ\mathrm{A}$$

$$\dot{I}_\mathrm{C1}=11\angle 66.9^\circ\ \mathrm{A}$$

△联结负载 Z_2 的相电压等于线电压为380V，$\dot{U}_{AB}=380\angle 30^\circ$ V，其相电流为

$$\dot{I}_{AB}=\frac{\dot{U}_{AB}}{Z_2}=\frac{380\angle 30^\circ}{48+j36}\text{A}=6.33\angle -6.8^\circ\ \text{A}$$

$$\dot{I}_{BC}=6.33\angle -126.8^\circ\ \text{A}$$

$$\dot{I}_{CA}=6.33\angle 113.2^\circ\ \text{A}$$

其线电流为

$$\dot{I}_{A2}=\sqrt{3}\dot{I}_{AB}\angle -30^\circ=11\angle -36.8^\circ\ \text{A}$$

$$\dot{I}_{B2}=11\angle -156.8^\circ\ \text{A}$$

$$\dot{I}_{C2}=11\angle 83.2^\circ\ \text{A}$$

线路中总的线电流

$$\dot{I}_{A}=\dot{I}_{A1}+\dot{I}_{A2}=11\angle -53.1^\circ\ \text{A}+11\angle -36.8^\circ\ \text{A}=21.78\angle -45^\circ\ \text{A}$$

$$\dot{I}_{B}=21.78\angle -165^\circ\ \text{A}$$

$$\dot{I}_{C}=21.78\angle 75^\circ\ \text{A}$$

思 考 题

7-4-1　什么情况下可将三相电路的计算转变为对一相电路的计算？为什么？

7-4-2　何为对称负载？若三相负载△联结时，测出各相电流大小相等，则能否说三相负载是对称的？

7-4-3　对称三相三线制Y联结电路中，已知 $\dot{U}_{AB}=380\angle 10^\circ$ V，$\dot{I}_{A}=15\angle 10^\circ$ A，分析以下结论是否正确：(A) $\dot{U}_{CB}=380\angle 70^\circ$ V；(B) $\dot{U}_{CN'}=220\angle 100^\circ$ V；(C) 负载为感性。

7-4-4　对称三相电路中，为什么可直接将N′、N两中性点短接起来？

第五节　不对称三相电路的分析

通常情况下认为，三相电源电压、三相端线阻抗是对称的，引起三相电路不对称的主要原因是三相负载的不对称。这时电路不具有对称三相电路的特点，因此，不能应用上节介绍的分析方法。以下分几种情况进行讨论。

一、不对称负载Y联结无中性线

图7-13中，不对称负载 Z_A、Z_B、Z_C 作Y联结，当图中开关S打开时，即电路无中性线。利用节点法，可求得中性点电压为

$$\dot{U}_{N'N}=\frac{\dot{U}_A/Z_A+\dot{U}_B/Z_B+\dot{U}_C/Z_C}{1/Z_A+1/Z_B+1/Z_C}$$

由于负载的不对称，显然$\dot{U}_{N'N} \neq 0$，即N′、N两点电位不相等，这种现象称为中性点位移。这样，各相负载的电压为

$$\dot{U}_{A'} = \dot{U}_A - \dot{U}_{N'N}$$

$$\dot{U}_{B'} = \dot{U}_B - \dot{U}_{N'N}$$

$$\dot{U}_{C'} = \dot{U}_C - \dot{U}_{N'N}$$

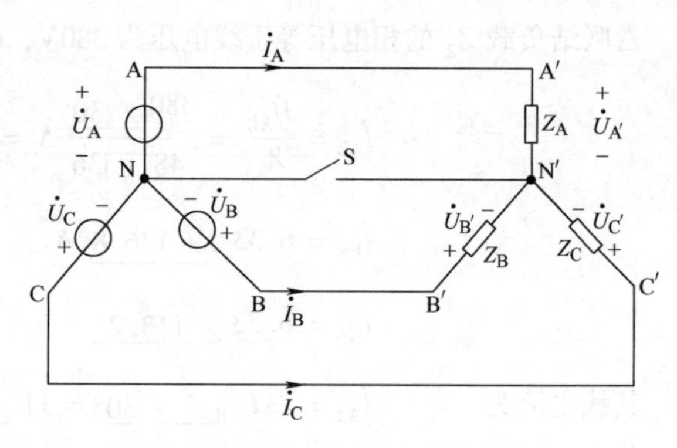

图7-13 不对称三相电路

从图7-14的相量图中可看出，由于中性点位移，造成负载相电压不对称，某些相的电压过低（如图中$\dot{U}_{A'}$），而某些相电压则过高（如图中的$\dot{U}_{B'}$、$\dot{U}_{C'}$），使负载不能正常工作，甚至被损坏。另一方面，由于中性点电压的值与各相负载有关，所以，各相的工作状况相互关联，在工作中，一相负载发生变化，则会影响另外两相的工作。

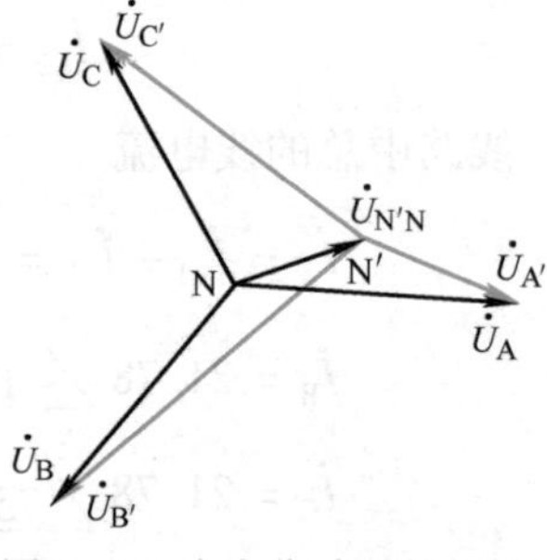

图7-14 中点位移时的相量图

二、不对称负载Y联结有中性线

若在图7-13中，合上开关S，即不对称电路有中性线，并设$Z_N \approx 0$，则N′、N两点等电位，$\dot{U}_{N'N} = 0$。这样就迫使电路不会产生中性点位移，各相负载的电压分别为

$$\dot{U}_{A'} = \dot{U}_A$$

$$\dot{U}_{B'} = \dot{U}_B$$

$$\dot{U}_{C'} = \dot{U}_C$$

即此时虽然负载不对称，但它们的相电压仍为对称的电源电压，各相是独立的，互不影响，每相都是一个单相电路，分别计算即可。此时三个相电流不再对称，所以中性线电流不为零。

以上讨论可见，对于不对称Y联结电路，中性线不是可有可无的，为使各相都能正常工作，必须可靠地接入中性线。实际工程中要求中性线具有足够的机械强度，阻抗要小，并且不允许在其中接入熔断器和开关。

例7-3 把额定电压为220V、功率为100W的白炽灯（纯电阻元件）接到线电压为380V的三相四线制电路中，如图7-15所示。A相、B相分别接有20只，C相接有30只。(1) 求各相电流及中性线电流；(2) 若中性线因故断开，求各相负载的电压。

解 (1) 每只白炽灯的电阻为

$$R = \frac{220^2}{100}\Omega = 484\Omega$$

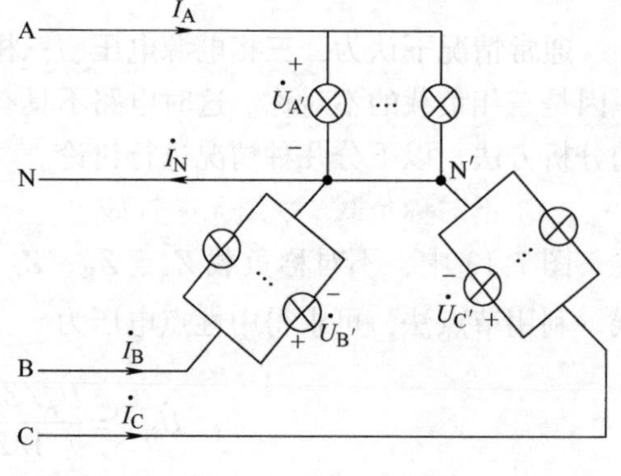

图7-15 例7-3图

则各相负载的等效电阻为

$$R_A = R_B = \frac{484}{20}\Omega = 24.2\Omega$$

$$R_C = \frac{484}{30}\Omega = 16\Omega$$

因为有中性线，各相负载的电压即为Y联结的各相电源电压，负载的各相电流等于各线电流，即

$$\dot{I}_A = \frac{\dot{U}_A}{R_A} = \frac{220\angle 0^\circ}{24.2}\text{A} = 9.1\angle 0^\circ\ \text{A}$$

$$\dot{I}_B = \frac{\dot{U}_B}{R_B} = \frac{220\angle -120^\circ}{24.2}\text{A} = 9.1\angle -120^\circ\ \text{A}$$

$$\dot{I}_C = \frac{\dot{U}_C}{R_C} = \frac{220\angle 120^\circ}{16}\text{A} = 13.75\angle 120^\circ\ \text{A}$$

中性线电流为

$$\dot{I}_N = \dot{I}_A + \dot{I}_B + \dot{I}_C = (9.1\angle 0^\circ + 9.1\angle -120^\circ + 13.75\angle 120^\circ)\text{A}$$
$$= 4.65\angle 120^\circ\ \text{A}$$

（2）中性线断开，产生中性点位移，中性点电压为

$$\dot{U}_{N'N} = \frac{\dfrac{220\angle 0^\circ}{24.2} + \dfrac{220\angle -120^\circ}{24.2} + \dfrac{220\angle 120^\circ}{16}}{\dfrac{1}{24.2} + \dfrac{1}{24.2} + \dfrac{1}{16}}\text{V} = 32\angle 120^\circ\ \text{V}$$

各相电压分别为

$$\dot{U}_{A'} = \dot{U}_A - \dot{U}_{N'N} = (220\angle 0^\circ - 32\angle 120^\circ)\text{V} = 237.6\angle -6.7^\circ\ \text{V}$$

$$\dot{U}_{B'} = \dot{U}_B - \dot{U}_{N'N} = (220\angle -120^\circ - 32\angle 120^\circ)\text{V} = 237.6\angle -113.3^\circ\text{V}$$

$$\dot{U}_{C'} = \dot{U}_C - \dot{U}_{N'N} = (220\angle 120^\circ - 32\angle 120^\circ)\text{V} = 188\angle 120^\circ\ \text{V}$$

可见，这时各相负载均未工作在额定电压下。

例 7-4　图 7-16a 所示电路是用来测定三相电源相序的原理图。任意指定电源的一相为 A 相，把电容 C 接到 A 相上，两只相同的白炽灯分别接到另外两相上，令 $R = \dfrac{1}{\omega C}$，试说明如何根据两白炽灯的亮度来确定 B、C 相。

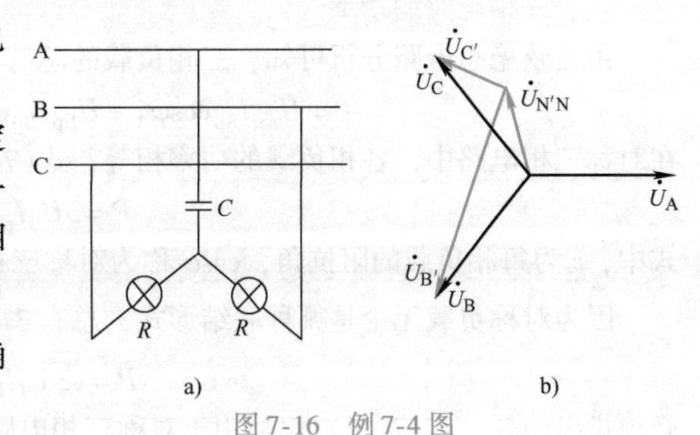

图 7-16　例 7-4 图

解　这是一个不对称星形联结电路，把电源看成星形联结，并设 $\dot{U}_A = U\angle 0^\circ$，则中性

点电压为

$$\dot{U}_{\mathrm{N'N}}=\frac{\dot{U}_{\mathrm{A}}\mathrm{j}\omega C+\dot{U}_{\mathrm{B}}G+\dot{U}_{\mathrm{C}}G}{\mathrm{j}\omega C+2G}$$

式中，$G=\dfrac{1}{R}$，又因 $R=\dfrac{1}{\omega C}$，所以 $G=\omega C$，代入上式可得

$$\dot{U}_{\mathrm{N'N}}=\frac{\mathrm{j}+\angle -120^{\circ}+\angle 120^{\circ}}{2+\mathrm{j}}U=\frac{-1+\mathrm{j}}{2+\mathrm{j}}U=0.632U\angle 100.5^{\circ}$$

$$\dot{U}_{\mathrm{B'}}=\dot{U}_{\mathrm{B}}-\dot{U}_{\mathrm{N'N}}=U\angle -120^{\circ}-0.632U\angle 100.5^{\circ}=1.49U\angle -101^{\circ}$$

$$\dot{U}_{\mathrm{C'}}=\dot{U}_{\mathrm{C}}-\dot{U}_{\mathrm{N'N}}=U\angle 120^{\circ}-0.632U\angle 100.5^{\circ}=0.4U\angle 138.4^{\circ}$$

显然，$U_{\mathrm{B'}}>U_{\mathrm{C'}}$，从而可知较亮白炽灯所接为 B 相。$U_{\mathrm{B'}}$、$U_{\mathrm{C'}}$的大小也可以从图 7-16b 所画出的相量图上看出。

三、不对称负载△联结

不对称负载△联结时，若不计端线阻抗，则各相负载的电压是对称电源的线电压，只需分别单独求解各相即可。但要注意的是：由于负载不对称，相电流就不对称，此时线电流与相电流之间就不再有$\sqrt{3}$倍及 30°相位的关系。

当不对称负载△联结又要考虑端线阻抗时，则可将负载按△-Y等效变换，从而成为不对称Y联结电路的分析。

思 考 题

7-5-1 三相电路在何种情况下产生中性点位移？中性点位移对负载工作情况有什么影响？中性线的作用是什么？此时，中性线电流是否为零？

7-5-2 三相不对称负载作三角形联结时，若有一相断路，对其他两相工作情况有影响吗？(不计端线阻抗)

第六节 三相电路的功率及其测量

一、三相电路的功率

由正弦稳态电路分析可知，三相负载的总有功功率应等于各相负载有功功率的和，即

$$P=U_{\mathrm{Ap}}I_{\mathrm{Ap}}\cos\varphi_{\mathrm{A}}+U_{\mathrm{Bp}}I_{\mathrm{Bp}}\cos\varphi_{\mathrm{B}}+U_{\mathrm{Cp}}I_{\mathrm{Cp}}\cos\varphi_{\mathrm{C}} \tag{7-14}$$

在对称三相电路中，各相负载的功率相等，式(7-14) 可写成

$$P=3U_{\mathrm{p}}I_{\mathrm{p}}\cos\varphi \tag{7-15}$$

式中，φ 为每相负载的阻抗角，$\cos\varphi$ 称为对称三相负载的功率因数。

因为对称负载无论是哪种联结形式，总有 $3U_{\mathrm{p}}I_{\mathrm{p}}=\sqrt{3}U_lI_l$，故式(7-15) 又可写为

$$P=\sqrt{3}U_lI_l\cos\varphi \tag{7-16}$$

必须指出的是，式(7-16) 仅适用于对称三相电路，式中的 φ 仍然是式(7-15) 中的阻抗角，不可误认为是线电压与线电流之间的相位差角。

三相电动机等设备铭牌上标明的有功功率都是指三相总有功功率。

同样道理，三相电路的无功功率应为

$$Q = Q_A + Q_B + Q_C = U_{Ap}I_{Ap}\sin\varphi_A + U_{Bp}I_{Bp}\sin\varphi_B + U_{Cp}I_{Cp}\sin\varphi_C \tag{7-17}$$

对称三相电路时则为

$$Q = 3U_pI_p\sin\varphi = \sqrt{3}U_lI_l\sin\varphi \tag{7-18}$$

三相电路的视在功率 S 定义为

$$S = \sqrt{P^2 + Q^2} \tag{7-19}$$

当三相电路对称时则

$$S = \sqrt{3}U_lI_l \tag{7-20}$$

例 7-5　有一对称三相负载，每相阻抗 $Z=(80+\mathrm{j}60)\ \Omega$，电源线电压 $U_l=380\mathrm{V}$。求当三相负载分别连接成Y和△时，电路的有功功率和无功功率。

解　(1)负载连接成Y时

$$U_p = \frac{U_l}{\sqrt{3}} = \frac{380}{\sqrt{3}}\mathrm{V} = 220\mathrm{V}$$

$$I_l = I_p = \frac{U_p}{|Z|} = \frac{220}{\sqrt{80^2+60^2}}\mathrm{A} = 2.2\mathrm{A}$$

$$P = \sqrt{3}U_lI_l\cos\varphi = \sqrt{3}\times380\times2.2\times\frac{80}{\sqrt{80^2+60^2}}\mathrm{W} = 1.16\mathrm{kW}$$

$$Q = \sqrt{3}U_lI_l\sin\varphi = \sqrt{3}\times380\times2.2\times\frac{60}{\sqrt{80^2+60^2}}\mathrm{var} = 0.87\mathrm{kvar}$$

(2) 负载连接成△时

$$U_p = U_l = 380\mathrm{V}$$

$$I_l = \sqrt{3}I_p = \sqrt{3}\frac{380}{\sqrt{80^2+60^2}}\mathrm{A} = 6.6\mathrm{A}$$

$$P = \sqrt{3}U_lI_l\cos\varphi = \sqrt{3}\times380\times6.6\times\frac{80}{\sqrt{80^2+60^2}}\mathrm{W} = 3.48\mathrm{kW}$$

$$Q = \sqrt{3}U_lI_l\sin\varphi = \sqrt{3}\times380\times6.6\times\frac{60}{\sqrt{80^2+60^2}}\mathrm{var} = 2.61\mathrm{kvar}$$

从本例显然可得，同一个三相负载接到同一个三相电源上，三角形联结时的线电流、有功功率及无功功率分别都是星形联结时的 3 倍。

例 7-6　线电压为380V 的三相电源接有两组负载，负载 1 为一台三相电动机（对称感性负载），功率为 1.5kW，功率因数为 0.6；负载 2 是一组三角形联结的对称负载，它的每相阻抗 $Z_2=(240-\mathrm{j}180)\ \Omega$。求电源提供的有功功率、无功功率、视在功率及三相电路的功率因数、线电流。

解　方法一　可将负载 1 看作星形联结（也可看作三角形联结，计算结果是一致的，因式(7-16) 与负载联结方式无关）。其线电流的有效值为

$$I_{A1} = \frac{P_1}{\sqrt{3}U_1\cos\varphi} = \frac{1.5\times10^3}{\sqrt{3}\times380\times0.6}\mathrm{A} = 3.8\mathrm{A}$$

设 $\dot{U}_A = U_p \angle 0° = \frac{380}{\sqrt{3}} \angle 0° \text{ V} = 220 \angle 0° \text{ V}$

则 $$\dot{I}_{A1} = I_{A1} \angle -\arccos 0.6 = 3.8 \angle -53.1° \text{ A}$$

负载2的相电流

$$\dot{I}_{AB} = \frac{\dot{U}_{AB}}{Z_2} = \frac{380 \angle 30°}{240 - \text{j}180} \text{A} = 1.27 \angle 66.9° \text{ A}$$

线电流为 $$\dot{I}_{A2} = \sqrt{3}\dot{I}_{AB} \angle -30° = 2.2 \angle 36.9° \text{ A}$$

三相电路的端线电流 $\dot{I}_A$ 为

$$\dot{I}_A = \dot{I}_{A1} + \dot{I}_{A2} = (3.8 \angle -53.1° + 2.2 \angle 36.9°) \text{A} = 4.39 \angle -23.2° \text{ A}$$

电源提供的有功功率、无功功率、视在功率分别为

$$P = \sqrt{3} U_l I_l \cos\varphi = \sqrt{3} \times 380 \times 4.39 \times \cos 23.2° \text{W} = 2.66 \text{kW}$$

$$Q = \sqrt{3} U_l I_l \sin\varphi = \sqrt{3} \times 380 \times 4.39 \times \sin 23.2° \text{var} = 1.133 \text{kvar}$$

$$S = \sqrt{3} U_l I_l = \sqrt{3} \times 380 \times 4.39 \text{V} \cdot \text{A} = 2.89 \text{kV} \cdot \text{A}$$

三相电路的功率因数 $\cos\varphi = \cos 23.2° = 0.92$（感性）

方法二 由已知条件，负载1吸收的有功功率 P_1、无功功率 Q_1 分别为

$$P_1 = 1.5 \text{kW}$$

$$Q_1 = P_1 \text{tg}\varphi_1 = 1.5 \times \text{tg}(\arccos 0.6) \text{var} = 2 \text{kvar}$$

负载2的有功功率 P_2、无功功率 Q_2 为

$$P_2 = 3I_p^2 R_2 = 3\left(\frac{380}{\sqrt{240^2 + 180^2}}\right)^2 \times 240 \text{W} = 1.156 \text{kW}$$

$$Q_2 = 3I_p^2 X_2 = 3\left(\frac{380}{\sqrt{240^2 + 180^2}}\right)^2 \times (-180) \text{var} = -0.867 \text{kvar}$$

因此，电源提供的有功功率、无功功率、视在功率为

$$P = P_1 + P_2 = 2.66 \text{kW}$$

$$Q = Q_1 + Q_2 = 1.133 \text{kvar}$$

$$S = \sqrt{P^2 + Q^2} = 2.89 \text{kV} \cdot \text{A}$$

三相电路的功率因数应为

$$\cos\varphi = \frac{P}{S} = \frac{2.66}{2.89} = 0.92 \text{（感性，因 } Q \text{ 值为正）}$$

三相电路的线电流 I_l 由式(7-20)求得

$$I_l = S/\sqrt{3} U_l = \frac{2.89 \times 10^3}{\sqrt{3} \times 380} \text{A} = 4.39 \text{A}$$

二、三相电路的功率测量

三相四线制电路中，负载一般是不对称的，需分别测出各相功率后再相加，才能得到三相总功率，测量电路如图7-17所示，称之为“三瓦计”法。

若上述电路对称，则各相功率相等，只要测出一相负载的功率，然后再乘以3倍，就可

得到三相负载的总功率，称之为“一瓦计”法。

对于三相三线制电路，不论其对称与否，都可用图 7-18 所示电路来测量负载的总功率。这种方法称为“二瓦计”法。两只功率表的接线原则是：两只功率表的电流线圈分别串接于任意两根端线中，而电压线圈则分别并联在本端线与第三根端线之间。这样两只功率表的读数的代数和就是三相电路的总功率。显然，二瓦计的测量电路除了图 7-18 所示外，还有两种形式，请读者自行画出。

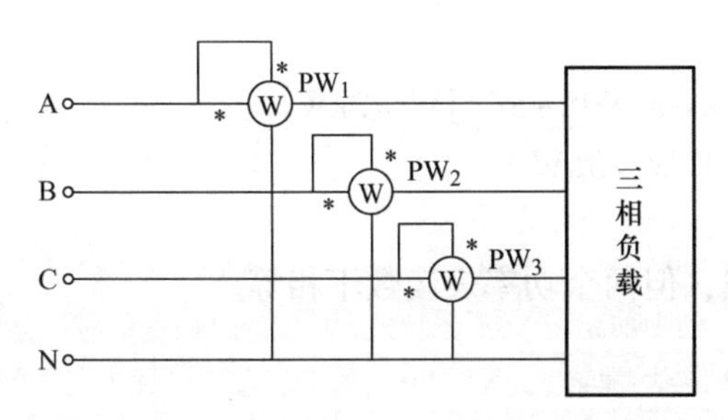

图 7-17　测量三相电路功率的三瓦计法

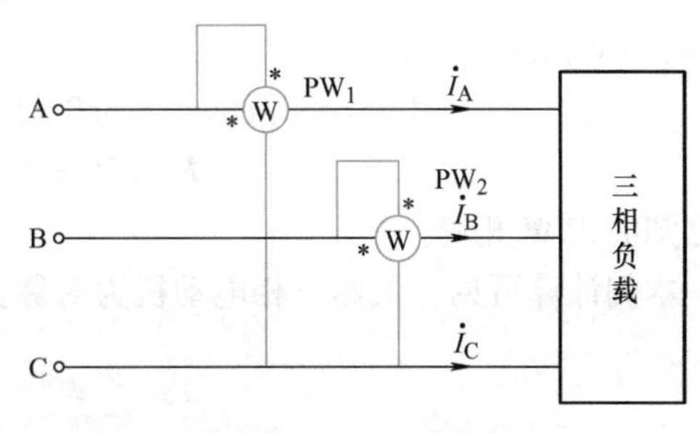

图 7-18　测量三相电路功率的二瓦计法

根据第五章第十三节有关功率测量的内容介绍可知，功率表的读数与其电压线圈的电压及电流线圈的电流有关。图 7-18 中两个功率表的读数分别为

$$\begin{aligned} P_1 &= U_{AC}I_A\cos\varphi_1 \\ P_2 &= U_{BC}I_B\cos\varphi_2 \end{aligned} \tag{7-21}$$

式中，φ_1 是线电压 $\dot{U}_{AC}$ 与线电流 $\dot{I}_A$之间的相位差；φ_2 是线电压 $\dot{U}_{BC}$与线电流 $\dot{I}_B$之间的相位差。三相负载的总功率为

$$P = P_1 + P_2$$

在一定条件下，当 $\varphi_1 > 90°$或 $\varphi_2 > 90°$时，相应的功率表读数为负值，这时，求负载总功率时应将负值代入，即为代数和。

一般来讲，“二瓦计”法中任一功率表的读数是没有实际意义的，而且即使是在对称电路中，两个功率表的读数一般也是不相等的。

例 7-7　图 7-19 电路中，三相电动机的功率为 3kW，$\cos\varphi = 0.866$，电源线电压为 380V，求图中两功率表的读数。

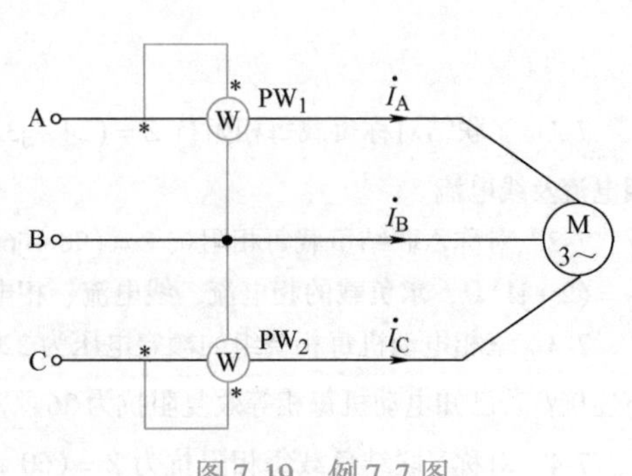

图 7-19　例 7-7 图

解　由 $P=\sqrt{3}U_lI_l\cos\varphi$，线电流为

$$I_l = \frac{P}{\sqrt{3}U_l\cos\varphi} = \frac{3\times10^3}{\sqrt{3}\times380\times0.866}\text{A} = 5.26\text{A}$$

设 $\dot{U}_A = \frac{380}{\sqrt{3}}\angle 0°\ \text{V} = 220\angle 0°\ \text{V}$，而 $\varphi = \arccos 0.866 = 30°$

所以

$$\dot{I}_A = 5.26\angle -30°\text{A}$$

$$\dot{U}_{AB} = 380 \angle 30° \text{ V}$$

$$\dot{I}_C = 5.26 \angle 90° \text{ A}$$

$$\dot{U}_{CB} = -\dot{U}_{BC} = -380 \angle -90° \text{ V} = 380 \angle 90° \text{ V}$$

功率表 PW_1 的读数为

$$P_1 = U_{AB} I_A \cos\varphi_1 = 380 \times 5.26 \times \cos[30° - (-30°)] \text{W} = 1\text{kW}$$

功率表 PW_2 的读数为

$$P_2 = U_{CB} I_C \cos\varphi_2 = 380 \times 5.26 \times \cos[90° - 90°] \text{W} = 2\text{kW}$$

$$P_1 + P_2 = (1 + 2)\text{kW} = 3\text{kW}$$

与已知的 3kW 相等。

本例计算可见，虽然三相电动机为对称负载，但两个功率表读数不相等。

思考题

7-6-1 对称三相电路的功率可用式(7-16) 计算，式中的 φ 是由什么决定的？

7-6-2 二瓦计法仅适用于对称三相三线制电路的测量吗？二瓦计法中如有一只功率表读数为负值，表示发出功率吗？有无实际意义？

7-6-3 画出除图 7-18 所示“二瓦计”法测量电路外的其他两种形式，并说明其中功率表读数由哪些因素决定。

7-6-4 三相电动机铭牌上标有 220V/380V 额定电压，电动机绕组在不同的电源线电压时（220V 或 380V）应接成什么形式？在不同的连接形式下，三相电动机的功率有无变化？

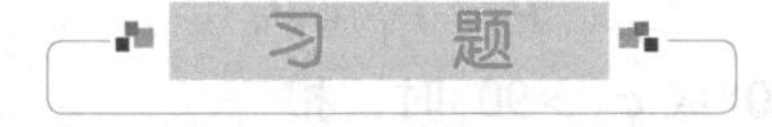

习题

7-1 Y联结对称负载每相阻抗 $Z = (24 + j32)\Omega$，接于线电压 $\dot{U}_{AB} = 380 \angle 0° \text{ V}$ 的三相电源上，试求各相电流及线电流。

7-2 对称△联结负载每相阻抗 $Z = (90 + j60)\Omega$，接至线电压为 380V 的三相电源上，每根端线阻抗为 $Z_l = (2 + j4)\Omega$，求负载的相电流、线电流、相电压和线电压。

7-3 三相电动机每相绕组的额定电压为 220V，现欲接至线电压为 220V 的三相电源上，此电动机应如何连接？若已知电动机每相等效复阻抗为 $36 \angle 30° \Omega$，求电动机的相电流、线电流。

7-4 对称Y联结负载每相阻抗为 $Z = (60 + j84)\Omega$，端线阻抗 $Z_l = (2 + j)\Omega$，中性线阻抗为 $Z_N = (1 + j)\Omega$，接至线电压为 380V 的三相电源上，求负载的线电流、相电压和线电压。若断开中性线，负载的工作情况是否有变化？

7-5 三相电源的线电压为 380V，接有两组对称负载。负载 1 作三角形联结，每相阻抗为 $(90 + j120)\Omega$；负载 2 作星形联结，每相阻抗为 $j50\Omega$，若不计端线阻抗，求各负载的相电流、线电流、相电压、线电压及总的线电流。

7-6 图 7-20 所示三相四线制电路中，电源线电压 $U_l = 380\text{V}$，负载 $R_A = 11\Omega$，$R_B = R_C = 22\Omega$。求（1）负载相电压、相电流、中性线电流并作相量图。（2）若中性线断开，再求各负载的电压。

7-7 图 7-21 所示电路中，电源线电压 $U_l = 380\text{V}$，如果各相电流为 $I_A = I_B = I_C = 10\text{A}$。求：（1）各相负载的复阻抗；（2）中性线电流 I_N。

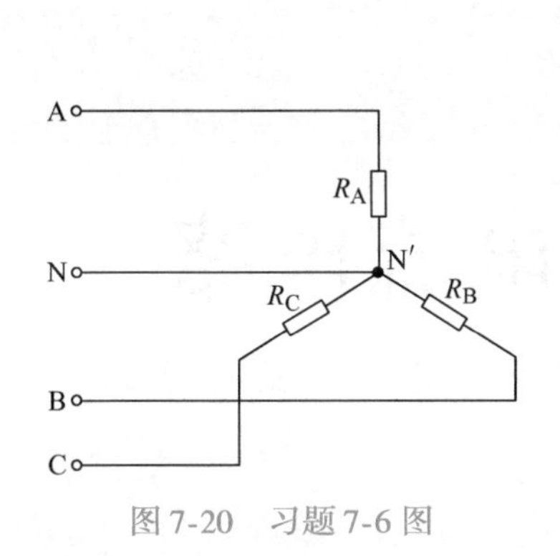

图 7-20　习题 7-6 图

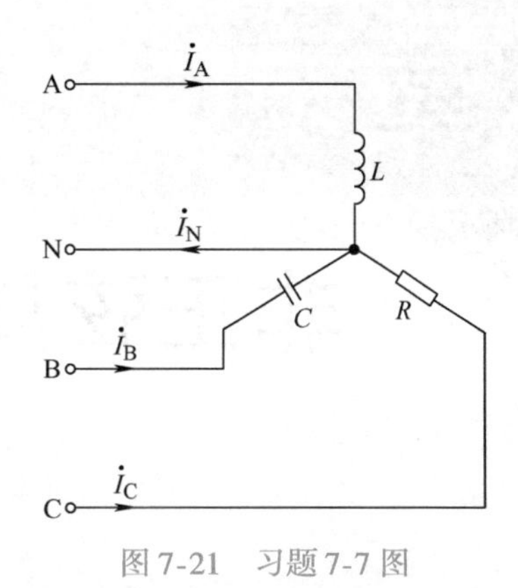

图 7-21　习题 7-7 图

7-8　对称△联结负载正常工作时，线电流为 5A，若其中有一相断开，再求各个线电流。

7-9　有一台三相电动机，其功率 P 为 3.2kW，功率因数 $\cos\varphi=0.8$，若该电动机接在线电压为 380V 的电源上，求电动机的线电流。

7-10　三相对称负载的功率为 5.5kW，△联结后接在线电压 220V 的三相电源上，测得线电流为 19.5A。求：(1) 负载相电流、功率因数和每相复阻抗 Z；(2) 若将该负载改接为Y联结，接至线电压为 380V 的三相电源上，则负载的相电流、线电流、吸收的功率各为多少？

7-11　图 7-22 所示对称三相电路中，设电源线电压 $\dot{U}_{AB}=380\angle 0°$ V，其中一组对称感性负载的有功功率 $P=5.7$kW，功率因数 $\cos\varphi=0.866$，另一组星形联结负载，每相阻抗 $Z=22\angle -30°\ \Omega$。求端线电流 $\dot{I}_A$、$\dot{I}_B$、$\dot{I}_C$ 及电路总功率。

7-12　对称感性负载的线电压为 380V，线电流为 2A，功率因数为 0.8，端线阻抗 $Z_l=(2+\mathrm{j}4)\Omega$，求电源线电压及总功率。

7-13　已知三相电动机每相阻抗为 $22\angle 30°\ \Omega$，星形联结后接到 380V 的三相电源上，试画出“二瓦计”法测量功率的电路图并求两功率表的读数及电路总有功功率。

7-14　已知对称三相负载的阻抗角为 75°（感性）接在线电压为 380V 的三相电源上，线电流为 5.5A，画出用“二瓦计”法测量功率的接线图并求两功率表的读数及负载的有功功率、无功功率。

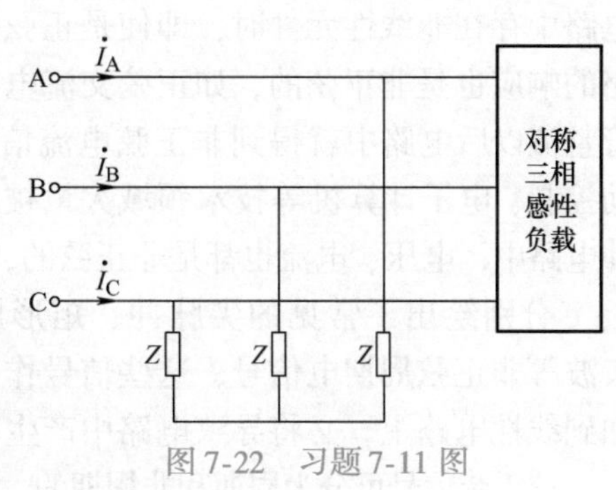

图 7-22　习题 7-11 图

第八章 非正弦周期电流电路

第一节 非正弦周期信号及其分解

前面几章讨论的都是正弦交流电路，电路的激励、响应都随时间按正弦规律变化。但是在实际工程中还存在许多不按正弦规律变化的电压、电流。电路中产生非正弦周期电压、电流的原因主要来自电源和负载两方面，例如，交流发电机受内部磁场分布和结构等因素的影响，输出的电压并不是理想的正弦量；再如当几个频率不同的正弦激励同时作用于线性电路时，电路中的电压、电流响应就不是正弦量，图8-1画出了 $u_1=U_{1m}\sin\omega t$ 和 $u_2=U_{2m}\sin3\omega t$ 相加后得到的电压 $u=u_1+u_2$，显然是非正弦的；当电路中存在非线性元件时，即使是正弦激励，电路的响应也是非正弦的，如正弦交流电压经二极管整流以后电路中就得到非正弦电流信号；在自动控制、电子计算机等技术领域大量被应用的脉冲电路中，电压、电流也都是非正弦的，图8-2a、b、c分别绘出了常见的尖脉冲、矩形脉冲和锯齿波等非正弦周期电信号，这些信号作为激励施加到线性电路上，必将导致电路中产生非正弦的周期电压、电流。

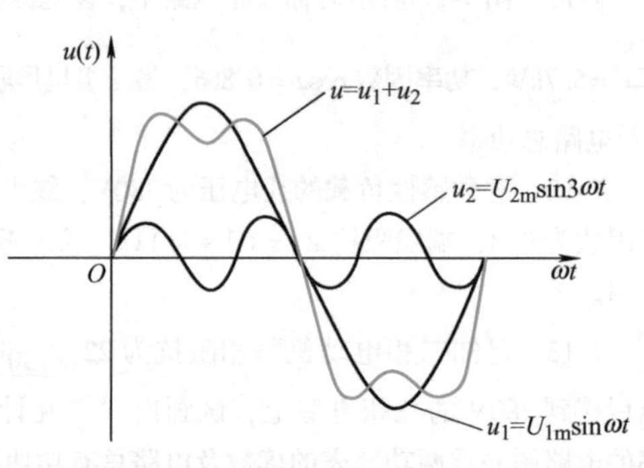

图8-1 两个不同频率正弦波的叠加

非正弦信号可分为周期和非周期的，图8-2中的几种非正弦量都是周期变化的。含有周期性非正弦量的电路，称为非正弦周期电流电路，简称非正弦电路。本章仅讨论线性非正弦电路。

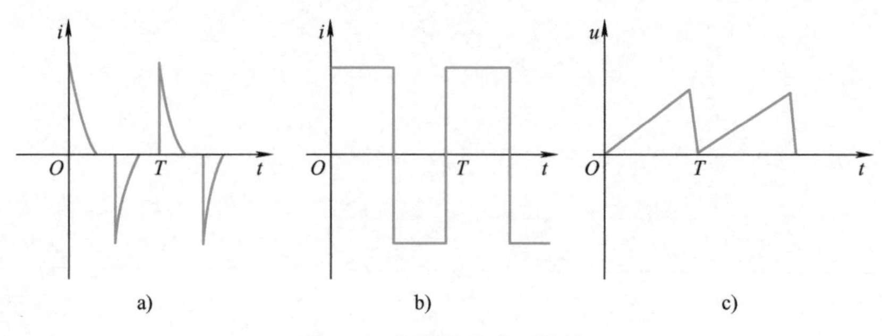

图8-2 几种常见非正弦波

从数学分析中知：一个非正弦的周期函数只要满足狄里赫里条件，就可以分解为一个收敛的无穷三角级数，即傅里叶级数。电工技术中所遇到的周期函数一般都满足这个条件，都可以分解为傅里叶级数。

设周期函数 $f(t)$ 的周期为 T，角频率 $\omega=\dfrac{2\pi}{T}$，则 $f(t)$ 可展开为傅里叶级数

$$\begin{aligned}f(t)&=A_0+A_{1m}\sin(\omega t+\psi_1)+A_{2m}\sin(2\omega t+\psi_2)+\cdots+\\&\quad A_{km}\sin(k\omega t+\psi_k)+\cdots\\&=A_0+\sum_{k=1}^{\infty}A_{km}\sin(k\omega t+\psi_k)\end{aligned}\tag{8-1}$$

用三角公式展开，式(8-1) 又可写为

$$\begin{aligned}f(t)&=a_0+(a_1\cos\omega t+b_1\sin\omega t)+(a_2\cos2\omega t+b_2\sin2\omega t)+\\&\quad\cdots+(a_k\cos k\omega t+b_k\sin k\omega t)+\cdots\\&=a_0+\sum_{k=1}^{\infty}(a_k\cos k\omega t+b_k\sin k\omega t)\end{aligned}\tag{8-2}$$

式中，a_0、a_k、b_k 为傅里叶系数，可按下面各式求得：

$$\left.\begin{aligned}a_0&=\frac{1}{T}\int_0^T f(t)\mathrm{d}t=\frac{1}{2\pi}\int_0^{2\pi}f(t)\mathrm{d}(\omega t)\\a_k&=\frac{2}{T}\int_0^T f(t)\cos k\omega t\mathrm{d}t=\frac{1}{\pi}\int_0^{2\pi}f(t)\cos k\omega t\mathrm{d}(\omega t)\\b_k&=\frac{2}{T}\int_0^T f(t)\sin k\omega t\mathrm{d}t=\frac{1}{\pi}\int_0^{2\pi}f(t)\sin k\omega t\mathrm{d}(\omega t)\end{aligned}\right\}\tag{8-3}$$

式(8-1) 与式(8-2) 各系数之间还有如下关系：

$$\left.\begin{aligned}A_0&=a_0\\A_{km}&=\sqrt{a_k^2+b_k^2}\\\psi_k&=\arctan\frac{a_k}{b_k}\end{aligned}\right\}\tag{8-4}$$

可见要将一个周期函数分解为傅里叶级数，实质上就是计算傅里叶系数 a_0、a_k、b_k。

式(8-1)中，A_0 是不随时间变化的常数，称为$f(t)$的恒定分量或直流分量；第二项 $A_{1m}\sin(\omega t+\psi_1)$的频率与周期函数 $f(t)$ 的频率相同，称为基波或一次谐波；其余各项的频率为基波频率的整数倍，分别称为二次、三次、…、k 次谐波，并统称为高次谐波。k 为奇数的谐波称为奇次谐波；k 为偶数的谐波称为偶次谐波；恒定分量也可以认为是零次谐波。

例 8-1　求图 8-3 所示矩形波的傅里叶级数。

解　图示周期函数 $f(t)$ 在一个周期内的表达式为

$$f(t)=\begin{cases}U_m & 0\leqslant t\leqslant\dfrac{T}{2}\\-U_m & \dfrac{T}{2}\leqslant t\leqslant T\end{cases}$$

据式(8-3)计算傅里叶系数

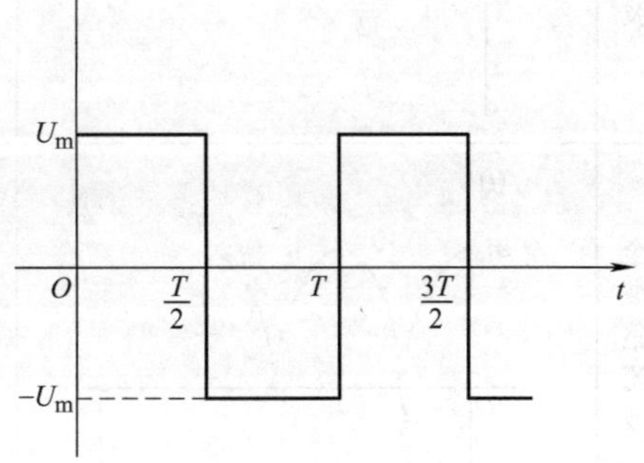

图 8-3　例 8-1 图

$$a_0=\frac{1}{2\pi}\int_0^{\pi}U_m\mathrm{d}(\omega t)+\frac{1}{2\pi}\int_{\pi}^{2\pi}(-U_m)\mathrm{d}(\omega t)=0$$

$$a_k=\frac{1}{\pi}\int_0^{\pi}U_m\cos k\omega t\mathrm{d}(\omega t)+\frac{1}{\pi}\int_{\pi}^{2\pi}(-U_m)\cos k\omega t\mathrm{d}(\omega t)=0$$

$$b_k=\frac{1}{\pi}\int_0^{\pi}U_m\sin k\omega t\mathrm{d}(\omega t)+\frac{1}{\pi}\int_{\pi}^{2\pi}(-U_m)\sin k\omega t\mathrm{d}(\omega t)=\frac{2U_m}{k\pi}(1-\cos k\pi)$$

当 $k=1,\ 3,\ 5\cdots,\ (2n-1)$ 等奇数时，$\cos k\pi=-1$，$b_k=\frac{4U_m}{k\pi}$。

当 $k=2,\ 4,\ 6\cdots 2n$ 等偶数时，$\cos k\pi=1$，$b_k=0$，由此可得该函数的傅里叶级数表达式为

$$f(t)=\frac{4U_m}{\pi}\left(\sin\omega t+\frac{1}{3}\sin 3\omega t+\frac{1}{5}\sin 5\omega t+\cdots\right)$$

将周期函数分解为一系列谐波的傅里叶级数，称为谐波分析。以上介绍了用数学分析方式进行分解的方法。工程中，常采用查表的方法得到周期函数的傅里叶级数。电工技术中常见的几种周期函数波形及其傅里叶级数展开式列于表 8-1 中。

由于傅里叶级数是一个无穷级数，理论上要取无限项才能准确表示原周期函数。在实际应用中一般根据所需的精确度和级数的收敛速度决定所取级数的有限项数。对于收敛级数，谐波次数越高，振幅越小，所以，只需取级数前几项就可以了。

表 8-1 几种典型周期函数的波形及其傅里叶级数

名称	函数的波形	傅里叶级数	有效值	整流平均值
正弦波	$f(t)$, A_m, O, $\frac{T}{2}$, T, t, $-A_m$	$f(t)=A_m\sin\omega t$	$\frac{A_m}{\sqrt{2}}$	$\frac{2A_m}{\pi}$
半波整流波	$f(t)$, A_m, O, $\frac{T}{2}$, T, t	$f(t)=\frac{2}{\pi}A_m\left(\frac{1}{2}+\frac{\pi}{4}\cos\omega t+\frac{1}{1\times3}\cos 2\omega t-\frac{1}{3\times5}\cos 4\omega t+\frac{1}{5\times7}\cos 6\omega t-\cdots\right)$	$\frac{A_m}{2}$	$\frac{A_m}{\pi}$
全波整流波	$f(t)$, A_m, O, $\frac{T}{2}$, T, t	$f(t)=\frac{4}{\pi}A_m\left(\frac{1}{2}+\frac{1}{1\times3}\cos\omega t-\frac{1}{3\times5}\cos 2\omega t+\frac{1}{5\times7}\cos 3\omega t-\cdots\right)$	$\frac{A_m}{\sqrt{2}}$	$\frac{2A_m}{\pi}$

（续）

名称	函数的波形	傅里叶级数	有效值	整流平均值
矩形波		$f(t)=\frac{4A_m}{\pi}\left(\sin\omega t+\frac{1}{3}\sin3\omega t+\frac{1}{5}\sin5\omega t+\cdots+\frac{1}{k}\sin k\omega t+\cdots\right)$（$k$为奇数）	A_m	A_m
锯齿波		$f(t)=A_m\left[\frac{1}{2}-\frac{1}{\pi}\left(\sin\omega t+\frac{1}{2}\sin2\omega t+\frac{1}{3}\sin3\omega t+\cdots\right)\right]$	$\frac{A_m}{\sqrt{3}}$	$\frac{A_m}{2}$
梯形波		$f(t)=\frac{4A_m}{\omega t_0\pi}\left(\sin\omega t_0\sin\omega t+\frac{1}{9}\sin3\omega t_0\sin3\omega t+\frac{1}{25}\sin5\omega t_0\sin5\omega t+\cdots+\frac{1}{k^2}\sin k\omega t_0\sin k\omega t+\cdots\right)$（$k$为奇数）	$A_m\sqrt{1-\frac{4\omega t_0}{3\pi}}$	$A_m\left(1-\frac{\omega t_0}{\pi}\right)$
三角波		$f(t)=\frac{8A_m}{\pi^2}\left(\sin\omega t-\frac{1}{9}\sin3\omega t+\frac{1}{25}\sin5\omega t-\cdots+\frac{(-1)^{\frac{k-1}{2}}}{k^2}\sin k\omega t+\cdots\right)$（$k$为奇数）	$\frac{A_m}{\sqrt{3}}$	$\frac{A_m}{2}$

思考题

8-1-1　下列各电流都是非正弦周期电流吗？$i_1=(10\sin\omega t+3\sin\omega t)$ A，$i_2=(10\sin\omega t+3\cos\omega t)$ A，$i_3=(10\sin\omega t+3\sin3\omega t)$ A，$i_4=(10\sin\omega t-5\sin2\omega t)$ A

8-1-2　电压 $u(t)=[3\sin\omega t+2\sin(3\omega t+60°)]$ V 可以用相量表示为 $\dot{U}_m=(3\angle0°+2\angle60°)$ V 吗？

第二节 非正弦周期电流电路中的有效值、平均值、平均功率

一、有效值

第五章中已定义过，任何周期量的有效值都等于它的方均根值。以电流 i 为例，其有效值为

$$I = \sqrt{\frac{1}{T}\int_0^T i^2 \mathrm{d}t}$$

当 i 的解析式已知时,可直接由上式计算其有效值。若非正弦周期电流 i 已展开为傅里叶级数

$$i = I_0 + \sum_{k=1}^{\infty} I_{\mathrm{km}} \sin(k\omega t + \psi_{\mathrm{k}})$$

将该表达式代入有效值定义式中得

$$I = \sqrt{\frac{1}{T}\int_0^T \left[I_0 + \sum_{k=1}^{\infty} I_{\mathrm{km}} \sin(k\omega t + \psi_{\mathrm{k}})\right]^2 \mathrm{d}t}$$

先将根号内的二次方项展开，展开后的各项可分为两种类型，一类是各次谐波的二次方，它们的平均值为

$$\frac{1}{T}\int_0^T \left[I_0^2 + \sum_{k=1}^{\infty} I_{\mathrm{km}}^2 \sin^2(k\omega t + \psi_{\mathrm{k}})\right]\mathrm{d}t = I_0^2 + \sum_{k=1}^{\infty} I_{\mathrm{k}}^2 = I_0^2 + I_1^2 + \cdots + I_{\mathrm{k}}^2 + \cdots$$

另一类是两个不同次谐波乘积的两倍

$$2I_0 I_{\mathrm{km}} \sin(k\omega t + \psi_{\mathrm{k}});\cdots;2I_{\mathrm{km}} \sin(k\omega t + \psi_{\mathrm{k}}) I_{\mathrm{gm}} \sin(g\omega t + \psi_{\mathrm{g}})\ (k \neq g)$$

根据三角函数的正交性，它们在一个周期内的平均值为零。故

$$I = \sqrt{I_0^2 + I_1^2 + \cdots + I_{\mathrm{k}}^2 + \cdots} \tag{8-5}$$

式(8-5) 表明，非正弦周期电流的有效值是它的各次谐波（包含零次谐波）有效值的二次方和的平方根。

同理，非正弦周期电压有效值 U 也为

$$U = \sqrt{U_0^2 + U_1^2 + \cdots + U_{\mathrm{k}}^2 + \cdots} \tag{8-6}$$

在计算有效值时要注意的是：零次谐波的有效值就是恒定分量的值，其他各次谐波有效值与最大值的关系则是 $I_{\mathrm{k}} = \frac{1}{\sqrt{2}} I_{\mathrm{km}}$；$U_{\mathrm{k}} = \frac{1}{\sqrt{2}} U_{\mathrm{km}}$。

二、平均值

除有效值外，对非正弦周期量有时还用到平均值。仍以电流 i 为例，用 I_{av} 表示其平均值，定义为

$$I_{\mathrm{av}} = \frac{1}{T}\int_0^T i \mathrm{d}t \tag{8-7}$$

从定义式可见，交流量的平均值实际上就是其傅里叶展开式中的直流分量。对于那些直流分量为零的交流量，其平均值总是为零。为了便于测量与分析（如整流效果），常用交流量的绝对值在一个周期内的平均值来定义交流量的平均值。即

$$I_{\mathrm{rect}} = \frac{1}{T}\int_0^T |i| \mathrm{d}t \tag{8-8}$$

式(8-8) 有时也称为整流平均值。

例如，当 $i=I_{\mathrm{m}}\sin\omega t$ 时，其平均值为

$$I_{\mathrm{rect}}=\frac{1}{2\pi}\int_{0}^{2\pi}|I_{\mathrm{m}}\sin\omega t|\,\mathrm{d}\omega t=\frac{1}{\pi}\int_{0}^{\pi}I_{\mathrm{m}}\sin\omega t\mathrm{d}\omega t=\frac{2I_{\mathrm{m}}}{\pi}=0.637I_{\mathrm{m}}=0.898I$$

或

$$I=1.11I_{\mathrm{rect}}$$

即正弦波的有效值是其整流平均值的 1.11 倍。

同样

$$U_{\mathrm{rect}}=\frac{1}{T}\int_{0}^{T}|u|\,\mathrm{d}t$$

用不同类型的仪表去测量同一个非正弦周期量，会有不同的结果。例如磁电系仪表指针偏转角度正比于被测电量的直流分量，读数为直流量；电磁系仪表指针偏转角度正比于被测电量的有效值平方，读数为有效值；而整流系仪表指针偏转角度正比于被测电量的整流平均值，其标尺是按正弦量的有效值与整流平均值的关系换算成有效值刻度的，只在测量正弦量时才确实是它的有效值，而测量非正弦量时就会有误差，因此，在测量非正弦周期量时要合理地选择测量仪表。

三、平均功率

非正弦电流电路的平均功率定义为

$$P=\frac{1}{T}\int_{0}^{T}p(t)\,\mathrm{d}t$$

式中，$p(t)$ 为瞬时功率。

若所讨论的二端网路中电压 $u(t)$、电流 $i(t)$ 分别为

$$u(t)=U_0+\sum_{k=1}^{\infty}U_{\mathrm{km}}\sin(k\omega t+\psi_{\mathrm{uk}})$$

$$i(t)=I_0+\sum_{k=1}^{\infty}I_{\mathrm{km}}\sin(k\omega t+\psi_{\mathrm{ik}})$$

式中，ψ_{uk}、ψ_{ik} 为 k 次谐波电压、电流的初相。设 $\varphi_{\mathrm{k}}=\psi_{\mathrm{uk}}-\psi_{\mathrm{ik}}$ 为 k 次谐波电流滞后于同次谐波电压的相位，则瞬时功率 $p(t)$ 为

$$p(t)=u(t)i(t)=\left[U_0+\sum_{k=1}^{\infty}U_{\mathrm{km}}\sin(k\omega t+\psi_{\mathrm{uk}})\right]\cdot\left[I_0+\sum_{k=1}^{\infty}I_{\mathrm{km}}\sin(k\omega t+\psi_{\mathrm{ik}})\right]$$

此多项式乘积展开式中可分为两种类型，一种是同次谐波电压、电流的乘积 U_0I_0；$U_{\mathrm{km}}\sin(k\omega t+\psi_{\mathrm{uk}})\,I_{\mathrm{km}}\sin(k\omega t+\psi_{\mathrm{ik}})$，它们在一个周期内的平均值分别为

$$P_0=\frac{1}{T}\int_{0}^{T}U_0I_0\mathrm{d}t=U_0I_0$$

$$\begin{aligned}P_{\mathrm{k}}&=\frac{1}{T}\int_{0}^{T}U_{\mathrm{km}}\sin(k\omega t+\psi_{\mathrm{uk}})I_{\mathrm{km}}\sin(k\omega t+\psi_{\mathrm{ik}})\mathrm{d}t\\&=\frac{1}{2\pi}\int_{0}^{2\pi}U_{\mathrm{km}}\sin(k\omega t+\psi_{\mathrm{uk}})I_{\mathrm{km}}\sin(k\omega t+\psi_{\mathrm{ik}})\mathrm{d}\omega t\\&=\frac{1}{2}U_{\mathrm{km}}I_{\mathrm{km}}\cos(\psi_{\mathrm{uk}}-\psi_{\mathrm{ik}})=U_{\mathrm{k}}I_{\mathrm{k}}\cos\varphi_{\mathrm{k}}\end{aligned}$$

式中，U_{k}、I_{k} 为 k 次谐波电压、电流的有效值。

另一种类型是不同次谐波电压、电流乘积 $U_0I_{\mathrm{km}}\sin(k\omega t+\psi_{\mathrm{ik}})$；$I_0U_{\mathrm{km}}\sin(k\omega t+\psi_{\mathrm{uk}})$；

$U_{km}\sin(k\omega t+\psi_{uk})$ $I_{gm}\sin(g\omega t+\varphi_{ig})(g\neq k)$。它们各项在一周期内的平均值均为零。因而平均功率 P 为

$$P = U_0I_0 + \sum_{k=1}^{\infty} U_k I_k \cos\varphi_k \tag{8-9}$$

即非正弦电路的平均功率为各次谐波的平均功率之和。不同频率的电压和电流不产生平均功率。

非正弦电流电路的无功功率定义为各次谐波无功功率之和，即

$$Q = \sum_{k=1}^{\infty} U_k I_k \sin\varphi_k \tag{8-10}$$

非正弦电流电路的视在功率定义为电压和电流有效值的乘积，即

$$S = UI = \sqrt{U_0^2+U_1^2+\cdots+U_k^2+\cdots}\sqrt{I_0^2+I_1^2+\cdots+I_k^2+\cdots} \tag{8-11}$$

显然，视在功率不等于各次谐波视在功率之和。

将有功功率与视在功率之比定义为非正弦电路的功率因数，即

$$\cos\varphi = \frac{P}{UI} \tag{8-12}$$

式中，φ 是一个假想角，它并不表示非正弦电压与电流之间存在相位差。有时为了简化计算，常将非正弦量用一个等效正弦量来代替，这时 φ 角可认为是等效正弦电压与电流间的相位差。

例 8-2 一段电路的电压 $u(t)=[10+20\sin(\omega t-30°)+8\sin(3\omega t-30°)]\text{V}$，电流 $i(t)=[3+6\sin(\omega t+30°)+2\sin5\omega t]\text{A}$，求该电路的平均功率、无功功率和视在功率。

解 平均功率为

$$P=\left[10\times3+\frac{20}{\sqrt2}\times\frac{6}{\sqrt2}\times\cos(-60°)\right]\text{W}=60\text{W}$$

无功功率

$$Q=\left[\frac{20}{\sqrt2}\times\frac{6}{\sqrt2}\times\sin(-60°)\right]\text{var}=-52\text{var}$$

视在功率为

$$S=UI=\sqrt{10^2+\left(\frac{20}{\sqrt2}\right)^2+\left(\frac{8}{\sqrt2}\right)^2}\times\sqrt{3^2+\left(\frac{6}{\sqrt2}\right)^2+\left(\frac{2}{\sqrt2}\right)^2}\text{V}\cdot\text{A}=98.1\text{V}\cdot\text{A}$$

思 考 题

若非正弦周期电流已分解为傅里叶级数，$i(t)=I_0+I_{1m}\sin(\omega t+\psi_1)+\cdots$，试判断下面各式的正误：

(1) 有效值 $I=I_0+I_1+I_2+\cdots+I_k+\cdots$

(2) 有效值相量 $\dot I=\dot I_0+\dot I_1+\dot I_2+\cdots+\dot I_k+\cdots$

(3) 振幅 $I_m=I_0+I_{1m}+I_{2m}+\cdots+I_{km}+\cdots$

(4) $I=\sqrt{\left(\frac{I_0}{\sqrt2}\right)^2+\left(\frac{I_{1m}}{\sqrt2}\right)^2+\cdots}$

(5) $I=\sqrt{I_0^2+I_1^2+I_2^2+\cdots+I_k^2+\cdots}$

(6) 平均功率 $P=\sqrt{P_0^2+P_1^2+\cdots+P_k^2+\cdots}$

(7) $P=P_0+P_1+P_2+\cdots+P_k+\cdots$

第三节　非正弦周期电流电路的分析

非正弦周期电路的分析计算采用谐波分析法。其基本依据是线性电路的叠加定理，具体方法简述如下：

1）将给定的非正弦激励信号分解为傅里叶级数，并根据具体问题要求的准确度，取有限项高次谐波。

2）分别计算各次谐波分量作用于电路时产生的响应。计算方法与直流电路及正弦稳态交流电路的计算完全相同。但必须注意：电感和电容对不同频率的谐波有不同的电抗。对于直流分量，电感相当于短路，电容相当于开路；对于基波，感抗为 $X_{L(1)}=\omega L$，容抗为 $X_{C(1)}=\dfrac{1}{\omega C}$；而对于 k 次谐波，感抗 $X_{L(k)}=k\omega L=kX_{L(1)}$，容抗 $X_{C(k)}=\dfrac{1}{k\omega C}=\dfrac{X_{C(1)}}{k}$，也就是说谐波次数越高，感抗越大，容抗越小。

3）应用叠加定理，把电路在各次谐波作用下的响应解析式进行叠加。需要注意的是：必须先将各次谐波分量响应写成瞬时值表达式后才可以叠加，而不能把表示不同频率正弦量的相量直接加、减。

例 8-3　图 8-4a 所示电路中，已知 $\omega L=2\Omega$，$\dfrac{1}{\omega C}=15\Omega$，$R_1=5\Omega$，$R_2=10\Omega$，电源电压为 $u(t)=[10+100\sqrt{2}\sin\omega t+50\sqrt{2}\sin(3\omega t+30°)]\mathrm{V}$，求：各支路电流表达式及有效值；电源发出的平均功率。

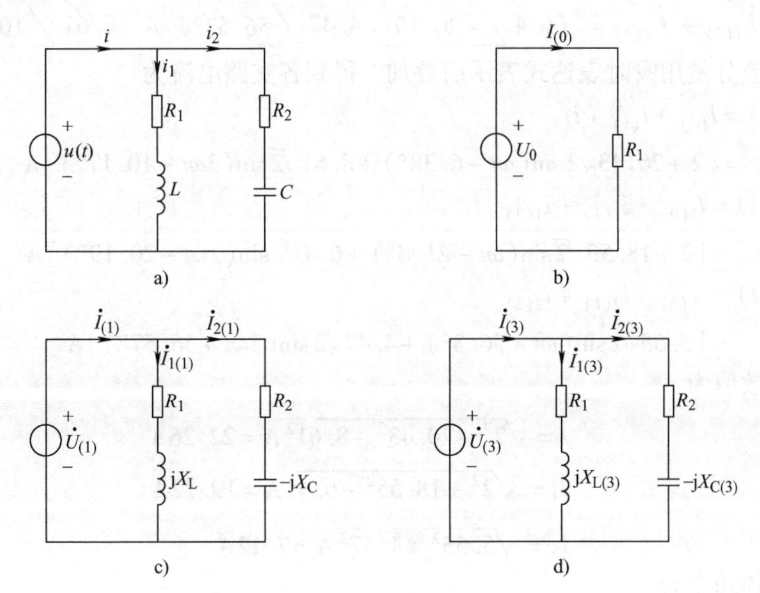

图 8-4　例 8-3 图

解 因为电源电压已分解为傅里叶级数，可直接计算各次谐波作用下的电路响应。

(1) 直流分量 $U_{(0)}=10\text{V}$ 单独作用下，等效电路如图 8-4b 所示，此时电感看作短路，电容看作开路，各支路电流为

$$I_{2(0)}=0\text{A},\ I_{1(0)}=I_{(0)}=\frac{U_0}{R_1}=\frac{10}{5}\text{A}=2\text{A}$$

(2) 基波分量 $u_{(1)}(t)=100\sqrt{2}\sin\omega t$ 单独作用下，等效电路如图 8-4c 所示，用相量法计算。各支路电流为

$$\dot{I}_{1(1)}=\frac{\dot{U}_{1(1)}}{R_1+\text{j}\omega L}=\frac{100\angle 0^\circ}{5+\text{j}2}\text{A}=18.55\angle -21.8^\circ\ \text{A}$$

$$\dot{I}_{2(1)}=\frac{\dot{U}_{1(1)}}{R_2-\frac{\text{j}}{\omega C}}=\frac{100\angle 0^\circ}{10-\text{j}15}\text{A}=5.55\angle 56.3^\circ\ \text{A}$$

$$\dot{I}_{(1)}=\dot{I}_{1(1)}+\dot{I}_{2(1)}=(18.55\angle -21.8^\circ+5.55\angle 56.3^\circ)\ \text{A}$$
$$=20.43\angle -6.38^\circ\ \text{A}$$

(3) 三次谐波分量 $u_{(3)}(t)=50\sqrt{2}\sin(3\omega t+30^\circ)$ V 作用于电路时，等效电路如图 8-4d 所示。注意此时感抗 $X_{\text{L}(3)}=3\omega L=6\Omega$，容抗 $X_{\text{C}(3)}=\frac{1}{3\omega C}=5\Omega$。各支路电流为

$$\dot{I}_{1(3)}=\frac{\dot{U}_{(3)}}{R+\text{j}X_{\text{L}(3)}}=\frac{50\angle 30^\circ}{5+\text{j}6}\text{A}=6.4\angle -20.19^\circ\ \text{A}$$

$$\dot{I}_{2(3)}=\frac{\dot{U}_{(3)}}{R_2-\text{j}X_{\text{L}(3)}}=\frac{50\angle 30^\circ}{10-\text{j}5}\text{A}=4.47\angle 56.57^\circ\ \text{A}$$

$$\dot{I}_{(3)}=\dot{I}_{1(3)}+\dot{I}_{2(3)}=(6.4\angle -20.19^\circ+4.47\angle 56.57^\circ)\ \text{A}=8.61\angle 10.17^\circ\ \text{A}$$

将以上各个响应分量用瞬时表达式表示后叠加，得到各支路电流为

$$i(t)=I_{(0)}+i_{(1)}+i_{(3)}$$
$$=[2+20.43\sqrt{2}\sin(\omega t-6.38^\circ)+8.61\sqrt{2}\sin(3\omega t+10.17^\circ)]\text{A}$$
$$i_1(t)=I_{1(0)}+i_{1(1)}+i_{1(3)}$$
$$=[2+18.55\sqrt{2}\sin(\omega t-21.8^\circ)+6.4\sqrt{2}\sin(3\omega t-20.19^\circ)]\text{A}$$
$$i_2(t)=I_{2(0)}+i_{2(1)}+i_{2(3)}$$
$$=[5.55\sqrt{2}\sin(\omega t+56.3^\circ)+4.47\sqrt{2}\sin(3\omega t+56.57^\circ)]\text{A}$$

各支路电流有效值为

$$I=\sqrt{2^2+20.43^2+8.61^2}\ \text{A}=22.26\text{A}$$
$$I_1=\sqrt{2^2+18.55^2+6.4^2}\ \text{A}=19.72\text{A}$$
$$I_2=\sqrt{5.55^2+4.47^2}\ \text{A}=7.12\text{A}$$

电源输出的平均功率为

$$P=U_{(0)}I_{(0)}+U_{(1)}I_{(1)}\cos\varphi_1+U_{(3)}I_{(3)}\cos\varphi_3$$

$$= [10\times2+100\times20.43\cos6.38°+50\times8.61\cos(30°-10.17°)]\ \text{W}=2455\text{W}$$

功率也可用下式计算，请读者自行推导。

$$P=I_1^2R_1+I_2^2R_2=(19.72^2\times5+7.12^2\times10)\ \text{W}=2455\text{W}$$

例 8-4　图 8-5 所示电路中，已知电源电压 $u_s(t)=[40\sqrt{2}\sin\omega t+20\sqrt{2}\sin(3\omega t-60°)]\text{V}$，$R=20\Omega$；$\omega L_1=20\Omega$；$\dfrac{1}{\omega C_1}=180\Omega$；$\omega L_2=30\Omega$；$\dfrac{1}{\omega C_2}=30\Omega$，求：(1) 各支路电流 $i(t)$、$i_1(t)$、$i_2(t)$及它们的有效值；(2) 电源发出的有功功率。

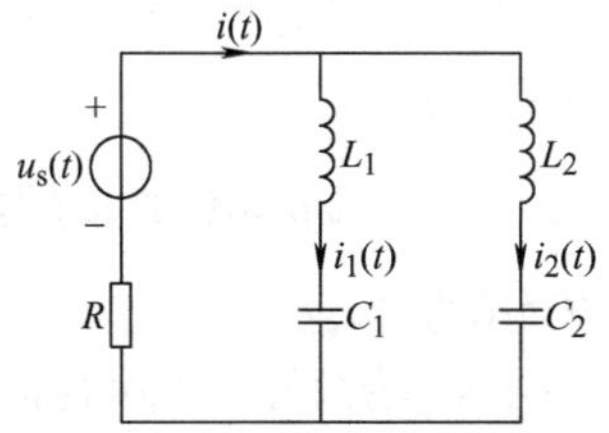

图 8-5　例 8-4 图

解　(1) 在电源的一次谐波 $u_{s(1)}(t)=40\sqrt{2}\sin\omega t\text{V}$ 单独作用于电路时，有

$$\omega L_2=\frac{1}{\omega C_2}=30\Omega$$

所以L_2、C_2 支路对一次谐波发生串联谐振，可以看作短路，则

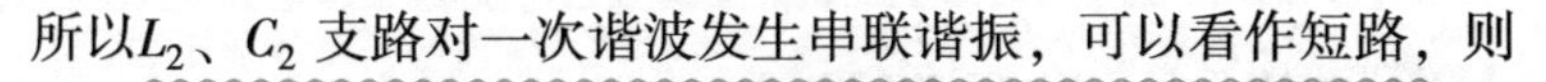

$$\dot{I}_{1(1)}=0$$

$$\dot{I}_{(1)}=\dot{I}_{2(1)}=\frac{\dot{U}_{s(1)}}{R}=\frac{40\angle 0°}{20}\text{A}=2\angle 0°\ \text{A}$$

在电源的三次谐波 $u_{s(3)}(t)=20\sqrt{2}\sin(3\omega t-60°)\text{V}$ 单独作用于电路时有

$$3\omega L_1=3\times20\Omega=60\Omega$$

$$\frac{1}{3\omega C_1}=\frac{1}{3}\times180\Omega=60\Omega$$

所以L_1、C_1 支路对三次谐波发生串联谐振，则

$$\dot{I}_{2(3)}=0$$

$$\dot{I}_{(3)}=\dot{I}_{1(3)}=\frac{\dot{U}_{s(3)}}{R}=\frac{20\angle -60°}{20}\text{A}=1\angle -60°\ \text{A}$$

所以，各支路电流分别为

$$i(t)=[2\sqrt{2}\sin\omega t+\sqrt{2}\sin(3\omega t-60°)]\text{A}$$
$$i_1(t)=\sqrt{2}\sin(3\omega t-60°)\text{A}$$
$$i_2(t)=2\sqrt{2}\sin\omega t\text{A}$$

有效值分别为

$$I=\sqrt{2^2+1^2}\text{A}=\sqrt{5}\text{A}$$
$$I_1=1\text{A}$$
$$I_2=2\text{A}$$

(2) 电源发出的有功功率为

$$P=U_{s(1)}I_{(1)}\cos\varphi_{(1)}+U_{s(3)}I_{(3)}\cos\varphi_{(3)}$$
$$=(40\times2\times\cos0°+20\times1\cos0°)\text{W}=100\text{W}$$

思考题

8-3-1 感抗 $\omega L=5\Omega$ 中通过电流 $i(t)=[5\sin(\omega t+60°)+10\sin(3\omega t+30°)]$A 时，则其端电压 $u_L(t)=?$

8-3-2 容抗 $\frac{1}{\omega C}=12\Omega$ 的电容器端电压 $u(t)=[24\sin(\omega t+20°)+12\sin(3\omega t+70°)]$V 时，流过该电容的电流 $i_C(t)=?$

8-3-3 当 $\omega L=4\Omega$ 的电感与 $\frac{1}{\omega C}=36\Omega$ 的电容并联后，外加电压 $u(t)=(18\sin\omega t+3\cos3\omega t)$V，总电流的有效值为多大？

8-3-4 有效值为100V的正弦电压加在电阻可以忽略的线圈两端，测得线圈中电流有效值为10A，当电压中含有三次谐波分量，而有效值仍为100V时，电流的有效值为8A，试求此电压的基波和三次谐波的有效值。

第四节 滤波器简介

滤波器是利用电容和电感的电抗随频率而变化的特点组成的各种不同形式的电路，把这种电路接在电源和负载之间，可让某些需要的频率分量顺利通过，而抑制某些不需要的频率分量。滤波器根据功能的不同可分为低通滤波器、高通滤波器、带通滤波器和带阻滤波器等类型。

下面先看一个具体例子。

例 8-5 图 8-6 电路中，电感 $L=5$H，电容 $C=10\mu$F，负载电阻 $R=2000\Omega$，加在该电路上的电压波形如图 8-6b 所示，其幅值 $U_m=157$V，角频率 $\omega=314$rad/s，求负载电压 $u_R(t)$。

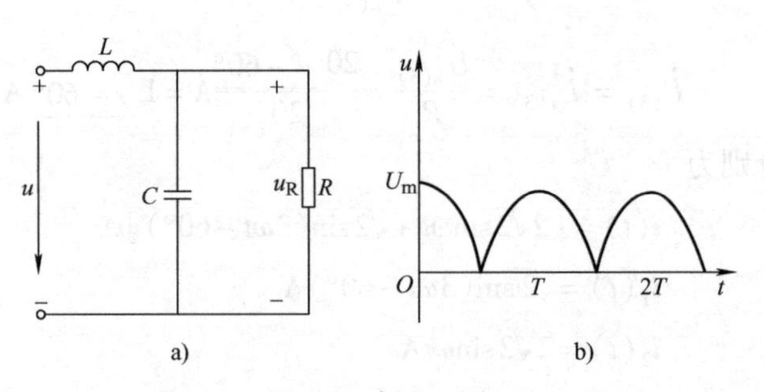

图 8-6 例 8-5 图

解 先查表 8-1，将电源电压 $u(t)$ 分解为傅里叶级数得

$$u(t)=\frac{4}{\pi}U_m\left(\frac{1}{2}+\frac{1}{3}\cos2\omega t-\frac{1}{15}\cos4\omega t+\cdots\right)$$

级数收敛较快，取前三项即可，将已知数据代入得

$$u(t)=(100+66.7\cos2\omega t-13.33\cos4\omega t)\text{V}$$

(1) 在直流分量作用下，电容相当于开路，电感相当于短路，有

$$U_{R(0)}=U_{(0)}=100\text{V}$$

(2) 二次谐波作用时有

$$Z_{(2)}=\mathrm{j}2\omega L+\frac{R\left(-\frac{\mathrm{j}}{2\omega C}\right)}{R-\frac{\mathrm{j}}{2\omega C}}$$

$$=(\mathrm{j}3140+158\angle -85.4^\circ)\ \Omega$$

$$=2983\angle 89.8^\circ\ \Omega$$

$$\dot{U}_{\mathrm{R}(2)}=\frac{\dot{U}_{(2)}}{Z_{(2)}}\times\frac{R\left(-\mathrm{j}\frac{1}{2\omega C}\right)}{R-\frac{\mathrm{j}}{2\omega C}}=\frac{\frac{66.7}{\sqrt{2}}\angle 90^\circ\times 158\angle -85.4^\circ}{2983\angle 89.8^\circ}\mathrm{V}$$

$$=\frac{3.53}{\sqrt{2}}\angle -85.2^\circ\ \mathrm{V}$$

（3）四次谐波作用时有

$$Z_{(4)}=\mathrm{j}4\omega L+\frac{R\left(-\frac{\mathrm{j}}{4\omega C}\right)}{R-\frac{\mathrm{j}}{4\omega C}}=(\mathrm{j}6280+79.5\angle -87.7^\circ)\ \Omega=6200\angle 89.9^\circ\ \Omega$$

$$\dot{U}_{\mathrm{R}(4)}=\frac{\frac{13.33}{\sqrt{2}}\angle -90^\circ\times 79.5\angle -87.7^\circ}{6200\angle 89.9^\circ}\mathrm{V}=\frac{0.171}{\sqrt{2}}\angle 92.4^\circ\ \mathrm{V}$$

因此负载端电压为

$$u_{\mathrm{R}}(t)=100\mathrm{V}+3.53\sin(2\omega t-85.2^\circ)\mathrm{V}+0.171\sin(4\omega t+92.4^\circ)\mathrm{V}$$

从本例电路计算结果可见，负载端电压四次谐波分量很小，仅为直流分量的0.17%，几乎可以略去不计，二次谐波分量也只有直流分量的3.53%，$u(t)$ 经过该电路以后，高频分量受到抑制，获得较平稳的输出电压 $u_{\mathrm{R}}(t)$，所以图8-6a所示电路中，电感 L 与电容 C 构成了低通滤波器。图中串联电感阻止了高频分量的通过，而并联的电容则对高频分量起了旁路作用。这是一种较为简单的低通滤波器，有时为了得到更好的滤波效果，常常采用图8-7a、b所示的T形和π形低通滤波器，图8-7a所示的T形滤波器首先由 L_1C 将输入信号的高频分量滤波一次，然后由 L_2 将已滤掉大部分高频分量的信号再次滤波，从而使 CD 端的输出信号中，高频分量大为削弱。同理可以分析图8-7b所示的π形低通滤波器。

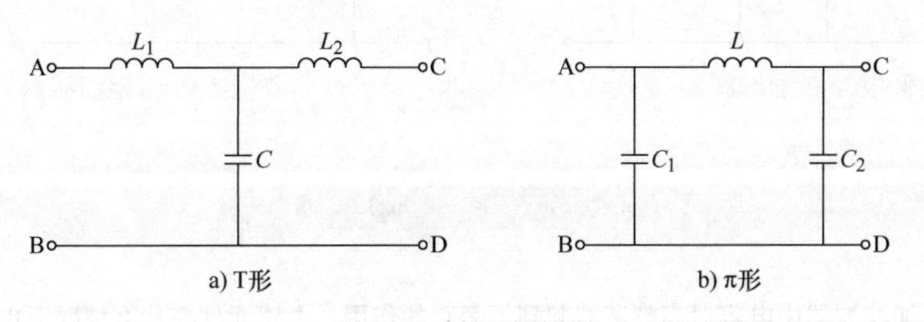

图8-7　低通滤波器

图8-8a、b所示两电路是抑制低频信号而允许高频信号通过的高通滤波器。它的功能与低通滤波器恰好相反，其原理可与低通滤波器作类似分析。

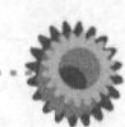

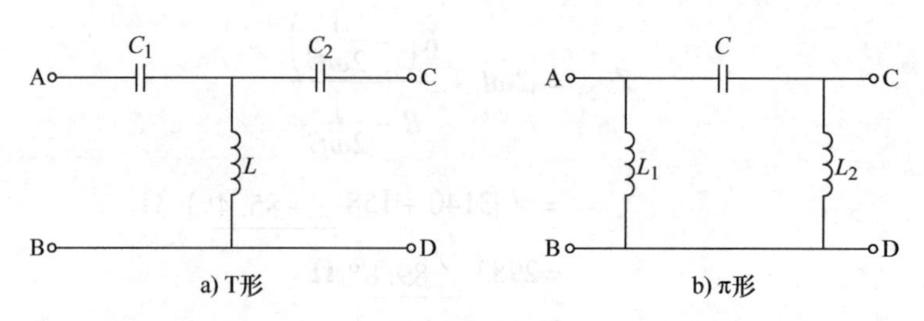

图 8-8 高通滤波器

带通滤波器是让某一频率范围的谐波分量通过，而阻止其他谐波分量通过的滤波器。图 8-9 是常见的带通滤波器电路之一，它是由一级低通滤波器与一级高通滤波器级联组成的。其工作原理是：输入信号先经低通滤波器滤去信号中高于某一截止频率 f_1 的成分，再经高通滤波器滤去低于某一截止频率 f_2 的成分。这样，输出信号中只含有 f_1 ~f_2 频率间的谐波分量。

图 8-10 所示电路为简单的带阻滤波器。它与带通滤波器相反，除某一频率范围的谐波分量不易通过外，其余谐波分量都容易通过。该图中，若电路参数满足

$$L_1C_1 = L_2C_2 = LC$$

当 $\omega = \dfrac{1}{\sqrt{LC}}$时，串联部分及并联部分都发生谐振。$L_1$ 与 C_1 并联部分对谐振频率附近的谐波分量呈很高的阻抗，L_2 与 C_2 串联部分则阻抗很小，所以谐振频率附近的谐波分量很难通过滤波器到达负载。而偏离谐振频率较远的谐波分量则较易通过滤波器，具有带阻滤波的功能。

实际滤波器还有许多不同的结构和形式，此处不再详述，在有关后续课程中有专门论述。

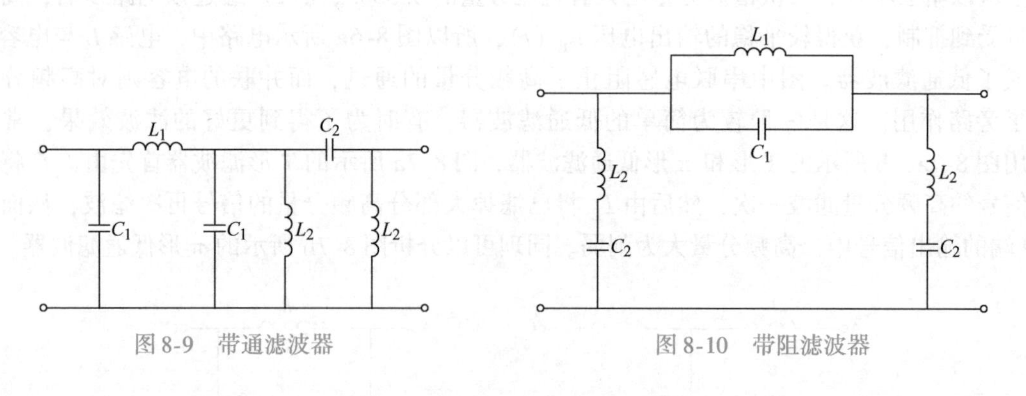

图 8-9 带通滤波器　　图 8-10 带阻滤波器

思 考 题

8-4-1 在低通滤波器中电容对高频谐波起到了旁路的作用，电感元件在什么情况下也有旁路的作用？

8-4-2 为了使滤波效果更好一些，有时采用多级滤波器，你能画出由一个 π 形、一个 T 形滤波器构成的高通滤波器吗？

习　题

8-1　图 8-11 所示电路中电源电压包含直流分量和交流分量，试画出直流分量、交流分量单独作用时的电路。

8-2　图 8-12 所示波形电流通过一个 $R=20\Omega$，$\omega L=30\Omega$ 的串联电路，求电路的平均功率、无功功率和视在功率。

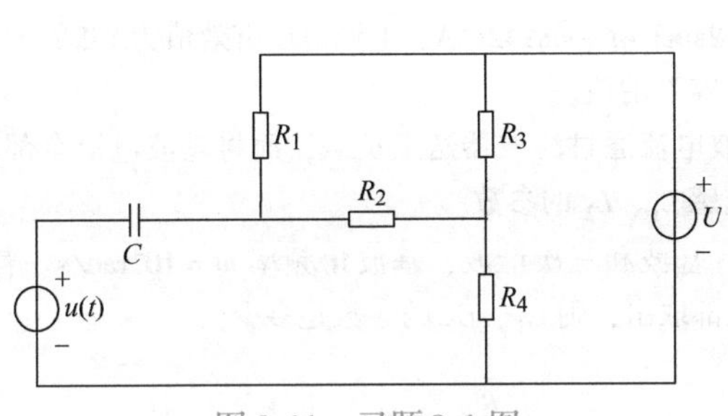

图 8-11　习题 8-1 图

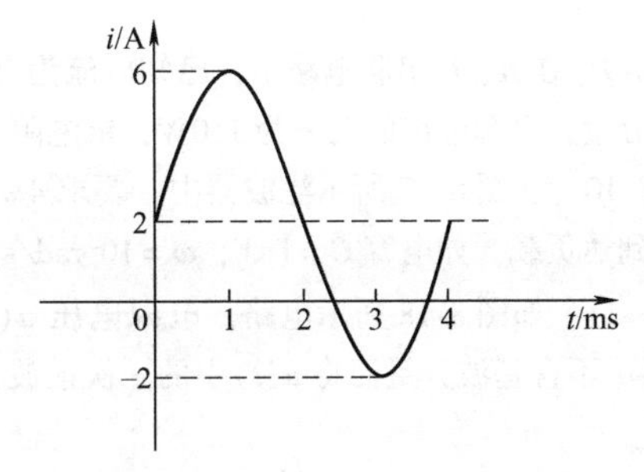

图 8-12　习题 8-2 图

8-3　R、L、C 串联电路外加电压 $u(t)=[10+80\sin(\omega t+60°)+18\sin3\omega t]$V，$R=6\Omega$，$\omega L=2\Omega$，$\dfrac{1}{\omega C}=18\Omega$，求：（1）电路中的电流 $i(t)$ 及其有效值 I。（2）电源输出的平均功率。

8-4　一个 R、L、C 串联电路，外加电压 $u(t)=[100\sin314t+50\sin(942t-30°)]$V，电路中电流为 $i(t)=[10\sin314t+1.755\sin(942t+\theta_2)]$A，求：（1）$R$、$L$、$C$ 的值。（2）θ_2 的值。（3）电路消耗的平均功率。

8-5　图 8-13 所示电路中，$i_s(t)=(2+10\sin\omega t+3\sin2\omega t)$mA，其中 $\omega=10^5$rad/s，求电流 $i_R(t)$ 及其有效值。

8-6　图 8-14 中已知 $R=100\Omega$，$L=2$mH，$C=20\mu$F，$u_R(t)=[50+10\sin\omega t]$V，其中 $\omega=10^3$rad/s，求：（1）电源电压 $u(t)$ 及其有效值。（2）电源输出功率。

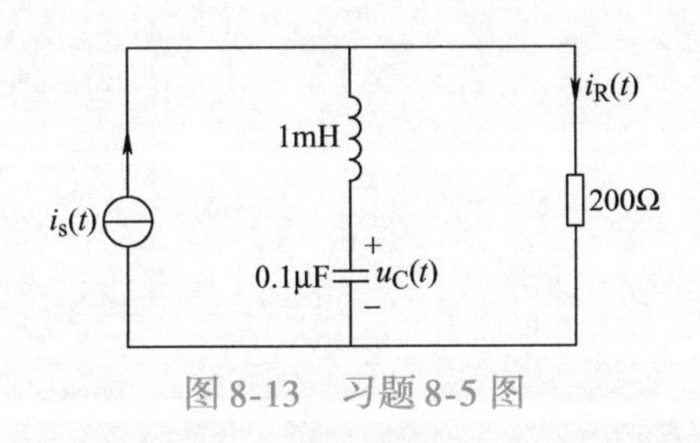

图 8-13　习题 8-5 图

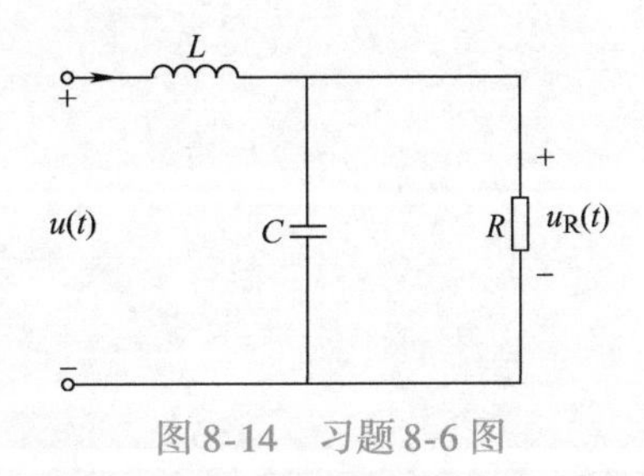

图 8-14　习题 8-6 图

8-7　图 8-15 所示电路中，$R=15\Omega$，$\omega L=10\Omega$，$\dfrac{1}{\omega C}=90\Omega$，电压 $u(t)=[30+15\sqrt{2}\sin\omega t+10\sqrt{2}\cos3\omega t]$V，求各电表读数和电路的平均功率。（电表均为电磁系仪表）

8-8　图 8-16 所示电路中，已知 $R_1=2\Omega$，$R_2=3\Omega$，$\omega L_1=\omega L_2=4\Omega$，$\omega M=1\Omega$，$\dfrac{1}{\omega C}=6\Omega$，电源电压 $u(t)=[20+20\sin\omega t]$V，求两电流表的读数。（电表为电磁系仪表）

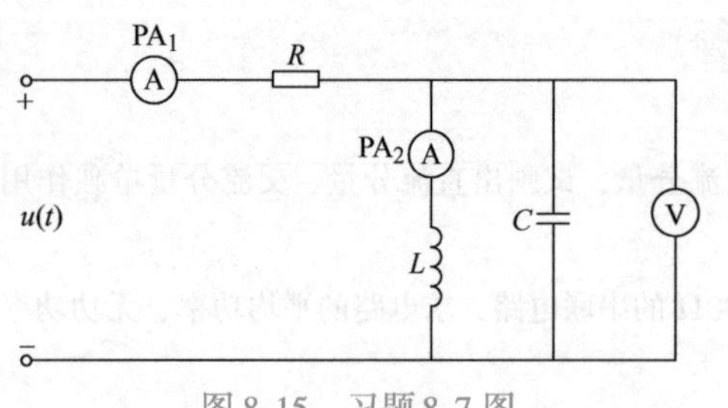

图 8-15 习题 8-7 图

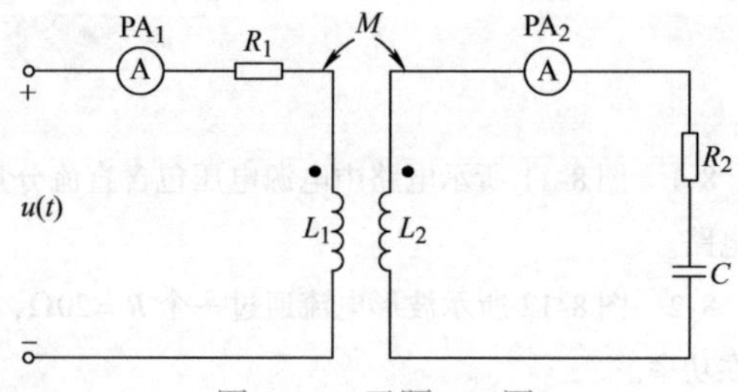

图 8-16 习题 8-8 图

8-9 在 R、C 串联电路中，已知电流为 $i(t)=(2\sin314t+\sin942t)$ A，电源电压有效值为 155V，且不含直流分量，电源输出的功率为 150W，求电阻 R 和电容 C 的值。

8-10 在图 8-17 所示滤波器中，要求 4ω 的谐波电流通过滤波器送至负载，而将基波电流全部滤掉，不能到达负载，如电容 $C=1\mu\text{F}$，$\omega=10^3\text{rad/s}$，求电感 L_1、L_2 的参数。

8-11 如图 8-18 所示电路，电源电压 $u(t)$ 含有基波和三次谐波，基波角频率 $\omega=10^4\text{rad/s}$。若要求 $u_2(t)$ 中不含基波分量而将 $u(t)$ 中的三次谐波分量全部取出，则 C_1、C_2 的参数是多少？

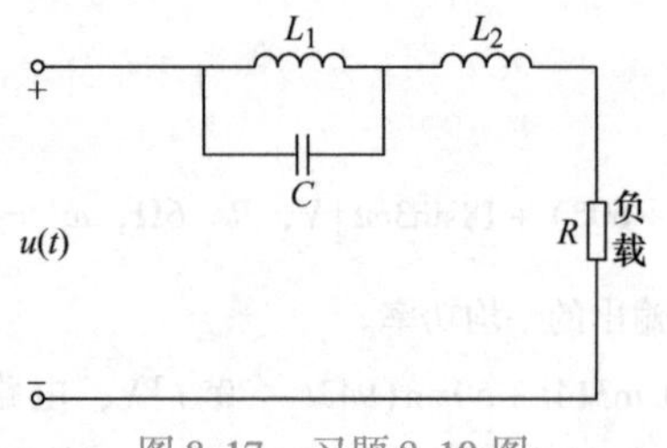

图 8-17 习题 8-10 图

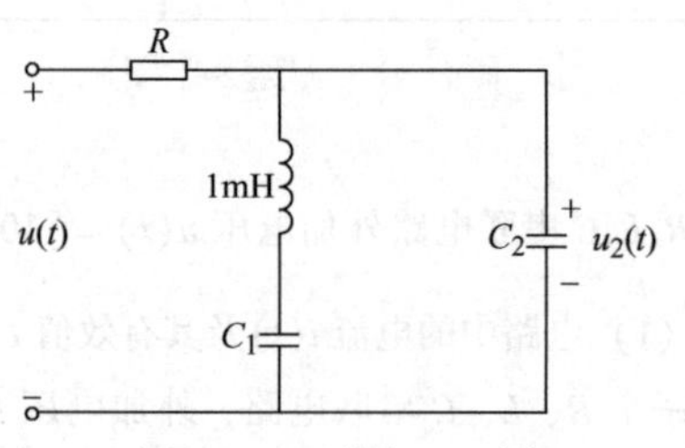

图 8-18 习题 8-11 图

线性动态电路

第一节 电路的动态过程及初始值的确定

一、电路的动态过程

前面各章所研究的电路，无论是直流电路，还是周期性交流电路，所有的激励和响应在一定的时间内都是恒定不变或按周期规律变动的，这种工作状态称为稳定状态，简称稳态。然而，实际电路在工作时经常发生开关的通断、元件参数的变化、连接方式的改变等情况，这些情况统称为换路。电路发生换路时，通常要引起电路稳定状态的改变，从一个稳态进入另一个稳态。

由于换路引起的稳定状态的改变，必然伴随着能量的改变。在含有电容、电感储能元件的电路中，这些元件上能量的积累和释放需要一定的时间。如果储能的变化是即时完成的，这就意味着功率 $P=\frac{\mathrm{d}w}{\mathrm{d}t}$ 为无限大，这在实际上是不可能的。也就是说，储能不可能跃变，需要有一个过渡过程，这就是所谓的动态过程。实际电路中的过渡过程往往是短暂的，故又称为暂态过程，简称暂态。

如果电路的换路不引起元件储能的变化，电路也就不会有暂态过程。例如，不含储能元件的纯电阻电路不存在能量的积累和释放现象，电路中的电压和电流都可以是跃变的，所以就不存在过渡过程。

电路的暂态过程虽然比较短暂，但对它的研究却具有重要的实际意义，因为电路的暂态特性在很多技术领域中得到了应用。例如，在控制设备中常利用这些特性来提高控制速度和精度；在脉冲技术中利用这些特性来变换和获得各种脉冲波形等。另一方面，由于有些电路在暂态中会出现过电流或过电压，认识它们的规律有利于采取措施加以防范。

二、换路定律

换路时，由于储能元件的能量不会发生跃变，故形成了电路的过渡过程。在电容元件上，储能形式是电场能量，其大小为 $W_{\mathrm{C}}=\frac{1}{2}Cu_{\mathrm{C}}^{2}$，换路时，能量不能跃变，则电容上的电压 u_{C} 也就不能跃变。从另一角度来看，电容电压 u_{C} 的跃变，将会导致电容电流 $i_{\mathrm{C}}=C\frac{\mathrm{d}u_{\mathrm{C}}}{\mathrm{d}t}$ 的无限大，这是不可能的。在电感元件上，储能形式是磁场能量，其大小为 $W_{\mathrm{L}}=\frac{1}{2}Li_{\mathrm{L}}^{2}$，换

路时能量不能跃变，则电感上的电流 i_L 也不能跃变。电感电流 i_L 的跃变将导致电感电压 $u_L = L\dfrac{di_L}{dt}$的无限大，这也是不可能的。

简而言之，在动态电路的换路瞬间，若电容电流和电感电压为有限值时，电容电压不能跃变，电感电流不能跃变。这一结论称为换路定律。

假如换路发生在 $t=0$ 的瞬间，以 $t=0_-$ 表示换路前的终了时刻，而以 $t=0_+$ 表示换路后的初始时刻，并用 $u_C(0_-)$ 和$i_L(0_-)$ 分别表示换路前终了时刻的电容电压和电感电流；用 $u_C(0_+)$ 和 $i_L(0_+)$ 分别表示换路后初始时刻的电容电压和电感电流。那么换路定律可以表示为

$$\left.\begin{aligned} u_C(0_+) &= u_C(0_-) \\ i_L(0_+) &= i_L(0_-) \end{aligned}\right\} \tag{9-1}$$

式中，$u_C(0_+)$ 和 $i_L(0_+)$ 分别称为电容电压和电感电流的初始值。电路变量的初始值就是 $t=0_+$ 时电路中的电压、电流值。确定电路的初始值是进行暂态分析的一个重要环节。

三、初始值的确定

式(9-1) 的换路定律指出，电容电压和电感电流在换路前、后一瞬间保持不变。而其余电量，如电容中的电流、电感上的电压、电阻上的电压和电流都是可以跃变的，因此它们换路后一瞬间的值，通常都不等于换路前一瞬间的值。为叙述方便，以后把遵循换路定律的 $u_C(0_+)$ 和$i_L(0_+)$ 称为独立初始值，而把其余的初始值如$i_C(0_+)$、$u_L(0_+)$、$u_R(0_+)$、$i_R(0_+)$ 等称为相关初始值。初始值确定方法如下：

1）独立初始值可通过换路前的稳态电路求得。若电路是直流激励，则换路前的稳定电路应将电容看作开路，电感看作短路，此时，电容电压和电感电流的值即为 $u_C(0_-)$ 和 $i_L(0_-)$。然后根据换路定律

$$u_C(0_+) = u_C(0_-)$$
$$i_L(0_+) = i_L(0_-)$$

确定换路后的 $u_C(0_+)$及 $i_L(0_+)$。

2）相关初始值则可通过求解 0_+ 时刻的等效电路获得。所谓 0_+ 时刻的等效电路，就是在换路后 $t=0_+$ 时刻，将电路中的电容 C 用电压为 $u_C(0_+)$ 的电压源替代，电感 L 用电流为 $i_L(0_+)$ 的电流源替代所得到的电路。注意，0_+ 时刻等效电路仅能用来确定电路各部分电压、电流的初始值，而不能把它当作新的稳态电路。

例 9-1 图 9-1a 所示电路在 $t=0$ 时换路，即开关 S 由“1”的位置合到“2”的位置。设换路前电路已经稳定，求换路后的初始值 $u_C(0_+)$、$i_C(0_+)$、$u_R(0_+)$。

解　首先在换路前的稳定电路中确定 $u_C(0_-)$。换路前开关置于“1”的位置，电路接通 6V 电源。因在稳定的直流电路中，电容看作开路，所以

$$u_C(0_-) = 6\text{V}$$

根据换路定律，则有

$$u_C(0_+) = u_C(0_-) = 6\text{V}$$

然后，画 0_+ 时刻等效电路如图 9-1b 所示。图中，开关 S 置于“2”的位置，接通 12V 电压源，而电容 C 则用 6V 的电压源替代，求解该电路可得

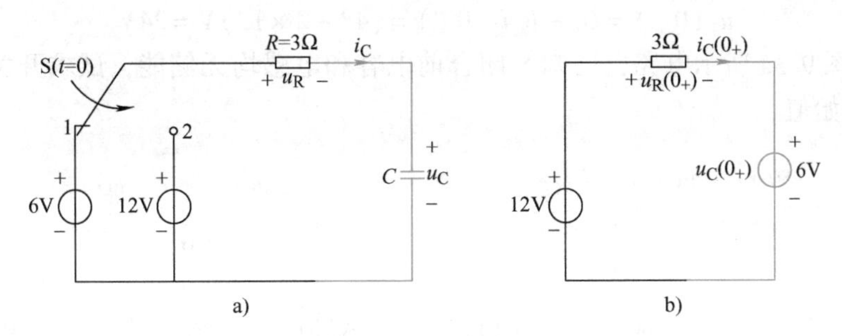

图 9-1 例 9-1 图

$$i_C(0_+)=\frac{12-6}{3}\text{A}=2\text{A}$$

$$u_R(0_+)=i_C(0_+)R=2\times3\text{V}=6\text{V}$$

例 9-2 图 9-2a 所示电路中，已知 $U_s=48\text{V}$，$R_1=2\Omega$，$R_2=2\Omega$，$R_3=3\Omega$，$L=0.5\text{H}$，$C=4.7\mu\text{F}$，开关 S 在 $t=0$ 时合上，设 S 合上前电路已进入稳态。试求 $i_1(0_+)$、$i_2(0_+)$、$i_3(0_+)$、$u_L(0_+)$、$u_C(0_+)$。

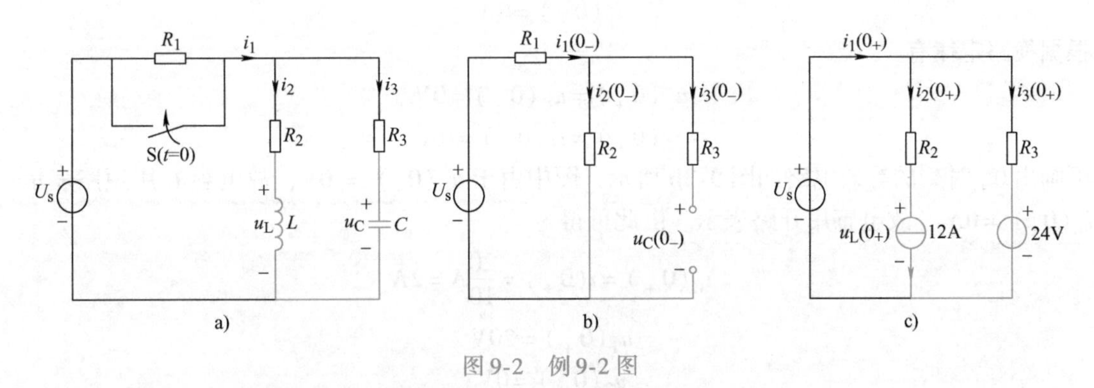

图 9-2 例 9-2 图

解 因为 i_2 是流过电感 L 的电流，u_C 是电容两端的电压。所以在需求初始值中，$i_2(0_+)$、$u_C(0_+)$ 是独立初始值，其他为相关初始值。

先求 i_2（0_+）及 u_C（0_+），为此，画出 0_- 时刻的等效电路如图 9-2b 所示，图中有

$$i_3(0_-)=0$$

$$i_1(0_-)=i_2(0_-)=\frac{U_s}{R_1+R_2}=\frac{48}{2+2}\text{A}=12\text{A}$$

$$u_C(0_-)=R_2i_2(0_-)=24\text{V}$$

根据换路定律，可得

$$i_2(0_+)=i_2(0_-)=12\text{A}$$

$$u_C(0_+)=u_C(0_-)=24\text{V}$$

再画出 0_+ 时刻的等效电路如图 9-2c 所示，其中电感 L 用 12A 的电流源替代，电容 C 用 24V 的电压源替代。则有

$$i_3(0_+)=\frac{U_s-u_C(0_+)}{R_3}=\frac{48-24}{3}\text{A}=8\text{A}$$

$$i_1(0_+)=i_2(0_+)+i_3(0_+)=(12+8)\text{A}=20\text{A}$$

$$u_L(0_+) = U_s - R_2 i_2(0_+) = (48 - 2 \times 12)\text{V} = 24\text{V}$$

例 9-3 图 9-3a 所示电路，已知 S 闭合前电容和电感均无储能，试求开关闭合后各电压、电流的初始值。

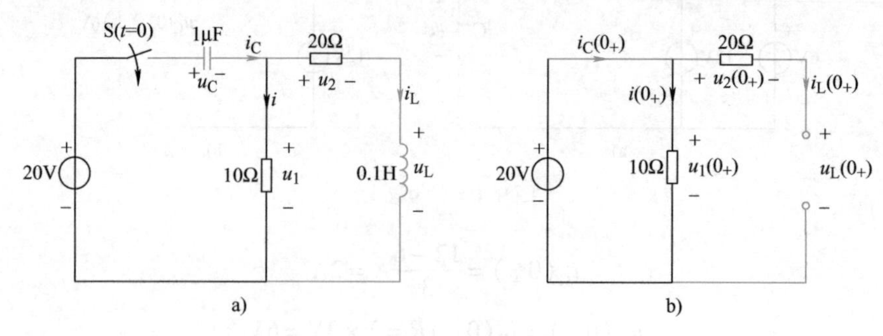

图 9-3 例 9-3 图

解 由已知条件，$t=0_-$ 时有

$$u_C(0_-) = 0\text{V}$$

$$i_L(0_-) = 0\text{A}$$

根据换路定律有

$$u_C(0_+) = u_C(0_-) = 0\text{V}$$

$$i_L(0_+) = i_L(0_-) = 0\text{A}$$

可画出 0_+ 时刻的等效电路如图 9-3b 所示，图中由于 $u_C(0_+) = 0\text{V}$，故电容 C 用短路表示；$i_L(0_+) = 0\text{A}$，故电感用开路表示。由此可得

$$i_C(0_+) = i(0_+) = \frac{20}{10}\text{A} = 2\text{A}$$

$$u_1(0_+) = 20\text{V}$$

$$u_2(0_+) = 0\text{V}$$

$$u_L(0_+) = u_1(0_+) = 20\text{V}$$

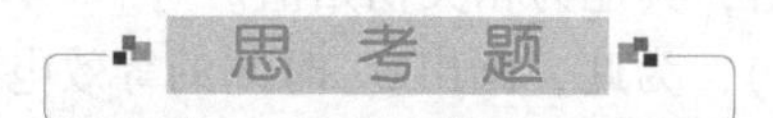

9-1-1 试分别说明电容和电感元件在什么时候可看成开路，什么时候又可看成短路。

9-1-2 如图 9-4 所示，各电路在换路前均已稳定，在 $t=0$ 时换路，试求图中标出的各电压、电流的初始值。

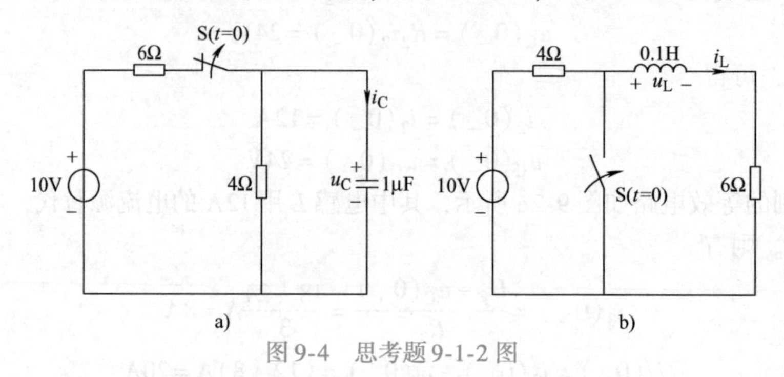

图 9-4 思考题 9-1-2 图

第二节　一阶电路的零输入响应

只含有一个或可等效为一个储能元件的线性电路称为一阶电路，其电路方程通常是一阶线性常系数常微分方程。

在动态电路中，激励可以是独立电源，也可以是储能元件的初始储能，或者是两者皆有。如果电路的响应仅由储能元件的初始储能引起，那么这样的响应称为零输入响应。

一、*RC* 电路的零输入响应

在图 9-5 的电路中，开关 S 在位置 1 时，电容 C 已被电源充电到 U_0。若在 $t=0$ 时把开关从位置 1 打到位置 2，则电容 C 与电阻 R 相连接，独立电源 U_s 不再作用于电路，此时根据换路定律，有 $u_C(0_+)=u_C(0_-)=U_0$，电容 C 将通过电阻 R 放电，电路中的响应完全由电容电压的初始值引起，故属于零输入响应。

1. 电路方程及求解

按图中所选定的电压、电流参考方向，根据 KVL 可得换路后的电路方程为

$$u_R - u_C = 0 \qquad (t \geqslant 0)$$

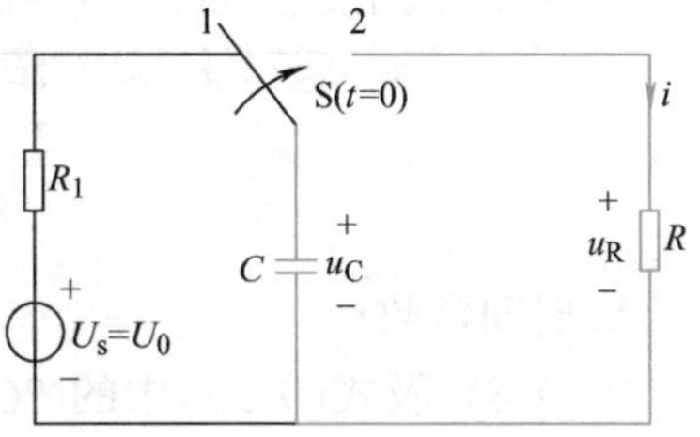

图 9-5　*RC* 电路的零输入响应

因为

$$i = -C\frac{\mathrm{d}u_C}{\mathrm{d}t}$$

式中负号是因为电容电压和电流参考方向相反。

则

$$u_R = Ri = -RC\frac{\mathrm{d}u_C}{\mathrm{d}t}$$

所以，电路方程为

$$RC\frac{\mathrm{d}u_C}{\mathrm{d}t} + u_C = 0 \qquad (t \geqslant 0) \tag{9-2}$$

式(9-2) 是一个一阶常系数线性齐次微分方程。由数学知识可知，该方程的通解必然是指数形式 Ae^{pt}。其中，常数 p 是特征方程的根，A 为待定系数。式(9-2) 的特征方程可将 $u_C = Ae^{pt}$ 代入而得

$$RCpAe^{pt} + Ae^{pt} = 0$$

$$(RCp + 1)\ Ae^{pt} = 0$$

因 $Ae^{pt} \neq 0$，所以可得特征方程

$$RCp + 1 = 0 \tag{9-3}$$

特征根为

$$p = -\frac{1}{RC}$$

则

$$u_C\ (t)\ = Ae^{-\frac{t}{RC}}$$

代入初始条件 $u_C\ (0_+)\ = U_0$，可得

$$A = U_0$$

则

$$u_C\ (t)\ = U_0 e^{-\frac{t}{RC}} \qquad (t \geqslant 0) \tag{9-4}$$

这就是放电过程中电容电压 u_C 随时间的变化规律。电路中的电流为

$$i\ (t)\ = -C\frac{du_C}{dt} = -C\frac{d}{dt}\left[U_0 e^{-\frac{t}{RC}}\right] = \frac{U_0}{R}e^{-\frac{t}{RC}} \qquad (t \geqslant 0) \tag{9-5}$$

由式(9-4) 和式(9-5) 可以看出，由于 $p=-\frac{1}{RC}$是负值，所以电压 u_C 和电流 i 都是随时间按指数函数规律不断衰减的，最后应趋于零。它们的波形分别如图 9-6a、b 所示。

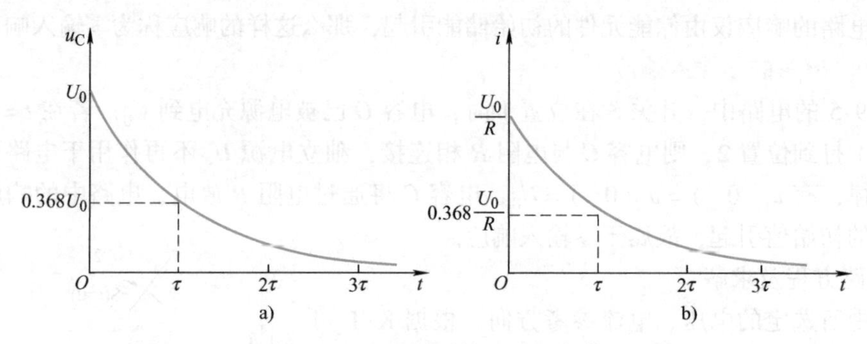

图 9-6 *RC* 电路零输入响应曲线

2. 时间常数τ

式(9-4) 及式(9-5) 中的 *RC* 具有时间的量纲，因为

$$[RC] = [欧][法] = [欧]\cdot\frac{[库]}{[伏]} = [欧]\frac{[安][秒]}{[伏]} = [秒]$$

故将其称为时间常数，并令

$$\tau = RC \tag{9-6}$$

引入时间常数τ后，式(9-4) 和式(9-5) 可表示为

$$\left.\begin{aligned} u_C\ (t)\ &= U_0 e^{-\frac{t}{\tau}} \qquad (t \geqslant 0) \\ i\ (t)\ &= \frac{U_0}{R}e^{-\frac{t}{\tau}} \qquad (t \geqslant 0) \end{aligned}\right\} \tag{9-7}$$

时间常数τ的大小直接影响 u_C 及 i 的衰减快慢，τ越大，衰减越慢，暂态过程越长。事实上，在 U_0 为定值时，电容 C 值越大，储能就越多，放电时间越长；电阻 R 越大，放电电流越小，放电时间也越长。反之，τ越小，衰减越快，暂态过程越短。τ对暂态过程的影响如图 9-7 所示。

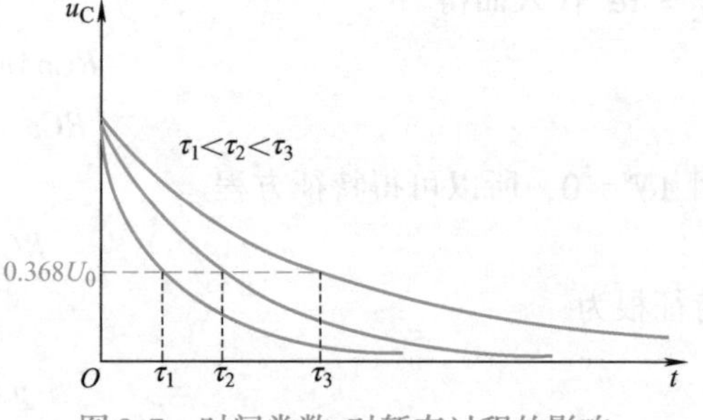

图 9-7 时间常数τ对暂态过程的影响

现将 $t=\tau$、2 τ、3 τ、…所对应的 u_C 列于表9-1 中，从表中可以看出：①当$t=\tau$时，$e^{-\frac{t}{\tau}}=e^{-1}=0.368$，所以，时间常数τ是响应 u_C 衰减到其初始值的 0. 368 倍所需要的时间。不难证明，u_C 不论从什么时刻起，每经过时间τ，就会衰减到原值的 0. 368 倍。②从理论上讲，当 $t\to\infty$时，$e^{-\frac{t}{\tau}}$才为零，过渡过程才结束，但当 $t=3\tau\sim5\tau$时，u_C 已衰减到初始值的 0. 05 ~ 0. 007 倍，因此，工程上一般认为：换路后时间经过 $3\tau\sim5\tau$，过渡过程已

结束，电路进入新的稳态。

表 9-1　不同时刻 t 的响应 u_C 值

t	0	τ	2τ	3τ	4τ	5τ	…	∞
$e^{-\frac{t}{\tau}}$	e^0	e^{-1}	e^{-2}	e^{-3}	e^{-4}	e^{-5}	…	$e^{-\infty}$
$u_C(t)$	U_0	$0.368U_0$	$0.135U_0$	$0.05U_0$	$0.018U_0$	$0.007U_0$	…	0

套用式(9-7) 即可求得 RC 电路的零输入响应电压 $u_C(t)$ 及电流 $i(t)$。

例 9-4　图 9-8a 所示电路中，开关 S 在位置 1 时电路已稳定。在 $t=0$ 时开关 S 从 1 的位置打到 2 的位置，试求 $t\geqslant0$ 时的 $u_C(t)$、$i_1(t)$、$i_2(t)$、$i_3(t)$。

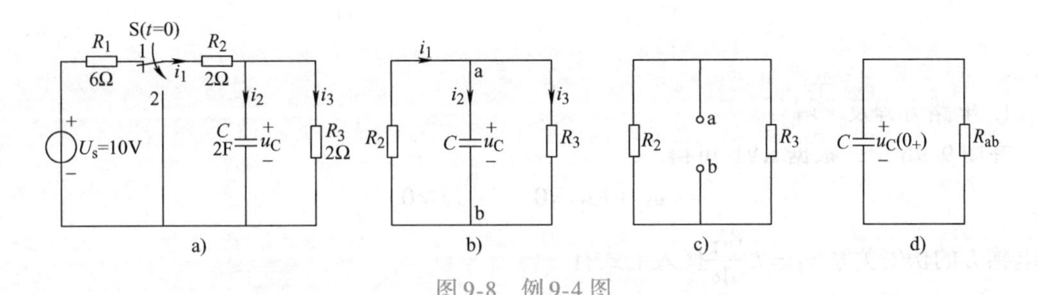

图 9-8　例 9-4 图

解　因 S 在 1 位置时电路已稳定，电容 C 相当于开路，故有

$$u_C(0_-)=\frac{U_s}{R_1+R_2+R_3}\times R_3=\frac{10}{6+2+2}\times 2\text{V}=2\text{V}$$

根据换路定律有

$$u_C(0_+)=u_C(0_-)=2\text{V}$$

换路后的电路如图 9-8b 所示，显然这是 RC 电路的零输入响应。为了确定时间常数τ，可以把电容 C 以外的电路看作一个二端网络，如图 9-8c 所示，其等效电阻为

$$R_{ab}=R_2/\!/R_3=2\Omega/\!/2\Omega=1\Omega$$

从而得到图 9-8d 所示的等效电路，该电路的时间常数为

$$\tau=R_{ab}C=(1\times2)\text{s}=2\text{s}$$

代入式(9-7) 可得

$$u_C(t)=2e^{-\frac{t}{2}}\text{V}=2e^{-0.5t}\text{V}\qquad(t\geqslant0)$$

在图 9-8b 电路中，可求得

$$i_2(t)=i_C(t)=C\frac{du_C(t)}{dt}=-2e^{-0.5t}\text{A}\qquad(t\geqslant0)$$

$$i_1(t)=-\frac{u_C(t)}{R_2}=-\frac{2e^{-0.5t}}{2}\text{A}=-e^{-0.5t}\text{A}\qquad(t\geqslant0)$$

$$i_3(t)=\frac{u_C(t)}{R_3}=\frac{2e^{-0.5t}}{2}\text{A}=e^{-0.5t}\text{A}\qquad(t\geqslant0)$$

二、RL 电路的零输入响应

在图 9-9a 所示电路中，设开关 S 原先是断开的，电路已稳定，则 L 相当于短路，此时

电感中的电流就等于电流源的电流 I_0。在 $t=0$ 时，将开关闭合，电流源不再作用于 RL 电路，而得到了如图 9-9b 所示电路，由于电感电流不能跃变，所以电感的初始电流 $i_L(0_+)=i_L(0_-)=I_0$，电感初始时刻储存的磁场能量将通过电阻 R 进行释放。因此，在 $t\geqslant0$ 时，电路的响应也是由初始储能引起的，属于零输入响应。

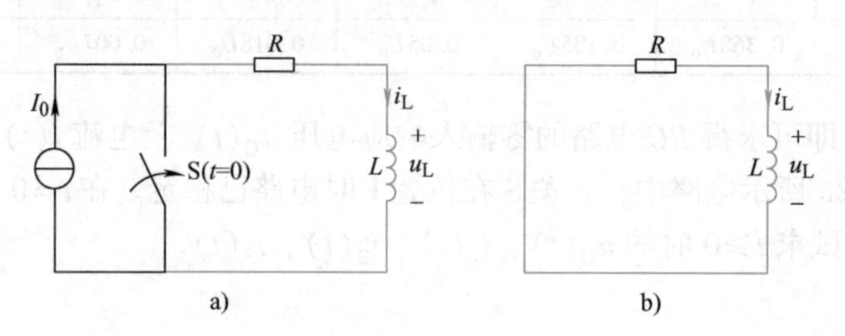

图 9-9 RL 电路的零输入响应

1. 电路方程及求解

在图 9-9b 中，根据 KVL 可得

$$u_L+Ri_L=0 \qquad (t\geqslant0)$$

将电感 L 的伏安关系 $u_L=L\dfrac{di_L}{dt}$代入上式有

$$L\frac{di_L}{dt}+Ri_L=0 \qquad (t\geqslant0) \tag{9-8}$$

这也是一个一阶常系数线性齐次微分方程，其特征方程为

$$Lp+R=0$$

其特征根为

$$p=-\frac{R}{L}$$

因此该微分方程的通解为

$$i_L(t)=Ae^{-\frac{R}{L}t} \qquad (t\geqslant0)$$

由初始条件 $i_L(0_+)=i_L(0_-)=I_0$，可求得 $A=I_0$，故电路的零输入响应电流为

$$i_L(t)=I_0e^{-\frac{R}{L}t}=I_0e^{-\frac{t}{\tau}} \tag{9-9}$$

2. 时间常数 τ

式(9-9) 中有

$$\tau=\frac{L}{R} \tag{9-10}$$

称为 RL 电路的时间常数，常用单位也为秒（s）。它的大小同样反映了 RL 电路响应的衰减快慢程度。L 越大，在同样大的初始电流 I_0 下，电感储存的磁场能量越多，通过电阻释放能量所需要的时间就越长，暂态过程也就越长；而当电阻 R 越小时，在同样大的初始电流 I_0 下，电阻消耗的功率就越小，暂态过程也就越长。

由式(9-9) 可得电感电压为

$$u_L(t)=L\frac{di_L}{dt}=-RI_0e^{-\frac{R}{L}t}=-RI_0e^{-\frac{t}{\tau}} \qquad (t\geqslant0) \tag{9-11}$$

可见，电感电流 i_L 和电感电压 u_L 都是从初始值开始，随时间按同一指数规律衰减的。它们随时间变化的曲线如图 9-10 所示。

从上面的分析可见，RC 电路和 RL 电路中所有的零输入响应都具有以下相同的形式

$$f(t)=f(0_+)\mathrm{e}^{-\frac{t}{\tau}}\qquad(t\geqslant0)\tag{9-12}$$

式中，$f(0_+)$ 是响应的初始值；τ是电路的时间常数，其值分别按式(9-6) 和式(9-10) 计算。对于一般电路来说，该两式中的 R 应是换路后的电路从唯一的一个储能元件 C 或 L 的两端看进去的等效电阻，即 R_{eq}。

例 9-5　在图 9-11 的电路中，已知 $R=0.7\Omega$，$L=0.4\mathrm{H}$，$U_s=35\mathrm{V}$，电压表的内阻 $R_V=5\mathrm{k}\Omega$，量限为 100V，开关 S 原先闭合，电路已处于稳态。设在 $t=0$ 时。将开关打开，试求：(1) 电流$i_L(t)$和电压表两端的电压 $u_V(t)$；(2) 开关刚打开时电压表两端的电压。

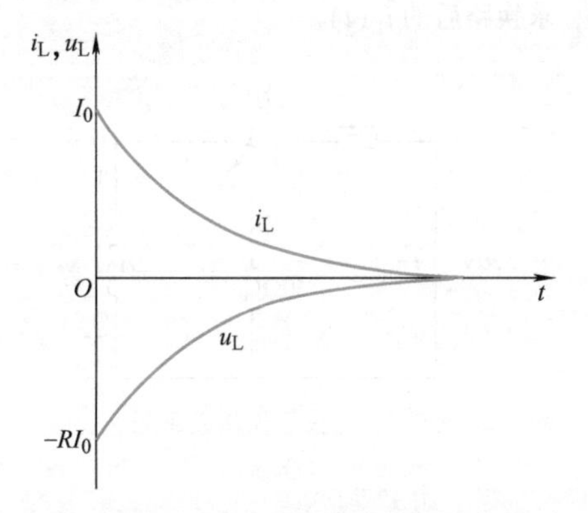

图 9-10　RL 电路的零输入响应曲线

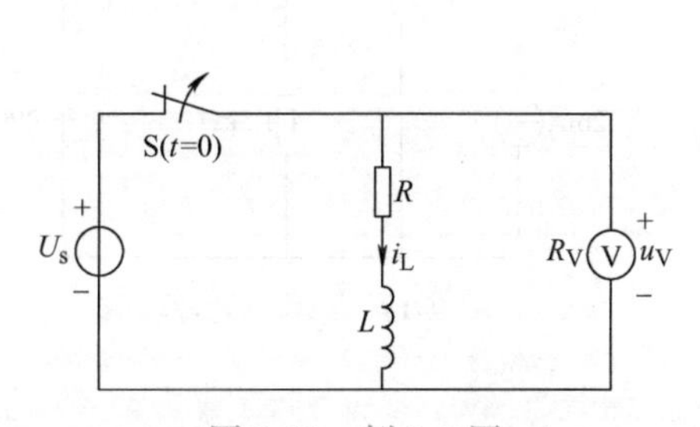

图 9-11　例 9-5 图

解　显然本题属于零输入响应问题，换路后电感中的电流为以下形式

$$i_L(t)=i_L(0_+)\mathrm{e}^{-\frac{t}{\tau}}\qquad(t\geqslant0)$$

其时间常数

$$\tau=\frac{L}{R+R_V}=\frac{0.4}{0.7+5\times10^3}\mathrm{s}=80\mu\mathrm{s}$$

因为

$$i_L(0_-)=\frac{U_s}{R}=\frac{35}{0.7}\mathrm{A}=50\mathrm{A}$$

由换路定律得

$$i_L(0_+)=i_L(0_-)=50\mathrm{A}$$

故得换路后的电感电流为

$$i_L(t)=50\mathrm{e}^{-\frac{t}{80\times10^{-6}}}\mathrm{A}\qquad(t\geqslant0)$$

电压表两端的电压

$$u_V(t)=-R_Vi_L(t)=-5\times10^3\times50\mathrm{e}^{-\frac{t}{80\times10^{-6}}}\mathrm{V}=-250\mathrm{e}^{-\frac{t}{80\times10^{-6}}}\mathrm{kV}\qquad(t\geqslant0)$$

在开关刚打开时，即 $t=0_+$ 时电压表两端的电压为

$$u_V(0_+)=-250\mathrm{kV}$$

可见在这一瞬间电压表将承受很高的电压，使电压表损坏。

从例9-5分析中还可见，电感线圈从直流电源断开时，线圈两端会产生很高的电压，此高电压足以使开关断开处的空气击穿，从而出现火花甚至电弧，损坏开关设备。电弧强烈时还会引起火灾。因此工程上都需采取保护措施。

思 考 题

9-2-1 一阶电路如何从电路组成上判断？

9-2-2 什么叫零输入响应？零输入响应具有怎样的形式？

9-2-3 一阶电路的时间常数如何确定？时间常数的大小说明什么？

9-2-4 在图9-12所示电路中，换路前电路已达稳态，求换路后的$u_C(t)$。

9-2-5 在图9-13所示电路中，换路前电路已达稳态，求换路后的$i_L(t)$。

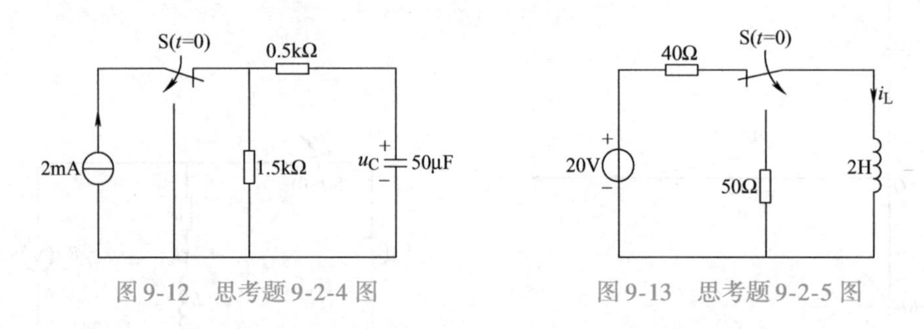

图9-12 思考题9-2-4图　　图9-13 思考题9-2-5图

第三节 一阶电路的零状态响应

所谓零状态响应，就是电路中储能元件上的初始状态为零，即$u_C(0_+)=0$、$i_L(0_+)=0$，换路后，仅由外施激励而引起的电路响应。外施激励可以是恒定的电压或电流，也可以是变化的电压或电流。本节主要讨论输入为恒定量的零状态响应。

一、*RC*电路的零状态响应

在图9-14所示的*RC*电路中，开关原处于断开状态，电容的初始状态为零，即$u_C(0_-)=0$，在$t=0$时开关闭合，电路接通直流电源U_s，电源将向电容充电。根据KVL有

$$u_R+u_C=U_s \qquad (t\geqslant 0)$$

由*R*、*C*的伏安关系

$$i=C\frac{du_C}{dt}$$

$$u_R=Ri=RC\frac{du_C}{dt}$$

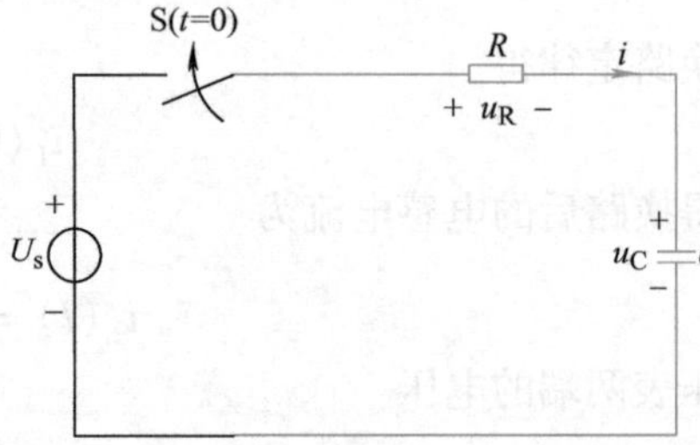

可得

$$RC\frac{du_C}{dt}+u_C=U_s \qquad (t\geqslant 0) \qquad (9\text{-}13)$$

图9-14 *RC*电路的零状态响应

由数学知识可知，式(9-13)是一个一阶常系数线性非齐次微分方程，它的解是由其特

解 u_{Cp} 和相应的齐次微分方程的通解 u_{Ch} 组成，即

$$u_C = u_{Cp} + u_{Ch}$$

式(9-13) 的任何一个解都可以作为它的特解。由于电路终归要进入稳态，稳态后的电路方程也是式(9-13)。所以，一般情况下，就可以取电路换路后进入新的稳态时的解作为方程的特解，以后称之为稳态值。

对于图 9-14 所示 RC 电路，换路后进入稳态下的电容电压为 U_s，则

$$u_{Cp} = U_s$$

由于式(9-13) 所对应的齐次方程与式(9-2) 完全相同，其通解为

$$u_{Ch} = Ae^{-\frac{t}{RC}}$$

因此，u_C 的解为

$$u_C(t) = U_s + Ae^{-\frac{t}{RC}} \qquad (t \geqslant 0)$$

根据 u_C 的初始条件可确定常数 A，即将 $u_C(0_+) = 0$、$t = 0$ 代入上式，可得

$$A = -U_s$$

最后得出电容电压的零状态响应为

$$u_C(t) = U_s - U_s e^{-\frac{t}{RC}} \qquad (t \geqslant 0)$$

令 $\tau = RC$，则

$$u_C(t) = U_s(1 - e^{-\frac{t}{\tau}}) \qquad (t \geqslant 0) \tag{9-14}$$

进而可得电路的电流 $i(t)$ 及电阻电压 $u_R(t)$ 为

$$i(t) = C\frac{du_C}{dt} = \frac{U_s}{R}e^{-\frac{t}{\tau}} \qquad (t \geqslant 0) \tag{9-15}$$

$$u_R(t) = Ri = U_s e^{-\frac{t}{\tau}} \qquad (t \geqslant 0) \tag{9-16}$$

$u_C(t)$、$u_R(t)$ 和 $i(t)$ 随时间变化的曲线如图 9-15a、b 所示。

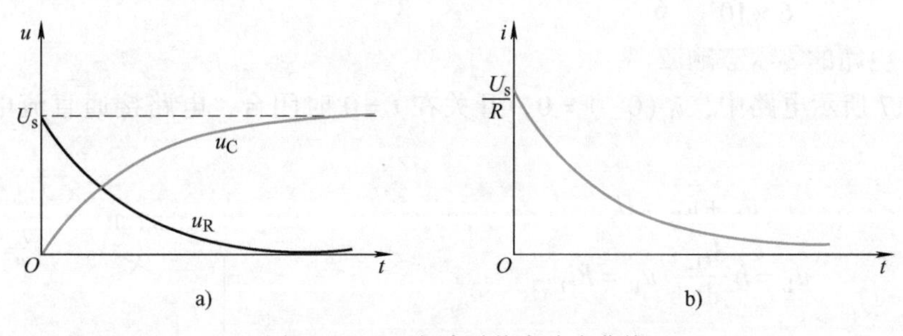

图 9-15　RC 电路零状态响应曲线

由上述分析可知：电容元件在与恒定电压接通后的充电过程中，电压 u_C 从零值按指数规律上升趋于稳态值 U_s；与此同时，电阻上的电压则从零值跃变到最大值 U_s 后按指数规律衰减趋于零值；电路中的电流也是从零值跃变到最大值 $\frac{U_s}{R}$ 后按指数规律衰减趋于零值。电压、电流上升或下降的快慢仍然取决于时间常数 τ 的大小。τ 越大，u_C 上升越慢，暂态过程(即充电时间) 越长；反之，τ 越小，则 u_C 上升越快，暂态过程也越短。

当 $t=\tau$ 时，$u_C(\tau)=(1-e^{-1})U_s=0.632U_s$，即电容电压增至稳态值的0.632倍。当 $t=(3\sim5)\tau$ 时，u_C 增至稳态值的0.95~0.997倍，通常认为此时电路已进入稳态，即充电过程结束。

由于 u_C 的稳态值也就是换路后时间 t 趋于∞时的值，可记为 $u_C(\infty)$，这样式(9-14) 可写为

$$u_C(t)=u_C(\infty)(1-e^{-\frac{t}{\tau}}) \qquad (t\geqslant0) \tag{9-17}$$

套用此式即可求得 RC 电路的零状态响应电压 u_C，进而求得电流等。

例 9-6 图 9-16 所示电路，$t=0$ 时开关 S 闭合。已知 $u_C(0_-)=0$，求 $t\geqslant0$ 时的 $u_C(t)$、$i_C(t)$ 及 $i(t)$。

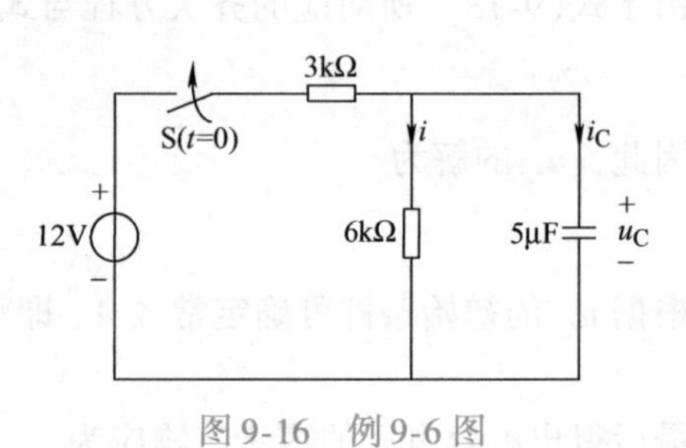

图 9-16 例 9-6 图

解 因为 $u_C(0_-)=0$，故换路后电路属于零状态响应。由于 $t\to\infty$ 时电路进入新的稳态，C 相当于开路，故有

$$u_C(\infty)=\frac{6}{3+6}\times12\text{V}=8\text{V}$$

时间常数

$$\tau=RC=\left(\frac{3\times6}{3+6}\right)\times10^3\times5\times10^{-6}\text{s}=10\times10^{-3}\text{s}$$

根据式(9-17) 得

$$u_C(t)=8(1-e^{-100t})\text{V} \qquad (t\geqslant0)$$

根据电容的伏安关系可得

$$i_C(t)=C\frac{du_C}{dt}=5\times10^{-6}\frac{d}{dt}[8(1-e^{-100t})]\text{A}=4e^{-100t}\text{mA} \qquad (t\geqslant0)$$

6kΩ 电阻中的电流为

$$i(t)=\frac{u_C(t)}{6\times10^3}=\frac{8}{6}(1-e^{-100t})\text{mA}=\frac{4}{3}(1-e^{-100t})\text{mA} \qquad (t\geqslant0)$$

二、RL 电路的零状态响应

在图 9-17 所示电路中，$i_L(0_-)=0$，开关在 $t=0$ 时闭合，电路接通直流电源 U_s。据 KVL 有

$$u_L+u_R=U_s$$

因为

$$u_L=L\frac{di_L}{dt};\ u_R=Ri_L$$

故有

$$L\frac{di_L}{dt}+Ri_L=U_s \tag{9-18}$$

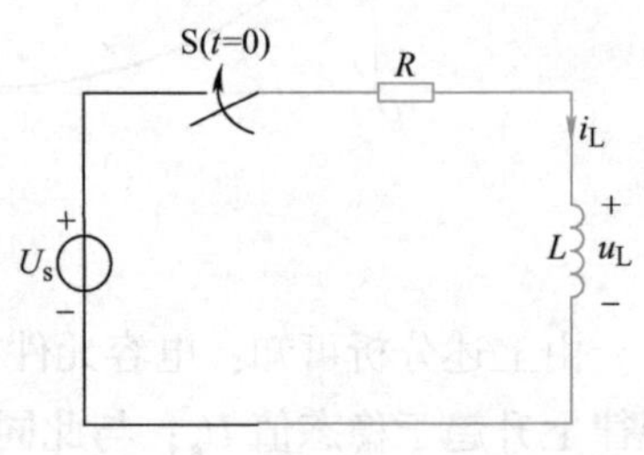

图 9-17 RL 电路的零状态响应

式(9-18) 也是一阶常系数线性非齐次微分方程，它的解同样由其特解 i_{Lp} 和相应的齐次方程的通解 i_{Lh} 组成，即

$$i_L=i_{Lp}+i_{Lh}$$

仍以电路达到稳态时的解作为特解，有

$$i_{\mathrm{Lp}}=\frac{U_{\mathrm{s}}}{R}$$

式(9-18) 相应的齐次方程与描述 RL 零输入响应的齐次方程式(9-8) 是相同的，其通解也应为

$$i_{\mathrm{Lh}}=A\mathrm{e}^{-\frac{R}{L}t}=A\mathrm{e}^{-\frac{t}{\tau}}$$

式中，$\tau=\frac{L}{R}$。

所以
$$i_{\mathrm{L}}=\frac{U_{\mathrm{s}}}{R}+A\mathrm{e}^{-\frac{t}{\tau}}$$

将 $i_{\mathrm{L}}(0)=0$ 代入上式可得

$$A=-\frac{U_{\mathrm{s}}}{R}$$

则电路的零状态响应为

$$\left.\begin{aligned}i_{\mathrm{L}}&=\frac{U_{\mathrm{s}}}{R}(1-\mathrm{e}^{-\frac{t}{\tau}})\\u_{\mathrm{L}}&=L\frac{\mathrm{d}i_{\mathrm{L}}}{\mathrm{d}t}=U_{\mathrm{s}}\mathrm{e}^{-\frac{t}{\tau}}\\u_{\mathrm{R}}&=Ri_{\mathrm{L}}=U_{\mathrm{s}}(1-\mathrm{e}^{-\frac{t}{\tau}})\end{aligned}\right\}\quad(t\geqslant0)\qquad(9\text{-}19)$$

由于 $i_{\mathrm{Lp}}=\frac{U_{\mathrm{s}}}{R}$是 i_{L} 的稳态值，同样可记为 $i_{\mathrm{L}}(\infty)$，故式(9-19) 中的 i_{L} 可表示为

$$i_{\mathrm{L}}=i_{\mathrm{L}}(\infty)(1-\mathrm{e}^{-\frac{t}{\tau}})\qquad(9\text{-}20)$$

套用式(9-20) 即可求得 RL 电路的零状态响应电流 i_{L}，进而求得各元件电压。

例 9-7　在图 9-18 所示电路中，开关 S 在 $t=0$ 时闭合，已知 $i_{\mathrm{L}}(0_-)=0$，求 $t\geqslant0$ 时的 $i_{\mathrm{L}}(t)$、$u_{\mathrm{L}}(t)$。

解　因为 $i_{\mathrm{L}}(0_-)=0$，故换路后的电路响应是零状态响应。因此电感电流表达式可套用式(9-20)。又因为电路稳定后，电感 L 相当于短路，故

$$i_{\mathrm{L}}(\infty)=\frac{U_{\mathrm{s}}}{R_1}=\frac{8}{4}\mathrm{A}=2\mathrm{A}$$

时间常数

$$\tau=\frac{L}{R}$$

其中
$$R=\frac{R_1R_2}{R_1+R_2}=\frac{4\times4}{4+4}\Omega=2\Omega$$

则
$$\tau=\frac{0.2}{2}\mathrm{s}=0.1\mathrm{s}$$

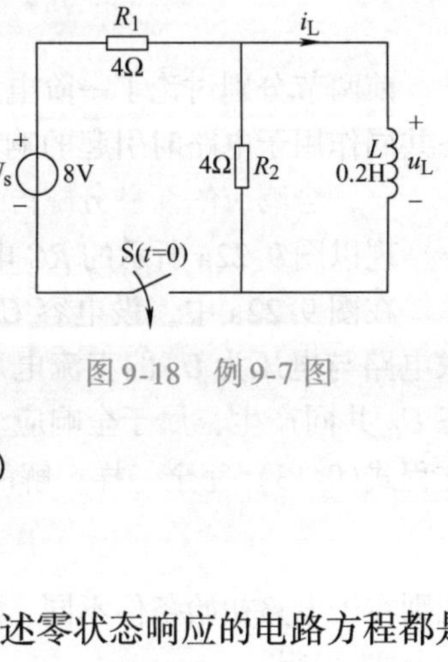

图 9-18　例 9-7 图

所以
$$i_{\mathrm{L}}(t)=2(1-\mathrm{e}^{-10t})\mathrm{A}\qquad(t\geqslant0)$$

$$u_{\mathrm{L}}(t)=L\frac{\mathrm{d}i_{\mathrm{L}}}{\mathrm{d}t}=4\mathrm{e}^{-10t}\mathrm{V}\qquad(t\geqslant0)$$

归纳以上讨论过程可见，不论是 RC 电路还是 RL 电路，描述零状态响应的电路方程都是

一阶常系数线性非齐次微分方程，方程的解都由两部分组成，一部分是方程的特解，即稳态值，称之为稳态分量。因为稳态分量受电路输入激励的制约，故又称为强制分量。另一部分是相应的齐次方程的通解，它随时间的增长而衰减，当 $t \to \infty$ 时，它就趋于零，故将其称为暂态分量。又因为暂态分量的变化规律不受输入激励的制约，因此相对于强制分量，它又称为自由分量。当暂态分量为零时，电路过渡过程就结束而进入稳态。过渡过程进行的快慢与电路的输入无关，而是取决于电路的时间常数。时间常数的计算公式仍然是式(9-6) 和式(9-10)。

思考题

9-3-1 什么是零状态响应？什么是稳态值？如何求稳态值？

9-3-2 试分析图 9-19 所示电路中，当开关合上后各灯泡的亮度变化情况。设电容、电感原来均没有储能。

9-3-3 图 9-20 所示电路中，储能元件上无储能，在 $t=0$ 时换路。试求 $t \geqslant 0$ 时的 $u_C(t)$、$i_C(t)$。

9-3-4 图 9-21 所示电路中，$i_L(0_-)=0$，$t=0$ 时换路，求 $t \geqslant 0$ 时的 $i_L(t)$、$u_L(t)$。

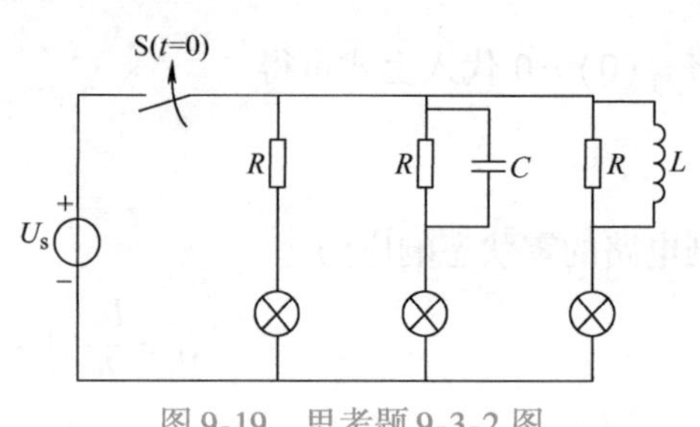

图 9-19 思考题 9-3-2 图

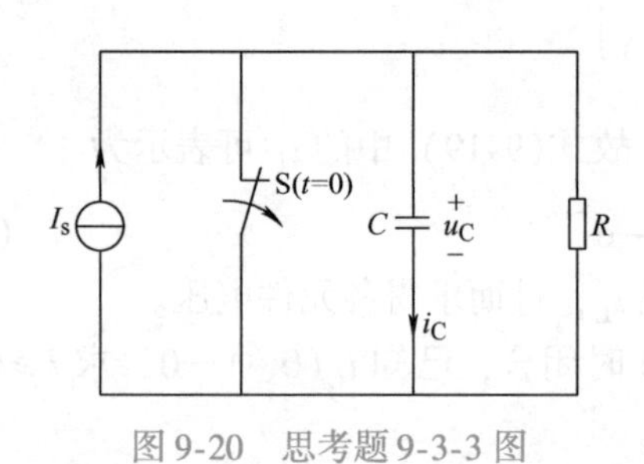

图 9-20 思考题 9-3-3 图

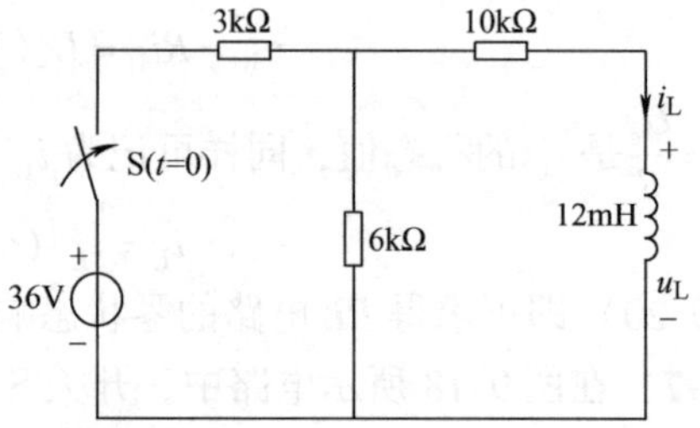

图 9-21 思考题 9-3-4 图

第四节 一阶电路的全响应及三要素法

前两节分别讨论了一阶电路的零输入响应和零状态响应。本节将研究输入激励和初始状态共同作用于电路时引起的响应，即一阶电路的全响应。

一、全响应的两种分解方式

现以图 9-22a 所示的 RC 电路为例进行讨论。

在图 9-22a 中，设电容 C 原已被充电，且 $u_C(0_+)=U_0$，在 $t=0$ 时开关合上，RC 串联电路与电压为 U_s 的直流电压源接通。显然，换路后的电路响应由输入激励 U_s 和初始状态 U_0 共同产生，属于全响应。描述该电路的微分方程与前面讨论的 RC 零状态响应的电路方程式(9-13) 完全一样，解的形式也完全类似，为

$$u_C = U_s + A\mathrm{e}^{-\frac{t}{\tau}}$$

区别在于电路初始条件不同，待定系数 A 也会有所不同。此处的初始状态为 $u_C(0)=U_0$，代入上式，可得

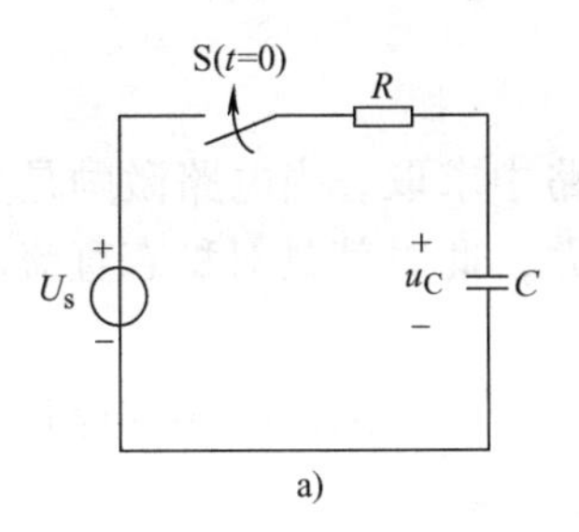

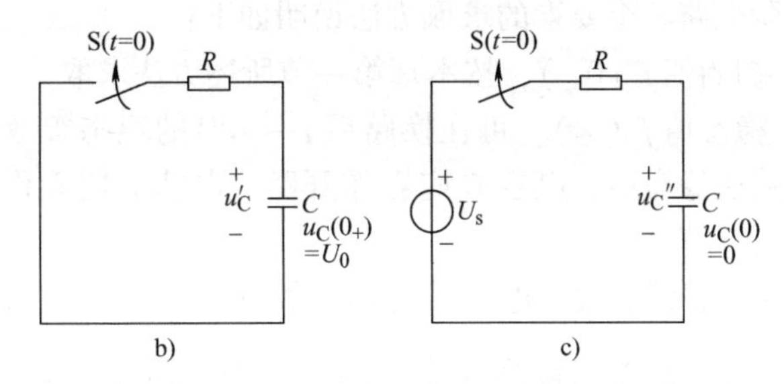

图 9-22　*RC* 电路的全响应

$$A = U_0 - U_s$$

则全响应

$$u_C = U_s + (U_0 - U_s)e^{-\frac{t}{\tau}} \tag{9-21}$$

它仍可看作是由两个分量组成的，第一项是稳态分量，它仅决定于激励的性质。第二项是暂态分量，按指数规律衰减。所以有

全响应 = 稳态分量 + 暂态分量

这是全响应的一种分解形式，它强调了电路的稳态和暂态两种工作状态。换路后，时间经过 $(3\sim5)\tau$，暂态分量消失，电路进入新的稳态。

式(9-21) 也可写成如下形式，即

$$u_C = U_0 e^{-\frac{t}{\tau}} + U_s(1 - e^{-\frac{t}{\tau}}) \tag{9-22}$$

可以看出，上式等号右边第一项是 u_C 的零输入响应，第二项则是 u_C 的零状态响应，也就是说，电路的全响应又可分解为零输入响应和零状态响应的叠加。实质上，这是线性电路叠加性的必然结果。因为全响应是由初始状态和输入激励共同产生的，对于图 9-22a 所示的电路，可用图 9-22b、c 两电路的叠加来进行分析，不难看出，电路中的任一响应（电压或电流）都可看成是零输入响应和零状态响应的叠加，即

全响应 = 零输入响应 + 零状态响应

而零输入响应和零状态响应都是全响应的一种特例。

二、求解一阶电路的三要素法

概括前面的讨论内容可以看到，用经典法分析任何一个一阶电路，都是求解一阶微分方程的过程，方程的解都由稳态分量和暂态分量组成。如果将待求电压或电流用 $f(t)$ 表示，其初始值和稳态值分别用 $f(0_+)$ 和 $f(\infty)$ 表示，则它们的解的形式可写成

$$f(t) = f(\infty) + Ae^{-\frac{t}{\tau}}$$

在 $t = 0_+$ 时有

$$f(0_+) = f(\infty) + Ae^{-\frac{0}{\tau}}$$

$$A = f(0_+) - f(\infty)$$

所以一阶电路的解就可表达为

$$f(t) = f(\infty) + [f(0_+) - f(\infty)]e^{-\frac{t}{\tau}} \tag{9-23}$$

式中，$f(\infty)$、$f(0_+)$、τ 称为一阶电路的三要素，式(9-23) 称为一阶电路的三要素公式。直接利用三要素公式来求解一阶电路，称为求解一阶电路的三要素法。

一阶电路三个要素的求取方法说明如下：

1）初始值$f(0_+)$，按本章第一节所述方法求取。

2）稳态值$f(\infty)$，可在换路后$t\to\infty$时的稳态等效电路中求取。当电路激励是直流量时，电路达稳态后，电容C应看作开路，电感L应看作短路，此时就是对稳态直流电阻电路的分析计算。

3）时间常数τ仅与电路结构和参数有关，在RC电路中，$\tau=R_{eq}C$；在RL电路中，$\tau=\frac{L}{R_{eq}}$，这里的R_{eq}是指换路后对于储能元件两端的戴维南等效电阻。

需要指出的是，三要素法仅适用于一阶线性电路，对二阶或高阶电路是不适用的。

例 9-8 图9-23a所示电路中，开关S原先打开已久，电路已稳定，$t=0$时开关闭合。已知$R_1=3\Omega$，$R_2=2\Omega$，$R_3=6\Omega$，$C=1\text{F}$，$U_s=18\text{V}$，用三要素法求$t\geqslant0$时的$u_C(t)$。

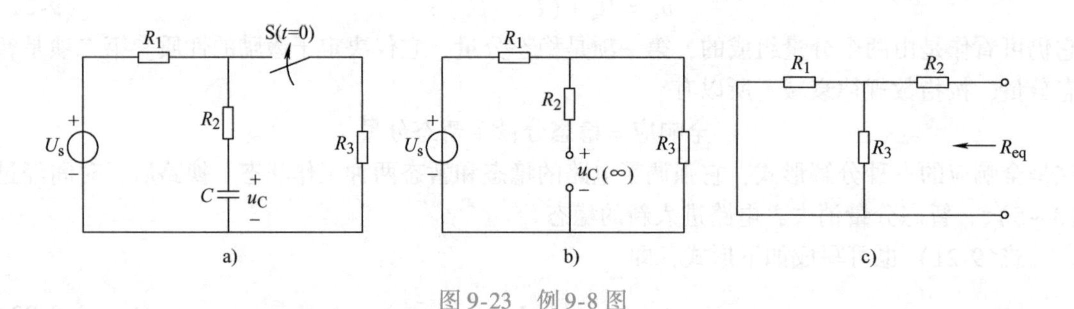

图9-23 例9-8图

解 （1）先确定初始值$u_C(0_+)$

因换路前电路已稳定，电容看作开路，有

$$u_C(0_+)=u_C(0_-)=U_S=18\text{V}$$

（2）稳态值$u_C(\infty)$在换路后的稳态电路中求，该电路如图9-23b所示，得

$$u_C(\infty)=\frac{U_s}{R_1+R_3}R_3=\frac{18}{3+6}\times6\text{V}=12\text{V}$$

（3）时间常数$\tau=R_{eq}C$，其中R_{eq}根据图9-23c求得为

$$R_{eq}=R_2+\frac{R_1R_3}{R_1+R_3}=\left(2+\frac{3\times6}{3+6}\right)\Omega=4\Omega$$

所以

$$\tau=4\times1\text{s}=4\text{s}$$

（4）代入三要素公式得

$$\begin{aligned}u_C(t)&=u_C(\infty)+[u_C(0_+)-u_C(\infty)]e^{-\frac{t}{\tau}}\\&=12\text{V}+[18-12]e^{-\frac{t}{4}}\text{V}\\&=(12+6e^{-\frac{t}{4}})\text{V}\quad(t\geqslant0)\end{aligned}$$

例 9-9 图9-24a所示电路，在$t=0$时闭合开关S，闭合前电路已稳定。已知$R_1=2\Omega$，$R_2=4\Omega$，$L=0.2\text{H}$，$I_s=6\text{A}$，$U_s=8\text{V}$。求$t\geqslant0$时的$i_L(t)$及$u_L(t)$，并画出它们的波形。

解 用三要素法求$i_L(t)$

（1）先确定初始值$i_L(0_+)$

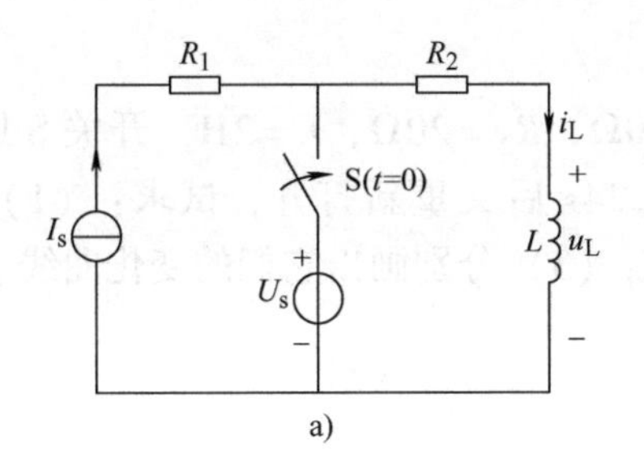

a)

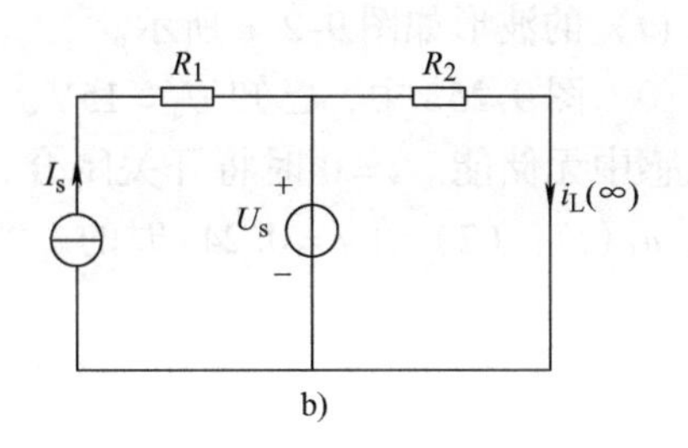

b)

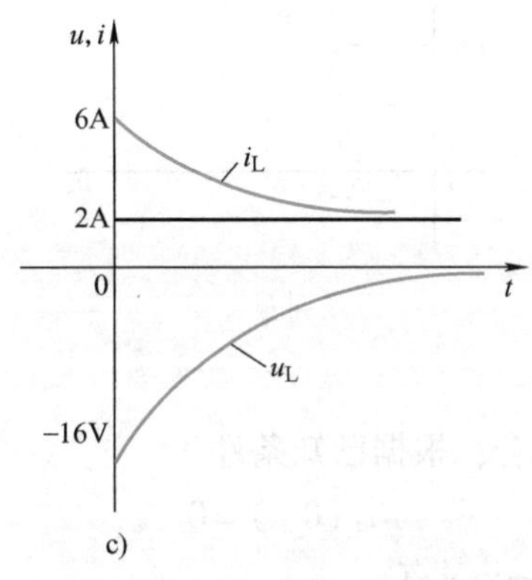

c)

图 9-24　例 9-9 图

因换路前电路已稳定，且电压源 U_s 未作用于电路，故

$$i_L(0_-)=I_s=6\text{A}$$

由换路定律得

$$i_L(0_+)=i_L(0_-)=6\text{A}$$

(2) 确定稳态值 $i_L(\infty)$

换路后的稳态电路（$t\to\infty$时）如图 9-24b 所示，此处 L 用短路代替。则

$$i_L(\infty)=\frac{U_s}{R_2}=\frac{8}{4}\text{A}=2\text{A}$$

(3) 确定时间常数τ

求 L 两端输入电阻 R_{eq} 时，U_s 用短路替代，I_s 用开路替代，则

$$R_{eq}=R_2=4\Omega$$

时间常数

$$\tau=\frac{L}{R_{eq}}=\frac{0.2}{4}\text{s}=0.05\text{s}$$

代入三要素公式得

$$\begin{aligned}i_L(t)&=i_L(\infty)+[i_L(0_+)-i_L(\infty)]e^{-\frac{t}{\tau}}\\&=2\text{A}+(6-2)e^{-\frac{t}{0.05}}\text{A}\\&=(2+4e^{-20t})\text{A}\qquad(t\geqslant0)\end{aligned}$$

电感电压同样可用三要素法求得，也可直接利用其伏安关系式求取，即

$$u_L(t)=L\frac{di_L}{dt}=0.2\times\frac{d}{dt}(2+4e^{-20t})\text{V}=-16e^{-20t}\text{V}\qquad(t\geqslant0)$$

$i_L(t)$、$u_L(t)$ 的波形如图9-24c所示。

例9-10 图9-25a中，已知 $U_s=15V$，$R_1=10\Omega$，$R_2=20\Omega$，$L=2H$，开关S原先断开已久，电感中无储能。$t=0$ 时将开关闭合，经0.24s后又重新打开，试求：（1）$t\geqslant 0$ 时的 $i_L(t)$、$u_L(t)$；（2）在 $t=0.24s$ 时的 i_L、u_L 值；（3）分别画出它们的变化曲线。

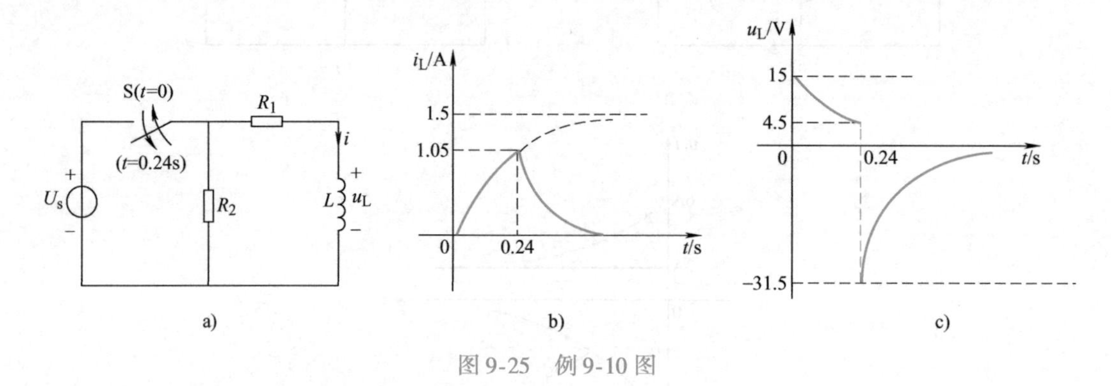

图9-25 例9-10图

解 （1）在 $t=0$ 时开关闭合，根据已知条件

$$i_L(0_+)=0$$

若开关闭合后不再打开，$t\to\infty$ 时有

$$i_L(\infty)=\frac{U_s}{R_1}=\frac{15}{10}A=1.5A$$

开关闭合时电路的时间常数为

$$\tau=\frac{L}{R_1}=\frac{2}{10}s=\frac{1}{5}s$$

则根据三要素法公式有

$$i_L(t)=(1.5-1.5e^{-5t})A \qquad (0\leqslant t\leqslant 0.24s)$$

$$u_L(t)=L\frac{di_L}{dt}=15e^{-5t}V \qquad (0\leqslant t\leqslant 0.24s)$$

经0.24s重新打开S时，用 $t'=t-0.24$ 作为新的计时起点，则

$$i_L(0'_+)=i_L(0'_-)=i_L(0.24)=(1.5-1.5e^{-5\times 0.24})A=1.05A$$

$$i_L(\infty')=0$$

$$\tau'=\frac{L}{R_1+R_2}=\frac{2}{(10+20)}s=\frac{1}{15}s$$

所以

$$i_L(t)=1.05e^{-15t'}=1.05e^{-15(t-0.24)}A=38.42e^{-15t}A \qquad (t\geqslant 0.24s)$$

$$u_L(t)=L\frac{di_L}{dt}=-1152.6e^{-15t}V \qquad (t\geqslant 0.24s)$$

（2）

$$i_L(0.24)=1.05A$$

$$u_L(0.24_-)=15e^{-5\times 0.24}V=4.5V$$

$$u_L(0.24_+)=-1152.6e^{-15\times 0.24}V=-31.5V$$

（3）$i_L(t)$、$u_L(t)$ 的变化曲线分别如图9-25b、c所示。图中可见，$i_L(t)$ 是连续变化

的，而$u_L(t)$是可跃变的。

思 考 题

9-4-1 电路的全响应可分解为哪两种形式？

9-4-2 一阶电路的三要素是什么？如何求取？

第五节 二阶电路的响应

电路响应的数学模型为二阶微分方程的电路称为二阶电路。比较典型的二阶电路是由一个独立电容元件和一个独立电感元件以及若干电阻性元件构成的，即为 *RLC* 电路。这种电路中，既储存电场能量又储存磁场能量，因此它的响应与一阶电路的响应有明显的区别。本节通过对 *RLC* 串联电路的讨论来阐明二阶电路的分析方法。

RLC 串联电路如图 9-26 所示，若电容电压及电感电流的初始值分别为 $u_C(0_+)$ 及 $i_L(0_+)$，开关 S 在 $t=0$ 时闭合，则储能元件将通过电路进行放电。这是一个零输入响应电路。下面对电路的响应情况进行分析。

根据 KVL 有

$$-u_C+u_R+u_L=0$$

按图中标定的电压电流参考方向有

$$i=-C\frac{\mathrm{d}u_C}{\mathrm{d}t}$$

$$u_R=Ri=-RC\frac{\mathrm{d}u_C}{\mathrm{d}t}$$

$$u_L=L\frac{\mathrm{d}i}{\mathrm{d}t}=-LC\frac{\mathrm{d}^2u_C}{\mathrm{d}t^2}$$

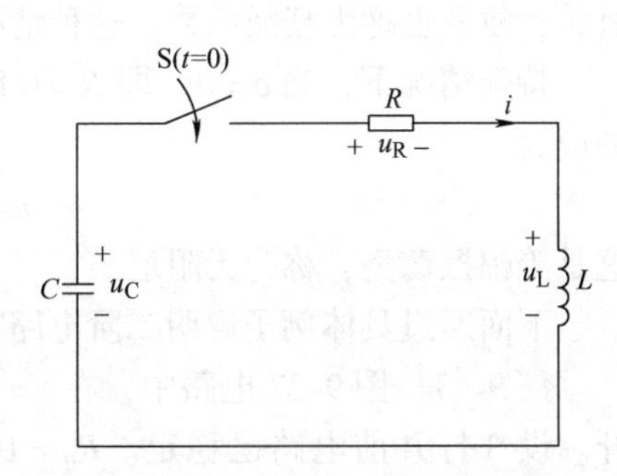

图 9-26 *RLC* 串联电路的零输入响应

将它们代入 KVL 方程，得

$$LC\frac{\mathrm{d}^2u_C}{\mathrm{d}t^2}+RC\frac{\mathrm{d}u_C}{\mathrm{d}t}+u_C=0 \qquad (t\geqslant 0) \tag{9-24}$$

式(9-24) 为线性二阶常系数齐次微分方程，$u_C(t)$ 是待求变量。

根据微分方程理论，该方程解的形式将由特征方程根的性质决定。式(9-24) 的特征方程为

$$LCp^2+RCp+1=0$$

两个特征根为

$$p_{1、2}=-\frac{R}{2L}\pm\sqrt{\left(\frac{R}{2L}\right)^2-\frac{1}{LC}}=-\delta\pm\sqrt{\delta^2-\omega_0^2} \tag{9-25}$$

式中，$\delta=\frac{R}{2L}$，$\omega_0=\frac{1}{\sqrt{LC}}$。根据 δ 和 ω_0 的大小，特征根 p_1、p_2 有三种不同的形式，分别是：

1）当 $\delta>\omega_0$，即 $R>2\sqrt{\frac{L}{C}}$时，p_1 和 p_2 是两个不相等的负实根，齐次方程通解的形式为

$$u_C(t)=A_1e^{p_1t}+A_2e^{p_2t} \tag{9-26}$$

式中，待定系数 A_1、A_2 取决于初始条件。很明显，上式中的两项均按指数规律单调地衰减到零，响应是非振荡的，这种情况称为过阻尼。

2）当 $\delta=\omega_0$，即 $R=2\sqrt{\dfrac{L}{C}}$ 时，p_1、p_2 为两个相等的负实根，$p_1=p_2=-\delta$，其响应为

$$u_C(t)=(A_1+A_2t)e^{-\delta t} \tag{9-27}$$

可见，这种情况的响应也是非振荡的，称为临界阻尼。

3）当 $\delta<\omega_0$ 时，即 $R<2\sqrt{\dfrac{L}{C}}$，p_1、p_2 为具有负实部的共轭复数根，可写为

$$p_1=-\delta+j\sqrt{\omega_0^2-\delta^2}=-\delta+j\omega_d$$

$$p_2=-\delta-j\sqrt{\omega_0^2-\delta^2}=-\delta-j\omega_d$$

式中，$\omega_d=\sqrt{\omega_0^2-\delta^2}$，
则响应为

$$u_C(t)=Ae^{-\delta t}\sin(\omega_d t+\beta) \tag{9-28}$$

它属于振荡型，振荡角频率为 ω_d，但其振幅是按指数规律衰减的，衰减的快慢与 δ 的大小有关，故 δ 也称为衰减系数。这种情况称为欠阻尼。

特殊情况下，当 $\delta=0$，即 $R=0$ 时，p_1、p_2 为共轭虚数：$p_1=j\omega_0$、$p_2=-j\omega_0$，此时的响应为

$$u_C(t)=A\sin(\omega_0 t+\beta) \tag{9-29}$$

这是等幅振荡型，称为无阻尼。

下面通过具体例子说明二阶电路零输入响应的求解方法。

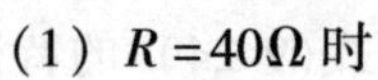

例 9-11　图 9-27 电路中，在 $t=0$ 时开关 S 打开。设 S 打开前电路已稳定。$R_0=10\Omega$，$L=10H$，$C=0.1F$，$U_s=20V$。试求当电路中的 R 分别为 40Ω 和 10Ω 时，电容电压 $u_C(t)$ 及电感电流 $i_L(t)$ 的变化规律，并画出它们的波形。

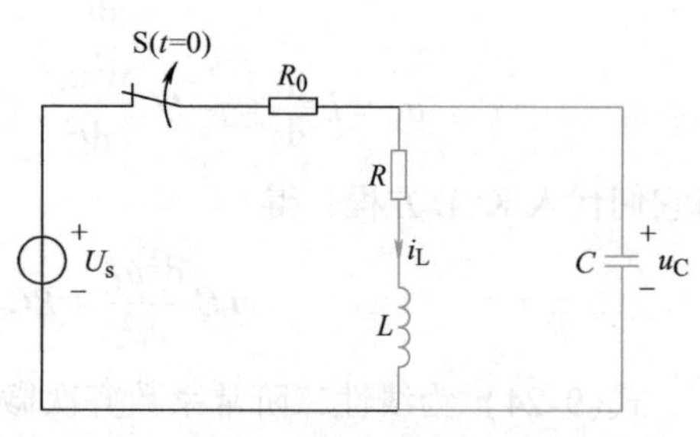

图 9-27　例 9-11 图

解　S 打开后电路为 RLC 串联电路的零输入响应情况。其电路微分方程与式(9-24) 相同。

（1）$R=40\Omega$ 时

因为 $2\sqrt{\dfrac{L}{C}}=2\sqrt{\dfrac{10}{0.1}}\Omega=20\Omega<R$，故属过阻尼情况，其零输入响应是非振荡型的。按式(9-25) 求特征根为

$$\begin{aligned}p_{1,2}&=-\frac{R}{2L}\pm\sqrt{\left(\frac{R}{2L}\right)^2-\frac{1}{LC}}\\&=-\frac{40}{2\times10}\pm\sqrt{\left(\frac{40}{2\times10}\right)^2-\frac{1}{10\times0.1}}\\&=-2\pm\sqrt{3}\end{aligned}$$

得
$$\begin{cases} p_1 = -0.268 \\ p_2 = -3.732 \end{cases}$$

电路响应的表达形式为

$$u_C(t) = A_1 e^{-0.268t} + A_2 e^{-3.732t}$$

$$i_L(t) = -C\frac{du_C}{dt} = -0.1[-0.268A_1 e^{-0.268t} - 3.732A_2 e^{-3.732t}]$$
$$= 0.0268A_1 e^{-0.268t} + 0.3732A_2 e^{-3.732t}$$

电路的初始条件为

$$u_C(0_+) = u_C(0_-) = \frac{U_s}{R_0 + R} \cdot R = \frac{20}{10+40} \times 40\text{V} = 16\text{V}$$

$$i_L(0_+) = i_L(0_-) = \frac{U_s}{R_0 + R} = \frac{20}{10+40}\text{A} = 0.4\text{A}$$

将初始条件代入 $u_C(t)$、$i_L(t)$ 中，有

$$\begin{cases} 16 = A_1 + A_2 \\ 0.4 = 0.0268A_1 + 0.3732A_2 \end{cases}$$

解得

$$A_1 = 16.083\text{V}$$
$$A_2 = -0.083\text{V}$$

最后得到电路的响应为

$$u_C(t) = [16.083e^{-0.268t} - 0.083e^{-3.732t}]\text{V} \qquad (t \geqslant 0)$$
$$i_L(t) = [0.431e^{-0.268t} - 0.031e^{-3.732t}]\text{A} \qquad (t \geqslant 0)$$

它们的波形曲线分别如图 9-28a、b 中的实线所示，它们都由两部分叠加而成（图中虚线所示），为表示它们的叠加，图中曲线没完全按比例画。

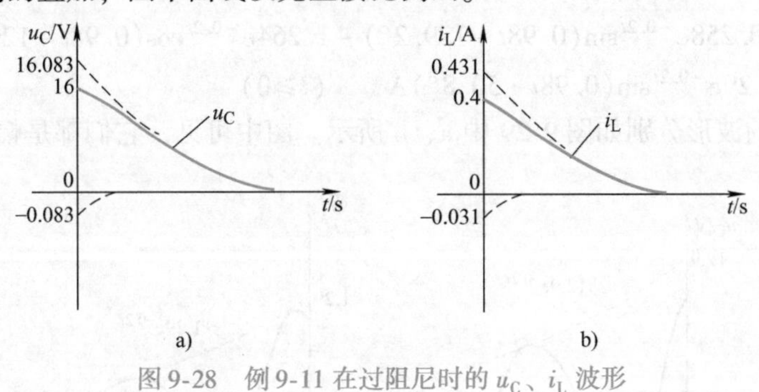

图 9-28　例 9-11 在过阻尼时的 u_C、i_L 波形

（2）$R = 10\Omega$ 时

因为 $R < 2\sqrt{\frac{L}{C}}$，因此属于欠阻尼情况，电路响应是振荡型的。此时的特征根为

$$p_{1,2} = -\delta \pm \text{j}\sqrt{\omega_0^2 - \delta^2} = -\delta \pm \text{j}\omega_d$$

其中

$$\delta = \frac{R}{2L} = \frac{10}{2 \times 10} = 0.2 \quad 1/\text{s}$$

$$\omega_0=\frac{1}{\sqrt{LC}}=\frac{1}{\sqrt{10\times0.1}}=1\mathrm{rad/s}$$

$$\omega_d=\sqrt{\omega_0^2-\delta^2}=\sqrt{1^2-0.2^2}=0.98\mathrm{rad/s}$$

所以其响应表达式为：

$$u_C(t)=A\mathrm{e}^{-\delta t}\sin(\omega_d t+\beta)=A\mathrm{e}^{-0.2t}\sin(0.98t+\beta)$$

则 $$i_L(t)=-C\frac{\mathrm{d}u_C}{\mathrm{d}t}=-0.1\times[-0.2A\mathrm{e}^{-0.2t}\sin(0.98t+\beta)+0.98A\mathrm{e}^{-0.2t}\cos(0.98t+\beta)]$$

$$=0.02A\mathrm{e}^{-0.2t}\sin(0.98t+\beta)-0.098A\mathrm{e}^{-0.2t}\cos(0.98t+\beta)$$

电路的初始条件为

$$u_C(0_+)=u_C(0_-)=\frac{U_s}{R_0+R}\cdot R=\frac{20}{10+10}\times10\mathrm{V}=10\mathrm{V}$$

$$i_L(0_+)=i_L(0_-)=\frac{U_s}{R_0+R}=\frac{20}{10+10}\mathrm{A}=1\mathrm{A}$$

代入 $u_C(t)$、$i_L(t)$ 表达式中，有

$$\begin{cases}10=A\sin\beta\\1=0.02A\sin\beta-0.098A\cos\beta\end{cases}$$

解得

$$\begin{cases}A=-12.9\mathrm{V}\\\beta=-50.8°\end{cases}$$

最后结果为

$$u_C(t)=-12.9\mathrm{e}^{-0.2t}\sin(0.98t-50.8°)\mathrm{V}$$

$$=12.9\mathrm{e}^{-0.2t}\sin(0.98t+129.2°)\mathrm{V}\quad(t\geqslant0)$$

$$i_L(t)=[0.258\mathrm{e}^{-0.2t}\sin(0.98t+129.2°)-1.264\mathrm{e}^{-0.2t}\cos(0.98t+129.2°)]\mathrm{A}$$

$$=1.29\mathrm{e}^{-0.2t}\sin(0.98t+50.8°)\mathrm{A}\quad(t\geqslant0)$$

$u_C(t)$ 及 $i_L(t)$ 的波形分别如图 9-29 中 a、b 所示。图中可见，它们都是幅值按指数规律衰减的振荡波。

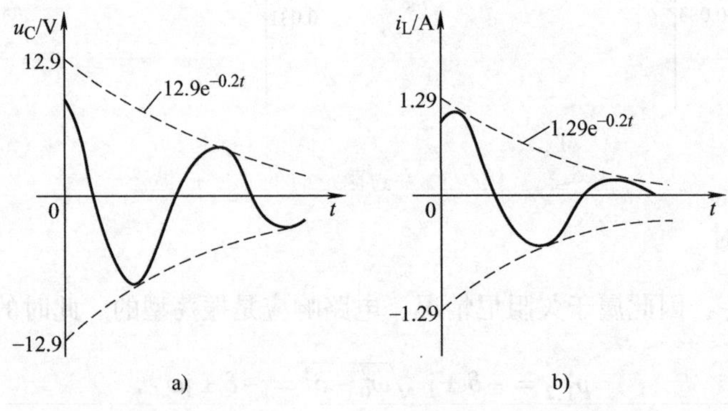

图 9-29 例 9-11 在欠阻尼时的 u_C 及 i_L 波形

以上对二阶电路零输入响应的分析实际上就是求解二阶微分方程的过程，其基本步骤是

根据方程特征根的不同情况，得出不同的响应形式，然后再由初始条件来确定其待定系数而得到电路响应。根据以上思路，不难分析二阶电路的零状态响应和全响应的问题。

思 考 题

9-5-1 二阶电路的过渡过程可分为哪几种情况？条件是什么？

9-5-2 RLC 串联电路中，若 $R\to 0$，将有怎样的零输入响应？

习 题

9-1 图 9-30 所示各电路原已稳定，$t=0$ 时换路，试求图注各电压、电流的初始值。

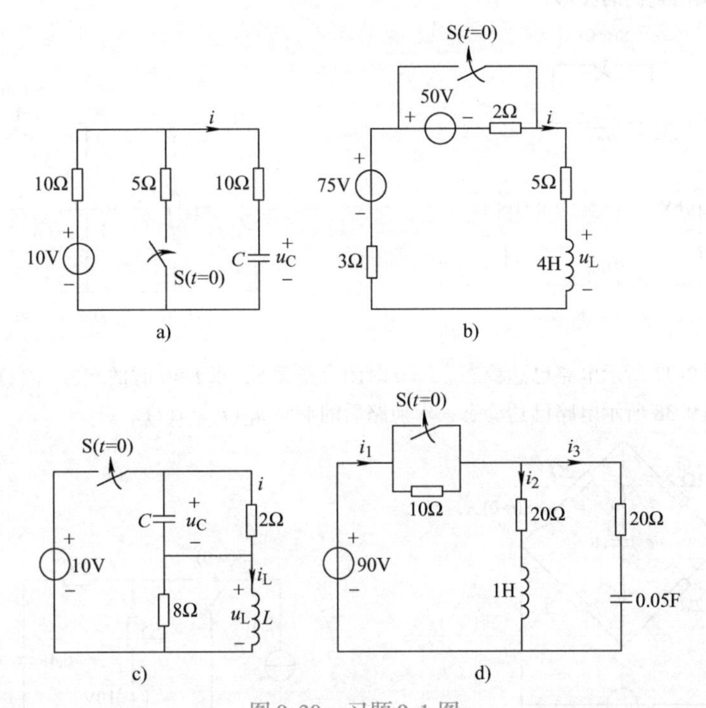

图 9-30 习题 9-1 图

9-2 图 9-31 所示电路原已达稳态，$t=0$ 时闭合开关 S，求 $t\geqslant 0$ 时的零输入响应 $u_C(t)$、$i_C(t)$，并约略画出它们的波形。

9-3 图 9-32 电路在换路前已达稳态，$t=0$ 时开关 S 打开，求 $t\geqslant 0$ 时的零输入响应 $u_L(t)$、$i(t)$，并绘出波形图。

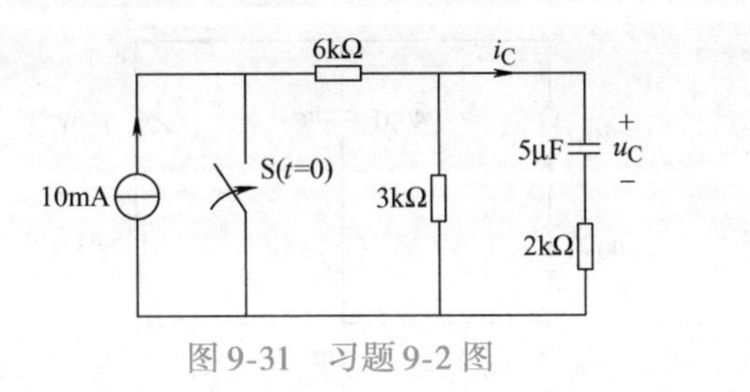

图 9-31 习题 9-2 图

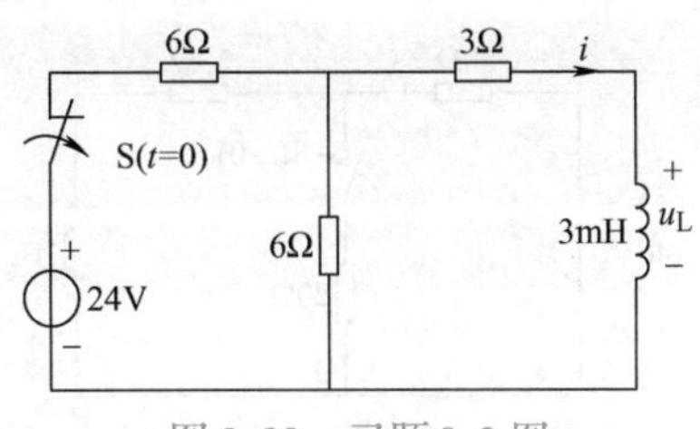

图 9-32 习题 9-3 图

9-4 求图 9-33 所示电路在换路后的零状态响应 $u_C(t)$，并绘出其波形。

9-5 求图 9-34 所示电路在换路后的零状态响应 $i(t)$。

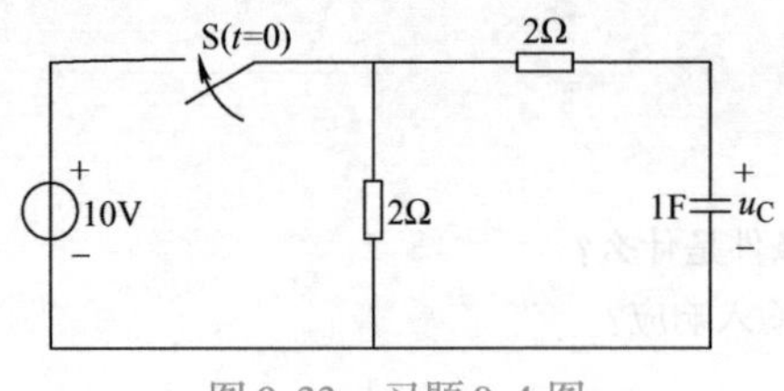

图 9-33 习题 9-4 图

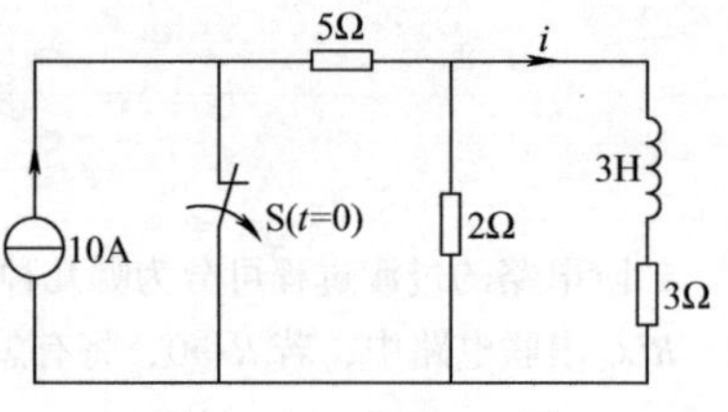

图 9-34 习题 9-5 图

9-6 图 9-35 所示电路中，开关 S 原先断开已久，$t=0$ 时闭合，用三要素法求 $t \geqslant 0$ 时的 $i(t)$。

9-7 图 9-36 所示电路中，开关 S 原先打开已久，电路已稳定，$t=0$ 时开关 S 闭合，求 $t \geqslant 0$ 时的响应 $u_C(t)$、$i_C(t)$，并画出它们的波形。

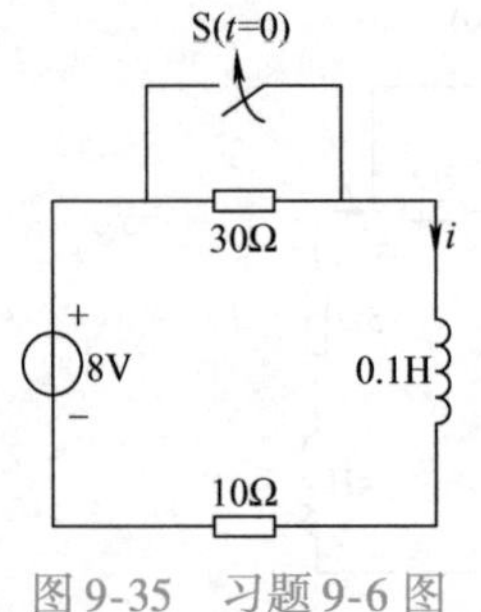

图 9-35 习题 9-6 图

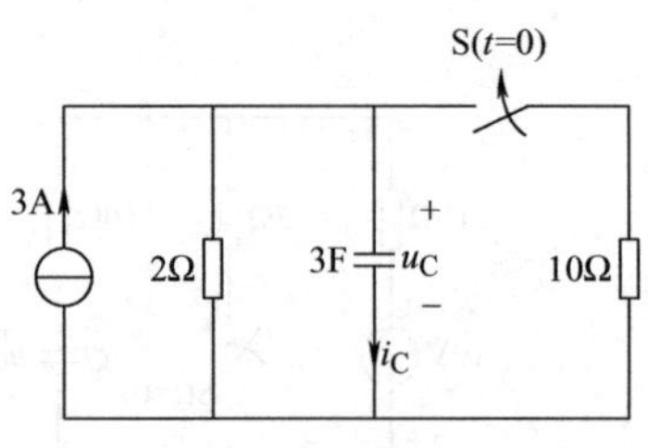

图 9-36 习题 9-7 图

9-8 换路前图 9-37 所示电路已达稳态，$t=0$ 时闭合开关 S，求 $t \geqslant 0$ 时的响应 $u_C(t)$、$i_C(t)$。

9-9 换路前图 9-38 所示电路已达稳态，求换路后的响应 $u_C(t)$、$i(t)$。

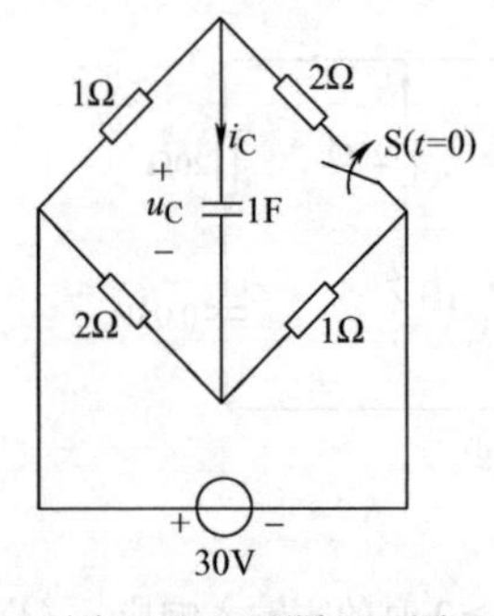

图 9-37 习题 9-8 图

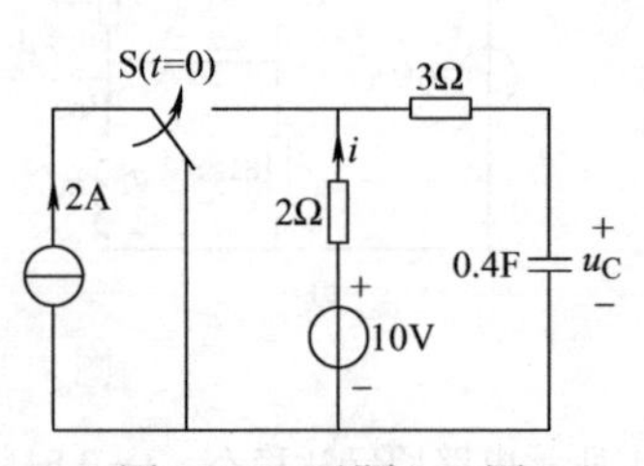

图 9-38 习题 9-9 图

9-10 图 9-39 电路中开关 S 原先打开已久，电路已稳定，$t=0$ 时闭合开关，求 $t \geqslant 0$ 时的 $i_1(t)$、$i_2(t)$。

9-11 图 9-40 电路原已达稳态，$t=0$ 时闭合开关 S，求 $t \geqslant 0$ 时的 $u_C(t)$、$i(t)$。

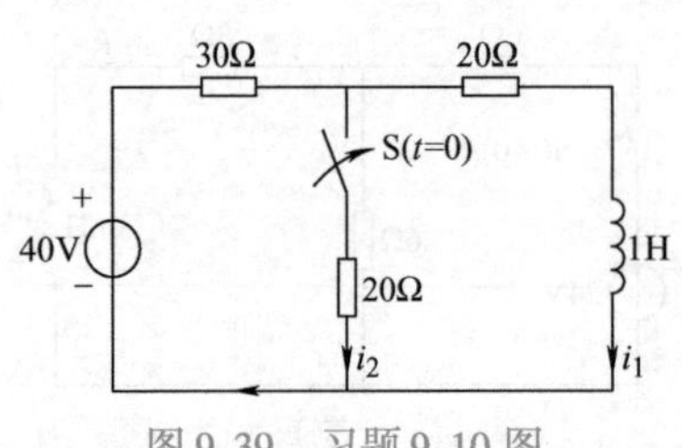

图 9-39 习题 9-10 图

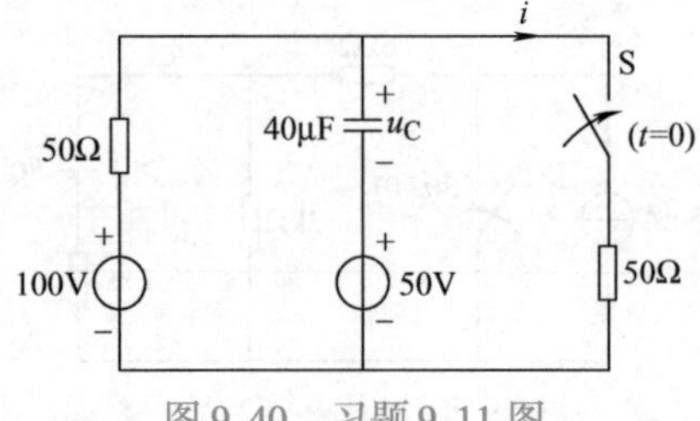

图 9-40 习题 9-11 图

9-12　图 9-41 所示电路原已达稳态，$t=0$ 时开关 S 闭合，求 $t\geqslant 0$ 时的 $u_C(t)$、$i(t)$。

9-13　图 9-42 所示电路原已达稳态，$t=0$ 时闭合开关 S，求 $t\geqslant 0$ 时的 $i_L(t)$。

9-14　图 9-43 所示电路中，已知 $u_C(0_-)=0V$，$t=0$ 时闭合开关 S_1，经 ln2s 又闭合开关 S_2，求 $t\geqslant 0$ 时的 $u_C(t)$、$i_C(t)$，并画出它们的波形。

9-15　图 9-44 所示电路换路前已稳定，求换路后的响应 $u_C(t)$、$i_L(t)$。

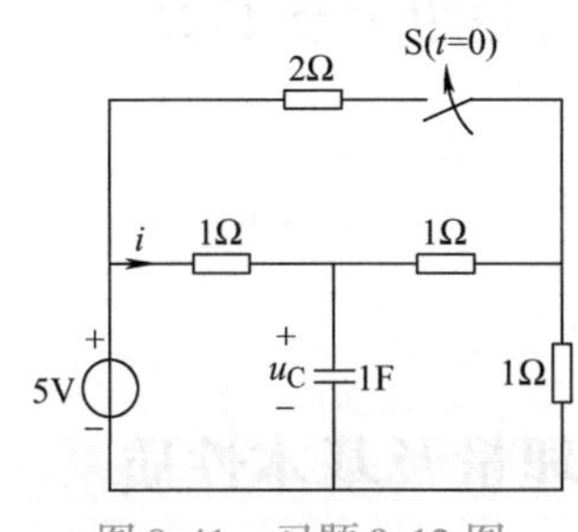

图 9-41　习题 9-12 图

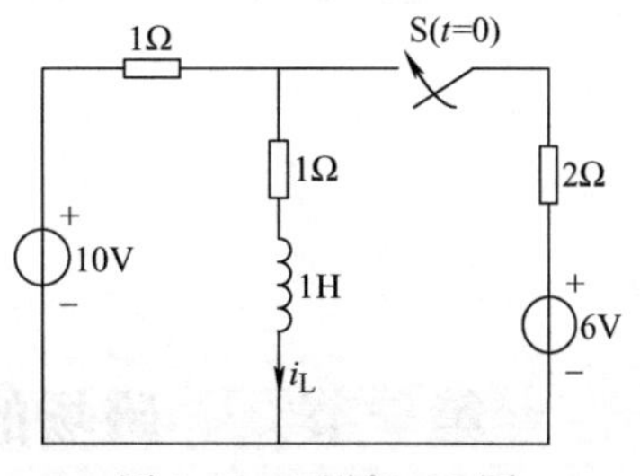

图 9-42　习题 9-13 图

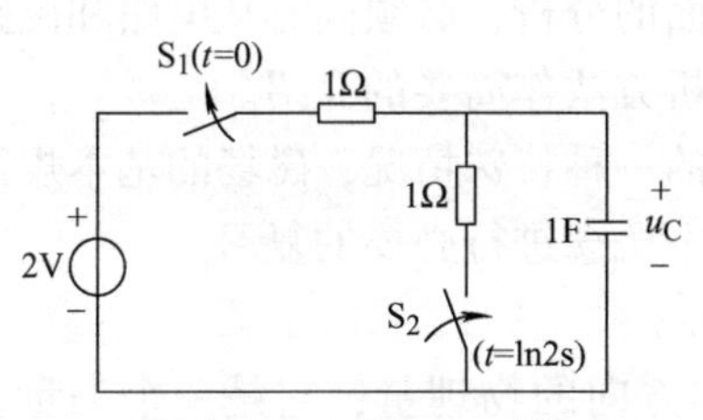

图 9-43　习题 9-14 图

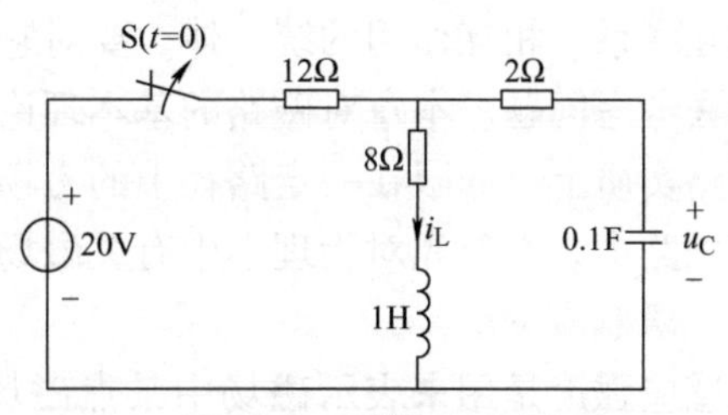

图 9-44　习题 9-15 图

第十章 磁路和铁心线圈电路

第一节 磁场的基本物理量及基本性质

实际工程中遇到的许多电工设备，如电机、变压器、电磁铁、电工测量仪表等，都是电与磁相互联系、相互作用的统一体。要对它们进行全面的分析，必须同时从电路和磁路这两个方面去考虑问题。本章对磁路的基本理论和基本分析方法作简要的介绍。

磁路实质上是局限在一定路径中的磁场，是磁场的一种特殊情况，磁场的基本规律同样存在于磁路中。本节先对物理学中有关磁场的一些基本概念进行必要的复习。

一、磁感应强度

磁感应强度是用来表示磁场中某点磁场的强弱和方向的物理量，它是一个矢量，用 $\boldsymbol{B}$ 表示。若在磁场中的一点垂直于磁场方向放置一段长为 Δl、通有电流 I 的导体，其受到的电磁力为 ΔF，则该点磁感应强度的大小为

$$B = \frac{\Delta F}{I\Delta l}$$

该点磁感应强度的方向就是放置在这点的小磁针 N 极所指的方向，也即磁场的方向。

国际单位制中，B 的单位名称是特斯拉，简称为特（T）。

如果磁场内各点的磁感应强度大小相等、方向相同，就称为均匀磁场。

用磁感应线（或称磁力线）可以形象地描述磁场情况。磁感应强度大的地方，磁感应线密，反之则疏；磁感应线上各点的切线方向就是该点磁场的方向。因为磁场中的每一点只有一个磁感应强度，所以磁感应线是互不相交的。

二、磁通及磁通的连续性原理

某一面积 S 的磁感应强度 $\boldsymbol{B}$ 的通量称为磁通 Φ，表达式为

$$\Phi = \int_S \mathrm{d}\phi = \int_S \boldsymbol{B} \cdot \mathrm{d}\boldsymbol{S} \qquad (10\text{-}1)$$

式中，$\mathrm{d}\boldsymbol{S}$ 的方向为该面积元的法线 n 的方向，如图 10-1 所示。该图中，$\mathrm{d}\phi = B\mathrm{d}S\cos\alpha$。

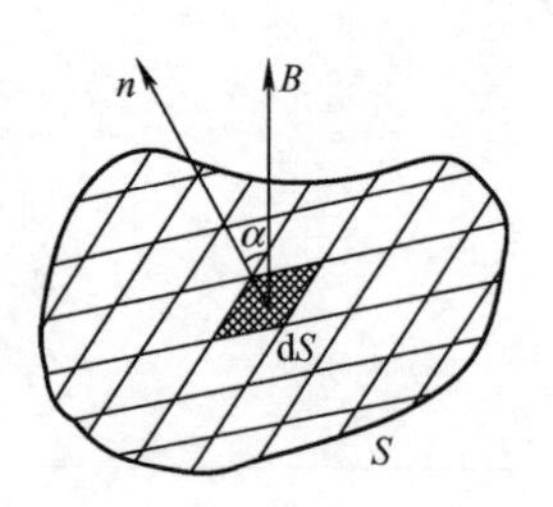

图 10-1　面积 S 的磁通

如果磁场均匀且磁场方向垂直于 S 面，则

$$\Phi = BS \qquad (10\text{-}2)$$

国际单位制中，Φ 的单位是韦伯（Wb）。

用磁感应线来描述磁场时，穿过单位面积的磁感应线数目就是磁感应强度 B，而穿过某一面积 S 的磁感应线总数就是磁通 Φ。磁感应线都是没有起止的闭合曲线，穿入任一封闭曲面的磁感应线总数必定等于穿出该曲面的磁感应线总数，即磁场中任何封闭曲面的磁通恒等于零。可表示为

$$\oint_S \boldsymbol{B} \cdot \mathrm{d}\boldsymbol{S} = 0 \tag{10-3}$$

上式表示了磁场的一个基本性质，通常称之为磁通的连续性原理。

三、磁导率

磁导率是表示物质导磁性能的一个物理量。实验证明，磁场中某处的磁感应强度 B 的大小，不仅与产生这个磁场的电流等因素有关，而且还与磁场中媒质的性质有关。例如，通有电流 I 的长直导体周围距离导体轴线为 R 的某点磁感应强度 $B = \mu I/2\pi R$，式中的 μ 即为该点媒质的磁导率。可见，在导体中通以同样大小的电流，如果周围媒质不同，μ 就不同，则磁场中同一点的磁感应强度 B 的大小也就不同。

国际单位制中，μ 的单位是亨/米（H/m）。

真空的磁导率是常数，用 μ_0 表示，其值为

$$\mu_0 = 4\pi \times 10^{-7}\,\mathrm{H/m} \tag{10-4}$$

物质按其导磁性能大体上可分为非磁性材料和磁性材料两大类。非磁性材料的导磁性能较差，其磁导率 $\mu \approx \mu_0$。除铁族元素及其合金以外的所有物质都可看作是非磁性材料，如空气、铜、铝、纸、木等。而磁性材料则有很强的导磁性能，磁导率比 μ_0 大数百乃至数万倍。

为了便于比较，工程上常采用物质的磁导率 μ 与 μ_0 的比值 μ_r 来表示各种物质的导磁性能，即

$$\mu_r = \frac{\mu}{\mu_0} \tag{10-5}$$

μ_r 称为相对磁导率，它没有单位。非磁性材料的 $\mu_r \approx 1$；磁性材料的 $\mu_r >> 1$，而且不是常数。例如硅钢片的 $\mu_r \approx 6000 \sim 8000$；坡莫合金的 μ_r 则可达到 10^5 左右。

磁性材料主要为铁、镍、钴及其合金，故也称为铁磁物质。

四、磁场强度及全电流定律

由于磁感应强度的大小与磁场媒质的磁导率有关，而磁导率 μ 往往又不是常数，这就不便于确定磁场与产生该磁场的电流之间的关系。为此，引用一个与磁导率无关的物理量 $\boldsymbol{H}$，称为磁场强度。磁场中某点磁场强度的大小等于该点磁感应强度与该处媒质的磁导率的比值，即

$$H = \frac{B}{\mu} \tag{10-6}$$

它是一个矢量，其方向即为该点磁感应强度的方向。

国际单位制中，H 的常用单位是安/米（A/m），或安/厘米（A/cm）等。

引用了磁场强度这一物理量，可以较方便地进行不同媒质磁场的分析计算。磁场强度的大小与产生该磁场的电流之间的关系可由全电流定律确定。全电流定律指出：磁场强度矢量沿任一闭合回线的线积分等于该闭合回线所包围的全部电流的代数和。表达式为

$$\oint_l \boldsymbol{H} \cdot \mathrm{d}\boldsymbol{l} = \sum I \tag{10-7}$$

式中，当电流 I 的方向与闭合回线方向符合右手螺旋定则时取正，反之则取负。

全电流定律也称安培环路定律，它反映了磁场的又一基本性质。

例 10-1 一个均匀密绕的环形螺管线圈如图 10-2 所示，线圈匝数为 N，通以电流 I，试求线圈内部的磁场强度。

解 由于结构上的对称性，环形螺管线圈内的磁感应线都是一些同心圆，而且在同一条磁感应线上的磁场强度都应相等，方向都是圆周的切线方向。

以 o 点为圆心，取 r 为半径作圆，如图中虚线所示，以此磁感应线为积分回线 l，根据全电流定律可得

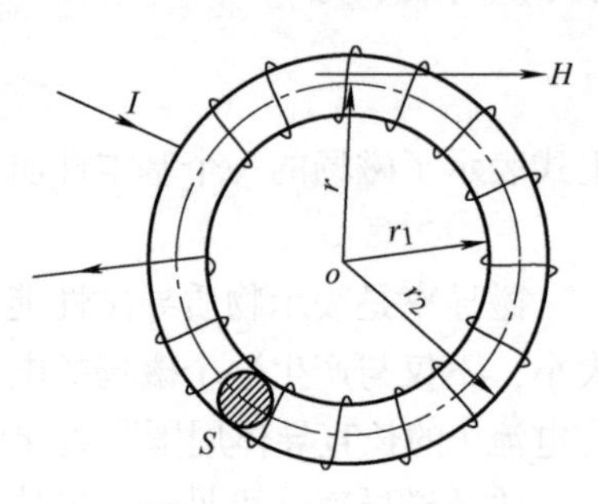

图 10-2 例 10-1 图

$$H = \frac{IN}{l} = \frac{IN}{2\pi r}$$

设环形螺管线圈的内、外径分别为 r_1、r_2。在 $r < r_1$ 或 $r > r_2$ 两种情况下，$\sum I = 0, H = 0$，说明该线圈的磁场都集中在环内。在环内横截面 S 上各点的 H 是不相同的，这是因为 H 与 r 成反比，$r = r_1$ 时 H 有最大值，$r = r_2$ 时 H 有最小值，但当环的内外径相近或者说环的半径较大而横截面积较小时，可以近似地认为环内磁场是均匀的，此时的积分回线 l 即为环形螺线管的平均周长。

思 考 题

10-1-1 总结磁场中几个基本物理量及它们的联系。

10-1-2 环形螺管线圈的外直径为32.5cm，内直径为27.5cm，匝数为1500匝，电流为0.45A。试求在媒质为空气和铁（设其 $\mu_r = 1000$）两种情况下线圈内部的磁通。

第二节 铁磁物质的磁化

铁磁物质在外磁场中呈现磁性的现象叫作铁磁物质的磁化。由于磁性材料有很强的导磁性能，在外磁场中，这些物质会产生很强的并与外磁场方向相同的附加磁场，使磁场大大增强，所以它们被广泛应用于电工设备中，把它们做成铁心以构成磁路。在这些设备中，所谓的外磁场，一般都由绕在铁心上的通电线圈产生，通入线圈中的电流就称为励磁电流。

磁畴理论指出，在铁磁物质中，存在着许多自发磁化的小区域，称之为磁畴，每个磁畴相当于一个小磁铁。无外磁场作用时，这些磁畴的排列是不规则的，磁效应互相抵消，对外不显示磁性。铁磁物质处在外磁场中时，各个磁畴就会顺着外磁场的方向有规则排列，磁效应不再互相抵消而产生与外磁场同向的附加磁场，物质即被磁化。非磁性材料不具备磁畴结构，所以不能被磁化。

铁磁物质磁化过程中有着其特有的磁性能，而且不同材料的磁性能又各有差异，工程上

常采用磁化曲线或对应的数据表来表示各种铁磁物质的磁化特性。

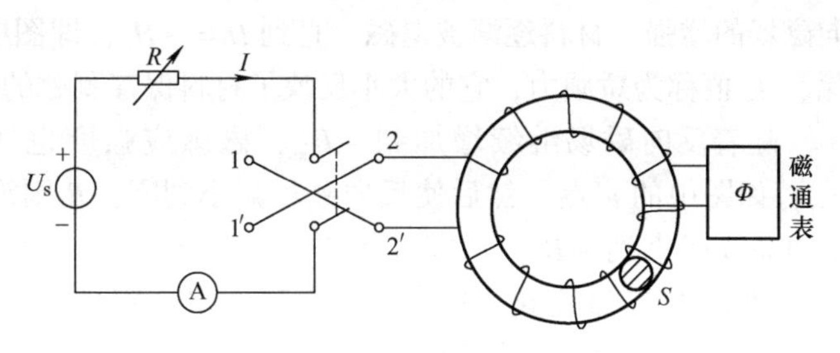

图 10-3　磁化曲线的测定

磁化曲线就是铁磁物质的磁感应强度 B 与外磁场 H 的关系曲线，简称 B-H 曲线，它可由实验测定。图 10-3 是测试磁化曲线的示意图，将待测的铁磁材料制成环形铁心，并在铁心上均匀密绕 N 匝线圈，通以励磁电流 I，根据例 10-1 讨论结果可知，环形铁心中的磁场强度 H 正比于电流 I，逐点测出 I 即可求得 H。同时用磁通表测出铁心中的磁通 Φ，根据 $B=\Phi/S$，可得到相应的 B。这样，通过测定 Φ-I 数据，即可画出 B-H 关系曲线。

以下从几个方面介绍磁化曲线的情况，以利了解铁磁物质的磁性能。

一、起始磁化曲线

铁心原来没有磁性，B 和 H 均从零开始增加，这样得到的 B-H 曲线称起始磁化曲线。曲线如图 10-4 中①所示。可以看出，随着磁场强度 H 的增加，磁感应强度 B 开始时是缓慢增长（Oa_1 段），然后迅速增长（a_1a_2 段），之后又缓慢增长（a_2a_3 段），最后就趋于饱和，即在 a_3 点以后，随着 H 的增加，B 的增长率仅与在空气中的一样（如图中曲线③），这种现象称为磁饱和。

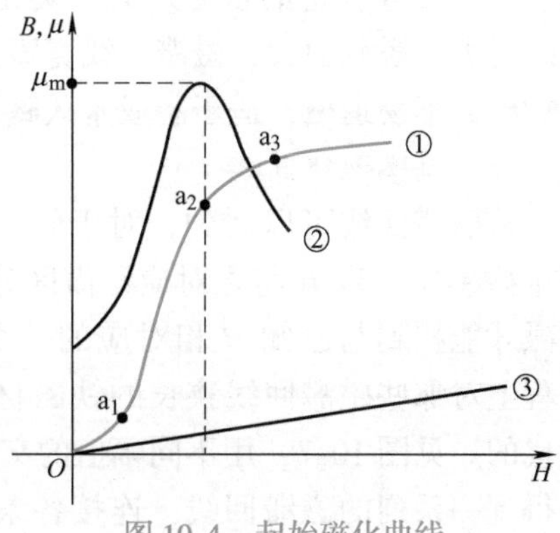

图 10-4　起始磁化曲线

起始磁化曲线表明，铁磁物质的 B-H 关系是非线性的，也就是说其磁导率 μ 不是常数，它随着 H 的变化而变化。图 10-4 中的②就是 μ-H 曲线。对应于起始磁化曲线的 a_1a_2 段，μ 值增加很快，达到最大值 μ_m 时，铁磁物质的导磁能力最强，工程设计中通常要求它们工作在 a_2 点附近。

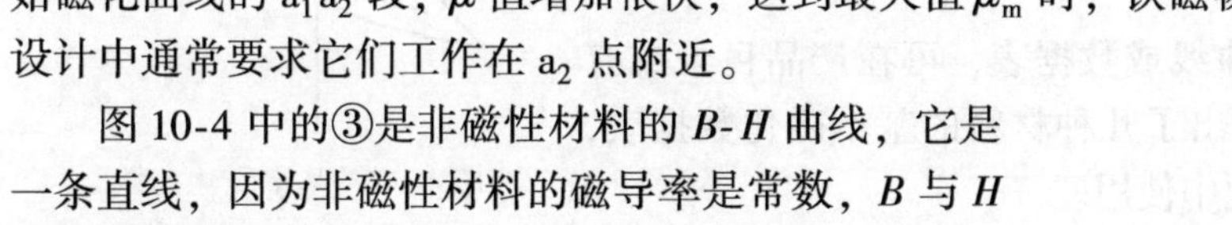

图 10-4 中的③是非磁性材料的 B-H 曲线，它是一条直线，因为非磁性材料的磁导率是常数，B 与 H 是线性关系。

二、磁滞回线

当外磁场增加到某一最大数值 H_m，如图 10-5 中的 a 点，然后减小励磁电流 I，即减小 H 值，这时 B 值也会随之减小。但实验表明，B 并不按照原来的起始磁化曲线的规律减小，而是沿着图中的 ab 曲线规律在当 H 减至零时，B 还有一个值 B_r，称之为剩磁。这种铁磁材料的磁化状态滞后于外磁场变化的现象叫作磁滞。

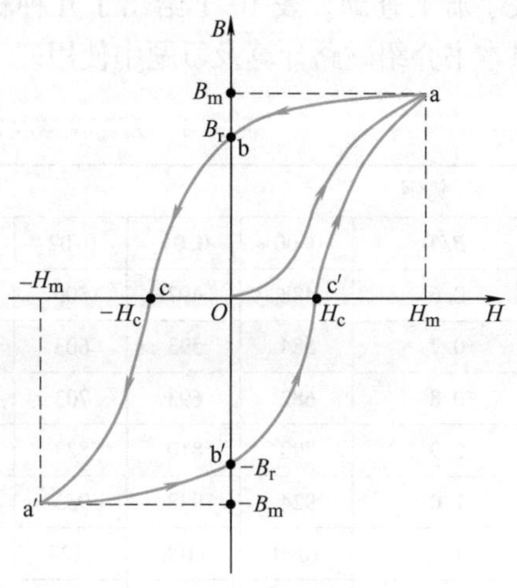

图 10-5　磁滞回线

如要消除剩磁，必须改变外磁场 H 的方向来进行反向磁化（只需改变励磁电流方向即可）。随着反

向磁场的增强，材料逐渐被退磁，直到 $H=-H_c$，即图中的 c 点时，B 才为零，剩磁完全消除。H_c 值称为矫顽力，它的大小反映了材料保存剩磁的能力。

随着反向磁场继续增加到 $-H_m$，磁感应强度也达到 $-B_m$，如图中的 a′点。然后使反向磁场减小到零，B 则沿着 a′b′的曲线减小到 $-B_r$。从零开始再逐渐增大正向磁场，B-H 曲线则沿着 b′c′a 变化而完成一个循环。闭合曲线 abca′b′c′a 是对称原点的，称为磁滞回线。

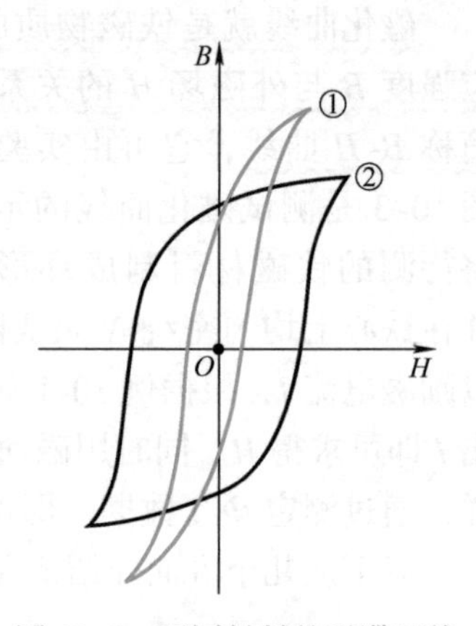

图 10-6 不同材料的磁滞回线

不同铁磁材料的磁性能会有所差别，反映在磁滞回线的形状上也就有所不同。根据磁滞回线的形状，可把铁磁物质分成两大类，一类是软磁材料，如纯铁、坡莫合金、电工钢等，它们的磁滞回线比较狭长，见图 10-6 中的①，这类材料的剩磁、矫顽力以及由于磁滞而引起的能量损耗（详见本章第五节）都比较小，磁导率却比较高，所以它们适于做成电机、变压器等设备的铁心。另一类是硬磁材料，它们的特点是剩磁大、矫顽力大，磁滞回线宽短，见图 10-6 中的②。这类材料被磁化后，能保持很强的剩磁，不易退磁，适于制成永久磁铁。

三、基本磁化曲线

从磁滞回线可以看到，对于同一个磁场强度 H，可以有两个磁感应强度 B 与之对应，需区分材料是在被磁化还是在退磁才能找到与已知 H 相对应的一个 B 值。为了便于计算，工程上对那些磁滞回线狭长的铁磁材料是采用基本磁化曲线替代的。见图 10-7，用不同幅值的交变磁场对材料进行磁化，将得到一系列的磁滞回线，连接各条磁滞回线的顶点得到如图中 Oa 所示的曲线，此曲线就是该铁磁材料的基本磁化曲线，也称平均磁化曲线。

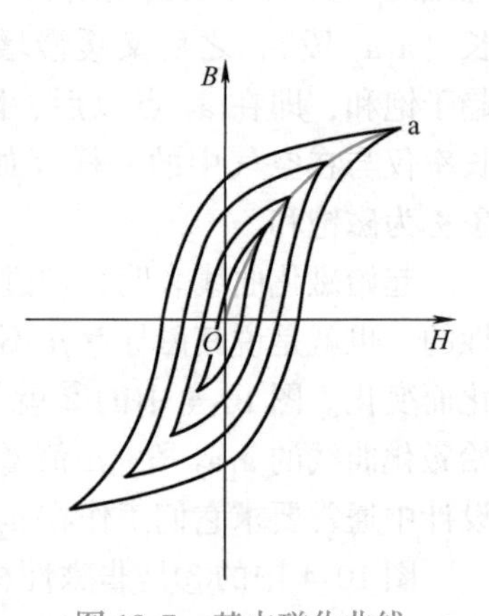

图 10-7 基本磁化曲线

各种材料的基本磁化曲线或数据表，可在产品目录或有关手册上查到。表 10-1 给出了几种材料的基本磁化数据表，供本书介绍磁路计算及习题中使用。

表 10-1 常用铁磁材料基本磁化数据表（表中 H 单位为 A/m）

一、铸钢

B/T	0.00	0.01	0.02	0.03	0.04	0.05	0.06	0.07	0.08	0.09
0.6	488	497	506	516	525	535	544	554	564	574
0.7	584	593	603	613	623	632	642	652	662	672
0.8	682	693	703	724	734	745	755	766	776	787
0.9	798	810	823	835	848	860	873	885	898	911
1.0	924	938	953	969	989	1004	1022	1039	1056	1073
1.1	1090	1108	1127	1147	1167	1187	1207	1227	1248	1269
1.2	1290	1315	1340	1370	1400	1430	1460	1490	1520	1555

（续）

二、D_{21}电工钢片										
B/T	0.00	0.01	0.02	0.03	0.04	0.05	0.06	0.07	0.08	0.09
0.8	340	348	356	364	372	380	389	398	407	416
0.9	425	435	445	455	465	475	488	500	512	524
1.0	536	549	562	575	588	602	616	630	645	660
1.1	675	691	708	726	745	765	786	808	831	855
1.2	880	906	933	961	990	1020	1050	1090	1120	1160
1.3	1200	1250	1300	1350	1400	1450	1500	1560	1620	1680
1.4	1740	1820	1890	1930	2060	2160	2260	2380	2500	2640
1.5	2800	2970	3150	3370	3600	3850	4130	4400	4700	5000
1.6	5290	5590	5900	6210	6530	6920	7280	7660	8040	8420

思考题

10-2-1　试归纳铁磁物质所具有的磁性能。

10-2-2　试比较图10-2的环形螺管线圈在空心和铁心两种情况下，其内部的H、B和Φ的情况（设电流I不变）。

第三节　磁路及磁路定律

一、磁路

前已述及，在许多电工设备中，都用磁导率较大的铁磁材料做成铁心，绕在铁心上的线圈通以较小的励磁电流，就会在铁心中产生很强的磁场。相比之下，周围非磁性材料（如空气）中的磁场就显得非常微弱，可以认为，磁场几乎全部集中在铁心所构成的路径内。这种由铁心所限定的磁场就叫作磁路。

图10-8是几种常见电器设备的磁路，其中，图a是一种单相变压器的磁路；图b是继电器的磁路，这两种磁路没有分支，称为无分支磁路；图c是直流电机的磁路；图d是接触器的磁路，这两种磁路都是有分支磁路。

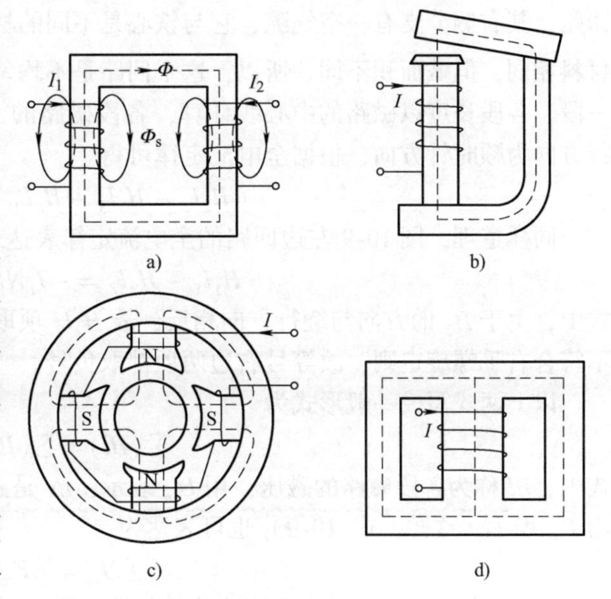

图10-8　几种电器设备的磁路

集中在铁心限定的范围内的磁通称为主磁通，也叫工作磁通，如图10-8a中的Φ；穿出铁心在周围非磁性材料中

的磁通就称为漏磁通，如图 10-8a 中的 Φ_s。在实际工程中，为了减少漏磁通，采取了很多措施，使漏磁通只占总磁通的很小一部分，以至在磁路的一般计算中可忽略不计。

二、磁路的基尔霍夫第一定律

根据磁通的连续性原理，在忽略漏磁通时，磁路的一个分支中处处都应有相同的磁通。对于图 10-9 所示磁路的右侧分支，虽然存在一个长度为 l_0 的空气隙，但空气隙中的磁通仍与该分支中的磁通相等。

在磁路中常以磁路的几何中心线作为磁通的路径标出各分支的磁通，并标出它们的参考方向。图 10-9中，各支路磁通参考方向如空心箭头所示。

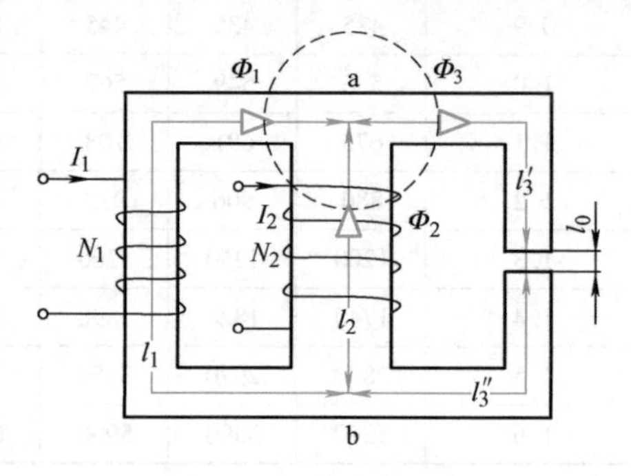

图 10-9 有分支磁路

对于有分支磁路，其分支汇集处称为磁路的节点，如图 10-9 中的 a、b 两处。在节点处作封闭曲面(图中仅在 a 处用虚线画出)，根据磁通连续性原理，可得

$$\Phi_1 + \Phi_2 - \Phi_3 = 0$$

即

$$\sum \Phi = 0 \tag{10-8}$$

上式表明，磁路的任一节点所连接的各分支磁通的代数和等于零。这就是磁路的基尔霍夫第一定律。

三、磁路的基尔霍夫第二定律

若一段磁路的材料相同，横截面积也相同，则它就是均匀磁路。否则就是不均匀磁路。

均匀磁路中磁场强度 H 处处相等，磁场方向与磁路的中心线平行。

磁路中的任何一个闭合路径称为回路。一个回路不一定是个均匀磁路，在应用全电流定律时，必须将该回路分段，使各段都为均匀磁路，都有相同的 H 值。例如图 10-9 中的右边回路，其右侧分支有一空气隙，它与铁心是不同的材料，而该分支的铁心与中间的分支虽然材料相同，但截面积不同。所以，这个回路是不均匀磁路。如图将其分成 l_0、l_2、$l_3 = l_3' + l_3''$ 三段，各段长度以磁路的中心线计算，各段磁路的 H 方向即为该段磁通方向。选回路的绕行方向为顺时针方向，根据全电流定律可得

$$H_2 l_2 + H_3 l_3 + H_0 l_0 = I_2 N_2$$

同样道理，图 10-9 左边回路的全电流定律表达式为

$$H_1 l_1 - H_2 l_2 = -I_1 N_1 - I_2 N_2$$

式中，由于 H_2 的方向与绕行方向相反，故 $H_2 l_2$ 项取负号；电流 I_1 与 I_2 的方向与绕行方向不符合右手螺旋定则，故等号右边两项都取负号。

以上两式写成一般形式为

$$\sum (Hl) = \sum (IN) \tag{10-9}$$

式中，Hl 称为各段磁路的磁压，用 U_m 表示；IN 是磁路中产生磁通的激励源，称为磁动势，用 F_m 表示。这样，式(10-9) 也可表达为

$$\sum U_m = \sum F_m \tag{10-10}$$

式(10-9) 或式(10-10) 称为磁路的基尔霍夫第二定律，它表明：在磁路的任一回路中，各

段磁压的代数和等于各磁动势的代数和。

应用式(10-10)时，应先选择回路的绕行方向，当某段磁路的 H 方向与绕行方向相同时，该段磁路的磁压取正号，反之则取负号；而磁动势的正负号则取决于各励磁电流的方向与回路的绕行方向是否符合右手螺旋定则，符合的取正，不符合的取负。

磁压和磁动势的单位与电流相同。

四、磁路的欧姆定律

设一段磁路的长度为 l，横截面积为 S，由磁导率为 μ 的材料制成，则该段磁路的磁压为

$$U_{\mathrm{m}} = Hl = \frac{B}{\mu}l = \Phi\frac{l}{\mu S} = \Phi R_{\mathrm{m}}$$

式中，$R_{\mathrm{m}} = l/\mu S$ 称为这段磁路的磁阻，它的形式与一段导线的电阻 $R = l/\gamma S$ 相似。

磁阻 R_{m} 的单位为1/亨（1/H）。

公式

$$U_{\mathrm{m}} = \Phi R_{\mathrm{m}} \tag{10-11}$$

在形式上与电路中的欧姆定律相似，称其为磁路的欧姆定律。

由于铁磁材料的 μ 不是常数，其构成的磁路是一种非线性的磁阻元件，所以在一般情况下，式(10-11)不能用来对磁路进行计算。但常用它来对磁路进行定性的分析。

空气的磁导率是常数，所以一段气隙的磁阻也是常数。

思考题

10-3-1　试对电路及磁路的有关物理量和基本定律进行归纳对比。

10-3-2　磁路是否有短路和开路状态？

10-3-3　一段长为1mm，横截面积为150mm^2 的气隙中的磁通为 3×10^{-3}Wb，求其磁压。

10-3-4　两个匝数相同的线圈分别绕在两个几何尺寸相同但材料不同的铁心上，若要在铁心中产生相同的磁通，哪个线圈中的励磁电流大？

第四节　恒定磁通磁路的计算

线圈中的励磁电流为直流时，磁路中的磁通不随时间而变化，这样的磁路就称为恒定磁通磁路。

磁路计算的目的在于找出磁通与磁动势之间的关系，一般可分为两类问题：一类是已知磁通求磁动势；另一类则是已知磁动势求磁通。此处只介绍第一类问题的计算方法。

已知磁通求磁动势这类问题的计算步骤大致如下：

1）将磁路分段，分段原则是使材料相同且截面积也相同的磁路作为一段。

2）根据给定的磁路几何尺寸计算各段磁路的长度 l，一般均取磁路的中心线计算。

3）计算各段磁路的横截面积 S。当磁路材料采用涂有绝缘漆的硅钢片叠成时，铁心的有效面积要比按几何尺寸计算得出的所谓视在面积小，这时应采用下式计算，即

$$\text{有效面积} = K\times\text{视在面积}$$

式中的 K 称为填充系数，它的值与硅钢片的厚度、表面绝缘层的厚度及叠装时的松紧程度

有关，一般在0.9左右。

磁路的气隙处，当磁力线穿过时，会有向外扩张的趋势，称为边缘效应，如图10-10所示。这就使空气隙的有效面积加大，并且难以精确计算。一般在气隙很小时，可忽略边缘效应，并认为气隙的有效面积与对应铁心的有效面积相同。而当不能忽略时，则按下列经验公式计算其有效面积S_0：

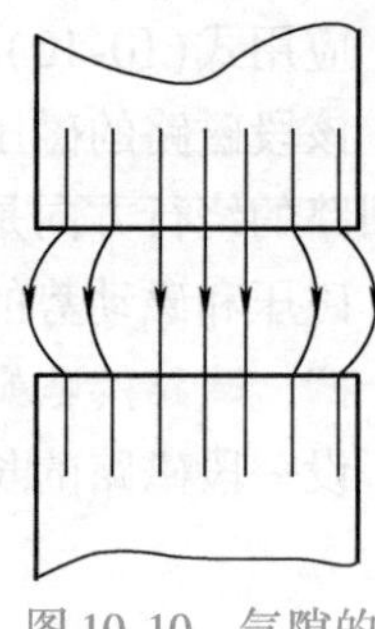
图10-10 气隙的边缘效应

铁心截面为矩形时

$$S_0 = ab + (a+b)l_0$$

铁心截面为圆形时

$$S_0 = \pi r^2 + 2\pi r l_0$$

上两式中，l_0为气隙长度；a和b分别为矩形截面的长和宽；r为圆截面的半径。

4）由已知的磁通及各段磁路的截面积，计算各段磁路的磁感应强度B。

5）由各段磁路的磁感应强度B求出各段磁路的磁场强度H。对于铁磁材料可通过磁化曲线或数据表查得；对于气隙或其他非磁性材料，则用下面公式计算

$$H_0 = \frac{B_0}{\mu_0} = \frac{B_0}{4\pi \times 10^{-7}} \approx 0.8 \times 10^6 B_0 \text{A/m} \tag{10-12}$$

注意，上式中B_0的单位是特（T）。

6）按磁路的基尔霍夫第二定律求磁动势，即

$$F_{\text{m}} = IN = \sum (Hl)$$

上述步骤可归纳计算程序为

$$\Phi \to B \to H \to Hl \to IN = \sum (Hl)$$

例10-2 图10-11为一直流电磁铁磁路，铁心①由D_{21}硅钢片叠成，填充系数为0.92；衔铁②为铸钢材料，图中所注长度单位为mm，求在磁路中要获得4×10^{-3}Wb磁通所需的磁动势。若励磁线圈的匝数为1200匝，求励磁电流I。

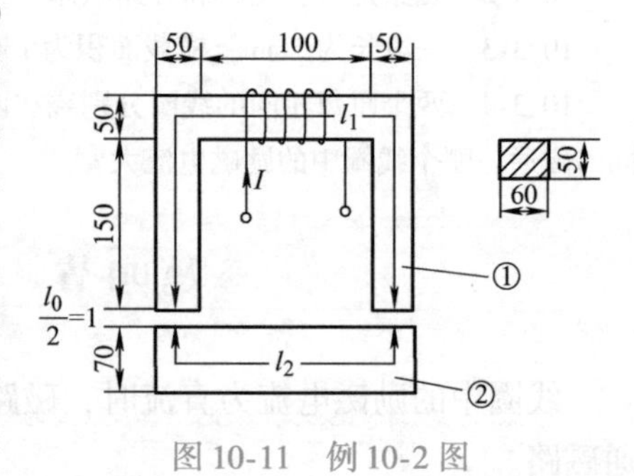

图10-11 例10-2图

解 这是一个无分支的不均匀磁路，各处的磁通相同。

首先将磁路分成三段，即铁心l_1、衔铁l_2和空气隙l_0，它们的长度分别为

$$l_1 = [(150+25)\times2+100+50]\text{mm} = 500\text{mm}$$

$$l_2 = (100+50+70)\text{mm} = 220\text{mm}$$

$$l_0 = 1\times2\text{mm} = 2\text{mm}$$

各段磁路的有效面积为

$$S_1 = 50\times60\times0.92\text{mm}^2 = 2760\text{mm}^2$$

$$S_2 = 70\times60\text{mm}^2 = 4200\text{mm}^2$$

空气隙很小，可忽略边缘效应，则

$$S_0 = S_1 = 2760\text{mm}^2$$

各段磁路的磁感应强度为

$$B_1=\frac{\Phi}{S_1}=\frac{4\times10^{-3}}{2760\times10^{-6}}\mathrm{T}=1.45\mathrm{T}$$

$$B_2=\frac{\Phi}{S_2}=\frac{4\times10^{-3}}{4200\times10^{-6}}\mathrm{T}=0.95\mathrm{T}$$

$$B_0=B_1=1.45\mathrm{T}$$

查表 10-1 中 D_{21} 硅钢片及铸钢两材料的磁化数据，分别可得

$$H_1=2160\mathrm{A/m}$$

$$H_2=860\mathrm{A/m}$$

空气隙中的磁场强度为

$$H_0=0.8\times10^6B_0=0.8\times10^6\times1.45\mathrm{A/m}=1.16\times10^6\mathrm{A/m}$$

所需磁动势为

$$\begin{aligned}F_{\mathrm{m}}&=\sum(Hl)=H_1l_1+H_2l_2+H_0l_0\\&=(2160\times500\times10^{-3}+860\times220\times10^{-3}+1.16\times10^6\times2\times10^{-3})\mathrm{A}\\&=(1080+189.2+2320)\mathrm{A}\\&=3589.2\mathrm{A}\end{aligned}$$

励磁电流为

$$I=\frac{F_{\mathrm{m}}}{N}=\frac{3589.2}{1200}\mathrm{A}=2.99\mathrm{A}$$

从本例计算结果看出，磁路中的气隙虽然很小，但磁导率 μ_0 远较铁磁材料的小，磁阻就很大，其磁压占了总磁动势的绝大部分（本例约占 64.6%），所以，空气隙对磁路的影响是不可忽视的。

除了无分支磁路外，工程中还常遇到图 10-12a所示的在结构上具有对称性的有分支磁路，对称轴 AB 两侧的磁路几何尺寸及材料完全相同，励磁线圈绕在中间柱上，作用于两侧磁路的磁动势也是相同的，所以该磁路中磁通的分布也是对称的。这种磁路可在对称轴处剖开后取其一半按无分支磁路来进行计算，如图 10-12b 所示。要注意的是，剖开后中间铁心柱的截面积和磁通均应减半，但磁动势是不变的。也就是说，在半侧磁路中产生一半磁通与在整个磁路中产生全部磁通所需的磁动势是相同的。取一半磁路计算所得的磁动势即为全部磁路所需的磁动势。

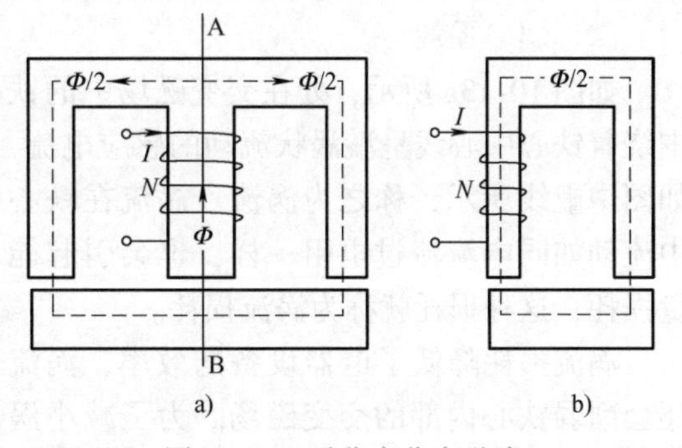

图 10-12　对称有分支磁路

由于对称有分支磁路的计算实质上可归为无分支磁路的计算，故此处不再详述。

思考题

10-4-1　磁路计算时为什么要把磁路分段？分段的原则是什么？

10-4-2 一直流励磁的磁路工作在接近饱和区，若磁路中的磁通增加20%，在线圈匝数不变时，励磁电流也是增加20%吗？若该磁路保持磁通不变，但磁路的截面积增大，则励磁电流又将如何变化？

10-4-3 上题磁路的几何尺寸保持不变，但增大了气隙，在线圈中的励磁电流不变的情况下，磁路中的磁通又会怎样变化？

第五节 交变磁通下的铁心损耗

除了直流励磁的铁心线圈之外，工程中还有许多交流励磁的铁心线圈，简称交流铁心线圈。这两种不同的铁心线圈有着不同的工作特性。首先表现在功率损耗方面，直流铁心线圈的功率损耗主要是线圈内阻的损耗，而在交流铁心线圈中，由于磁通是交变的，除了线圈内阻的功率损耗外，还存在着铁心中的磁滞损耗和涡流损耗，这些功率损耗都是通过电磁耦合关系从线圈的电路中转换来的，它会影响线圈中的电流。本节介绍交流铁心线圈中的铁心损耗。

一、磁滞损耗

铁磁材料在交变磁化的过程中，由于磁畴反复转向，而且其翻转的过程又是不可逆的，即存在着磁滞现象，这就需要消耗能量。这种由于磁滞而造成的能量损耗称为磁滞损耗。

理论推导及实验都证明，磁滞损耗与磁滞回线所包围的面积以及电源频率、铁心的体积成正比。磁滞回线的面积显然又与交变磁化时磁感应强度的最大值 B_m 有关，工程上常用下面的经验公式来计算磁滞损耗 P_h

$$P_h = \sigma_h f B_m^n V \tag{10-13}$$

式中，P_h 的单位为W；σ_h 是与材料性质有关的系数，由实验确定；f 为电源频率，单位为Hz；B_m 为磁感应强度最大值，单位为T；指数 n 由 B_m 的值来确定，当 $B_m < 1.0\text{T}$ 时，$n \approx 1.6$，当 $B_m > 1.0\text{T}$ 时，$n \approx 2$；V 为铁心的体积，单位为 m^3。

为了减小磁滞损耗，应尽量选用磁滞回线狭窄的铁磁材料制作铁心，如硅钢片与坡莫合金等。

二、涡流损耗

如图10-13a所示，处在交变磁场中的铁心，本身就是导体，电磁感应会在铁心内产生围绕着铁心中心线呈漩涡状流动的感应电流，如图中虚线所示，称之为涡流。涡流在铁心中流动如同电流流过电阻一样，也会引起能量损耗，这种损耗就称为涡流损耗。

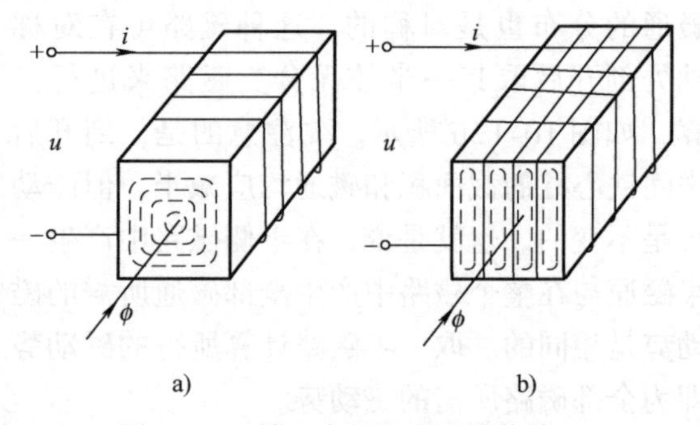

图10-13 铁心中的涡流及叠装铁心

涡流损耗降低了电器设备的效率，涡流还会削弱铁心内部的交变磁场。为了减小涡流及其损耗，常采取两种措施，一是增大铁心材料的电阻率，如在钢片中掺入少量硅（质量分数约为1%～5%），就可使电阻率增加许多倍。二是采用相互绝缘的薄钢片沿着顺磁场方向叠成铁心，如图10-13b所示，这样可增大涡流路径的电阻而减小涡流。工程中常用的硅钢片厚度有0.35mm和0.5mm两种。

涡流也有可利用的一面，例如可利用涡流的热效应对金属进行热处理；还可利用涡流与磁场相互作用产生电磁力的原理制成感应系仪表等。

涡流损耗 P_e 一般按下面的经验公式计算

$$P_e = \sigma_e f^2 B_m^2 V \tag{10-14}$$

式中，σ_e 是与材料的电阻率、截面大小和形状有关的系数，由实验确定。其余符号的意义均与式(10-13) 中的相同。

三、铁损

磁滞损耗和涡流损耗都是铁心中的功率损耗，合称为铁心损耗，简称铁损，用 P_{Fe} 表示，有

$$P_{Fe} = P_h + P_e \tag{10-15}$$

工程计算中，可在有关手册上查到各种牌号的铁心材料单位质量的铁损 P_{Fe0}（单位为 W/kg），称为比损耗。这样可以方便地算出质量为 m（单位为 kg）的铁心的铁损，即

$$P_{Fe} = P_{Fe0} m$$

10-5-1　铁损与哪些因素有关？为什么直流铁心线圈的磁路中没有铁损？铁损的能量由哪里来？

10-5-2　用哪些方法可以减小铁损？

第六节　交流铁心线圈中的电压、电流及磁通

交流铁心线圈在电压与电流的关系方面也与直流铁心线圈存在不同的特性。直流铁心线圈磁路中的磁通不随时间变化，所以在线圈中不会产生感应电动势，线圈的电感不起作用，线圈中的电流只由外施电压 U 及线圈内阻 r 决定，$I = U/r$，当线圈电压 U 值不变时，I 也不会变，如果磁路的情况有所改变，只会引起磁通大小的改变，而不会影响电路。但在交流铁心线圈中，励磁电流及其产生的磁通是随时间而变化的，线圈中会由此而产生感应电动势，同时由于磁路的非线性，铁心线圈的电感值不再是常数，其电压、电流关系会受到磁路情况的影响。本节着重讨论在外施正弦电压情况下，铁心线圈中的磁通及电流。

一、电压与磁通的关系

图 10-14 是接在交流电源中的铁心线圈，忽略其线圈内阻及漏磁通，并标出其端电压 u、电流 i、电动势 e 及磁通 ϕ 的参考方向如图中所示，则有关系式

$$u = -e = N\frac{d\phi}{dt}$$

式中，N 为线圈匝数。

设 $$\phi = \Phi_m \sin\omega t$$

则 $$u = -e = N\frac{d}{dt}\Phi_m \sin\omega t$$
$$= \omega N\Phi_m \sin\left(\omega t + \frac{\pi}{2}\right)$$

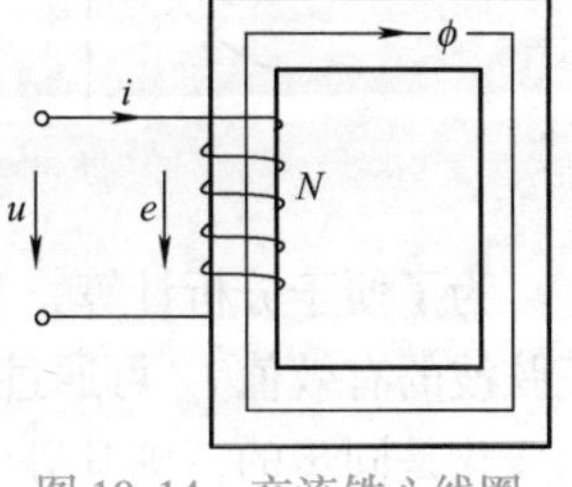

图 10-14　交流铁心线圈

可以看出，铁心线圈的端电压与铁心中的磁通是同频率的正弦量，在相位上，端电压比磁通超前90°。

电压和电动势的有效值与磁通最大值的关系为

$$U = E = \frac{\omega N\Phi_{\mathrm{m}}}{\sqrt{2}} = \frac{2\pi fN\Phi_{\mathrm{m}}}{\sqrt{2}} = 4.44fN\Phi_{\mathrm{m}} \tag{10-16}$$

上式是一个常用的重要公式，它表明：当电源频率 f 和线圈匝数 N 一定时，铁心线圈磁路中的磁通最大值 Φ_{m} 和线圈端电压的有效值 U 成正比。

由于线圈内阻及漏磁通的影响一般都不大，可以忽略，因此在一定的正弦电压源激励下，无论铁心线圈的磁路情况如何，其磁通的最大值基本是确定的。这是交流铁心线圈的一个显著特点。

二、磁通与电流的关系

铁磁材料的 B-H 曲线是通过测定材料的 ϕ-i 关系而得到的。设铁心线圈的磁路是均匀的，则该线圈的 ϕ-i 曲线应与铁心材料的 B-H 曲线相似。为使问题简化，先忽略铁心线圈中所有的功率损耗，这时线圈的电流全都用来产生磁通，称为磁化电流，用 $i_{\phi}(t)$ 表示。在电压 $u(t)$ 为正弦波时，磁通 $\phi(t)$ 也为正弦波，$i_{\phi}(t)$ 的变化规律可按图 10-15 所示的方法得出。在图中 $\phi(t)$ 曲线上取若干个时间 t 的坐标点$\left(t_1、t_2、\frac{T}{4}\cdots\right)$找到对应的磁通值（$\phi_1$、$\phi_2$、$\Phi_{\mathrm{m}}\cdots$），再由 $\phi-i$ 曲线得到对应的电流值（$i_{\phi1}$、$i_{\phi2}$、$i_{\Phi\mathrm{m}}\cdots$），将各电流、时间值一一对应，便可画出 $i_{\phi}(t)$ 曲线。从作图结果看出，磁化电流 $i_{\phi}(t)$ 是和磁通 $\phi(t)$ 具有相同频率的交流量，它们同时达到零值或最大值，但由于ϕ-i 的非线性关系，$i_{\phi}(t)$ 波形发生了畸变，成为非正弦的尖顶波。畸变程度与铁心的饱和程度有关，线圈端电压幅值越大，铁心中磁通幅值也越大，则电流畸变越严重，波形就越尖。反之，当电压与磁通幅值都较小，铁心未饱和，则电流波形就比较接近正弦波。

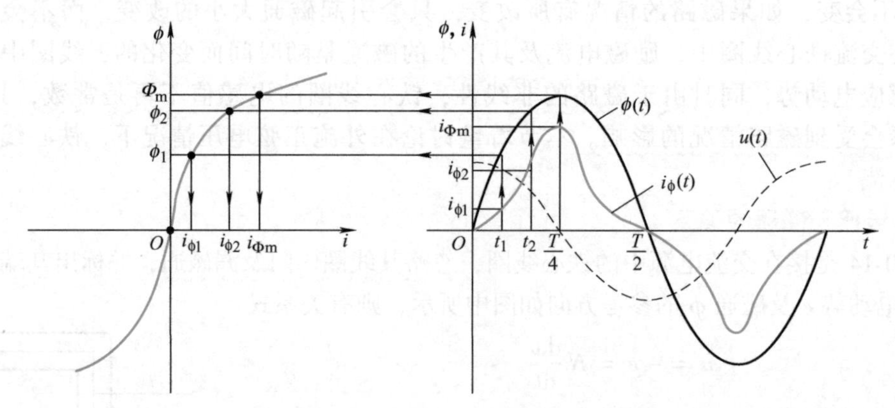

图 10-15 交流铁心线圈的磁化电流

为了便于分析计算，常将铁心线圈中的非正弦周期电流用等效正弦波来近似代替。等效正弦波的有效值 I_{ϕ} 可通过 Φ_{m} 进行磁路计算而求得；图 10-15 中又显示 $i_{\phi}(t)$ 与磁通 $\phi(t)$ 的变化是同步的，则其等效正弦波的频率和相位就与磁通 $\phi(t)$ 相同，在相位上也滞后于电压 90°。可见磁化电流 $i_{\phi}(t)$ 是线圈励磁电流中的无功分量。

铁心损耗的存在则使线圈的励磁电流中增加了一个与电压同相位的有功分量，用 $i_a(t)$ 表示，可以证明，它近似为一个正弦波，也可用等效正弦波代替，其频率与 $\phi(t)$ 相同，其有效值为

$$I_a = \frac{P_{Fe}}{U} \tag{10-17}$$

综上讨论，用等效正弦波代替了非正弦波后，可得到铁心线圈在忽略内阻、漏磁通时的相量图，如图 10-16 所示。由相量关系可得线圈中的励磁电流为

$$\dot{I} = \dot{I}_\phi + \dot{I}_a$$

其有效值为

$$I = \sqrt{I_\phi^2 + I_a^2}$$

励磁电流超前于磁通的相位是

$$\theta = \arctan \frac{I_a}{I_\phi}$$

称为铁损耗角。一般情况下，$I_a \ll I_\phi$，θ 很小。

线圈电压比电流超前的相位为

$$\varphi = \frac{\pi}{2} - \theta = \arctan \frac{I_\phi}{I_a}$$

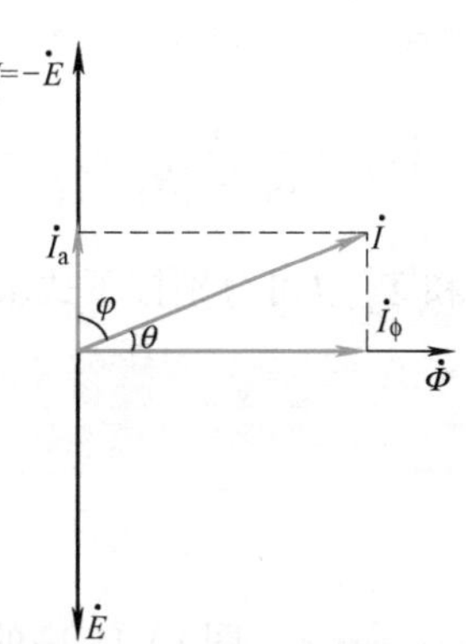

图 10-16　不考虑内阻及漏磁通时的铁心线圈的相量图

10-6-1　一个铁心线圈的匝数为 2000 匝，接到 220V 的工频电源上，试求磁路主磁通最大值 Φ_m；若接到 380V 的工频电源上，要保持磁通 Φ_m 不变，线圈匝数应为多少？

10-6-2　把一个带有空气隙的铁心线圈接到直流电压源上，改变空气隙的大小，线圈中的电流及铁心中的磁通大小怎样变化？如果接在交流电压源上又怎样？

10-6-3　交流铁心线圈在额定电压下工作时，铁心中的磁通近于饱和。这时若将电压增加 10%，线圈中的电流也相应增加 10% 吗？

10-6-4　一台变压器的电压比为 220V/110V，线圈匝数为 2000/1000 匝，有人将匝数改为 200/100 匝，是否可以？为什么？

第七节　交流铁心线圈的等效电路

采用适当的电路模型来等效替代交流铁心线圈，可在很大程度上简化对含有铁心线圈交流电路的分析计算。当然，这种等效只是一种近似的方法，但在其工作范围变化不大时，这种方法是可行的。

一、不考虑线圈内阻和漏磁通时的等效电路模型

上节的讨论已得到了在不考虑线圈内阻和漏磁通时铁心线圈的相量图（见图 10-16）。由该相量图可得到相对应的等效电路模型如图 10-17a 所示，它由电导 G_0 和感纳 B_0 并联组成，它们的值分别为

$$G_0 = \frac{I_a}{U} = \frac{P_{Fe}}{U^2} \quad (10\text{-}18)$$

$$B_0 = \frac{I_\phi}{U} = \frac{\sqrt{I^2 - I_a^2}}{U} \quad (10\text{-}19)$$

图 10-17a 的并联形式电路又可等效变换为该图 b 所示的由电阻 R_0 与感抗 X_0 串联组成的电路模型，且有关系式

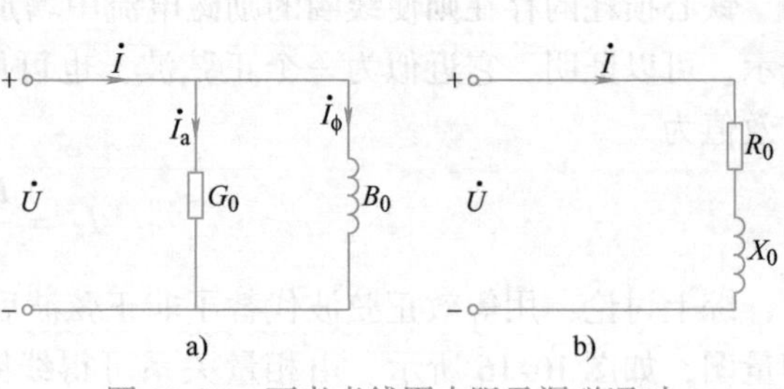

图 10-17 不考虑线圈内阻及漏磁通时铁心线圈的等效电路模型

$$R_0 + jX_0 = \frac{1}{G_0 - jB_0} = \frac{G_0}{G_0^2 + B_0^2} + j\frac{B_0}{G_0^2 + B_0^2}$$

R_0 和 X_0 也可分别按下式求得

$$R_0 = \frac{P_{Fe}}{I^2} \quad (10\text{-}20)$$

$$X_0 = \sqrt{\left(\frac{U}{I}\right)^2 - R_0^2} \quad (10\text{-}21)$$

例 10-3 图 10-18 中的铁心线圈接在 220V 的工频交流电源上，功率表读数为 60W，电流表读数为 2A，忽略线圈内阻及漏磁通，分别求其并联形式等效电路参数 G_0、B_0 和串联形式等效电路参数 R_0、X_0 以及功率因数。

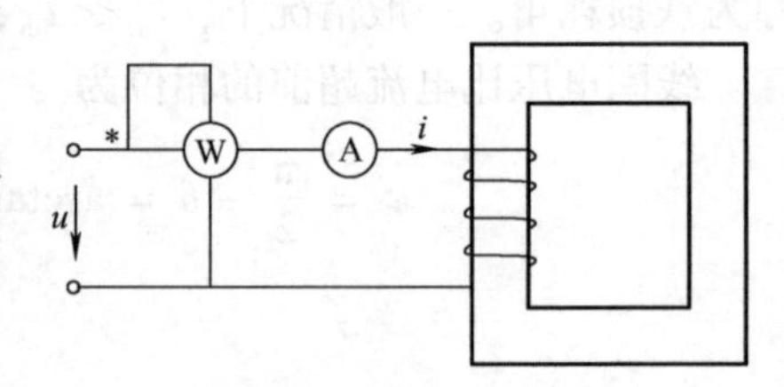

图 10-18 例 10-3 图

解 $G_0 = \frac{P_{Fe}}{U^2} = \frac{60}{220^2}\text{S} = 1.24 \times 10^{-3}\text{S}$

$$I_a = \frac{P_{Fe}}{U} = \frac{60}{220}\text{A} = 0.27\text{A}$$

$$I_\phi = \sqrt{I^2 - I_a^2} = \sqrt{2^2 - 0.27^2}\text{A} = 1.98\text{A}$$

$$B_0 = \frac{I_\phi}{U} = \frac{1.98}{220}\text{S} = 9 \times 10^{-3}\text{S}$$

可见，该铁心线圈的等效复导纳为

$$Y_0 = G_0 - jB_0 = (1.24 - j9) \times 10^{-3}\text{S} = 9.08 \times 10^{-3} \angle -82.1^\circ\ \text{S}$$

串联形式等效电路中

$$R_0 = \frac{P_{Fe}}{I^2} = \frac{60}{2^2}\Omega = 15\Omega$$

$$X_0 = \sqrt{\left(\frac{U}{I}\right)^2 - R_0^2} = \sqrt{\left(\frac{220}{2}\right)^2 - 15^2}\ \Omega = 109\Omega$$

可见，其等效复阻抗为

$$Z_0 = R_0 + jX_0 = (15 + j109)\Omega = 110 \angle 82.1^\circ\Omega$$

铁心线圈的功率因数为

$$\cos\varphi = \cos 82.1^\circ = 0.137$$

二、考虑线圈内阻和漏磁通时的等效电路模型

流过线圈内阻 r 上的电流就是励磁电流 $\dot{I}$ ，其压降为 $\dot{I}r$。漏磁通 ϕ_s 的磁路媒质是非磁性材料，它对电路的影响可用线性电感 L_s 表示，L_s 称为漏电感，一般用实验方法测得，它的定义式为

$$L_s = \frac{d\psi_s}{di} = N\frac{d\phi_s}{di}$$

漏磁通产生的感应电压为 $\dot{I}j\omega L_s = \dot{I}jX_s$，其中 $X_s = \omega L_s$ 称漏电抗。

考虑了线圈内阻 r 及漏磁通 ϕ_s 后，图 10-14 所示交流铁心线圈的端电压表达式应为

$$\dot{U} = (-\dot{E}) + \dot{I}r + \dot{I}jX_s$$

此时铁心线圈的相量图如图 10-19a 所示。为了标清相位关系，图中放大了 $\dot{I}r$ 及 $\dot{I}jX_s$ 的有效值比例，它们实际上只占外加电压的百分之几。与该相量图对应的并联形式和串联形式等效电路模型分别如图 10-19b、c 所示。

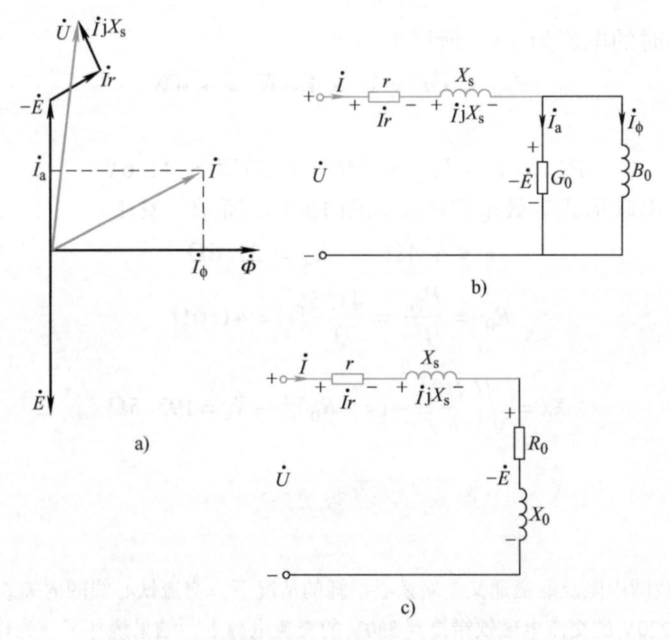

图 10-19 考虑线圈内阻和漏磁通时铁心线圈的相量图及等效电路模型

考虑了线圈内阻 r 后，铁心线圈的有功功率就包含了两部分，即

$$\begin{aligned} P &= P_{Fe} + I^2 r \\ &= P_{Fe} + P_{Cu} \end{aligned} \tag{10-22}$$

式中，$P_{Cu} = I^2 r$ 是线圈内阻上的功率损耗，称之为铜损。

应当指出，等效电路模型中的各参数值都与铁心的磁化情况有关，它们会随着线圈端电压的变化而作非线性变化。但由于铁心线圈在实际运行中的电压变化范围不大，所以可把这些参数近似看作常数而简化分析计算过程。

例 10-4 将一铁心线圈接到 $U = 220\text{V}$、$f = 50\text{Hz}$ 的正弦电源上，测得功率为 46W，电流为 1A；现将铁心全部抽去，仍接到原电源上，这时的线圈电流为 10A，电路的功率因数为

0.2，求：(1) 线圈的漏电感。(2) 有铁心时的 P_{Cu}、P_{Fe}。(3) 铁心线圈的串联形式等效电路参数。

解 (1) 铁心抽去时就是一个空心线圈，这时可近似认为只有线圈内阻及漏电感的影响，有功功率就是线圈内阻的功率损耗，即

$$P = I^2 r$$

$$220 \times 10 \times 0.2 = 10^2 r$$

得线圈内阻

$$r = 4.4\Omega$$

漏电抗

$$X_s = \sqrt{\left(\frac{220}{10}\right)^2 - 4.4^2}\ \Omega = 21.6\Omega$$

漏电感

$$L_s = \frac{21.6}{2\pi \times 50}\text{H} = 0.068\text{H}$$

(2) 在有铁心时的电流为 1A，所以铜损为

$$P_{Cu} = I^2 r = 1^2 \times 4.4\text{W} = 4.4\text{W}$$

铁损为

$$P_{Fe} = P - P_{Cu} = (46 - 4.4)\text{W} = 41.6\text{W}$$

(3) 铁心线圈串联形式等效电路模型如图 10-19c 所示，其中

$$r = 4.4\Omega \qquad X_s = 21.6\Omega$$

$$R_0 = \frac{P_{Fe}}{I^2} = \frac{41.6}{1}\Omega = 41.6\Omega$$

$$X_0 = \sqrt{\left(\frac{U}{I}\right)^2 - (r + R_0)^2} - X_s = 193.5\Omega$$

思考题

10-7-1 在不计线圈内阻及漏磁通又忽略铁心损耗的情况下，交流铁心线圈的等效电路模型应是怎样？

10-7-2 把一个 220V 的交流电磁铁错接到 380V 的交流电源上，结果烧坏了，为什么？如果接到 220V 的直流电源上，会怎样呢？

第八节 电磁铁

作为铁心线圈的应用实例，本节对在工业上广泛被应用的电磁铁作一简单介绍。

电磁铁是利用通电铁心线圈对铁磁物质产生电磁吸力而工作的一种电器设备。电磁铁的形式很多，如继电器、接触器、电磁阀、起重电磁铁和制动电磁铁等。不论形式如何，它们的基本组成原理都是相同的。如图 10-20 所示，电磁铁由线圈①、铁心②和衔铁③三部分组成，其中线圈和铁心是固定不动的，衔铁则可以活动。当线圈中通以电流时，铁心和衔铁都被磁化，并在气隙间产生电磁吸力将衔铁吸动。线圈断电后，衔铁借助于重力或其他外力而复位。

电磁吸力是电磁铁的技术指标之一。计算吸力的基本公式是

$$F = \frac{B_0^2}{2\mu_0}S \tag{10-23}$$

式中，B_0 为空气隙中的磁感应强度，单位为 T；S 为气隙的截面积，单位为 m^2；吸力 F 的单位为 N（牛顿）。

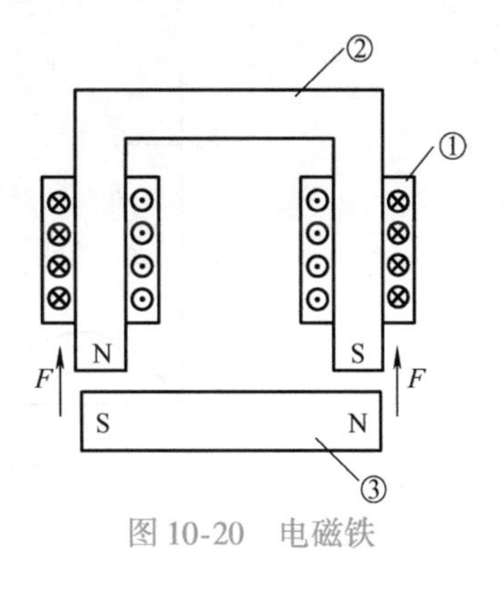

图 10-20　电磁铁

在直流电磁铁中，由于线圈励磁电流的大小仅决定于电源电压和线圈内阻，而与磁路的磁阻无关，磁动势 IN 是常数，但磁通和磁感应强度的大小是与磁路的磁阻有关的，在衔铁的吸合过程中，气隙减小，则磁阻减小，据式(10-11) 可知，此时磁通和磁感应强度增大，吸力也增大，吸合后达最大。

在交流电磁铁中，磁通和磁感应强度都是随时间而变化的，所以吸力也随时间而变化，设磁感应强度为

$$B = B_m \sin\omega t$$

由式(10-23) 可得吸力的瞬时值表达式为

$$\begin{aligned} f &= \frac{B_m^2 \sin^2\omega t}{2\mu_0}S \\ &= \frac{B_m^2}{2\mu_0}S\left(\frac{1-\cos2\omega t}{2}\right) \\ &= F_m\left(\frac{1-\cos2\omega t}{2}\right) \end{aligned}$$

式中，$F_m = \frac{B_m^2}{2\mu_0}S$ 是吸力的最大值。吸力的平均值为

$$F_{av} = \frac{1}{T}\int_0^T f\mathrm{d}t = \frac{1}{2}F_m = \frac{B_m^2}{4\mu_0}S = \frac{B^2}{2\mu_0}S \tag{10-24}$$

上式与式(10-23) 在形式上完全相同，但此式中的 B 是空气隙中磁感应强度的有效值，F_{av} 则是吸力的平均值。

交流电磁铁的吸力随时间而变化的波形如图 10-21a 所示。可以看出，在电源的一个周期内，吸力 f 有两次经过零值，使衔铁会随着吸力的变化而发生颤动。为了消除这种现象，通常在铁心的端面装嵌一个短路环，如图 10-21b 所示。在交变的磁通作用下，短路环中会产生感应电流，它有阻碍磁通变化的作用，这将使铁心中的两部分磁通 ϕ_1 和 ϕ_2 之间产生一相位差，它们不会同时达到零值，因而磁极各部分的吸力也就不会同时达到零值了。这种方法称为磁通的裂相。

交流电磁铁在外施电压一定时，根据式(10-16) 可知，磁通 Φ_m 也随之而定，与空气隙大小基本无关。所以在衔铁的吸合过程中，平均吸力基本保持不变。但线圈中的电流是与磁阻有关的，磁阻越大，要保持相同的磁通所需的磁动势就大，电流也越大。所以在衔铁的吸合过程中，线圈的电流是逐渐减小的，吸合后很快减小到额定值。如果交流电磁铁在通电后长时间不能吸合，线圈就会因长时间流过较大电流而严重发热以致烧坏，使用时应特别注意。

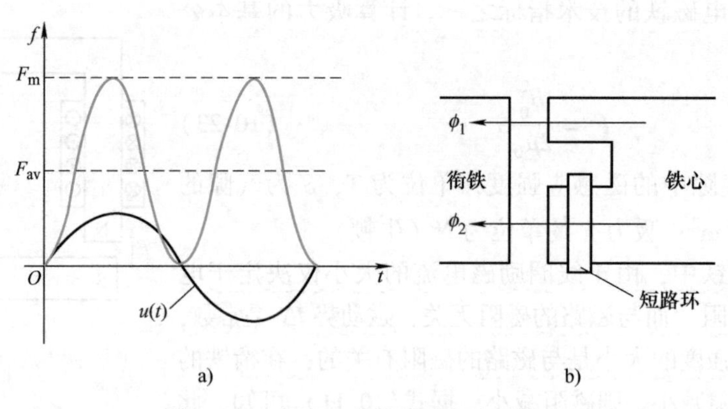

图 10-21 交流电磁铁的吸力及短路环

思考题

10-8-1 直流电磁铁和交流电磁铁在吸合过程中，其磁路的磁阻、磁通、线圈的电流以及吸力都有哪些变化？试分别进行说明。

10-8-2 有两个额定电压为220V 的交流接触器，能否串联后接到380V 的交流电源上使用？为什么？

习题

10-1 有一均匀磁路，中心线长度为50cm，截面积为16cm^2，材料为D_{21}硅钢片，线圈匝数为500 匝，励磁电流为300mA，(1) 求该磁路的磁动势和磁通。(2) 如保持磁通不变，改用铸钢作为铁心材料，磁路的磁动势应是多少？(3) 若将该磁路截去一小段留有$l_0=1$mm 的气隙，铁心材料仍为铸钢，要保持原磁通，需多大磁动势及励磁电流？

10-2 已知磁路如图10-22 所示，图中尺寸单位均为mm，材料为铸钢，如果气隙中的磁通为16×10^{-4} Wb，求线圈匝数为1500 匝时的电流。

10-3 图10-23 所示磁路全部由D_{21}硅钢片叠成，叠厚为40mm，图中尺寸单位均为mm，铁心左右两柱上各绕有一个线圈，匝数分别为$N_1=600$ 匝，$N_2=200$ 匝，求：(1) 当电流$I_1=3$A，$I_2=0$A 时，磁路中的磁通。(2) $I_1=I_2=3$A，两线圈的磁动势方向一致时磁路中的磁通。(3) $I_1=I_2=3$A，但两个磁动势方向相反时磁路中的磁通。

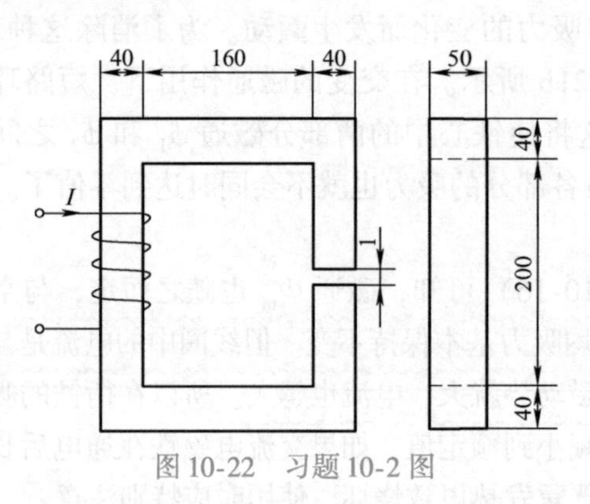

图 10-22 习题 10-2 图

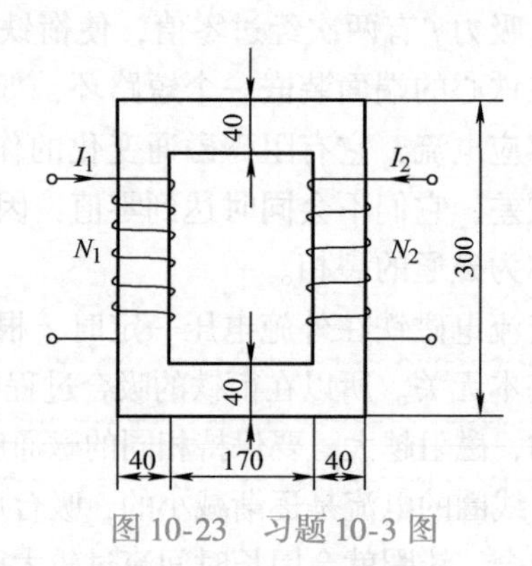

图 10-23 习题 10-3 图

10-4　图 10-24 所示有分支磁路由 D_{21} 硅钢片叠成，空气隙长度 $l_{01}=l_{02}=l_{03}=1\text{mm}$，图中尺寸单位为 mm，如要在铁心的中间柱内产生 1×10^{-3}Wb 的磁通，试求所需磁动势；若线圈匝数为 1320 匝，求励磁电流 I。

10-5　图 10-25 所示分支磁路中，铁心①由铸钢制成，铁心②由 D_{21} 硅钢片叠成，空气隙长度 $l_{01}=l_{02}=l_{03}=1\text{mm}$，尺寸单位为 mm，要使铁心②的每个边柱上有 4.8×10^{-4}Wb 的磁通，求 400 匝线圈中的励磁电流。

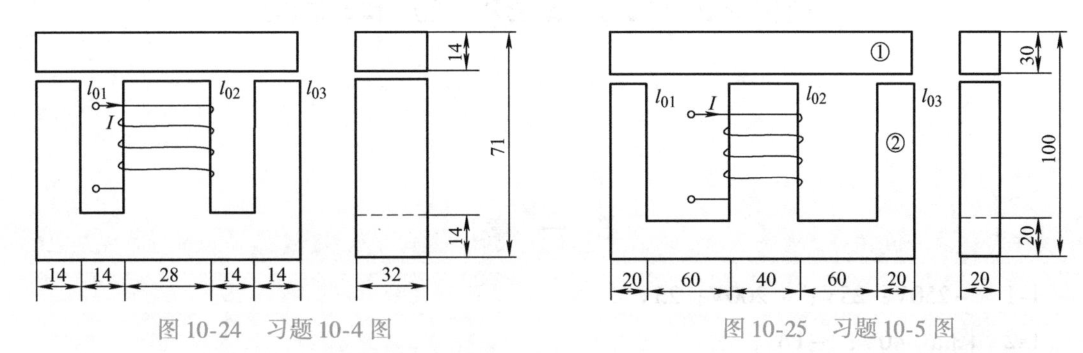

图 10-24　习题 10-4 图　　图 10-25　习题 10-5 图

10-6　一铁心线圈接在 220V、50Hz 的交流电源上，功率为 100W，电流为 4A，忽略线圈内阻和漏磁通，求其并联形式和串联形式等效电路参数。

10-7　内阻为 1.75Ω 的铁心线圈接到交流电源上，测得电压为 120V，功率为 70W，电流为 2A，求它的功率因数及铜损、铁损。

10-8　铁心线圈的内阻为 1Ω，漏电抗为 2Ω，接在电压为 110V 的交流电源上，电流为 8A，功率为 200W，求该线圈的功率因数、铁损及串联形式等效电路。

10-9　一铁心线圈接到 $U=110\text{V}$、$f=50\text{Hz}$ 的正弦交流电源上，电流 $I_1=5\text{A}$，功率因数 $\cos\varphi_1=0.7$，（1）忽略线圈内阻及漏磁通，求其铁损及串联形式等效电路。（2）将线圈中的铁心抽去，接到原交流电源上，电流 $I_2=20\text{A}$，功率因数 $\cos\varphi_2=0.5$，求此线圈的内阻及漏电抗。（3）此线圈在有铁心时的铜损、铁损各为多少？

部分习题参考答案

第　一　章

1-1　-250V；25V；-200V；25V

1-2　图a　40V；-1A

图b　40V；1A

图c　-50V；-1A

图d　40V；-1A

1-3　-13A；-1A

1-5　$U_{AC}=-80$V；$U_{AD}=-30$V；$U_{CD}=50$V

1-6　图a　-2W；-2W

图b　-2W；-5W

图c　-25W；0W

图d　-50W；0W；25W

1-7　9V；6V

1-8　45W；-20W；-105W；80W

1-9　5V；17V；65V；43V

1-10　0.2A；1.1A；1.8A；2.7A

第　二　章

2-1　1.6V

2-2　400V；363.6V

2-3　10Ω；30Ω

2-4　150V或130V

2-5　4.4Ω；3Ω；1.5Ω

2-6　80W

2-7　1.269Ω

2-8　2A

2-9　20V

2-13　2A

2-14　1A

2-15　16V

2-16　−18V；16V

2-17　20

2-18　11A

第　三　章

3-1　6A；2A；4A

3-2　2.6A；3A；0.4A

3-3　2A

3-4　3A；1A；4A；−3A；2A；−1A

3-5　6V

3-6　4.34V

3-7　$\frac{4}{7}$A；$\frac{8}{7}$V

3-8　3A

3-9　70W；0W

3-10　2A；−4A；1A；1A

3-11　3A；8V

3-12　−1A

3-13　1A；5A；6A；2A；8A

3-14　−1A；−2A；0A；3A

3-15　−1V；2V

3-16　22W

第　四　章

4-1　−1.5A；9V

4-2　5V

4-3　18V

4-4　−60mA

4-5　20V

4-6　25V；50Ω

4-7　a)8V；2Ω　b)12V；3Ω　c)15V；2Ω

4-8　a)1.5mA　b)3A　c)−1V　d)13V；3.33A

4-10 40V；15Ω

4-11 12V

4-12 −0.25A；2Ω

4-13 1Ω；4.5W

第 五 章

5-6 $440\sin\omega t$V；$440\sin(\omega t+90°)$V

5-7 11Ω；10A；3.5J

110Ω；1A；0.035J

5-8 7.23μF；5A

5-9 70.7V；86.6V

5-10 100V

5-11 $i=45.7\sqrt{2}\sin(314t-21.5°)$A

$u_R=137.5\sqrt{2}\sin(314t-21.5°)$V

$u_L=172.6\sqrt{2}\sin(314t+68.5°)$V

5-12 86.6V；90°

5-13 36.3Ω；0.209H；31.8μF

5-14 6V；63.4°

5-15 (10+j17.3)Ω；(0.025−j0.043)S

(5.2−j3)Ω；(0.144+j0.083)S

5-16 22.3Ω；1.65H

5-17 $15.8\angle -71.5°$A

5-18 2.5Ω；2.5Ω；5Ω

5-19 5.3μF；增大

5-20 22.7A；4800W；1385var；4995V·A；0.96

5-21 24.2A；0.99

5-22 8.92kV·A；0.6；264μF

5-23 0.5；0.845

5-24 49.4μF；750var

5-25 66.63×10^3var

5-26 $100\sqrt{2}$V；1kW；3.2Ω；4.8Ω

5-27 j10V·A；(2−j2)V·A；(4+j4)V·A；(−6−j12)V·A

5-28 229.84kHz；4330Ω；433；1.5A

6495V；6495V

5-29 5Ω；27.5mH；185μF；70.7Hz

5-30　$5\sqrt{2}\Omega$；$2.5\sqrt{2}\Omega$；$5\sqrt{2}\Omega$

5-31　2×10^{-3}F；19.94V

第 六 章

6-1　0.035H

6-2　3H

6-3　0.58A；0.82A；0.36A；80.2W

6-4　j31Ω；(1+j8)Ω；(1.2+j2.7)Ω

6-5　13.4V

6-6　(1)S打开时：均为1.51A；(2)S闭合时：7.79A；3.47A

6-7　22.2A；5.72A；21.4A

6-8　1.26V；0.707mA

6-9　15.6V；24.3W

6-10　(1)$100\angle45^\circ$ V；$1000\sqrt{2}\angle45^\circ\ \Omega$；(2)70.7mA

6-11　19.1A；385V

第 七 章

7-1　$5.5\angle-83.1^\circ$A；$5.5\angle156.9^\circ$ A；$5.5\angle36.9^\circ$ A（线电流等于相电流）

7-2　3.17A；5.5A；343.5V；343.5V

7-3　6.1A；10.6A

7-4　2.09A；215.7V；373.6V；无影响

7-5　负载1：2.54A；4.4A；380V；380V
负载2：4.4A；4.4A；220V；380V
8.35A

7-6　(1)220V；20A；10A；10A；10A
(2)165V；198.3V；198.3V

7-7　(1)j22Ω，－j22Ω，22Ω；(2)7.32A

7-8　5A；2.89A；2.89A

7-9　6.08A

7-10　(1)11.26A；0.74；$19.53\angle42.3^\circ\ \Omega$
(2)11.26A；11.26A；5.5kW

7-11　$10\sqrt{3}\angle-30^\circ$ A；$10\sqrt{3}\angle-150^\circ$A；$10\sqrt{3}\angle90^\circ$ A；11400W

7-12　394V；1165.6W

7-13　1900W；3800W；5700W

7-14　1478W；－540.9W；937.1W；3497var

第 八 章

8-2 240W；240var；379.5V·A

8-3 (1)$i(t)=[4.68\sin(\omega t+129.4°)+3\sin 3\omega t]$A；3.93A

(2)92.7W

8-4 (1)31.9mH，10Ω，318.3μF；(2) −99.5°；(3)515.4W

8-5 $[2+1.8\sin(2\omega t+53.1°)]$A；2.37A

8-6 (1)$[50+9.6\sin(\omega t+1.2°)]$V；50.5V

(2)25.5W

8-7 2.15A；2.22A；13.45V；69.3W

8-8 10.4A；0.84A

8-9 60Ω；37.2μF

8-10 1H；66.7mH

8-11 10μF；1.25μF

第 九 章

9-1 图a 10V；−0.5A

图b 2.5A；55V

图c 0V；0A；10V

图d 4.5A；3A；1.5A

9-2 $30e^{-50t}$V；$-7.5e^{-50t}$mA

9-3 $-18e^{-3000t}$V；$2e^{-3000t}$A

9-4 $10(1-e^{-0.5t})$V

9-5 $4(1-e^{-\frac{5}{3}t})$A

9-6 $(0.8-0.6e^{-100t})$A

9-7 $(5+e^{-\frac{t}{5}})$V；$-0.6e^{-\frac{t}{5}}$A

9-8 $(10+10e^{-\frac{3}{4}t})$V；$-7.5e^{-\frac{3}{4}t}$A

9-9 $(14-4e^{-0.5t})$V；$(-2+0.8e^{-0.5t})$A

9-10 $(0.5+0.3e^{-32t})$A；$(0.5-0.18e^{-32t})$A

9-11 $50e^{-1000t}$V；$(1+e^{-1000t})$A

9-12 $\left[\frac{15}{4}-\frac{5}{12}e^{-1.6t}\right]$V；

$\left[\frac{5}{4}+\frac{5}{12}e^{-1.6t}\right]$A

9-13 $(5.2-0.2e^{-\frac{5}{3}t})$A

9-14 $2(1-\mathrm{e}^{-t})\mathrm{V}$，$2\mathrm{e}^{-t}\mathrm{A}(0\leqslant t\leqslant \ln 2\mathrm{s})$；1V，0A($t\geqslant \ln 2\mathrm{s}$)

9-15 $[7.87\mathrm{e}^{-1.13t}+0.13\mathrm{e}^{-8.87t}]\mathrm{V}$；

$[0.889\mathrm{e}^{-1.13t}+0.115\mathrm{e}^{-8.87t}]\mathrm{A}$

第 十 章

10-1 （1）300A，16.8×10^{4}Wb；（2）502A；（3）1338A；2.68A

10-2 0.82A

10-3 22.9×10^{-4}Wb；23.7×10^{-4}Wb；21.12×10^{-4}Wb

10-4 1902.38A；1.44A

10-5 5.4A

10-6 0.002s；0.018s；6.25Ω；54.64Ω

10-7 0.29；7W；63W

10-8 0.227；136W；3.125Ω；13.39Ω

10-9 （1）385W；15.4Ω；15.7Ω

（2）2.75Ω；4.763Ω

（3）68.75W；316.25W

参考文献

[1] 邱关源. 电路：上、下册 [M]. 5 版. 北京：高等教育出版社，2006.

[2] 李瀚荪. 电路分析基础：上、下册 [M]. 5 版. 北京：高等教育出版社，2017.

[3] 叶国恭. 电工基础 [M]. 北京：机械工业出版社，1991.

[4] 蔡元宇，朱晓萍，霍龙. 电路及磁路 [M]. 4 版. 北京：高等教育出版社，2013.

[5] 黄冠斌，等. 电路基础 [M]. 2 版. 武汉：华中科技大学出版社，2000.

[6] 白乃平. 电工基础 [M]. 4 版. 西安：西安电子科技大学出版社，2017.

[7] 姚年春，等. 电路基础 [M]. 北京：人民邮电出版社，2010.